高等职业教育园林类专业系列教材

园林生态学 第3版

YUANLIN SHENGTAIXUE

主　编　贾东坡　陈建德
副主编　柴冬梅　马金贵
　　　　王志勇　王尚堃
主　审　史国安

重庆大学出版社

内容简介

本书是高等职业教育园林类专业系列教材之一。全书包括园林植物环境及其类型,光照、水分、温度、土壤、大气等生态因子对园林植物生长发育的影响,植物种群的特征和植物种群的动态变化、种间关系及其种群调节,植物群落的基本特征、植物群落的演替及演替类型,生态系统的组成及其类型、生态系统的功能,城市生态系统的特点和结构,生物的多样性及其保护,生态平衡的基本规律和维护生态平衡的技术措施,实验实训指导等内容。本书在编写过程中吸收了本学科的最新研究成果,内容翔实,图文并茂,充分体现了园林生态学学科的科学性、系统性、先进性,每章内容配有实验实训指导,可操作性强。本书配有电子教案,还有51个视频微课,可扫书中二维码学习。

本书适合高等职业院校园林规划、园林工程、园林技术、风景园林等专业使用,也可供从事园林绿化的专业技术人员自学参考。

图书在版编目(CIP)数据

园林生态学/贾东坡,陈建德主编.--3 版.--重庆:重庆大学出版社,2021.8(2023.1 重印)
高等职业教育园林类专业系列教材
ISBN 978-7-5624-7886-7

Ⅰ.①园… Ⅱ.①贾… ②陈… Ⅲ.①园林植物—植物生态学—高等职业教育—教材 Ⅳ.①S688.01

中国版本图书馆 CIP 数据核字(2021)第 020126 号

园林生态学
(第 3 版)

主　编　贾东坡　陈建德
副主编　柴冬梅　马金贵　王志勇　王尚堃
主　审　史国安
策划编辑:何　明
责任编辑:何　明　版式设计:莫　西　何　明
责任校对:谢　芳　责任印制:赵　晟
*
重庆大学出版社出版发行
出版人:饶帮华
社址:重庆市沙坪坝区大学城西路 21 号
邮编:401331
电话:(023)88617190　88617185(中小学)
传真:(023)88617186　88617166
网址:http://www.cqup.com.cn
邮箱:fxk@ cqup.com.cn(营销中心)
全国新华书店经销
重庆长虹印务有限公司印刷
*
开本:787mm×1092mm　1/16　印张:21.25　字数:532 千
2014 年 2 月第 1 版　2021 年 8 月第 3 版　2023 年 1 月第 6 次印刷
印数:13 001—16 000
ISBN 978-7-5624-7886-7　定价:49.00 元

编委会名单

主　任　江世宏

副主任　刘福智

编　委（按姓氏笔画为序）

卫　东	方大凤	王友国	王　强	宁妍妍
邓建平	代彦满	闫　妍	刘志然	刘　骏
刘　磊	朱明德	庄夏珍	宋　丹	吴业东
何会流	余　俊	陈力洲	陈大军	陈世昌
陈　宇	张少艾	张建林	张树宝	李　军
李　璟	李淑芹	陆柏松	肖雍琴	杨云霄
杨易昆	孟庆英	林墨飞	段明革	周初梅
周俊华	祝建华	赵静夫	赵九洲	段晓鹃
贾东坡	唐　建	唐祥宁	秦　琴	徐德秀
郭淑英	高玉艳	陶良如	黄红艳	黄　晖
彭章华	董　斌	鲁朝辉	曾端香	廖伟平
谭明权	潘冬梅			

编写人员名单

主　编　贾东坡　河南农业职业学院

陈建德　上海农林职业技术学院

副主编　柴冬梅　河南农业职业学院

马金贵　唐山职业技术学院

王志勇　信阳农林学院

王尚堃　周口职业技术学院

参　编　王　鹏　河南牧业经济学院

管志涛　濮阳职业技术学院

黄　萍　河南农业职业学院

孙龙飞　河南农业职业学院

刘海军　河南富景生态旅游开发有限公司

主　审　史国安　河南科技大学

总　序

改革开放以来,随着我国经济、社会的迅猛发展,对技能型人才特别是对高技能人才的需求在不断增加,促使我国高等教育的结构发生重大变化。据 2004 年统计数据显示,全国共有高校2 236 所,在校生人数已经超过 2 000 万,其中高等职业院校 1 047 所,其数目已远远超过普通本科院校的 684 所;2004 年全国招生人数为 447.34 万,其中高等职业院校招生 237.43 万,占全国高校招生人数的 53% 左右。可见,高等职业教育已占据了我国高等教育的"半壁江山"。近年来,高等职业教育逐渐成为社会关注的热点,特别是其人才培养目标。高等职业教育培养生产、建设、管理、服务第一线的高素质应用型技能人才和管理人才,强调以核心职业技能培养为中心,与普通高校的培养目标明显不同,这就要求高等职业教育要在教学内容和教学方法上进行大胆的探索和改革,在此基础上编写出版适合我国高等职业教育培养目标的系列配套教材已成为当务之急。

随着城市建设的发展,人们越来越重视环境,特别是环境的美化,园林建设已成为城市美化的一个重要组成部分。园林不仅在城市的景观方面发挥着重要功能,而且在生态和休闲方面也发挥着重要功能。城市园林的建设越来越受到人们重视,许多城市提出了要建设国际花园城市和生态园林城市的目标,加强了新城区的园林规划和老城区的绿地改造,促进了园林行业的蓬勃发展。与此相应,社会对园林类专业人才的需求也日益增加,特别是那些既懂得园林规划设计,又懂得园林工程施工,还能进行绿地养护的高技能人才成为园林行业的紧俏人才。为了满足各地城市建设发展对园林高技能人才的需要,全国的 1 000 多所高等职业院校中有相当一部分院校增设了园林类专业,其招生规模得到不断扩大,与园林行业协调发展。但与此不相适应的是适合高等职业教育特色的园林类教材建设速度相对缓慢,与高职园林教育的迅速发展形成明显反差。因此,编写出版高等职业教育园林类专业系列教材显得极为迫切和必要。

通过对部分高等职业院校教学和教材的使用情况的了解,我们发现目前众多高等职业院校的园林类教材短缺,有些院校直接使用普通本科院校的教材,既不能满足高等职业教育培养目标的要求,也不能体现高等职业教育的特点。目前,高等职业教育园林类专业使用的教材较少,且就园林类专业而言,也只涉及部分课程,未能形成系列教材。重庆大学出版社在广泛调研的基础上,提出了出版一套高等职业教育园林类专业系列教材的计划,并得到了全国 20 多所高等职业院校的积极响应,60 多位园林专业的教师和行业代表出席了由重庆大学出版社组织的高等职业教育园林类专业教材编写研讨会。会议上代表们充分认识到出版高等职业教育园林类专业系列教材的必要性和迫切性,并对该套教材的定位、特色、编写思路和编写大纲进行了认真、深入的研讨,最后决定首批启动《园林植物》《园林植物栽培养护》《园林植物病虫害防治》《园林规划设计》《园林工程》等 20 本教材的编写,分春、秋两季完成该套教材的出版工作。主编、副主编和参加编写的作者,是全国有关高等职业院校具有该门课程丰富教学经验的专家和一线教师,且他们大多为"双师型"教师。

本套教材的编写是根据教育部对高等职业教育教材建设的要求,紧紧围绕以职业能力培养为核心设计的,包含了园林行业的基本技能、专业技能和综合技术应用能力三大能力模块所需要的各门课程。基本技能主要以专业基础课程作为支撑,包括有 8 门课程,可作为园林类专业必修的专业基础公共平台课程;专业技能主要以专业课程作为支撑,包括 12 门课程,各校可根据各自的培养方向和重点打包选用;综合技术应用能力主要以综合实训作为支撑,其中综合实训教材将作为本套教材的第二批启动编写。

本套教材的特点是教材内容紧密结合生产实际,理论基础重点突出实际技能所需要的内容,并与实训项目密切配合,同时也注重对当今发展迅速的先进技术的介绍和训练,具有较强的实用性、技术性和可操作性三大特点,具有明显的高职特色,可供培养从事园林规划设计、园林工程施工与管理、园林植物生产与养护、园林植物应用,以及园林企业经营管理等高级应用型人才的高等职业院校的园林技术、园林工程技术、观赏园艺等园林类相关专业和专业方向的学生使用。

本套教材课程设置齐全、实训配套,并配有电子教案,十分适合目前高等职业教育"弹性教学"的要求,方便各院校及时根据园林行业发展动向和企业的需求调整培养方向,并根据岗位核心能力的需要灵活构建课程体系和选用教材。

本套教材是根据园林行业不同岗位的核心能力设计的,其内容能够满足高职学生根据自己的专业方向参加相关岗位资格证书考试的要求,如花卉工、绿化工、园林工程施工员、园林工程预算员、插花员等,也可作为这些工种的培训教材。

高等职业教育方兴未艾。作为与普通高等教育不同类型的高等职业教育,培养目标已基本明确,我们在人才培养模式、教学内容和课程体系、教学方法与手段等诸多方面还要不断进行探索和改革,本套教材也将会随着高等职业教育教学改革的深入不断进行修订和完善。

编委会

2006 年 1 月

再版前言

近年来,我国城市化建设突飞猛进,广大农村合村并镇如火如荼,城市发展日新月异。随着社会的进步和人们生活水平的不断提高,人们对居住和生活环境的质量要求越来越高。因此,加快生态园林城市建设已成为当务之急。一个多世纪以来,由于工业化进程的加快,人类为了盲目地追求经济效益,一方面对自然资源无节制地开发挖掘,另一方面又向自然界大量排放废弃物,就形成了一系列全球性的环境问题,如温室效应、臭氧层破坏、水土流失、环境污染、土壤荒漠化加剧、物种灭绝或濒危等。这些问题不但严重威胁着人类的生存环境,而且还严重制约了国民经济的可持续发展。频繁上演的生态环境悲剧,唤醒了人类对生存的危机感。追求人与自然和谐共处为目的的"绿色革命"和可持续发展已成为全世界人民的共识。要解决这些生态环境问题,必须依赖于生态学。生态学是研究生物与环境、生物与生物以及与人类社会环境如何和睦相处的一门科学,是人类和社会可持续发展的理论基石。园林生态学作为最年轻的学科,是属于生态学的一个分支,它是研究城市及其周边区域内园林生物与环境之间的关系,强调园林与城市居民之间的协调,如何发挥城市绿化的生态效益,改善城市居民的物质与文化生活环境,是园林生态学研究的主要课题。

我国目前高职高专院校已经发展到一千多所,近几年招生人数占全国高校在校生人数的60%以上,高等教育的大众化为我国的社会主义现代化建设培养了大批急需的专业人才。近年来,随着我国城市化进程的加快,迫切需要大批的园林专业技术人才。为了更好地为当地经济服务,全国大部分高职高专院校都相继开设了园林技术、园林规划、风景园林等园林类专业。虽然部分出版社先后组织全国高职高专院校的教师编写了园林专业系列教材,但全国高职院校园林类专业所开设的专业课程有很大差别。大多数高职院校园林类专业都开设园林生态学课程,但目前市面上出版的教材很少,有一些教材仅适合初中五年制高职学生使用,内容肤浅,需要以后进一步修订和完善。因此,编写园林生态学新教材,是当今教学之必需。根据国家职业教育精神,为了培养急需人才,加快地方经济建设,实施科教兴国战略,针对我国高职高专园林技术专业人才培养目标的定位,按照国家"十三五"规划教材的编写要求,结合园林专业职业岗位群的特点,吸收全国高职示范院校、骨干院校教学改革的最新研究成果,编写了这本《园林生态学》教材。

本书是高等职业教育园林类专业系列教材之一,由重庆大学出版社组织全国部分高职院校,长期工作在教学第一线,教学和实践经验丰富,具有教授、副教授或讲师职称的优秀教师参加编写。编者在编写过程中根据多年的教学经验和实践经验,参考了国内外与本学科相关的最新研究文献,注重教材的先进性、实用性和系统性,充分体现与时俱进的时代特点。

本书概括起来有以下几个方面的特色:

1. 校企合作编写实用教材。编写人员大多是教学第一线的资深教授、副教授,还邀请了河南富景生态旅游开发有限公司的专业技术人员刘海军先生编写实训指导,彰显校企合作的办学特色。

2. 内容紧密结合园林技术、园林规划、风景园林等专业职业岗位群的要求,紧扣教学目标,坚持理论以够用为基本原则,突出实践技能训练,实践课和理论课教学时数达到1∶1。

3. 注重理论与实践相结合,强化学生的职业技能培养。每章附有相应的实训指导,本书实验实训共19个,可操作性强,注重理论联系实际,把"教、学、做"融为一体。各院校任课教师可根据当地实际情况酌情选择实验实训项目。

4. 在章节内容编排上和学生的认知规律相结合,教学内容循序渐进,从生态因子、光、温度、大气、水分、土壤对园林植物的影响,到植物种群、植物群落及其演替、生态系统以及生态园林城市建设。

5. 内容文字精练,图文并茂,每章后面附有与本章内容密切相关的最新知识链接,学生在课外时间通过自学,可以开阔视野,获得本学科的前沿知识。

本课程开发有多媒体教学课件、电子教案、学习指南等教学辅助材料。

书中含51个视频微课,可扫书中二维码学习。

本书由贾东坡教授、陈建德副教授任主编,具体分工如下:贾东坡编写绪论、第1章、实验实训6,7;王尚堃编写第2章、实验实训1,2;马金贵编写第3章、实验实训3,4;黄萍编写第4章、实验实训5,8;王志勇编写第5章、实验实训9;王鹏编写第6章、实验实训13,14,15;柴冬梅编写第7章、实验实训11,12;管志涛编写第8章、实验实训16,17;陈建德编写第9章、实验实训18;孙龙飞编写第10章、实验实训19;刘海军编写实验实训10。全书由贾东坡教授统稿,河南科技大学史国安教授主审。宋志伟教授审阅了部分书稿,并提出了具体修改意见,在此表示感谢。

在本书编写过程中参阅了国内外多种教材、专著和最新研究文献,在本书参考文献中未能全部列出,在此向作者一并致谢。在本书编写过程中,得到了河南农业职业学院、上海农林职业学院、唐山职业技术学院、信阳农林学院、河南牧业经济学院、濮阳职业技术学院、周口职业技术学院等单位领导的大力支持,在此表示衷心感谢。

尽管我们在本书编写中十分尽心,但由于编者水平有限,不妥之处在所难免,敬请读者或使用本书的任课教师批评指正,并提出具体修改建议,以便今后进一步修订和完善。

编　者

2021 年 5 月

目 录

绪 论

0.1 园林生态学的概念及研究内容

生态学(Ecology)一词是德国动物学家 E. Haeckel(1834—1911)于 1866 年提出来的,并定义为生态学是研究生物在其生活过程中与环境之间的关系,尤指动物与其他动、植物之间的互惠和敌对关系。著名的美国生态学家 E. P. Odum(1977)提出,生态学是研究有机体、物理环境和人类环境的科学。我国学者马世骏认为生态学是研究生命系统之间与环境系统之间相互作用规律及其机理的科学。多数学者认为生态学是研究生物及其环境之间相互关系的科学,生物包括人类、植物、动物和微生物,而环境包括有机环境和无机环境,后者主要指水、气、光、热、土壤等,这些环境因子之间又是相互作用的。生态学研究的领域主要有 4 个层次,即个体、种群、群落和生态系统。生态学按照生物类群划分可分为:植物生态学、动物生态学、鸟类生态学、昆虫生态学等;按其生活环境划分可分为:森林生态学、草地生态学、农田生态学、城市生态学等;按应用方向或领域划分可分为:农业、渔业、环境、人口、自然保护、生态工程学等几十个分支学科。

植物生态学是研究植物与其生存环境之间的关系及其规律的科学。园林生态学是生态学的分支学科。正因为园林生态学是一个比较年轻的分支学科,学界对园林生态学的概念和内涵有不同的界定。许绍惠(1995)提出,园林生态学是研究城市中人工栽培的各种园林树木、花卉、草坪等组成的园林植物群落内各种生物之间及其与城市环境之间相互关系的科学,也是研究城市园林生态系统的结构与功能机理的科学。李嘉乐(1997)认为园林生态学是以人类生态学为基础,融合景观学、景观生态学、植物生态学和有关城市生态学理论,研究风景园林和城市绿化可能影响的范围内,人类生活、资源利用和环境质量三方面之间的关系及调控途径的科学。园林生态学是属于应用生态学的范畴,是研究各种人工栽培的园林植物及其整个生物群落与城市环境之间相互关系的科学。园林生态学研究的主要内容有以下几个方面:一是城市生态环境条件与园林植物的相互作用关系;二是城市生态系统,尤其是城市绿地生态系统在改善城市环境中的作用和机理;三是与城市植被相关的群落生态学问题;四是城市景观生态规划及城市生态恢复和生态管理等。由此可见,园林生态学是研究城市居民、生物与环境之间相互关系的科学,它以城市居民、植物、动物、微生物和城市环境为研究对象,以健康的城市人居环境为研究目的,利用生态学的原理来改善城市环境,合理利用自然资源,调控人、生物与环境之间的关系,达到实现城市可持续发展的目的。当代园林生态学的研究内容具体体现在以下几个方面:城市绿地生态效益的研究;城市绿地布局和结构的研究;城市绿地或植物群落恢复和建设的研究;生态景观规划设计与城市的生态管理研究。随着园林生态学的不断发展和学科间的相互渗透,园林生态学的研究领域将不断拓宽,其研究深度也日益增加,研究手段也越来越现代化,现代遥感技术、地理信息系统技术、计算机技术、数字模拟技术、生态环境的自动监测技术将用于园林生态研究。

0.2 生态学的发展和园林生态学的产生

0.2.1 生态学的发展简史

生态学和其他学科相比是一门年轻的学科,从独立成为一门学科至今有一百多年的历史,由于它关系到城市的建设、人类的生存和环境的可持续发展,因此,生态学已经成为全世界学者研究的热门学科,也是发展最快的学科之一。一般将生态学的发展科学地划分为 4 个时期:生态学的萌芽时期、生态学的建立时期、生态学的巩固时期和现代生态学时期。

(1)生态学的萌芽时期 人类依靠自然生存,在长期与大自然相处的实践中,逐渐了解有关植物和动物的知识,在古希腊和我国的古代著作中就能看到最早的一些朴素的生态学思想。根据史书记载,早在公元前370—前285年,古希腊哲学家 Theophrastus 曾从欧洲东部到印度,沿途考察植物的分布,发现了不同地区生长不同的植物群落。早在公元前1200年,我国古籍《尔雅》记载了176种木本植物和50多种草本植物的形态与生长环境。公元前200年以前,我国古籍《管子·地员篇》就记载了江淮平原上沼泽植物的带状分布与水文、土质的关系。在秦汉时期,我国农历确定了二十四节气,反映了作物生长发育与气候之间的关系,二十四节气的确立是黄河流域劳动人民生产实践经验的精辟总结。在以后的很长时期,全世界各国在农、林业生产,土地开发和自然植物资源利用中,逐渐积累了大量的有关植物与环境之间相互关系的资料。

(2)生态学的建立时期 进入18世纪,有关生态学的知识逐渐丰富。1735年法国昆虫学家 R. Eaumur 发现,就一个物种而言,日平均气温总和对任何一个物候期都是一个常数,这一发现被认为是研究积温与昆虫发育生理的开端。德国植物学家 C. L. Willdenow 于1792年在《草学基础》一书中详细阐述了气候、水分与高山深谷对植物分布的影响。进入19世纪以后,生态学发展很快。1840年,李比希(R. J. Liebig)提出了"植物最小因子定律",1859年达尔文的《物种的起源》问世,对生态学的发展起到了巨大的推动作用。1895年丹麦植物学家 E. Warming 发表了巨著《以植物生态学为基础的植物分布学》,1898年波恩大学教授 A. F. W. Schimper 出版了《以生理为基础的植物地理学》一书,这两本书总结了19世纪末之前生态学研究的最新成果,被世人公认为生态学的经典著作,标志着生态学作为一门生物学分支科学的诞生。

(3)生态学的巩固时期 从20世纪初期到20世纪60年代,生态学得到进一步的巩固和发展。C. Elton(1927)在《动物生态学》中最先提出了食物链、动物数量生态金字塔和生态位的概念。随着生态学的不断发展,在植物生理生态方面的研究也持续深入,陆续有部分新著问世,如 G. Klebs 的《随人意的植物发展的改变》(1903),F. E. Clements 的《植被的结构与发展》(1904)、《生态学研究的方法》(1905)、《生态学及生理学》(1907),A. G. Tansley 的《英国的植被类型》等专著。1935 年,英国生态学家 A. G. Tansley 首次提出了生态系统的概念,认为生物与环境之间是一个相互影响的整体。美国生态学家 R. L. Lindemn 于 1942 年提出了生态系统中按营养级水平分级的方法,并建立了生态系统分级的方法,从而推动生态学进入生态系统这一崭新的阶段。

（4）现代生态学时期　从 20 世纪 60 年代至今为现代生态学时期。几十年来由于自然科学的飞速发展,生产力得到不断提高,人们对生物的影响和干扰也不断加强,人类与环境之间的矛盾日益突出,全世界面临人口爆炸、资源短缺、能源危机、粮食不足、环境污染五大问题的挑战。尤其是能源危机和环境污染已经危及人类的生存。生态学开始用来处理人类环境问题,因此,生态学这一新兴学科开始延伸到环境科学与社会科学领域。与西方发达国家一样,随着我国工业化和城市化的进程加快,近 10 年来国民经济的快速发展,使城市污染严重、自然资源过度消耗,导致我国环境恶化。据《郑州晚报》报道,2012 年 12 月上旬,郑州以及太原、石家庄等黄河以北的各大、中城市,包括北京空气质量均为严重污染。在人类进入 21 世纪时,对自然资源的掠夺式利用,使人们赖以生存的环境条件受到严重破坏。国际上关注的焦点,即全球气候变化、生物多样性的锐减、耕地减少、土地退化、水土流失、沙漠化和石漠化等,成为全球性的环境问题,这样发展下去,不但影响我们的正常生活,而且也影响到子孙后代的生存和繁衍。全球气候的快速变化引起新的疾病,生态问题已经成为社会发展的严重阻碍。为了解决这些问题,人类必须投入大量的人力、财力来改善和恢复环境。在落实科学发展观和抓好经济建设的同时,人们逐渐认识到生态学对保持人类的可持续发展的重要作用,同时也认识到人类在生态系统以及整个生物圈中的地位和作用,协调人与大自然和其他生物的关系,以求达到人类经济活动和环境保护之间的协调发展。

人类只有一个地球。为了使全球有一个良好的生态环境,国际上开展了很多大的研究计划:如 1964—1974 年世界科协提出了"国际生物学研究计划"(IBP),重点研究世界上生态系统的结构、功能和生物生产力,为自然资源的利用和环境保护提供科学依据。1972 年联合国教科文组织制订了"人与生物圈计划"(MAB),主要研究人类活动对生态系统结构、功能的影响。1983 年出现了"国际地圈—生物圈计划"(IGBP),其宗旨是改进人类对地球的认识,提高对全球环境变化的预测能力。1992 年在联合国"环境与发展大会"上又提出了《生物多样性保护公约》,促进世界各国对资源和环境的保护和管理,对生态学的发展起到了强有力的推动作用。从 20 世纪 70 年代以后,生态学逐渐进入经济建设领域中,出现了一些新的研究领域,如生态农业、生态恢复、生态旅游、城市生态规划、生态工程、生态安全等,把生态学原理用于生态农业、生态园林城市建设,解决城市生态环境问题,已经受到全世界人民的重视。我国一些地区已经提出并制订了生态农业建设、生态园林城市的建设目标,并分阶段逐步实施。

0.2.2　园林生态学的产生

根据生态学的原理,生态园林把自然生态系统进行改造使之成为高于自然生态系统的人工生态系统,是城镇化建设中园林工作者的重要任务。为了建设可持续发展的人居环境,使城市与乡村、建筑空间与自然空间协调发展，多年来很多学者在理论和实践两方面进行了大量探索，提出了崭新的规划理念和不同的建设模式，其中比较有名的是霍华德的城市理论，这个理论的要点就是把在城市生活所有的优点和乡村的美丽完美地结合在一起。早在20世纪，一些西方国家就兴起了"绿色城市运动"，把保护城市公园的绿地扩大到保护整个自然生态环境，并将生态学、社会原理与城市建设规划、园林绿化相结合，并提出了一些新的理论。

园林的发展历史和城市的建设密不可分。要了解现代园林的发展，就必须清楚园林发展演化的历史。我国园林的发展历史大致上可以分为传统园林阶段（造园阶段）、城市绿化阶段和大地景观规划阶段。传统园林阶段的园林主要服务对象是以皇帝为主的贵族阶层，我国的古典园林自商周出现雏形，到明、清发展到古典园林的鼎盛时期，形成了独具东方自然山水园林的特点，如北京的颐和园、承德的避暑山庄和苏州的拙政园等。在这个时期，世界各国也发展了不同特色的园林，如古巴比伦王国的悬空园、古罗马的别墅庄园、欧洲中世纪的城堡庭院、法国的规则式园林、英国的风景式园林等。

城市绿化阶段是在工业化革命以后开始的，伴随着大工业化的生产，城市人口迅速增加，城市规模不断扩大，园林绿化从过去服务于少数贵族阶层逐渐扩展到广大的城市居民，园林范围也从别墅到公园和整个城市绿化系统。城市由于人口密集，工厂分布多，就出现了交通拥挤、噪声大、大气污染等诸多问题，为了改变城市的生态环境，在城市里规划建设公园，进行绿地建设是十分必要的。根据城市的有限空间，要因地制宜把园林绿化融合到城市的各个角落，在城市中建造的公园和绿地不但有艺术欣赏价值，提供娱乐的优美环境，而且还必须发挥改善小气候、减少污染，对维护城市的生态平衡，有良好的生态效益。我国进行城市绿化较早，但近20年来发展很快，20世纪80年代开始提出走生态园林道路，20世纪90年代提出建设园林城市，近几年开始规划生态园林城市，是对园林功能的重新认识，强调园林在改善城市环境、维护城市居民身心健康方面的重要作用。

大地景观规划阶段是从第二次世界大战以后开始，西方的工业化和城市化已经发展到鼎盛时期，城市交通拥挤、工厂林立、大气污染等问题，促使城市郊区恶性发展，城市规模的扩大，道路四通八达，使原有的大地景观被切割得支离破碎，自然生态环境受到严重威胁，生物多样性的减少，使人类自身的生存和繁衍受到严重威胁。因此，园林的服务对象不再是特殊的少数人，园林的范围逐渐扩大到大地综合体，即是多个生态系统的镶嵌体，大地景观规划、生态规划等成为园林的主要内容。

在20世纪30年代，丹麦在伊利诺伊州的春田建造了具有草原风格的林肯纪念园，而后布罗尔斯在阿姆斯特丹以南的阿姆斯蒂尔维恩建了一座面积2 hm²的生态公园，这个公园是一系列的林间空地，在水边很宽阔的交错带分布着种类繁多的植物，组成生境各异的不同生物群落。由此可见，西方国家出现的生态园林比我国略早一些，他们从植物生态学的角度出发，在地形、水体、园林植物配置等方面尽量模仿自然景观，包括自然群落和自然生境，尽量减少人为的干扰，使之自发地形成自然园林生态系统。由于诸多的历史原因，我国在20世纪80年代末期才提出园林生态的概念，仅在少数的高等林业院校开设园林生态学课程，介绍园林领域内的相关生态学问题。由于我国对生态学的研究起步较晚，因此，对园林生态学的内涵认识比较肤浅。20世纪80年代以后，我国有一少部分高校，如云南大学、内蒙古师范大学生命科学学院先后开设了生态学专业，直到20世纪90年代，园林生态学作为一门独立的新兴学科开始酝酿并逐渐形成。20世纪90年代以后，我国的高等农林院校开始开设园林技术本科专业，从20世纪90年代末至 2010 年以后,我国的高等职业院校迅速发展,目前已达 1 400 余所。随着我国城镇化的快速发展,大多数高职院校新开设了园林专业,为了高校的教学需求,需要大量园林技术方面的高级人才,高等院校的不断增加,对园林生态学的研究也日益深入,目前,城乡园林绿化已成为城市居民的热门话题,对园林生态学的研究,从理论到实践都需要进一步深入。1990 年以后,我国先后出版了与园林生态学相关的专著,如 1994 年许绍惠、徐志钊编著的《城市园林生态学》,1995 年冷平生编著的《城市植物生态学》,沈清基 1997 年编著的《城市生态与城市环境》等。1997 年李嘉乐先生发表的学术论文《园林生态学拟议》,提出了园林生态学的概念和学科的基本框架,提出园林生态学以人类学为基础,融合了景观学、景观生态学、植物生态学和城市生态系统等理论,研究风景园林和城市绿化可能影响的范围内,人类生活、资源利用和环境质量之间的关系及其调节途径。2010 年出版的《园林生态学刍议》,对园林生态学的定义进行了扩展,把园林绿化和自然美、人文美有机地联系起来。鲁小珍在 1999 年编著了《城市绿地生态学》,冷平生先生在 2001 年出版了高等院校教材《园林生态学》,这些著作的相继出版,极大地推动了园林生态学的发展,也标志着我国对园林生态学的研究在理论上达到了一定的高度。

0.3　园林生态学与其他学科的关系

园林生态学是一门相互交叉的应用性学科,它涉及植物生态学、植物生理学、景观生态学、气象学、土壤学、城市生态学、环境生态学、花卉学等,随着人们对园林生态学研究的不断深入,它涉及的学科将越来越多,如计算机技术、遥感技术、生态工艺、生态安全、生态恢复、生态旅游等相关学科。

0.3.1　园林生态学与植物生态学

园林的发展离不开植物,离开植物园林就成了无源之水、无本之木。园林植物只是植物界的一个组成部分。园林生态学与植物生态学联系非常密切,园林生态学是园林景观的发展理念,植物生态学的引入,使得园林景观的发展更科学、更具有合理性。植物生态学是研究植物与环境之间相互关系的科学,园林生态学的环境多为城市环境,影响植物生长发育的环境因子也大同小异,植物的分布环境一些是原始状态,而园林植物除了部分自然环境以外,大部分为人工栽培的植物群落。

0.3.2　园林生态学与景观生态学

园林生态学是研究城市中人工栽培的园林植物群落内各种生物之间及其与城市环境之间相互关系的科学。景观生态学是研究一定地域内各种生态系统之间的关系,它们的分布格局、其功能特性与区域环境间的关系。景观是由相互作用的嵌块体以类似形式重复出现,是具有高度空间共同性的区域。景观生态学从植物的群体角度出发,研究园林景观与周围环境的相互关系,园林生态学界于植物生态学与景观生态学两个学科之间,它的发展和具体应用离不开景观生态学的支撑。在研究手段方面,景观生态学将为园林生态学的研究提供更加广阔的空间。

0.3.3　园林生态学与气象学

气象学主要研究大气现象、天气过程及其演变规律,具体内容包括:大气组成、垂直结构等;气温、气压、湿度、风、云、雾、雨、雪等主要气象要素和天气现象;气象观测、天气图分析和天气预报等以及在航天、航海以及人类在农林生产中的应用。

城市园林的发展离不开气象学,不同的气象要素造就不同的园林生态环境,一个良好的生态环境的建立,气象起着不可替代的作用。在气象要素中温度和降雨量决定植物的分布,我国南北方植物分布差异很大,在冬季东北地区雪花飘飘,在天涯海角的三亚鲜花盛开。在气象要素中水分对园林植物的生长非常重要,植物在缺水的情况下会引起干旱,关闭气孔,降低光合强度。水过多就会使植物根系呼吸困难,造成能量恶化,影响植物的正常新陈代谢。而温度的高低受光照的影响,光的质量影响植物幼苗的生长,光照强度影响植物的光合作用。长期降雨会引起涝灾,夏季几分钟的冰雹都会造成严重的自然灾害。

0.3.4　园林生态学与土壤

土壤是地球陆地的表面能生长绿色植物的疏松表层,是人们赖以生存的重要的自然资源,我国18亿亩耕地养活了14亿多人口。土壤是园林植物生长的物质基础,土壤质地的好坏、通气性、土壤的 pH 值、土壤有机质的含量都和园林植物的生长有着密切关系。多年来,环境的恶化使地球上的土壤流失严重,我们可以利用的土壤越来越少,这就要求我们以生态观念合理利用、改造、保护我们十分宝贵的土壤资源。

0.3.5　园林生态学与城市生态学

城市生态学也是生态学的分支,它将城市看作一个完整的生态系统,除研究其形态、结构以外,重点研究生态系统各组分之间的关系以及生态系统的功能。城市生态学用于指导生态研究者认识城市与环境作用的机理,城市发展的后果对城市或区域乃至全球的相互作用,使人类的住所与生物圈相互协调和谐发展。生态园林是把园林的艺术性、欣赏性,按照生态学的原理和园林的生态效应完美结合,从而形成一个完整的生态系统,来满足城市园林的生态目的。建设生态园林城市,就是为了改善城市居民的居住环境,通俗地讲就是把城市建在公园里,一出门近看是草坪、鲜花,远看是碧水蓝天。

0.3.6 园林生态学与环境生态学

环境生态学是研究在人类活动的影响下,生物与环境之间的相互关系的科学。具体来说,环境生态学是研究在人为干扰下,生态系统和功能的变化规律对人类的影响,并寻求因人类活动影响而受损失的生态系统恢复、重建和保护的生态学对策。环境生态学研究的范围广泛,它是生态学和环境科学的交叉学科。园林生态学研究的内容属于环境生态学研究的范畴,其重点有所区别,园林生态学的重点是栽培、配置园林植物,改善城市生态环境,环境生态学的重点是阐明人类活动对环境的影响以及解决环境问题的生态学途径,保护和重建各种生态系统,来满足人类生存与发展的需要。园林生态学的研究和环境生态学一样要运用生态学的基本原理和类似的研究方法和手段。

除了上述的学科之外,园林生态学和花卉学、园林树木学、园林苗圃、园林树木栽培与养护都有密切联系。

0.4 园林生态学的性质和任务

园林生态学是农、林院校园林技术、城市园林规划(风景园林方向)及观赏园艺等专业的一门专业基础课,又是一门新兴的园林学与生态学的交叉学科,涉及面广,与多门学科密切相关。

园林生态学的任务是应用生态学的原理和生态学的基本规律,分析各种生态因子与园林植物的相互关系和作用,通过对植物群落的动态分析以及人类活动的特点分析,了解城市环境的改善途径,构建城市园林生态系统,规划建设生态园林城市,改善城镇人居环境,提高城镇环境质量,维护生态平衡,发挥更大的生态效益和社会效益。

复习思考题

1. 简述园林生态学的概念及研究的内容。
2. 生态学有哪些分支学科?这些分支学科是如何划分的?
3. 简述生态学的发展简史。
4. 我国园林发展史分为哪几个阶段?各阶段有什么特点?
5. 简述园林生态学与其他学科的关系。
6. 简述园林生态学的性质和任务。

园林植物与环境

[本章导读]

本章讲述了环境的概念及其分类,生态因子土壤、温度、水分、光照、空气对园林植物的生态效应,生态因子之间的相互影响和综合作用。阐述了生态因子对园林植物作用的基本规律,生态因子作用的基本原理,以便读者更好地理解园林植物与环境之间的相互关系,因地制宜地改善不适宜的环境条件,满足园林植物生长发育的需求。

[理论教学目标]

1. 了解环境的概念及其分类。
2. 生态因子对园林植物的生态作用。
3. 生态因子对园林植物作用的基本规律,生态因子作用的基本原理。

[技能实训目标]

1. 掌握生态因子对园林植物的重要作用。
2. 在园林植物生长发育过程中能正确分析不同时期的主要生态因子。

1.1 环境的概念及类型

1.1.1 生物圈

地球环境主要是以生物圈为中心,包括与之相互作用、紧密联系的大气圈、水圈、岩石圈、土壤圈共 5 个圈层。其中生物圈是生物界与水圈、大气圈、岩石圈和土壤圈长期相互作用的结果,它位于这些物理环境圈层的交接界面上,是地球特有的圈层,是地球表面上生命活动最为活跃的圈层。

1)生物圈的概念

生物圈的概念是 Edward Suess 于 1875 年首次提出的,是指地球表面的全部生物及其居住环境所组成的总体,它是生活物质及其生命活动的产物所集中的圈层。生物圈最早萌发于海洋,经过漫长的历史岁月逐渐发展演化而成,并具有自己的发生、发展演化规律。生物圈主要由生命物质、生物生成性物质和生物惰性物质三部分组成。生命物质又称活质,是生物有机体的总和;生物生成性物质是由生命物质所组成的有机矿物质相互作用的生成物,如煤、石油、泥炭和土壤腐殖质等;生物惰性物质是指大气低层的气体、沉积岩、黏土矿物和水。

2) 生物圈的范围

生物圈为地球上生物的生存提供了基本条件:营养物质、阳光、空气、水以及适宜的温度和一定的生存空间。根据生物分布的幅度,生物圈的上限可达海平面以上 10 km 的高度,下限可达海平面以下 12 km 的深度,包括大气圈平流层的下层、整个对流层以及水圈、土壤圈和风化壳(岩石圈的表层)。但是,大部分生物都集中在地表以上 100 m 到水下 100 m 的范围内,这里是生物圈的核心。

地球表面各物理圈层的分布是不均匀的,各类生物在不同地点聚集程度也疏密不等。生物圈的结构因而并不均匀,物质与能量转化的方式也千差万别,这就有可能划分出其基本单元——生态系统。生态系统中,连接生命系统和非生命系统的枢纽正是由绿色植物组成的植被。

在地球表面的能量转化和物质循环过程中,植被既是参与者又是稳定者,植被在维持生物圈的平衡方面,具有不可替代的作用。绿色植物能截取太阳的辐射能量,吸收大气中的 CO_2 和 O_2,以及土壤中的水分和养分,使地球各个自然圈层之间发生各种物质和能量的转化和循环,促成了无机界和有机界之间的物质循环和能量流动。地球上总的生物生产量中,植被占99%。绿色植物对太阳辐射能的转化量,只占全部辐射能的 1% 左右,还有 99% 左右的生产潜能有待开发。由此可见,植被的作用使生物与地球环境之间的相互作用和相互影响达到了一个动态的生态平衡,使生物圈成为适于生命存在的环境,成为支持复杂多样的生命活动的庞大系统。

1.1.2　环境及其类型

1) 环境的概念

环境(environment)是指与某一特定主体有关的周围一切事物的总和。环境是一个相对的概念,它是针对某一主体而言的,是作为某一主体的对立面和依存面而存在的。

在生态学领域,环境是以生物为主体,一般指生物有机体周围一切要素的总和,包括生物体生存空间内的所有因素。构成环境的各个因素称为环境因子。如直接起作用的因子有温度、水、土壤、光照、二氧化碳、氧气等,间接起作用的因子有地形起伏、坡向、海拔高度等。所有生态因子构成生物的生态环境。

在环境科学领域,人类是主体,环境是指围绕着人类的空间以及影响人类生活和发展的各种因素的总和。它既包括天然的自然界中众多要素,如阳光、空气、陆地、水体、森林、草原和野生生物等,又包括经人类社会加工改造过的自然界,如园林、城市、村落、水库、港口、公路、铁路等。

2) 环境的分类

由于环境是个非常复杂的体系,因此至今尚未形成统一的分类系统,按不同的分类依据有不同的分类方法。一般可按照环境的主体、环境的性质、环境影响的范围等进行分类。

按环境的主体对象不同,可将环境分为以人为主体的人类环境和以生物为主体的生物环境。按环境的性质不同,可将环境分为自然环境、半自然环境和社会环境。按环境尺度范围的不同,可将环境分为宇宙环境、地球环境、区域环境、生境、微环境和体内环境。按人类对环境的影响,可将环境分为原生环境(自然环境)和次生环境(半自然环境和人工环境)。

从植物的角度可将环境分为自然环境、半自然环境和人工环境三大类。

(1)自然环境　自然环境指生物有机体出现以前就客观存在的环境,是直接或间接影响生物生存的一切自然形成的物质、能量和现象的总体,主要包括空气、水、土壤、岩石矿物、太阳辐射等,它对生物体具有根本性影响。植物生长离不开所处的自然环境,根据其范围大小,自然环境由大到小分可为宇宙环境、地球环境、区域环境、生境、小环境和体内环境等。

①宇宙环境　宇宙环境是指包括地球在内的整个宇宙空间,也称为星际环境。宇宙环境对地球环境产生了深刻影响。太阳辐射是地球的主要光源和热源,也是地球上一切能量的源泉,为地球生物有机体带来了生机,推动了生物圈这一最大生态系统的正常运转。太阳辐射能的变化影响着地球环境的波动。如太阳黑子出现的数量同地球上降雨量相关。月球和太阳对地球的引力作用会产生潮汐现象,并引起风暴、海啸等自然灾害。对人类生存而言,宇宙生存环境极为恶劣。到目前为止,宇宙空间内仅有地球上存在生命,对于外星球是否存在生命以及宇宙对地球的影响等,人类正在探索之中。

②地球环境　地球环境又称全球环境,主要是以生物圈为中心,包括与之相互作用,紧密联系的大气圈、水圈、岩石圈、土壤圈共5个圈层。大气圈是由包围地球的空气组成的,从下往上根据物理性质的不同可依次分为对流层、平流层、中间层、电离层和逸散层(外层)5个层次。其中,对流层的下界是地面,上界随纬度和季节而变化。主要天气现象如风、雨、雪、冰雹等都发生在此层内,大气污染也主要发生在这个层面,所以对流层对人类生活和生物的生长与繁殖关系密切。生物圈中的生物把地球上各个圈层密切联系在一起,推动了各种物质的循环和能量的转换。地球环境与人类及生物的关系十分密切。当前,臭氧层破坏、温室效应和酸雨等全球性环境问题都不可避免地直接或间接影响到人类生活与生物的生长发育、遗传变异或地理分布。

③区域环境　区域环境是指在地球的不同区域,由5大圈层不同的交叉组合所形成的不同环境。如在地球表面,首先形成了海洋和陆地的区别。在占地球表面71%的海洋范围内,可分为沿岸带、半深海带、深海带和深渊带,各带内又有不同的生物组合,通过其相互作用构成了独特的海洋区域环境,并可进一步细分。在陆地范围内,有高山、平原、丘陵、河流、湖泊之分,各自不同的区域又有不同的植物组合,进而有相应的动物和微生物侵居,从而形成了各具特色的植被类型,如森林、草原、稀树草原、农田、荒漠、沼泽、水生植被等;另外,即使地形或地貌相同,但由于温度差异也会形成不同的植被类型,如全球可以按照温度、积温等因素将其划分为热带、亚热带、温带和寒带等不同的区域环境。除温度外,还有水分、光照等环境因素的相互作用,也会形成各种不同的区域类型,使整个地球的区域环境千差万别,并产生各自相应的植被类型。

④生境　生境又称栖息地,是生物生活空间和其中全部生态因素的综合体。包括必需的生存条件和其他对生物起作用的生态因素。生物有适应生境的一面,又有改造生境的一面。植物个体、种群或植物群落在其生长、发育和分布的具体地段上,各种生态因子的综合作用形成了植物体的生境。有什么样的生境条件,就决定有什么样的植物种群或植物群落,如沙丘生境、林下生境、山坡和沼泽生境等。

⑤小环境　小环境是指对生物有着直接影响的邻接环境。就植物而言,小环境是接近植物个体表面或个体表面不同部位的环境。例如,植物叶片表面附近,由于大气温度和湿度的不同,使叶表面附近形成一种特殊的小气候,直接影响着植物的蒸腾强度;再比如植物根系接触的土壤环境(根际环境)等,植物固然受大范围环境的影响,但由于植物体周围的温度、湿度、气体等因素的不同所形成的局部小气候是植物体的直接作用者,所以从某种意义上说,小环境对于植物体的影响更为重要,因为它不但对植物的生长发育有重要影响,而且对其所处的大环境也有调节作用。从园林绿化的角度来说,应刻意营造能改善局部环境的小环境,将会促进整个园林生态环境的改善。

⑥体内环境　体内环境是指植物体内部的环境。植物叶片内部直接和叶肉细胞接触的气腔、气室都是体内环境。叶肉细胞生命活动所需的环境条件都是体内环境通过气孔的控制作用,与外界环境相通,维持整个循环的正常运行。体内环境中的温度、湿度、二氧化碳、氧气等的供应状况,对细胞的生命活动起着重要作用。体内环境的研究正向深层次的方向发展,从微观领域研究生物体的生长发育规律,进而通过一些人为措施更加有效地发挥植物的生产力,可以预测,体内环境的研究必将对整个生物界的发展和演化起到促进作用。

(2)半自然环境　半自然环境是介于自然环境与人工环境之间的类型,是指通过人工调控管理使其更好地发挥作用的自然环境,包括各种人工草地环境、人工林地环境、农田环境、牧场、人为开发和管理的自然风景区、人工建立的部分园林生态环境等。半自然环境虽由人工调控管理,但自然环境的属性仍占较大比重,人们利用各种手段,特别是日益发达的科技手段,进行环境改造和培育各种新品种,使环境与植物之间保持更好的协调关系,以满足人们生活的需求。

(3)人工环境　人工环境是指人类创建并受人类强烈干预的环境。广义上如人工经营的农场、水库、林场等均属人工环境。狭义上如温室、大棚及各种无土栽培液、人工照射条件、温控条件、湿度控制条件等都是人工环境。这些人工环境扩大了植物的生存范围,室内园林的发展,正是建立在人工环境基础之上。

1.1.3　生态因子的分类

1)生态因子的概念

构成环境的各要素称为环境因子,如气候因子、土壤因子、地形因子、生物因子等。环境因子中既有需要的因子,也有不需要的或者是有害的因子。我们把环境因子中对生物的生长、发育、生殖、行为和分布等有着直接或间接影响的因子称为生态因子。在生态因子中,对生物的生存不可缺少的因子称为生物的生存条件。例如对绿色植物来说,氧气、二氧化碳、光、热、水及矿质营养这6个因素都是绿色植物的生存条件。生态因子和环境因子是两个既有联系,又有区别的概念。生态因子可以认为是环境因子中对生物起作用的因子,而环境因子则是生物体外部的全部环境要素。在任何一个综合性环境中,都包含很多生态因子,其性质、特性和强度等方面各有不同,这些不同的生态因子之间彼此相互组合、相互制约,形成各种各样的生态环境,为不同生物的生存提供了可能。

2)生态因子的分类

任何一种园林植物的生存环境中都包括很多生态因子。生态因子的类型多种多样,分类方法也各不相同。如根据生态因子的稳定性,可将其分为稳定因子(如地心引力和太阳辐射常数)和变动因子(如光,温,潮汐的日、月、季节、年周期性变化,暴雨,山洪,地震等突发性灾难)。

目前,在研究植物与环境的相互关系时,通常根据生态因子的性质,将生态因子分为以下5大类,在这5大类中又可分为若干因子。

(1)气候因子　气候因子包括光照、温度、湿度、降水量和大气等许多因子。气候因子往往被称为地理因子,因为它们随地理位置(经纬度及海拔高度)的不同而改变,它们结合在一起,就表明了该地区的气候特征。如温度和降雨量是主要的气候因子,它决定着植物的分布。

气候因子中光因子又可分为光的强度、光的性质和光周期性等,这些因子对于植物的形态结构、生理生化、生长发育、生物量以及地理分布都有密切关系。温度因子可分为平均温度、积温、节律性变温和非节律性变温。水分因子由于降水的性质(雨、雪、雾、露、冰雹)、数量以及季节分配不同又可分为若干因子。

(2)土壤因子　土壤是植物生长的物质基础,土壤提供了植物生活的空间、水分和必需的矿质元素。土壤因子是指影响植物生长发育的土壤质地、土壤结构、土壤理化性状及生物特征等因子的统称。土壤因子是一个复合因子,它同样可以分为许多因子,如土壤的物理性质、土壤的化学性质、土壤生物等。土壤的物理性质又分土壤水分、土壤空气、土壤结构等。土壤化学性质又可细分为土壤酸度、土壤盐碱性和土壤有机质等。土壤是气候因子和生物因子共同作用的产物,所以它本身必然受到气候因子和生物因子的影响,同时也对生长在土壤中的植物发生作用。

(3)地形因子　地形因子是指地面沿水平方向的起伏状况,包括山脉、河流、海洋、平原等,和由它们所形成的丘陵、山地、河谷、溪流、河岸、海岸,以及各种地貌类型。地形因子并不是植物生活所必需的条件,而是通过对光、温度、水分、养分条件的再分配而影响植物,因而地形因子是一种间接因子,通过地形的变化影响气候和土壤,从而影响植物的生长和分布。

(4)生物因子　生物因子包括植物、动物和微生物因子。植物之间的相互关系,或者是由于争夺资源和生存空间,或者是通过改变环境而相互影响;植物为动物和微生物提供食料与栖息地,由此而引起的相互关系也是十分复杂的,如竞争、互惠共生、取食、寄生、化感作用等。

(5)人为因子　人为因子指人类活动对生物和环境的影响。对植物来说,人为因子主要指人类对植物资源的利用、改造以及破坏过程中给植物带来有利的或有害的影响。这是一类特殊的因子,因为人类利用植物是有意识、有目的的。人为因子包括积极的和消极的、直接的和间接的、有意的和无意的。人为因子的影响程度和范围正在不断加深和扩大,人类的影响力量超过其他一切因子。

生态因子的划分是人为的,其目的只是研究或应用上的方便。实际上,环境中各种生态因子的作用并不是孤立的,而是相互联系并共同对生物产生影响,各个生态因子不仅本身起作用,而且相互发生作用,既受周围其他因子的影响,又反过来影响其他因子。因此,在进行生态因子分析时,不能只片面地注意到某一生态因子,而忽略其他因子。另外,生态因子在影响植物的同时,植物也在改变着生态因子的状况。

1.1.4　环境因子的生态学分析

1)光的生态效应

光是生态系统中一个重要的环境因素,是绿色植物的生存条件之一,绿色植物通过光合作用将光能转化为化学能,贮藏在合成的有机物中,除供给自身需要外,还提供给其他异养生物,为地球上几乎一切的生物提供了生命活动的能源。光不仅是绿色植物光合作用的必需因子,而且调节植物整个生长发育过程。因此,光对园林植物有重要的生态意义。光对园林植物的影响主要表现在光照强度、光照长度和光质(光谱成分)3个方面。

(1)光照强度对园林植物的影响　光照强度通过植物的光合作用来影响植物的生长发育。光合作用随着光照强度增加而增加,直至达到光饱和点时,光合速率为最大值。根据植物对光强的要求,可将植物分成阳性植物、阴性植物和居于这两者之间的耐阴植物(中性植物)。光照强度对植物的形态建成和生殖器官的发育也有很大影响。植物在暗处生长,由于不能合成叶绿素,就会出现黄化现象,表现为茎细长柔弱,组织分化程度低,机械组织不发达,茎顶呈钩状弯曲,叶小不开展等现象。

强光可抑制植物生长,使植物矮化,高山植物普遍矮化就是这个道理。因此,利用强光对茎生长的抑制作用可培育出植株矮化、更具观赏价值的园林植物新品种。

(2)光照长度对园林植物的影响　光照长度对植物生长发育的影响表现为光周期现象。一天之中,白天和黑夜的相对长度称为光周期。植物对昼夜长度变化发生反应的现象称为光周期现象。光周期对植物的生态影响主要表现在成花诱导上。根据植物开花对光周期的要求不同,可将植物分为4种主要的光周期反应类型:长日照植物、短日照植物、日照中性植物和中日照植物。研究证明,在光周期现象中,对植物开花起决定作用的是暗期的长短。也就是说,短日照植物必须超过某一临界暗期才能形成花芽,而长日照必须短于某一临界暗期才能开花。植物光周期不仅对植物开花有影响,而且对植物的营养生长和休眠也有明显的作用。

(3)光质对园林植物的影响　光质对园林植物的影响主要表现在不同光谱成分对植物形态建成和生理生化作用有不同的生态效应。光是太阳的辐射能以电磁波的形式投射到地球的辐射线。太阳辐射光谱中,能被植物叶片吸收、具有生理活性的光,是波长在400~700 nm的可见光,这也是植物所能利用来进行光合作用的主要光谱区间,称为光合有效辐射。但紫外线和红外线部分对植物也有作用。一般而言,植物在全光范围,即在白光下才能正常生长发育,但是白光中不同波长的光对植物的作用是不完全相同的。如青蓝紫光对植物的伸长生长有抑制作用,它们还能抑制植物体内某些生长激素的形成,从而抑制了茎的伸长,并产生向光性;它们还能促进花青素的形成,使花朵色彩艳丽。对植物的光合作用而言,红光的作用最大,其次是蓝紫光;红光又有助于叶绿素的形成,促进二氧化碳的分解与碳水化合物的合成,蓝光则有助于有机酸和蛋白质的合成。而绿光则大多被叶片反射或透射,很少用于植物的光合作用,称为生理无效光。

2)温度因子的生态效应

任何植物都是生活在具有一定温度的外界环境中并受到温度变化的影响。首先,在适宜的温度范围内植物能正常生长发育,温度过高或过低,都将对植物产生不利影响。因此,温度是植物生长发育和分布的限制因子之一。其次,温度对植物的影响还表现在温度的变化能引起环境中其他因子如湿度、降水、风等的变化,从而间接地影响植物的生长发育。

(1)温度对植物生长发育的影响　温度通过影响酶的活性及各种代谢过程而影响生长。温度的变化直接影响着植物的光合作用、呼吸作用、蒸腾作用等生理过程。我们把影响植物生长的最低、最适、最高温度,称为温度的三基点。一般植物在 $0 \sim 35 \ ℃$ 的温度范围内随温度上升,生长速度加快,随温度降低,生长速度减缓,但当温度超过植物所能忍耐的最低和最高温度极限时,植物的部分器官即受害甚至死亡。

植物的生长还具有温周期现象。就是植物的生长按温度的昼夜周期性变化而发生有规律变化的现象。较低的夜温和适宜的昼温可以提高种子的发芽率。昼夜变温还能促进植物的生长发育,大多数植物均表现为在昼夜变温条件下比恒温条件下生长良好。在变温和一定程度的较大温差下,植物开花较多且较大,果实也较大,品质也较好。如吐鲁番盆地在葡萄成熟季节,昼夜温差在 $10 \ ℃$ 以上,所以葡萄含糖量高达22%以上。河南开封、中牟的西瓜负有盛名,就是因为砂土地为热性土,昼夜温差大,有利于糖分的积累,使西瓜果实中心含糖量达到13%。

(2)温度与植物分布　温度因子对植物在地球上的分布起决定性作用。如果把木棉、凤凰木、鸡蛋花、白兰等热带、亚热带的树木引种到北方就会冻死,把桃、苹果等北方树种引种到亚热带、热带地方,就会生长不良或不能开花结果,甚至死亡。这主要是因为温度因子影响了植物的生长发育从而限制了植物的分布范围。影响植物分布的温度条件包括:年平均温度、最冷和最热月平均温度;日平均温度的累积值;极端温度。低温对植物分布的限制比高温更为明显。

3) 水因子的生态效应

水是植物生存的一个重要环境条件。植物的一切生命活动必须在有水的情况下才能进行,所以说水是生命之源,没有水就没有生命。

水有液态、固态和气态3种形式,在常温下为液态,在零度以下结冰成为固态,在高温下变成水蒸气蒸发掉。水分条件不仅直接影响园林植物的生长发育,还影响地球上植被的分布。

(1)水对园林植物生长发育的影响　植物在不同的生长发育时期对水分的需求不同。在种子萌发时,种子只有从外界吸收到足够的水分后,才能使种皮软化,氧气更容易透入,使呼吸加强,同时,水分能使原生质由凝胶状态向溶胶状态转变,使生理活性增强,促进有机物质分解,合成幼苗的躯体,使种子发芽出苗。苗期适当缺水有利于蹲苗,能提高植物的抗旱能力。随着植物的不断生长,需水量也随之逐渐增加,在开花期植物需水量最大,但连续降雨不利于植物传粉受精。果实膨大期也需要足够的水分供应,如果这时干旱缺水,就会引起落花落果,或者果实变小,品质和数量降低。到植物生长后期,根、茎、叶开始衰退,果实将要成熟时,需水量也渐趋减少。

(2)水分与植物的分布　水分对植物的分布有密切关系。地球上由于水分分布的不均匀,表现出各种各样的植被类型,从全球角度来说,水分分布以拉丁美洲最多,欧亚次之,非洲最少;我国则南多北少,东多西少,植被类型也随之变化。比如我国东部和南部主要为森林分布区,而西北部主要为草地和荒漠区。

4) 大气因子的生态效应

地球表面包围着一层厚厚的空气,叫大气圈。大气是地球上生物赖以生存的重要条件,它是地球生物的保护层,因为大气可以阻止紫外线对生物的伤害,缓和气温的昼夜变化。更重要的是,大气与生物有机体之间可以进行气体交换。大气由多种气体、水汽和一些微尘杂质混合组成。其中和植物关系最为密切的成分是氧气和二氧化碳。

(1)空气中主要成分对园林植物的生态作用

①二氧化碳　首先,二氧化碳的浓度高低直接影响地表温度。大气中的二氧化碳与其他温室气体通过吸收红外辐射等可以维持整个大气层保持在一个恒定的温度范围内。大气中的温室气体组成了一道无形的玻璃墙,太阳辐射的热量可进入,而地球辐射热量不能通过,从而保持地球表面气温的恒定,当大气组成含量维持一种动态平衡时,地球气温也会保持平衡,维持这种平衡对整个地球上生命的延续提供了可能。在多种温室气体中,二氧化碳是其中的主要成分。因此二氧化碳的浓度高低直接影响地表温度,从而影响植物的生长发育及分布等情况。

二氧化碳又是植物光合作用的主要原料。植物通过光合作用,把二氧化碳和水合成碳水化合物,并进一步构成各种复杂的有机物,地球上的有机物都是光合作用直接或间接的产物。据分析,在植物干重中,碳占45%,氧占42%,氢占6.5%,氮占1.5%,灰分元素占5%,其中碳和氧都来自二氧化碳。因此植物对二氧化碳吸收的多少具有重要的生态意义。同时,植物在环境中的竞争能力取决于其对二氧化碳吸收的平均量,而不是短暂的光合作用的最大值。从这个意义上讲,二氧化碳含量的增加,有助于植物的生长。据估计,当水分、温度及其他养分因子适宜时,大气中二氧化碳每增加10%以上就可使净初级生产增加5%。可见,增加空气中二氧化碳的含量,就会增加光合作用的强度,从而增加有机物的含量。因此,大气中二氧化碳浓度是促使植物生产力的因素之一,在生产上可以通过施二氧化碳肥来提高植物生产力。

②氧气　氧气是生物呼吸的必需物质。植物呼吸时吸收氧气,释放二氧化碳,并通过氧气参与植物体内各种物质的氧化代谢过程,释放能量供植物体进行正常的生命活动。如果缺氧或无氧,有机质不能彻底分解,造成植物物质代谢过程所需能量的匮乏,植物生长将受到影响,甚至窒息死亡。

土壤空气中的氧气含量对植物及土壤生物有重要意义。土壤中氧气含量低于大气,但氧气含量在10%以上时,一般不会对植物根系造成伤害。土壤氧气含量低于10%时,根系呼吸作用受阻,大多数植物根系正常生理机能都要衰退,在缺氧状态下有机物质不完全分解形成的呼吸产物也会对植物根系产生毒害作用,造成根系腐烂、死亡。

氧气是很多植物种子萌发的必备条件。氧气缺乏时造成种子内部呼吸作用减缓,从而使其休眠期延长而抑制萌发。同时,氧气还是自然界氧化过程的参与者。岩石的氧化、土壤和水域中的各种氧化反应等都离不开氧气,这些氧化反应为植物对养分的需求提供来源。

③氮气　氮素是植物体的必要元素,占植物体干重的1%~3%,氮是植物体内许多重要化合物如核酸、蛋白质、辅酶、叶绿素、维生素、植物激素等的组成成分,它是生命的物质基础。因此当氮素不足时,植物生长受抑,植株矮小,叶片发黄,果实发育不充分。大气中氮气的含量最多,氮气是植物的重要氮源。但是大气中的氮气不能被植物直接吸收利用,只有通过生物固氮、雷电、火山爆发等途经将其转化为一些含氮化合物如硝态氮和铵态氮,才能被植物吸收。植物主要靠根系从土壤中吸收氮,土壤中的氮素主要来自土壤有机质的转化和分解,其次是生物固氮和雷电对氮的转化。

(2)空气的流动对园林植物的影响　空气的水平流动形成风。风虽然不是植物生活必需的环境因子,但对植物的生长、发育、繁殖和形态都有一定的影响。风依其速度通常分为12级,低速风对植物有利,高速风则会危害植物。

①风对园林植物有利的影响　风对植物的影响主要表现在生长和繁殖两个方面。从繁殖方面来看,风有助于风媒花的传粉,例如银杏雄株的花粉可顺风传播数十里以外;云杉等下部枝条上的雄花花粉,可借助于林内的上升气流传至上部枝条的雌花上。风还可以帮助传播果实和种子,如菊科、杨柳科、榆属、槭属等的果实或种子。在植物开花时,风还可以帮助植物传播芳香气味,吸引昆虫帮助传粉。从植物生长方面来看,微风能把叶片表面二氧化碳浓度小的空气吹走,带来含二氧化碳多的空气,有利于植物光合作用。微风还能促进蒸腾速度加快,促进植物水分代谢。但是当风速过大时,蒸腾速率过高,根系供水不能满足蒸腾作用的需求时,导致气孔关闭,植物的光合速率下降,植物生长就会减弱。

②强风对园林植物的影响　强风对植物不利的影响分为生理和机械损害两个方面。生理方面主要是上述提到的强风致使蒸腾作用过强,尤其是在春夏生长期的旱风、干热风、焚风会给农、林生产带来不利影响。风对植物的机械损害主要是指折断枝干、拔根等,其危害程度主要取决于风速、风的阵发性和植物种的抗风性。受病虫害侵扰、生长衰退以及老龄过熟树木常被强风吹折树干。风速较大的飓风、台风等会吹折树木枝干,损伤植物根系。

另外,风对树木的形态也有一定的影响。盛行一个方向的强风常使树冠畸形,形成"旗形树",如黄山的迎客松。在多风的环境下,会引起植物叶面积减小,节间缩短,变得低矮。生长在高海拔地区的树木往往低矮弯曲,这和常年遭受大风有关。

5)土壤因子的生态效应

土壤是岩石圈表面能生长绿色植物的疏松表层,是陆生植物生活的基质和营养库,它除了对植物起支持固定作用外,更重要的是为植物的生长发育提供了必需的生活条件(水、肥、气、热)。因此,通过控制土壤因素,调节好园林植物与土壤之间的关系,可以为园林植物生长发育提供良好的物质基础。

(1)土壤质地对园林植物的影响　土壤质地是指土壤的粗细程度,根据土壤质地可把土壤分为砂土、壤土和黏土三大类。土壤质地影响土壤孔隙状况和松紧度,进而影响土壤微生物的活动和水、肥、气、热状况,因此影响植物的养分吸收、根的生长和分布。砂土土壤疏松、保水保肥性差、通气透水性强,这种土质可以种植耐干旱贫瘠的植物,如樟子松、刺槐等;黏土质地黏重,保水保肥能力较强,通气透水性差,不利于植物的生长,容易形成涝灾;壤土质地较均匀,粗粉粒含量高,通气透水、保水保肥性能都较好,抗旱能力强,最适宜植物的生长。

(2)土壤理化性质对园林植物的影响　土壤理化性质包括土壤结构、土壤温度、土壤水分、土壤的 pH 值、土壤的物理机械性、土壤耕性等,这些因素相互作用,对园林植物生长发育发生综合性的影响。

①土壤结构　在自然界中,土壤固体颗粒在内外因素的作用下,相互团聚成大小、形态和性质不同的土团、土块、土片等团聚体称为土壤结构,或土壤结构体。常见的土壤结构体的类型有块状、核状、柱状和棱状、片状和团粒状几种类型。最理想的土壤结构是团粒结构,团粒结构具有水稳定性,由其组成的土壤,能协调土壤中水分、空气和营养物之间的关系,改善土壤的理化性质,有利于土壤微生物的活动,对植物生长非常有利,适合于种植多种园林植物。柱状和棱状结构为犁地层的蒜瓣土,有机质含量少,质地坚硬,质量最差,片状土为水稻田所常见,块状结构在灌水后可以变成团粒结构,也是较好的类型。

②土壤温度　土壤温度对植物种子的萌发和生长有直接影响。一般来说,低的土温会降低根系的代谢和呼吸强度,抑制根系的生长;土温过高则促使根系过早成熟,根部木质化加大,从

而减少根系的吸收面积。一定范围内园林植物根系的吸水率一般随土壤温度的升高而增加,但超过此限度反而会受到抑制。土壤温度还影响各种矿物的风化、矿物质的溶解度、养分的离子扩散、土壤微生物的活动等,从而影响土壤中养分的释放及其有效性,进而影响园林植物的生长发育。

③土壤水分　土壤水分影响土壤养分的溶解、迁移和吸收。土壤水分与盐类组成的土壤溶液参与土壤中物质的转化,促进有机物的分解与合成。土壤的矿质营养必须溶解在水中才能被植物吸收利用。土壤水分太少引起干旱,致使植物因缺水而发生萎蔫。土壤水分太多又导致涝害。

④土壤空气　土壤空气组成与大气不同,而且不如大气中稳定。土壤的结构、不同的土壤质地决定土壤的通气性。土壤中相互连通的大孔隙有助于土壤通气,因此,土壤的通气性取决于大孔隙的数量。土壤中氧气的含量只有 10% ~ 12%,在不良条件下,可以降至 10% 以下,这时就可能抑制植物根系的呼吸作用。土壤中二氧化碳浓度则比大气高几十到几百倍,排水良好的土壤中二氧化碳含量在 0.1% 左右,大量施用有机肥或翻压绿肥的土壤,二氧化碳含量可以超过 2% 或更多。植物光合作用所需的二氧化碳有一半来自土壤。但是,当土壤中二氧化碳含量过高时(如达到 10% ~ 15%),就会影响根的呼吸和吸收机能。土壤通气良好,植物根系发育良好,吸收能力强,有利于根系从土壤里吸收水分和矿质营养。在通气性差的土壤中,往往缺氧造成根系粗而短,根毛大量减少,生理活动受阻,吸收能力大幅度下降。如果土壤中的氧气浓度低于 5%,大多数根系会停止生长。

土壤通气性还影响植物种子的萌发。大多数植物种子的正常发芽要求 10% 以上的氧气浓度,如果低于 5%,就会抑制种子的发芽和出苗。

⑤土壤的 pH 值　土壤酸碱度常用土壤溶液的 pH 值表示,它是土壤的重要化学性质之一,它与土壤肥力、土壤微生物活动、有机质的合成与分解、营养元素的转化与释放、微量元素的有效性及土壤保持养分的能力等有密切关系。

土壤的酸碱度直接影响土壤中各种养分的有效性,从而直接或间接地影响植物的生长。pH 值范围对不同的养分影响也有所差别,但总的来说,在 pH 值为 6 ~ 7 的微酸条件下,土壤养分的有效性最高,对植物生长最适宜。土壤由于酸碱性的差别往往会造成某一类养分的缺乏。如偏酸性的条件下,往往容易造成钾、钙、镁、磷等养分的缺乏,会导致植物生长减慢,老叶失绿,枝叶部分死亡,花数量减少,甚至不结实。在强碱性土壤中,容易引起铁、硼、铜、锰、锌等元素的缺乏。土壤的 pH 值还影响微生物的活动,从而影响植物的生长。在酸性土壤中,细菌对有机质的分解作用减弱,另有些细菌,如根瘤菌、氨化细菌和硝化细菌等甚至因酸性增强而死亡。

1.2　园林植物与生态因子

1.2.1　生态因子对园林植物作用的基本规律

园林植物和生态因子之间的相互关系存在着普遍性规律,这些规律就是研究生态因子的基本观点。掌握这些规律,在调节园林植物生长、配置园林植物时有重要的指导意义。

1) 生态因子作用的综合性

环境中各种生态因子不是孤立存在的,而是彼此联系、相互促进、相互制约的,任何一个单因子的变化,都可能引起其他因子的变化及其反作用。生态因子永远是综合作用于园林植物,不存在某个生态因子单独作用。任何生态因子都必须与其他生态因子综合在一起才能对园林植物发生作用。换句话说,无论一个生态因子对植物有多么重要,它的作用也只有在与其他因子的配合中才能表现出来。如果失去其他因子适当的配合,植物的生长发育就会受到很大影响。例如,温带地区一些一年生植物和两年生植物必须通过春化作用才能正常开花,诱导春化完成的主要条件是低温,但也只有在适宜的湿度和良好的通气条件下,低温才能很好地发挥作用,如果水分不足、氧气缺乏,则不能完成春化过程。由此可见,对植物的影响是生态环境中各个生态因子综合作用的结果,绝不是个别生态因子单独地起作用。不同的生态因子是互相联系、互相促进、互相制约的。一个生态因子发生变化,常会引起其他生态因子的改变,如光照强度增加后,会引起气温和土温的升高、空气相对湿度降低、地表蒸发快、土壤含水量降低等一系列变化。

2) 生态因子的非等价性

组成生态环境的诸多生态因子虽然都是园林植物生活所必需的,但它们在综合作用过程中是非等价的,在一定条件下,其中常常会有一个生态因子起决定性作用,该因子一旦发生变化,就会引起其他生态因子的改变,这个起决定性作用的因子称为主导因子。主导因子的作用包含两个方面:从因子本身来说,当所有的因子在质和量处于相对平衡时,其中某一个因子的较大改变能引起环境的综合性质发生变化,如太阳辐射的变化会引起空气温度和湿度的改变;而对植物而言,某一生态因子的存在与否或数量上的变化就会影响植物的生长发育,这类因子也称为主导因子,如光周期现象中的日照长度、植物春化阶段的低温因子等,后一种含义上的主导因子又称为限制因子。一般来说,园林植物生活所必需的条件——光照、温度、水分、土壤等,常常会在一定条件下成为主导因子。例如,在寒冷的北方水分充足的地区,光照条件往往是生态环境的主导因子;在春化作用中,温度为主导因子,湿度和通气状况是次要因子;光合作用时,光照强度是主导因子,温度和 CO_2 为次要因子;光周期现象中,日照长短是主导因子,而光照强度又成为次要因子。

生态因子的主次在一定条件下是可以发生转化的,植物处于不同生长时期和不同条件下对生态因子的要求不同,某种特定条件下的主导因子在另一条件下可能会降为次要因子。

3) 生态因子的不可代替性和补偿性

生态因子中园林植物生活所必需的条件,对园林植物的作用虽不是等价的,但都是同等重要而不可缺少的。园林植物对生态因子的需要量可以达到最小,但不能缺少;如果缺少其中任何一种,就会引起植物的生长受到阻碍,甚至死亡。因此,生活条件中的任何一个因子,都不能由另一个因子来代替,这就是生态因子的不可替代性和同等重要性定律。比如当水分缺乏到足以影响植物生长时,不能通过调节温度、改变光照条件或矿质营养条件来解决,而只能通过灌溉去解决。不仅光、热、水等大量因子不可由其他因子替代,就连植物需要量极少的微量元素也是如此。

但是,在一定条件下,某一生态因子在量上的不足,可以由相关因子的增强而得到部分补偿,并有可能获得相近的生态效应。例如,温室栽培花卉时光强的减弱所引起的植物光合强度下降,可通过二氧化碳浓度的增加而得到补偿。又如,山东半岛的一些山地引种杉木,那里的温度条件与南方杉木产区相差较大,但由于降水量和湿度条件较好,起到补偿作用,使杉木引种获得成功。

然而,生态因子之间的补偿作用是有一定限度的,它只能在一定的范围内做部分的补充。另外,生态因子之间的补偿作用,也并非经常的和普遍的。

4)生态因子的直接作用和间接作用

生态因子对园林植物的作用,有些是直接的,有些是间接的。区分生态因子的直接作用和间接作用对认识园林植物的生长、发育、繁殖及分布都很重要。就生态因子而言,它的直接作用表现为生物之间的寄生、共生等,它们对园林植物都有直接关系。例如有些园林植物的根系会与根瘤菌和真菌之间形成根瘤和菌根的共生关系,而根瘤菌和真菌对它们的作用就是直接的。还有园林植物根与根之间的接触,所发生的有利和有害作用等,都是直接关系。而环境中的地形因子却是间接因子。例如大陆、海洋、沙漠以及地势起伏、坡向、坡度、海拔高度等因素,虽然它们并不直接包括在植物和环境的统一体内,并不影响植物的新陈代谢过程,但却影响降水量、温度、风速、日照以及土壤的理化性质等,因此,也就间接地影响植物的生长。例如,一幢东西走向的高大建筑物的南北两侧,生态环境有很大差别,在北半球地区,建筑物南侧接受的太阳直射光多于北侧,因此南侧的光照较强、湿度较小,适合阳性植物的生长;北侧的光照较弱、湿度相对较大,比较适合阴性植物的生长。建筑物南北朝向本身并不影响植物的新陈代谢,但却通过影响光照、空气湿度而间接影响植物的生长。又如,攀枝花市虽然位于北纬26°5′,但由于地处金沙江河谷,境内山岭纵横,河谷幽深,北面有大相岭和小相岭阻挡北方寒潮的侵袭,气温比同纬度的贵阳、衡阳、温州等地为高,年平均温度 20.5 ℃,≥10 ℃积温>5 000 ℃。间接因子地形所造成的气候区域,促进了该地区的南亚热带稀树草原的发生,而这种植物类型本来在海南岛和云南南部才有。

5)生态因子的阶段性

园林植物的生长、发育具有阶段性,其生长发育的不同阶段往往需要不同的生态因子或生态因子的不同强度,因此生态因子对园林植物的作用是有阶段性的,这种阶段性是由生态环境的规律性变化比如季节性的物候、昼夜温差、光周期等因子的规律性变化而引起的。一方面,自然界没有恒定不变的生态因子;另一方面,植物生长发育所依赖的是不断变化的生态因子,不仅不同年龄阶段或发育阶段的需求不同,而且不同器官或部位对同一生态因子的要求也不完全相同。例如,光因子对植物生长发育极为重要,但对大多数植物来说,在种子萌发阶段并非必须条件;低温在某些植物的春化阶段起着必不可少的作用,但在其后的生长阶段,则是有害的。生长在不同气候带的园林植物,对光照和水分的要求有很大差异,因此,在引种时首先要考虑当地的气候条件。

1.2.2 生态因子作用的基本原理

1)最小因子定律

最小因子定律(Law of Minimum)又称利比希最低量法则。该定律是由 19 世纪德国农业化学家利比希(R. J. Liebig)首次提出的,他是研究各种因子对植物生长影响的先驱。1840 年,利比希在研究谷物的产量时发现,限制谷物产量的常常并不是其需要量较大的营养物质,而是取决于那些在土壤中极为稀少,又为植物所必需的营养元素(如硼、锌、铁)。如果环境中缺乏其中的某一种,植物就会发育不良,如果这种物质处于最少量状态,植物的生长量就最少。后来进一步的研究发现,利比希提出的理论不仅仅适用于温度条件,而且也适应于光或其他生态因子,以后人们将这一理论称为最小因子定律。其基本内容是:任何特定因子的存在量若低于某种生物的最少需要量,就会成为决定该物种生存或分布的主要因素。换句话说,如果环境中某一因子的量处于比较缺乏的状态,而其他因子的量都比较丰富,这一分量最不足的因子就成为植物生长的限制因子。如水生植物光合作用的效率不受日照强度和水的限制,而受水中二氧化碳含量的限制,二氧化碳就是水生植物的限制因子。

后来的一些研究进一步指出,该定律还不太完善,还有一些需要补充的新内容:

①当限制因子的状况得到改善时,植物增产效果在初期十分明显,但继续下去,效果渐减。

②该定律只有在严格稳定状态下,即在物质和能量的输入和输出处于平衡状态时,才能应用。如果稳定状态被破坏,各种营养物质的存在量和需要量会发生改变,这时就没有最小成分可言。

③应用该法则时,必须要考虑各种因子之间的关系。如果有一种营养物质的数量很多或容易吸收,它就会影响到数量短缺的那种营养物质的利用率。

④此定理在用于实践时,还需注意生态因子之间的补偿作用,即当一个特定因子处于最少量状态时,其他处于高浓度或过量状态的物质,将会补偿这一特定因子的不足。

2)耐受性定律

1913年,美国生态学家谢尔福德(Shelford)提出了耐受性定律(Law of Tolerance)。他认为,任何一个生态因子在数量上或质量上的不足或超过了某种生物的耐受限度,就会影响该物种的生存和分布,甚至使其灭绝。与最小因子定律不同的是,耐受性定律把生态因子的最小量和最大量相提并论,把任何接近或超过耐受性下限或上限的因子都称为限制因子。也就是说,植物不仅受生态因子最低量的限制,而且受生态因子最高量的限制。例如,玉米生长发育所需的温度最低不能低于9.4 ℃,最高不能超过46.1 ℃,耐受范围为9.4~46.1 ℃。

由于长期自然选择的结果,各种植物对每一种环境因子都有一个耐受范围,其耐受下限和上限(即生态适应的最高点和最低点)之间的范围,即为该物种的生态幅。在生态幅的中间为最适区,两端为两个生理受抑区(即生理紧张带),再向外延伸,超出生态幅,则为不能耐受区。谢尔福德耐受性法则的基本思想是,任何一个生态因子在数量和质量上的不足或过多,越接近或达到某种生物的耐受性限度,就越有可能导致该物种衰退或死亡。耐受性定律可以用图1.1所示的曲线来表示。

对同一生态因子,不同种类的植物有不同的耐受极限,如原产热带的花卉一般在18 ℃左右才开始生长,而原产温带的花卉在10 ℃左右就能开始生长。植物耐受性不仅随种类而不同,就在同一个种的不同个体中,耐受性也会因年龄、季节、分布地区而有所不同。植物在整个发育过程中,耐受性不同,通常情况下生殖生长时期是一个比较敏感时期。在此期间生态因子最可能起限制作用,因此植物在种子萌发与开花结实阶段,往往对生态因子的要求比较严格。当一种植物生长旺盛时,它对一些因子的耐性限度会提高;相反,当某一个因子处在不适状态时,植物对其他因子的耐受能力就可能会下降。

植物对各种生态因子的适应范围有很大差异。同一种植物,有时对某一生态因子的适应范围较宽,而对另一生态因子的适应范围很窄,在这种情况下,生态幅常常被后一生态因子所限制。根据植物对各种生态因子适应的幅度,可分为很多类型。如对温度因子的狭温性和广温性;对光因子的狭光性和广光性;对水分因子的狭水性和广水性;对湿度因子的狭湿性和广湿性等。一般而言,如果一种植物对所有生态因子的耐受范围很广泛,那么这种植物的分布也一定很广,即为广生态幅物种,反之则为狭生态幅物种(图1.2)。

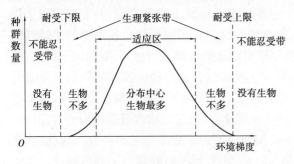

图1.1　耐受性定律图示
（李振基等,2000）

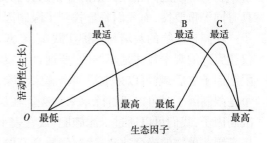

图1.2　狭温性与广温性生物的生态幅
A—冷狭温;B—广温;C—暖狭温
（李博,2000）

另外,植物的耐性限度是可以改变的,因为生物对环境的缓慢变化有一定的调整适应能力,甚至能逐渐适应于极端环境,如极端嗜盐菌、嗜热菌等。但这种适应性是以减弱对其他生态因子的适应能力为代价的,一些生态幅窄的生物,对范围狭窄的极端环境条件具有极强的适应能力,但却丧失了在其他环境下生存的能力。相反,生态幅广的生物对某些极端环境的适应能力则甚低。应注意的是,植物对环境的适应和对生态因子的耐受性并不是完全被动的。植物并不是环境的"奴隶",进化可以使它们积极地适应环境,甚至改变自然环境条件,从而减轻生态因子的限制作用。例如,地理分布较广的物种常形成不同生态型,这是在不同地方性环境条件下遗传分化的结果。同一物种的不同生态型之间在耐受限度与最适度方面有所差异,各自适应特定的生境条件。

如果一种植物长期生活在偏离其最适生存范围一侧的环境条件下,久而久之就会导致该物种耐受曲线的位置移动,产生新的最适生存范围。植物的这种在自然条件下调整其对某个或某些生态因子耐受范围的过程称为驯化。驯化过程通常需要较长的时间,并涉及植物体内酶系统的适应性改变。在实际工作中,人们经常采取人工驯化的方法改变植物的耐受性范围。如花木的异地引种、野生花卉的引种栽培等;又如热带、亚热带植物的北移,其耐寒性会随着植物年龄的增长、越冬年数的递增而不断增强,对新环境的适应能力逐渐提高。例如浙江从外地引种的木麻黄、柠檬桉、台湾相思树、银桦等树种已经能忍耐-7～-5 ℃的低温。

3）限制因子

耐受性定律和最小因子定律主要是限制因子的问题,综合上述两条规律,可以得出限制因子的概念。在众多的生态因子中,任何接近或超过植物的耐受极限,而阻止植物的生长、繁殖、扩散或分布的因子就叫作限制因子。这说明,植物的生存和繁荣取决于综合环境条件状况,任何接近或超过耐受性限度的状况都可以说是限制因子。

光照、温度、水分、养分、土壤 pH 值等都可能成为限制因子。如黄化苗是因为光照不足造成的,这时,光是限制因子;植物因干旱生长不良,水分是限制因子;极地没有高等植物的分布,主要是受温度的限制;山茶和茶树为酸性植物,若栽种到钙质土中,由于 pH 值过高,常生长不良甚至死亡,土壤的 pH 值就是限制因子。在植物的生长发育过程中,限制因子并非固定不变的。如在植物的幼苗时期,杂草竞争可能成为限制因子;在生长旺盛时期,水肥状况则可能成为限制因子。

限制因子的概念对生态学研究具有重要意义。它的主要价值在于使人们掌握了认识和了解生物与环境之间相互关系的金钥匙,因为在一定条件下对特定生物种来说,并非所有因子都具有同等重要性,而我们一旦找到了限制因子,就意味着找到了影响生物生长发育的关键性因子。在园林植物的栽培与养护实践中,掌握限制因子定律至关重要。当然,对限制因子的确定,仅凭野外的观察往往是不够的,要通过观察、分析与实验相结合的途径。找到植物生长发育的限制因子之后,就可以采取适当措施来消除,如水分是限制因子时可以通过灌溉来解决;杂草竞争是限制因子时可以通过除草来解决。在保护地种植蔬菜,二氧化碳浓度低是影响光合作用的限制因子,我们可以通过干冰施肥,或在表土 3 cm 深处掩埋二氧化碳颗粒剂补充二氧化碳,来提高园艺植物的光合速率,达到优质高产的目的。但是,并不是任何限制因子都可以通过人为措施来解决的,因为自然规律并不是以人的意志为转移的。

复习思考题

1. 什么是生态因子? 生态因子划分为哪些类型?
2. 简述生态因子对植物作用的基本规律。
3. 什么是限制因子? 请结合园林生产实际加以说明。
4. 举例说明最小因子定律的含义。

知识链接——城市生态系统

历史的脚步已经迈入 21 世纪。在 20 世纪中,科学技术的进步使人类在征服自然和改造自然方面取得了辉煌的成就,在人们成功征服自然而自豪的时候,自己的生存环境也日益恶化,从而导致环境危机,引发了无数灾难性的后果。城市工业的快速发展,出现了诸多环境问题,如水土流失、环境污染、全球气候变化、生物多样性锐减、臭氧层破坏等。全球环境的变化向人类敲响了警钟,我们在追求富裕文明社会生活的同时,如果不理智地对待环境问题,将失去适宜的人类生活环境,生态学在解决资源、环境和可持续发展等重大问题上具有重要意义,随着我们城镇化建设的迅速发展,我国城市越来越多,中等城市变成大城市,大城市变成区域性中心城市。随着我国城镇建设的加快,道路四通八达,城市越来越大,土地面积逐渐减少。工业的快速发展,人口的过度密集,导致交通堵塞,形成热岛效应,环境污染日益严重。城市雾霾天气增多,大气污染已经成为城市的公害。全球气候快速变化引发的新疾病、生态问题,已经成为制约社会经济发展的限制因子。为了改变城市的生态环境,我们提出了建设生态园林城的口号,近 10 年来,我国先后建成了一批国家级生态园林城市,这些城市在全国起到了示范作用。要建设生态园林城市,了解关于城市生态系统的一些专业知识,对规划建设生态园林城市十分重要。

1) 城市生态系统的概念

城市生态系统是以城市为中心,以自然生态系统为基础,人的需要为目标的自然再生产和经济再生产相交织的经济生态系统。城市生态系统由自然系统、经济系统和社会系统所组成。城市中的自然系统包括城市居民赖以生存的基本物质环境,如阳光、空气、淡水、土地、动物、植物、微生物等;经济系统包括生产、分配、流通和消费的各个环节;社会系统涉及城市居民社会、经济及文化活动的各个方面,主要表现为人与人之间、个人与集体之间以及集体与集体之间的各种关系。这三大系统之间通过高度密集的物质流、能量流和信息流相互联系,其中人类的管理和决策起着决定性的调控作用。

2) 城市生态系统的组成要素

城市生态系统的组成要素包括生物要素,如城市居民植物、动物和细菌、真菌、病毒;非生物要素如光、热、水、大气等,还包括人类和社会经济要素。这些要素通过能量流动、生物地球化学循环以及物资供应与废物处理系统形成一个具有内在联系的统一整体。相关系统在城市生态系统中仍起着重要的支配作用。这一点与自然生态系统明显不同。在自然生态系统中能量的最终来源是太阳能,在物质方面则可以通过生物地球化学循环而达到自给自足。城市生态系统有所不同,它所需求的大部分能量和物质都需要从其他生态系统如农田生态系统、森林生态系统、草原生态系统、湖泊生态系统、海洋生态系统人为地输入。同时城市中人类在生产活动和日常生活中所产生的大量废物,不能完全在本系统内分解和再利用,必须输送到其他生态系统中去。由此可见城市生态系统对其他生态系统具有很大的依赖性。

3) 城市生态系统的特点

与自然生态系统相比,城市生态系统具有以下几个特点:

①城市生态系统是人类起主导作用的生态系统。城市中的一切设施都是人为建设的,人类活动对城市生态系统的发展起着重要的支配作用。与自然生态系统相比,城市生态系统的生产者绿色植物的量很少;消费者主要是人类,而不是野生动物;分解者微生物的活动受到抑制,分解功能不强。

②城市生态系统是物质和能量流通量大、运转快、高度开放的生态系统。城市中人口密集,城市居民所需要的绝大部分食物要从其他生态系统人为地输入;城市中的工业、建筑业、交通等都需要大量的物质和能量,这些也必须从外界输入,并且迅速地转化成各种产品。城市居民的生产和生活产生大量的废弃物,其中有害气体必然会飘散到城市以外的空间,污水和固体废弃物绝大部分不能靠城市中自然系统的净化能力自然净化和分解,如果不及时进行人工处理,就会造成环境污染。由此可见,城市生态系统不论在能量上还是在物质上,都是一个高度开放的生态系统。这种高度的开放性又导致它对其他生态系统具有高度的依赖性,同时会干扰其他生态系统。

③城市生态系统中自然系统的自动调节能力弱,容易出现环境污染等问题。城市生态系统的营养结构简单,对环境污染的自动净化能力大大低于自然生态系统。城市的环境污染包括大气污染、水污染、固体废弃物污染和噪声污染等。

4) 城市生态系统的功能

城市生态系统最基本的功能主要表现在生产功能、生活功能、还原功能和调节功能。这些功能通过城市系统内部与外部的物质流、能量流、信息流、人口流及货币流等得到具体体现。

(1)物质流 城市生态系统的物质流分为自然推动的自然物质流和人工推动的经济物质流与废弃物物质流。空气流动、自然水体流动等属于自然推动的物质流。城市中物质部门的生产与再生产的过程是人工推动的物质流。从原材料的开采,到生产、交换、分配、消耗的各环节,也就是物质在城市生态系统中的流动过程和循环过程,形成了经济物质流。在生产与消费过程中产生的多种生产性和生活性废弃物,形成了废弃物质流,它往往排入自然物质流中同自然物质流一起流动。

(2)能量流   为推动城市生态系统的物质流动,必须从外部不断地输入能量,如煤、石油、电力、水以及食物等,并通过加工、储存、传输、使用等环节,使能量在城市生态系统中进行流动。一般来说,城市的能量流随着物质流的流动而逐渐转化与消耗,它是城市居民赖以生存、城市经济赖以发展的基础。城市生态系统的能量流动一般是由低质能量向高质能量的转化和消耗高质能量的过程。其中一部分能量被储存在产品中,一部分进入环境,以热能、磁能、辐射能等形式耗散掉,成为城市的污染源。

(3)信息流   信息流是对城市生态系统中各种"流"的状态的认识、加工、传递和控制的过程。城市的重要职能之一是输入初始的、分散的、无序的信息,输出加工过的、集中的、有序的信息。如属于自然信息的水文、气候、地质、生物、环境等信息,属于经济信息的市场、金融、价格、技术、人才、贸易等信息。现代城市是信息高度集中的地域,拥有现代化的信息技术以及使用这些技术的人才,还有完善的传播网络。大容量的信息流为城市社会经济的高速发展提供了保障。

(4)人口流   城市的人口流是一种特殊的物质流,包括其时间和空间上的变化。人口的自然增长和机械增长反映了人口在时间上的变化;城市内部的人口流动和城市外部的人口流动反映了人口的空间变化。人口流可分为常住人口流与流动人口流。人口的构成比例变化是人口流的另一个方面。城市人口流的这些变化往往是决定城市规模、性质、交通量以及生产、消费能力的主要依据。

(5)货币流   货币流是伴随着城市的物质流、人口流、能量流与信息流的一种特殊流动形式。货币的流通有其特殊的规律性。它通过价值规律合理流通,调节着城市社会经济功能和生态功能的正常运行。货币流的规模能促进或制约城市的物质流、人口流、能量流和信息流,改变城市的性质与功能。

5)城市生态系统存在的问题

(1)大气污染严重   目前我国大多数城市经常受到烟尘,二氧化硫,一氧化碳,光化学烟雾,含氟、含氯废气的污染,其中的烟尘污染和二氧化硫污染尤为严重。据资料统计,一般情况下,工厂锅炉每燃烧 1 t 煤约产生 11 kg 烟尘,居民家用炉灶每燃烧 1 t 煤约产生 35 kg 烟尘,所以在以煤为主要燃料的城市中,烟尘对大气的污染程度就可想而知了。如果燃烧的煤和石油中含有硫,则还会产生二氧化硫,它遇水后就能形成酸雨和酸雾,对人体和生物的危害很大,对建筑物和金属器物表面有很强的腐蚀作用;而城市的水体亦不时受到大量生活污水、工业废水、大气降尘、飘尘、气溶胶、各种建筑物表面的腐蚀物,建筑工程的地面开挖物、植物枝叶以及垃圾废物等的污染。

(2)废物三废、生活垃圾污染环境   城市内的大量固体废弃物,如城市生活垃圾、工业废渣、城市建筑废弃物等亦对城市的空气、水体、土壤等造成了污染;而城市中的交通运输、工业生产和人体活动等还造成了噪声污染,严重影响人们的工作、学习和生活;至于城市的交通问题与居住问题,则又是当代城市的两大通病。人口密度较高是城市的基本特征之一,每天都有大量的人流、车流、货流在纵横交错的道路上往复运动,然而城市道路面积的增长速度,总难以赶上汽车数量的增加速度,从而导致交通堵塞,交通事故不断发生,城市交通拥挤如今已成为全球城市的难题之一。

(3)居住条件差 在发展中国家的许多城市中,还存在着居住条件较差、环境质量不佳等问题,大量人口居住在生活与工业交错混杂的地区,加之大量农村人口涌入城市,使得很多城中村的居民的居住问题日趋严重,居住条件亦日趋恶化。

总之,就城市这一与人类密切相关的人工生态系统而言,目前其环境质量并不理想,而且还存在着交通堵塞、住房紧张等问题,要解决当今城市的这些问题,还需要政府花费巨大的财力和人力逐步改善,分期分批予以解决。

2 光与园林植物

[本章导读]

本章主要讲述了光对园林植物的生态作用,包括光强的生态作用和光质的生态作用两方面。光周期发现以及植物对光周期反应的类型,利用光周期调控植物开花期的技术措施。光周期的生理效应、生态作用和生态意义。园林植物对光的生态适应包括园林植物对光的适应、日照长度与光周期现象和光调节在园林中的应用。

[理论教学目标]

1.了解光的性质与变化,城市光照条件特点,光污染的危害。

2.掌握光强、光质对园林植物的生态作用。

3.了解园林植物对光的适应类型。

4.了解光周期的生理效应,植物对光周期的反应类型。诱导园林植物开花的方法。

5.掌握光调节在园林植物上的应用。

[技能实训目标]

1.掌握从植物外部形态及生长、生境特点上鉴别园林植物耐阴性的方法。掌握植物耐阴性在园林植物群落配置中的应用方法。

2.掌握用纸样称重法快速测定植物叶片蒸腾强度的技术,SHY-150型扫描式活体面积仪的使用方法。

2.1 城市光环境

2.1.1 光的性质与变化

1)光的性质

光是生物借以测知环境季节性变迁并产生相应反应的主要信息。它是太阳的辐射能以电磁波的形式投射到地球表面上的辐射。光是由波长范围很广的电磁波组成（图2.1），它能从零到无穷大，但主要波长范围是 150 ~ 4 000 nm，在这个范围内，占太阳辐射总能量的99.5%。

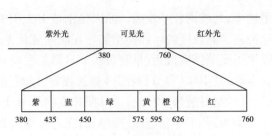

图 2.1 光的组成（nm）
（园林生态学,刘方明,2012）

太阳辐射光谱是太阳辐射能按波长顺序排列。光根据人眼所能感受到的光谱段，可分为可见光和不可见光两部分。可见光是人眼能够看见的白光，是太阳辐射光谱中被叶绿素吸收并参与光合作用的具有生理活性的波段。可见光谱段的波长是 380 ~ 760 nm，具体又分为红、橙、黄、绿、青、蓝、紫七种颜色的光。红光波长为 630 ~ 760 nm，橙光为 600 ~ 630 nm，黄光为 580 ~ 600 nm，绿光为 490 ~ 580 nm，蓝光为 440 ~ 490 nm，紫光为 380 ~ 440 nm。可见光才能在光合作用中被植物利用并转化为化学能。可见光中红橙光是被叶绿素吸收最多的部分，具有最大的光合活性，其次是蓝紫光，绿光为生理无效光。绿光被植物吸收利用最少，大部分绿光被植物叶片透射和反射。不可见光是波长大于 760 nm 和小于 380 nm 的太阳辐射，都是人眼看不见的光。波长大于 760 nm 的光谱叫红外光，可借助热的感觉来察觉这种光的存在，地表的热量基本上是由这部分太阳辐射能所产生的，其波长越大，增热效应也越大。波长小于 380 nm 的光谱段为紫外光，其中波长短于 290 nm 的部分被大气圈上层（平流层）的臭氧层吸收，因此，紫外光真正射到地面上的多为波长在 290 ~ 380 nm 的光波。在全部太阳辐射中，红外光占50% ~ 60%，紫外光部分占1%，其余可见光部分为39% ~ 49%。

太阳辐射通过大气层而投射到地球表面上的波段主要为 290 ~ 3 000 nm，其中被植物色素吸收具有生理活性的波段称为光合有效辐射（PAR），其波长范围为 380 ~ 740 nm，该波段与可见光的波段大致相符。短波中的紫外光能抑制茎的延伸，促进花青素的形成。长波中的红外光不能引发植物的生化反应，但具有增热效应。因此，太阳辐射中各种不同波长的光对植物具有不同的光化学活性及刺激作用。

2）光的变化

（1）大气中光变化 在地球大气层上界，垂直于太阳光的平面上所接受的太阳辐射强度是恒定的，为8.12 J/(cm² · min)，该数值称为太阳常数。太阳光通过大气层后，由于被反射、散射和被气体、水蒸气、尘埃微粒所吸收，其强度和光谱组成都发生了显著减弱和变化（图2.2），太阳辐射到达地面分配情况见图2.3。

（2）光的变化表示 光变化一般用光照强度与日照长度表示。光照强度一般用能量单位J/(cm² · min)来表示，测量某一生境的光照强度时，也可用照度单位勒克斯(lx)来表示，主要指可见光部分。太阳光到达地表后，光照强度随纬度增加而减弱。因为纬度越低，太阳高度角越大，太阳光透过大气层的距离越短，地表光照强度就越大。在赤道，太阳直射光的射程最短，光照最强；随着纬度增加，太阳高度角变小，光照强度相应减弱。如春分时，太阳辐射量在北纬40°处比赤道附近约低30%。光照强度随海拔高度的升高而增强，因为随着海拔升高，大气层厚度相对减少，空气密度减小，大气透明度增加。如在海拔1 000 m的山地可获得全部太阳辐射能的70%，而在海平面上只能获得50%。坡向也影响光照强度。坡地上，太阳光线的入射角随坡向和坡度而变化。在北半球纬度30°以北地区，太阳位置偏南，南坡所接受的光照强度比平地多,北坡则较平地少。原因是南坡上太阳的入射角较大,照射时间较长,北坡则相反,而且这种差异随坡度的增加而增加。在时间变化上,一年中以夏季光照强度最大,冬季最弱,一天中以中午光照强度最大,早晚最弱。日照长度反映每天太阳光的照射时数,就是所谓的昼长。在北半球,夏半年(春分到秋分)昼长夜短,以夏至的昼最长,夜最短;冬半年(秋分到春分)昼短夜长,以冬至昼最短,夜最长。日照长度的季节变化随纬度而不同,在赤道附近,终年昼夜相等;随纬度增加,冬半年昼越短,夜越长;在两极地区则出现极昼、极夜现象,即夏季全是白天,冬季全是黑夜。我国部分城市不同纬度的日照长度,见表2.1。

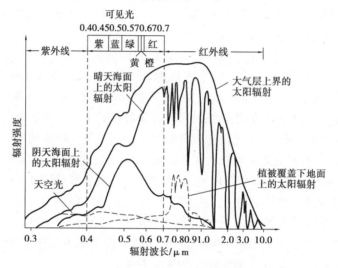

图2.2　不同情况下太阳辐射的光谱和强度变化

(森林生态学,J. P. Kimmins,1992)

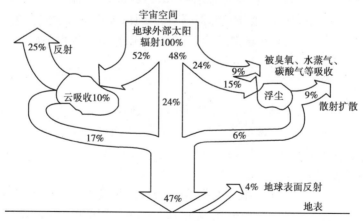

图2.3　太阳辐射到达地面分配示意图

(园林生态学,刘方明,2011)

表2.1　不同纬度城市的日照长度

城　市	纬　度	夏　至			冬季日长 /h	年变幅 /h
		日出	日落	日长/h		
齐齐哈尔	47°20′	3:47	19:45	15.98	8.27	7.71

续表

城　市	纬　度	夏　至			冬季日长/h	年变幅/h
		日出	日落	日长/h		
长春	43°53′	3:56	19:24	15.68	8.94	6.74
沈阳	41°46′	4:12	19:24	15.12	9.08	6.04
北京	39°57′	4:46	19:47	15.01	9.20	5.81
南京	32°04′	4:59	19:14	14.55	10.03	4.74
昆明	25°02′	6:20	20:02	13.82	10.75	3.07
广州	23°	5:42	19:15	13.73	10.43	3.30
海口	20°	6:00	19:21	13.21	10.45	2.16
赤道	0°			12.10	12.00	0

注:陈世训,1957。

（3）树冠和植物群落中光照变化

①树冠中光照变化。照射在植物叶片上的太阳光 70% 左右为叶片所吸收,20% 左右被叶面反射出去,10% 左右透射下来。叶片吸收、反射和透射光的能力取决于叶片的厚薄、构造和绿色的深浅以及叶表面的性状。一般中生形态的叶透光率为 10% 左右,薄叶片透光率 40% 以上,厚而坚硬的叶片可能完全不透光,但对光的反射却非常大,如柔毛掌。植物密被绒毛会增加反射,如多年生草本植物喜阴花卉,分枝多,茎部和叶上密生绒毛可以增加反射。太阳辐射波段不同,叶片对其反射、吸收和透射的程度不同。红外光区叶片反射垂直入射光的 70% 左右。可见光区,叶片对红橙光和蓝紫光的吸收率高达 80% ~95% ,而反射仅为 3% ~10% ;

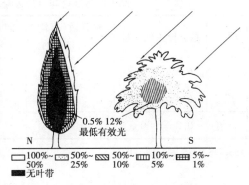

图2.4　树冠不同部位的光照强度
（园林生态学,冷平生,2003）
（设开阔地光照强度为 100% ,左为浓密的柏木树冠,右为稀疏的油橄榄树冠）

绿色叶片对绿光吸收率为 10% ~20% ,反射较多。紫外光区被反射的光一般不超过 3% ,大部分紫外光被叶片表皮所截留。一般反射最大的波段透过也最强,也就是红外光和绿光的透过最强,因此在树冠下以红绿光的阴影占优势。在树冠中,由于叶片相互重叠、遮阴,从树冠表面到树冠内部光照强度逐步递减。一棵树的树冠内各个叶片接受的光照强度是不同的,这取决于叶片所处位置以及与入射角的角度(图2.4)。

②植物群落中光照变化。植物群落由表层到内部,光照强度依次减弱。植物种类、群落结构、时间和季节影响到植物群落内光照强度、光质和日照时间的变化。稀疏栎树林,上层树冠反射的光约占 18% ,吸收的约占 5% ,射入群落下层的约为 77% 。而针阔混交林群落,上层树冠反射的光约占 10% ,吸收的约占 70% ,射入下层的约为 30% 。越稀疏林冠,光辐射透过率越大。一年中随季节的更替植物群落的叶量有变化,因而透入群落内的光照强度也随之变化。落叶阔叶林在冬季林地上可射到 50% ~70% 的阳光,春季树木发叶后林地上可照射到 20% ~40% ,但在夏季盛叶期林冠愈闭后,透到林地的光照可能在 10% 以下。对常绿林则一年四季透到林内

的光照较少,并且变化不大。当太阳辐射透过林冠层时,光合有效辐射(PAR)大部分被林冠所吸收,因此,群落内 PAR 比群落外少得多。针对群落内光照特点,在配置植物时,上层应选阳性树种,下层应选耐阴性较强或阴性树种。

2.1.2 城市光照条件与光污染

1)城市光照条件

城市光照的特点是云雾多,阴天较多,日照长度减少,空气浑浊度增加,日照强度减弱。城市中建筑物高低、方向、大小以及街道宽窄和方向不同,都会使太阳辐射分布不均匀。

在城市地区,空气中悬浮颗粒物较多,凝结核随之增多,较易形成低云,同时,建筑物的摩擦阻碍效应容易激起机械湍流,在湿润气候条件下也有利于低云的形成。因此,城市雾霾天气多,而晴天日数、日照时数比郊区少(表2.2)。

表 2.2　上海市区与郊区年平均云量、晴天、阴天日数及日照时数比较(1960—1980)

项目	总云量	低云量	晴日数(日均总云量≤2)	阴日数(日均总云量>8)	晴日数(日均低云量≤2)	阴日数(日均低云量>8)	日照时数
市区	6.6	3.5	48.8	157.4	156.9	52.7	2 035.6
郊区	6.4	3.0	58	156.8	177	39.5	2 138.0
差值	0.2	0.5	-9.2	+0.6	-20.1	+13.2	-102.4

注:园林生态学,冷平生,2003。

城市地区云雾增多,空气污染严重,大气浑浊度增加,到达地面的太阳直接辐射减少,散射增多,越近市区中心,该种辐射量变化越大(图2.5)。经过上海市多年太阳辐射情况进行调查分析,发现随着上海市区的扩大和工业的发展,太阳直接辐射量逐年减少。1958—1970 年太阳直接辐射量年平均为 82.45 W/m^2;1971—1980 年为 69.81 W/m^2,下降 15.3%;1981—1985 年为 57.99 W/m^2,下降 16.9%,而同期散射辐射量相应增加。

城市建筑物高低、方向、大小以及街道宽窄和方向不同,造成城市局部地区太阳辐射的分布很不均匀,即使同一条街道的两侧也会出现很大的差异。一般东西向街道北侧接受太阳辐射比南侧多,南北向街道两侧接受的光照与遮光状况基本相同(图2.6)。街道狭窄指数即建筑物高度 H 与街道宽度 D 之比 $N=H/D$ 对街道光照条件有很大影响,建筑物越高,街道越窄,街道狭窄指数越高,街道所接受到的太阳辐射越弱。据调查,西安市北墙在街道狭窄指数 $N=1/2$ 情况下,6月可照时间为 169.1 h,约为南墙的 80%;当 $N=3/1$ 时,可照时间为 79.7 h,约为南墙的 40%。建筑物的遮光作用与观测点所处纬度及观察季节密切相关,一般高纬度地区太阳高度角较小,建筑物遮光的作用相对较大。据测定,在建筑物北侧,夏至正午时,阴影边缘在相当建筑物高度 0.4 倍的地方,每天遮光 0~4 h;春分和秋分在建筑物高度 0.9 倍的地方,每天遮光 4 h以上;冬至时阴影范围扩大,正午时阴影边缘相当于建筑物高度的 2.2 倍,每天遮光时间更长。建筑物遮光,园林植物的生长发育会受到相应的影响,特别是在建筑物附近生长的树木,接收到的太阳辐射量不同,极易形成偏冠,使树冠朝向街心方向生长。

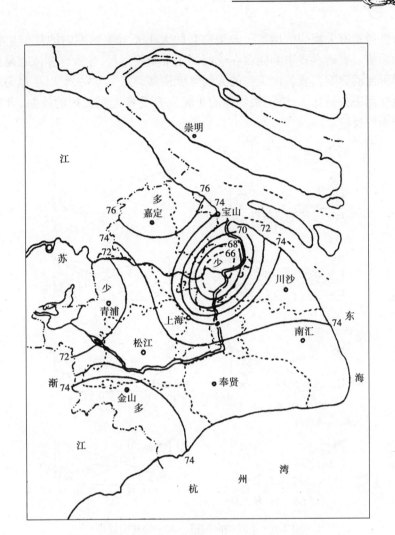

图2.5　上海地区1958—1985年的年平均太阳直接辐射量(W/m²)

(园林生态学,冷平生,2003)

2)光污染

光污染是指环境中光辐射超过各种生物正常生命活动所能承受的指数,从而影响人类和其他生物正常生存和发展的现象。光污染是我国城市地区呈上升趋势的一种环境污染,对人们的身体健康危害极大。近年来已引起有关部门的高度重视。光污染分为3种类型:人造白昼污染、白亮污染和彩光污染。

(1)人造白昼污染　人类社会的进步和照明科技的发展,使得城市夜景照明等室外照明加大了夜空的亮度,产生了人造白昼的现象。由此造成的对人和生物的危害称为人造白昼污染。人造白昼污染形成的原因主要是地面产生的人工光在尘埃、水蒸气或其他悬浮粒子的反射或散射作用下进入大气层,导致城市上空发亮。天空亮度的增加加大了天文观测的背景亮度,天空等级越来越小,能看到的星星数量越来越少,进而使天文观测工作受到影响。我国紫金山天文台也受到了人造白昼污染的严重困扰。人造白昼的人工光会影响人体正常的生物钟,并通过扰乱人体正常的激素产生量来影响人体健康。如褪黑素主要在夜间由大脑分泌,具有调节人体生物钟和抑制雌激素分泌的作用。夜晚亮光的照射会减少人体内褪黑素的分泌,会导致人体雌性激素以及与雌性激素有关疾病的增加。人造白昼的人工光对生物圈内的其他生物也会造成潜在的和长期的影响。人造白昼影响昆虫在夜间的正常繁殖过程,导致许多依靠昆虫授粉的植物也将受到不同程度的影响。直射向天空的光线可能使鸟类迷失方向,对以星星为指南的候鸟可能因为人造白昼而失去目标。此外,植物体的生长发育受日光照长短的控制,人造白昼会影响植物正常的光周期反应。

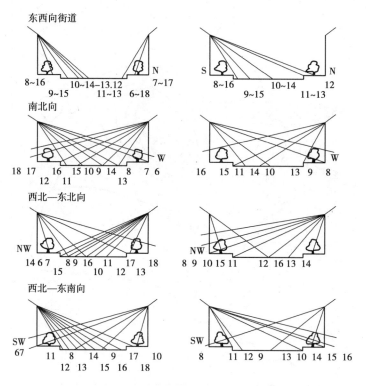

图2.6　不同朝向街道一天中的遮阴效果

(图中数字表示一天中的小时数)

(园林生态学,冷平生,2003)

(2)白亮污染　白亮污染主要由强烈人工光和玻璃幕墙反射光、聚焦光产生,如常见的眩光污染就属此类。建筑物上的玻璃幕墙反射的太阳光或汽车前灯强光突然照在高速行驶的汽车内,会使司机在刹那间头晕目眩,看不清路面情况,分不清红绿灯信号,容易发生交通事故,因此在高速公路分车带上必须有1 m多高的绿篱或挡光板。白亮污染对人类的影响有:视网膜和虹膜受到损害,视力下降,白内障发病率高达45%;头晕、心烦、失眠、食欲下降,还会情绪低落;司机眼睛受到强光刺激,容易诱发车祸。为了减少白亮污染,应加强城市地区绿化特别是立体绿化,建设"生态园林城市",从而减少和改善白亮污染,减少其对人类的危害。

(3)彩光污染　各种黑光灯、荧光灯、霓虹灯、灯箱广告等各种彩色光源会造成城市中的彩光污染。研究表明:彩光污染影响人的生理功能、心理健康。黑光灯所产生的紫外线强度大大高于太阳光中的紫外线,且对人体有害影响持续时间长。紫外线能伤害眼角膜,过度照射紫外线还可能损害人体的免疫系统,导致多种皮肤病。长期在黑光灯照射下生活,可诱发流鼻血、脱牙、白内障,甚至导致白血病和其他癌变。闪烁彩光灯常损伤人的视觉功能,并使人的体温、血压升高,心跳、呼吸加快。荧光灯可降低人体钙的吸收能力,使人神经衰弱,性欲减退、女性常诱发月经不调等疾病。研究证实：蓝光和绿光在夜间对人体危害尤为严重。英国剑桥大学博士威尔士所做的研究表明：日光灯是引起人偏头疼的主要原因。因此，城市管理者要立足生态环境的协调统一，对广告牌和霓虹灯加以控制和科学管理，注意减少大功率强光源，并加强园林绿化，多植树、栽花、种草和增加水面，以改善城市光环境。

2.2　光对园林植物的生态作用

2.2.1　光照强度的生态作用

1) 光照强度变化规律

光照强度变化规律分为空间变化规律和时间变化规律。其空间变化规律是：随纬度增加而逐渐减弱；随海拔高度增加而增强；在北半球，山南坡光照强度>平地光照强度>北坡光照强度；植物群落中上层光照强度>下层光照强度；随水深的增加而递减。而光照强度时间变化规律为：夏季光照强度最大，冬季光照强度最小；中午光照强度最大，早晚光照强度最小。

2) 光照强度对光合作用的影响

光照强度影响植物的光合作用。在植物生理学上根据植物光合作用中对二氧化碳的固定还原方式不同，可将植物分为 C_3 植物、C_4 植物和 CAM（景天酸代谢）植物（表2.3）3 种类群。C_3 植物固定二氧化碳的形式为戊糖磷酸途径（卡尔文循环），其是植物界中的主要类群。C_4 植物叶细胞几乎可吸收细胞间空气中所有的二氧化碳，并且由于叶细胞中无光呼吸，故能在叶内二氧化碳浓度很低的条件下进行光合作用，因此，C_4 植物在高温和中度干旱时比 C_3 植物更具有优势，其分布主要集中在温暖、干燥气候地区。C_4 植物种类较少，仅发现被子植物的 18 个科2 000 多个种，主要类群为禾本科、莎草科、马齿苋科、藜科和大戟科等，多为一年生植物。CAM 植物这种利用二氧化碳的方式使它具有独特的优越性，在严重干旱时期，当气孔白天闭合时，呼吸作用释放的二氧化碳可被再度吸收，可用来维持碳的平衡。因此，CAM 植物主要分布在周期性干旱和贫瘠的生境中，目前发现有 25 个科20 000 多种，包括所有仙人掌属，大多数干草原、热带与亚热带的肉质植物以及热带的萝藦科、大戟科和凤梨科植物等。无论哪种类型植物，其光合作用强度与光照强度之间均存在密切关系。一般 C_4 植物的光合效率高，对光照强度的需求最高，C_3 植物的光合能力较弱，其光饱和点明显低于 C_4 植物，而阴生草本植物和苔藓植物对光照强度要求较低（图2.7）。

表2.3　不同类型植物的光合特征和生理特征比较

特　征	C_3 植物	C_4 植物	CAM
类　型	典型温带植物	典型热带、亚热带植物	典型干旱植物
生物产量（干重） /（t·h⁻¹·m⁻²）	22±0.3	39±17	较低
叶结构	无 Kranz 型结构， 一种叶绿体	有 Kranz 型结构， 常具两种叶绿体	无 Kranz 型结构， 一种叶绿体

续表

特　征	C₃ 植物	C₄ 植物	CAM
叶绿素 a/叶绿素 b	2.8±0.4	3.9±0.6	2.5~3.0
CO_2 固定途径	卡尔文循环(C₃)	分别进行 C₃ 和 C₄ 循环	分别进行 CAM 和 C₃ 循环
光合速率 $CO_2/[mg \cdot (dm^{-2} \cdot h)^{-1}]$	15~35	40~80	1~4
CO_2 补偿点/lx	15~35	40~80	1~4
光饱和点	全日照1/5	无	无
光合最适温度/℃	15~25	30~47	35
蒸腾系数 [水(g)/干物重(g)]	450~950	250~350	18~125
气孔开张	白天	白天	晚上

注:生态学概论,曹凑贵,2002。

　　在低光照条件下,植物光合作用较弱,当植物光合作用合成有机物刚好被呼吸作用消耗时,这时外界的光照强度称为光的补偿点。由于植物在光补偿点时不能积累干物质,因此,光补偿点低的植物就更容易积累有机物质。随着光照强度的增加,植物的光合作用增强,但光照强度达到一定限度时,光合作用就不再增加,这时外界的光照强度称为光的饱和点(图2.8)。不同类型植物的光补偿点有很大差异(表2.4),一般树种的光饱和点为 20 000~50 000 lx,C₄ 植物光饱和点更高,可达 80 000 lx 以上。阴性植物比阳性植物能较好地利用弱光,有些阴性植物光饱和点不足 10 000 lx。

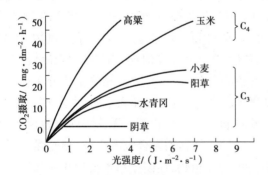

图 2.7　不同植物光合作用在最适条件下
对光照强度的反应
(园林生态学,冷平生,2003)

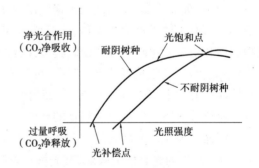

图 2.8　光合速率与光照强度的关系
(园林生态学,冷平生,2003)

　　各种植物对光照强度都有一定的适应范围。强光及高温条件往往增加植物蒸腾作用与呼吸作用。在夏天的中午,由于温度过高,甚至使叶片气孔关闭,进行午休,不利于光合产物的积累;而在稠密的树冠下,光线过弱,又可能成为某些植物生长的限制因子。

表 2.4　最适温度及大气常量 CO_2 条件下各类植物的光补偿点和光饱和点

植物类型		光补偿点/lx	光饱和点/lx
草本	C_4 植物	1 000 ~ 3 000	>80 000
	C_3 植物	1 000 ~ 2 000	30 000 ~ 80 000
	阳性草本植物	1 000 ~ 2 000	50 000 ~ 80 000
	阴性草本植物	200 ~ 500	5 000 ~ 10 000
木本	冬季落叶乔、灌木阳生叶	1 000 ~ 1 500	25 000 ~ 50 000
	冬季落叶乔、灌木阴生叶	300 ~ 600	10 000 ~ 15 000
	常绿树及针叶树阳生叶	500 ~ 1 500	20 000 ~ 50 000
	常绿树及针叶树阴生叶	100 ~ 300	5 000 ~ 10 000
苔藓及地衣		400 ~ 2 000	10 000 ~ 20 000

注:园林生态学,冷平生,2003。

　　光合作用速率除受光照强度影响外,还受其他环境因素的制约。其中,温度是一个主要的影响因素,温带树木光合作用的温度范围一般为-5 ~ 35 ℃,最适温度为 15 ~ 25 ℃。叶的水分供应状况与光合速率有密切关系,原因是叶水势会影响气孔的开闭,改变气孔导度。一般而言,在植物叶片含水量接近饱和状态时,最有利于植物的光合作用。大气中的二氧化碳浓度大约为 360 μL/L,多数植物光合作用的最适二氧化碳浓度为 1 000 μL/L 左右,因此提高二氧化碳浓度可使光合速率增加,在温室植物栽培中常通过增施二氧化碳气肥促进植物生产。此外,养分供应状况特别是氮素和磷素的供应也对植物光合作用有很大影响。

3)光照强度对植物生长的作用

　　光是影响叶绿素形成的主要因素。一般植物在黑暗中不能合成叶绿素,但能合成胡萝卜素,导致叶片发黄,该种现象称为黄化现象。黄化植物在形态、色泽和内部结构上与阳光下正常生长的植物明显不同,外观表现为茎细长软弱,节间距离拉长,叶片小而不展开,植株伸长但重量下降。

　　光照强度与植物茎、叶的生长及形态结构有密切关系。在弱光照条件下,幼茎的节间充分延伸,形成细而长的茎;而在充足的光照条件下则节间变短,茎变粗。光能促进植物组织的分化,有利于胚轴维管束中管状细胞的形成。在充足光照条件下,树苗的茎有发育良好的木质部。充足的阳光还能促进苗木根系的生长,形成较大的根茎比。在弱光照下,大多数树木的幼苗都较浅,较不发达。在野外,孤立木的侧梢较发达,尖削度较大,而同一树种在片林中,侧梢较少,树木较高。很多树木由于接收到的光照强度不均匀,枝叶向强光方向生长茂盛,向弱光方向生长屠弱或不能生长,形成偏冠现象。一些喜光树种甚至发生主干倾斜、扭曲,偏冠现象在行道树或庭院树木中较为常见。光对植物形态结构的影响对生产实践有指导意义。在园林苗圃部分遮盖苗床或以较大密度种植苗木,使某些树种可以获得苗木的最大高生长,但在遮盖的苗床上生长的苗木,其茎干比在全光照下生长的纤细脆弱,具有较低的根茎比,如在湿润而荫蔽的土地上种植,这些特征就不利于苗木的生存竞争。生长在低光照强度苗床上或群落中的苗木,其叶多是阴生叶,如将这些苗木栽植在开敞的土地上,从而改变其温度和湿度条件,他们将受到一定程度的强光干扰,使植物生长缓慢,少数会死亡,或者使它们的生长减少或停止一至多年,直到它们产生能适应光照的阳生叶为止。因此,在生产中应调控苗床的光照条件,使苗木在移栽后,其根茎比、叶的形态构造、苗木高度和地径等指标,能够保证苗木有较强的抗性和良好的适应能力。尤其是对一些可进行扦插繁殖的树种,在水分和温度条件适宜情况下,进行全光育苗,可显著提高苗木的质量。

4)光照强度对植物形态、结构和发育的影响

强光抑制细胞分裂和伸长,对植物的高生长有抑制作用,但组织和器官的分化加快,对枝叶和根的生长有促进作用。光照充足的树木,树干粗壮,枝繁叶茂。光照不充足的树木,干高纤细,枝叶稀疏。光强对叶片的排列方式、形态构造和生理性状有明显的影响,影响叶片数量、叶柄长度、叶片大小、叶片和角质层厚度、气孔数目以及叶脉的数量。光强还影响有机物质在植物器官中的分配,影响植物的纵向生长和径向生长的比例(表2.5)。阳生植物(马尾松)幼苗在弱光照下茎/根比最低,中等光强下其茎/根比最大,强光下根部生物量的增加可超过茎的增加速度,茎/根比降低。耐阴植物随着生境光强由高变弱,茎/根比逐渐增高。阳生和阴生植物在生境光强由强变弱时,叶片生物量在总生物量中的比例都逐渐增加。

表2.5　不同光照条件下幼苗生长量比较

树　种	相对光强/%	高/cm	基径/cm	生物量/g			根茎比
				叶	茎枝	根	
马尾松	100	79.6	1.50	43.7	41.9	38.5	1.09
(*Pinus massoniana*	40	75.2	1.09	25.5	29.3	16.5	1.78
Lamb.)	16	70.3	0.90	19.2	9.6	11.8	0.81
黎蒴	100	86.6	1.34	35.0	30.8	64.2	0.48
(*Castanopsis fissa*	40	97.7	1.25	31.6	35.3	55.1	0.64
Rehder E. H. Wilson)	16	94.8	1.18	32.5	29.9	36.6	0.82

注:植物生态学,姜汉侨等,2010。

充足的光照对植物花芽形成、开花和果实的生长成熟均有利。通常植物被遮光后,花芽的数量会减少,已经形成的花芽也会由于养分供应不足而发育不良或早期死亡。结实期遇到弱光,会引起落果或果实发育不良、种子不饱满等。光强对果实中糖分的形成和积累、花青素的含量也有影响。强光照条件下,果实中糖分积累丰富,花青素含量高。因此,在光照充足条件下生长的苹果、梨和桃等,果实甘甜、色彩艳丽,品质好。

光照强度对园林植物的生态作用主要体现在4个方面:

①光强影响叶绿素的形成。具体表现为黄化。园林植物表现为黄化现象,其根系和维管束和机械组织不发达。一般黄化现象在被子植物中常发生,苔藓植物和裸子植物表现不明显。

②光强影响细胞增长、分化。强光下抑制茎的节间生长,使植物的茎短粗。

③光强影响组织器官的分化。充足的光照促进胚轴维管束管状细胞分化,使树苗的茎木质部发育良好,形成较高的根茎比。充足的光照还会影响到植物根系生长。

④光强影响果实品质。充足的光照条件下,果实成熟较好、品质较高。通常,使树木光照不均匀,可形成行道树或庭院树木的偏冠现象。

2.2.2 光质的生态作用

在太阳光谱中,可见光的波长范围是 400~700 nm,这些波长都能被植物的色素所吸收。波长大于 760 nm 的近红外光,叶很少吸收,大部分被反射和透过,而对远红外光吸收较多。植物叶片对红外光的反射,阔叶树比针叶树更明显。红外光促进植物茎的延长生长,有利于种子和孢子的萌发。植食性昆虫能利用其对红外光感应性能来找出生理病弱株取食。很多昆虫利用紫外光反射性能的变化来识别植物,采蜜昆虫以花朵反射的紫外光类型作为采蜜的向导。来自太阳的大部分紫外辐射被大气上层的臭氧层所吸收,到达地面的紫外辐射很少。藻类、真菌以及细菌对紫外光很敏感,可用紫外辐射进行表面消毒,杀死微生物。紫外辐射能对植物生长形成可逆性抑制,是通过消除细胞分裂和增大的植物生长素来实现的。非常矮小的生长型以及生长缓慢是许多高山植物的特征,其原因是高海拔地区较大的紫外辐射。植物通过产生花色苷色素来保护躯体的细胞。许多冬季在室内生长的茎叶皆是鲜嫩淡绿色的植物,如果在春天将它们移到直射太阳光下它们便很快产生紫、红或棕色色素。在具有生理活性的波段(光合有效辐射)中,红、橙光是叶绿素吸收量最多的部分,具有最大的光合活性,红光还能促进叶绿素的形成,而蓝、紫光也能被叶绿素和类胡萝卜素吸收。不同波长的光对光合产物成分有影响,实验表明:红光有利于碳水化合物的合成,蓝、紫光有利于蛋白质的合成。在诱导植物形态建成、向光性和色素形成等方面,不同波长光的作用不同,一般蓝、紫光和青光对植物伸长生长及幼芽形成有很大作用,能抑制植物的伸长,使植物矮化。还能促进花青素等植物色素的形成,红光影响植物开花、茎的伸长和种子萌发。

黑暗中黄化现象的出现表明:光对植物正常的形态建成是必需的。研究发现,光对植物形态建成的作用是低能耗作用,与光强无关。只有红光、远红光、蓝光和紫外光与植物形态建成有关。光的调节作用几乎存在于从分子到个体水平,从种子萌发到种子形成的生长发育过程。其作用机理与多种光敏受体有关,如光敏色素、隐花色素、紫外光-B 受体等。

红光与远红光在光形态建成中的调控作用正好相反,红光对形态建成等的影响,可被随后的远红光处理所逆转。红光打破需光种子的休眠;远红光使种子保持休眠状态。红光抑制茎的伸长,促进分蘖;远红光促进茎的伸长,抑制分枝。森林中处于林冠下生长的松柏科植物,其茎的伸长受林冠下的远红光促进,植物把较多的能量提供给茎尖,使茎尽快伸至林冠以获得更多的光照,因而抑制了分枝。蓝光和紫外光对植物的生长有显著抑制作用。高山植物比较矮小,与紫外光丰富有关。

2.3　园林植物与光周期

2.3.1　光周期及植物类型

1）光周期及光周期现象

光周期是指昼夜周期中光照期和暗期长短的交替变化。我们把昼夜不同长短的光暗交替对植物生长发育的影响叫光周期现象。光照期是指一天中,日出至日落的理论日照时数,而不是实际有阳光的时数。理论日照时数与该地的纬度有关,实际日照时数还受降雨频率及云雾多少的影响。在北半球,纬度越高,夏季日照越长,而冬季日照越短。我国北方各地1年中的日照时数在季节间相差较大,在南方各地相差较小。如哈尔滨冬季每天日照只有8~9 h,夏季可达15.6 h,相差6.6~7.6 h。而广州冬季的日照时数10~11 h,夏季为13.3 h,相差2.3~3.3 h。各地生长季节特别是由营养生长向生殖生长转移之前,日照时数长短对各类植物的发育是个重要的生态因素。

2）植物对光周期的反应类型

（1）长日照植物（long-day plant, LDP）　指在24 h昼夜周期中,日照长度长于一定时数才能成花的植物,长日照植物又叫短夜植物。对这些植物延长光照可促进或提早开花;相反,如延长黑暗则推迟开花或不能成花。属于长日照植物的有小麦、大麦、黑麦、油菜、菠菜、萝卜、白菜、甘蓝、芹菜、甜菜、胡萝卜、金光菊、山茶、杜鹃、桂花、天仙子等。典型的长日照植物天仙子必须满足一定天数的8.5~11.5 h日照才能开花,如果日照长度短于8.5 h它就不能开花。长日照植物一般分布在高纬度地区。

（2）短日照植物（short-day plant, SDP）　指在24 h昼夜周期中,日照长度短于一定时数才能成花的植物,短日照植物又叫长夜植物。对这些植物适当延长黑暗或缩短光照可促进开花,相反,如延长日照则推迟开花或不能成花。属于短日照植物的有:水稻、玉米、大豆、高粱、苍耳、紫苏、大麻、黄麻、草莓、烟草、菊花、秋海棠、蜡梅、日本牵牛等。如菊花须满足少于10 h的日照才能开花。短日照植物一般分布在中、低纬度地区。

（3）日中性植物（day-neutral plant, DNP）　这类植物的成花对日照长度不敏感,只要其他条件满足,在任何长度的日照下均能开花,如月季、黄瓜、茄子、番茄、辣椒、菜豆、君子兰、向日葵、蒲公英等。

（4）长-短日植物（long-shortday plant）　这类植物的开花要求有先长日后短日的双重日照条件,如大叶落地生根、芦荟、夜香树等。

（5）短-长日植物（short-longday plant）　这类植物的开花要求有先短日后长日的双重日照条件,如风铃草、鸭茅、瓦松、白三叶草等。

（6）中日照植物（intermediate-day length plant）　只有在某一定中等长度的日照条件下才能开花,而在较长或较短日照下均保持营养生长状态的植物,如甘蔗的成花要求每天有11.5~12.5 h日照。

临界日长是长日照植物要求开花的最短日照时数,或短日照植物要求开花的最长日照时数,它是区别长日照或短日照的日照长度的标准,是指每天 24 h 内光照时间的多少,一般为 12~14 h。长日照植物要求的日照时数必须大于临界日长,短日照植物要求的日照时数必须短于临界日长,否则就不能形成花芽或开花。长日照植物,光照是重要的,黑暗是不重要的,甚至是不必要的。短日照植物并不要求较短的日照,而是要求较长的黑暗,黑暗期的长短对其花芽的形成和开花的影响更为重要。这些植物称绝对长日植物或绝对短日植物。但是,还有许多植物的开花对日照长度的反应并不十分严格,它们在不适宜光周期条件下,经过相当长时间,也能或多或少开花,这些植物称为相对长日植物或相对短日植物。

2.3.2　光周期诱导

1) 光周期诱导

达到一定生理年龄的植株,只要经过一定时间适宜的光周期处理,以后即使处于不适应的光周期条件下,仍然可以长期保持刺激的效果而诱导植物开花,这种现象叫光周期诱导。植物完成光周期诱导的光周期处理天数(几个光周期)因植物而异。如苍耳的临界日长是 15.5 h,只要有 1 个循环的 15 h 照光及 9 h 的黑暗(15L-9D)处理就可以诱导开花。日本短牵牛 1 d。大部分短日植物的诱导期需要 1 d 以上,如大豆 3 d,大麻 4 d,红叶紫苏 7~9 d,菊 12 d 等。长日植物需要 1 d 的有白芥、菠菜、油菜、毒素等。1 d 以上的有天仙子 2~3 d,拟南菜 4 d,一年生甜菜 13~15 d 等。

2) 光周期诱导的光照强度

自然条件下,光周期诱导所要求的光照强度远低于光合作用所需的光照强度。一般认为在 50~100 lx,有些植物甚至更低,例如水稻在夜间补充光照时,光照强度只需 8~10 lx,就能明显地刺激光周期反应。这说明植物光周期反应对光是极敏感的。

3) 光周期诱导的决定因素

不同植物光周期诱导需要的天数与植物年龄、温度、光照强度、光照长度有关。植物年龄小(达到光周期诱导的能力)、温度高、光照强,诱导期缩短。

2.3.3　应用光周期调控植物花期

1) 短日照处理

在长日照季节(一般是夏季),要使长日照花卉延迟开花,需要遮光;使短日照花卉提前开花,也需要遮光。长日照花卉的延迟开花和短日照花卉的提前开花都需要采取遮光的手段:就是在光照时数达到满足花卉生长时,一般用黑色塑料膜遮光,使其在花芽分化或花蕾形成过程中人为地满足所需要的短日照条件,使受处理的花卉植株保持在黑暗中一定的时数,天天如此,一段时间后,花芽分化完成,就不必遮光了。在长日照条件下仍然可长期保持处理后的效果,至开花。如菊花、一品红下午 5 时至第二天上午 8 时,置于黑暗中,一品红经 40 多天处理即可开花;菊花经 50~70 d 才能开花。采用短日照处理的植株,一般要求生长健壮,高度在 30 cm 左右,处理前停施氮肥,增施磷、钾肥。

2)长日照处理

在短日照季节(一般是冬季),要使长日照花卉提前开花,需加人工辅助光照;使短日照花卉延迟开花,也需采取人工辅助光照。长日照花卉的提前开花和短日照花卉的延迟开花都需要采取人工辅助光照的处理手段:在日落之前,将电灯打开,延长光照 5~6 h,或者在半夜用辅助灯光照 1~2 h。如菊花在 9 月上旬开始用电灯给予光照,11 月上、中旬停止人工辅助光照,在春节前菊花即可开放。将电灯泡安置在距菊花顶梢上方 1 m 处,100 W 电灯泡有效光照时数 4 m²。利用增加或遮光处理,可使菊花 1 年中任何一个季节都可以开花。

3)颠倒昼夜处理法

适用于昙花等夜间开放,时间较短的花卉。如昙花可在植株花蕾长到 6~9 cm 时,白天放在暗室中不见光,晚上 7 时至翌日上午 6 时用 100 W 的强光给予充足的光照,一般经过 4~5 d 昼夜颠倒处理后,就可使昙花在白天开放,并延长开花时间。

4)遮光延长开花时间处理法

对不能适应强烈太阳光照的花卉植物,特别是含苞待放时,用遮阳网进行适当遮光,或者把植株移到光照较弱的地方,均可延长开花时间。如比利时杜鹃放在半阴环境下,每一朵花和整棵植株的开放时间均大大延长。而牡丹、月季花和康乃馨等适应较强光照的花卉,开花期适当遮光,可使每朵花的观赏寿命延长 1~3 d。在花卉植物开花期间,一是不要让阳光直射到花朵上,二是尽可能降低温度,这样才可能延长花期。

2.3.4　光周期的生理效应

需光种子需经长日照或连续光处理才能萌发,而嫌光种子则在短光照下与在黑暗中一样可以萌发。促进或抑制两类种子的光质要求与成花诱导的要求,都通过光敏素实现。有些植物的营养性贮藏器官的形成,也受光周期的影响。如短日照有利于马铃薯形成块茎,树木叶片的衰老脱落也与日长有关,一般在秋天短日照下容易脱落。路灯旁的行道树由于昼夜受光,落叶往往延迟。

2.3.5　光周期的生态作用

光周期不仅对植物的开花有调节作用,而且在很大程度上控制了许多木本植物的休眠和生长,特别是对一些分布区偏北的树种,这些树种已在遗传特性上适应了一种光周期,可以使它们在当地寒冷或干旱等特定环境因子到达临界点以前就进入休眠。对生长在北方或高山地区的树木,秋季早霜和冬季严寒是致命的。因此,光周期控制休眠显得特别重要。一般树木从原产地移到日照较长的地区,它们的生长活动期会相应延长,树形也长得高大一些,但树木容易受早霜危害。如果向南移到日照较短地区,生长活动期就会缩短。据试验,大叶钻天杨原产在高纬度地区的个体只长高了 15~20 cm,而原产于南方的个体却长高了 2 m 左右。若对来自高纬度地区的钻天杨无性系,利用人工光照给予较长的白昼,就会长高 1.3 m,充分说明了白昼的长短对调节生长关系密切。如欧洲的山毛榉和白桦,到了春天,只要光周期要求得到满足,就可恢复生长。山毛榉要求日照长度超过 12 h,但要经过一定寒冷以后,在适当温度下,才可恢复生长。光周期对树木开花的机理,还有待于进一步研究。对于木本植物,属于长日照开花型还是短日照开花型在目前很难判断。Nitsds 等(1967)根据树木对光周期反应的不同分为 A 型、B 型、C 型、D 型。具体见表2.6。A 型在长日照下持续生长,短日照下休眠。B 型在长日照下呈周期性生长,短日照下休眠。C 型短日照下不休眠。D 型长日照不妨碍休眠,而 A、B、C 型长日照妨碍休眠。

表2.6 树种按光周期特性初步分类

树 种	原产国	类 型	树 种	原产国	类 型
假桐槭	欧洲	D?	欧洲赤松	欧洲	B
红花槭	北美	A	短叶松和其他		B
糖槭	北美	B?	美国梧桐	北美	A
欧洲七叶树	欧洲	D	银白杨	欧洲	A
灰桤木	欧洲	A	黑杨	欧洲	A
毛桦	欧洲	A	欧洲山杨和其他		A
黄桦	北美	A	欧洲甜樱桃	亚洲	B
纸皮桦	北美	A	花旗松	北美	B
锦熟黄杨	南欧	A	巨美红栎	北美	B
黄金树	北美	A	星毛栎	北美	B
美国四照花	北美	A	栓皮槠	南欧	B
澳洲桉及其他	澳大利亚	C	北美山杜鹃	北美	B
欧洲水青冈	北美	A?	火炬树	北美	A
罗加林木青冈	欧洲	A+B	刺槐	北美	A
菩提树	印度	A	洋丁香	东南欧	D
美国白蜡树	北美	D	北美香柏	北美	C
爬地桧	北美	C	北美乔柏	北美	C
欧洲落叶松	欧洲	A	加拿大铁杉	北美	A
美国鹅掌楸	北美	A	美国榆	北美	A
桑	中国	A?	欧洲荚蒾	欧洲	A
毛泡桐	中国	D	樱花荚蒾	北美	D
黄檗	亚洲	A?	各种热带森林植物和柑橘类		C
挪威云杉	欧洲	B			

注:树木生态与养护,陈志新译.引自 A. Bematzky,1987。

2.4　园林植物对光的生态适应

2.4.1　园林植物对光的适应

在自然界中,有些植物只有在强光照环境中生长发育良好,而另一些植物却在较弱光照条件下才能生长发育良好,这些充分说明各种植物需光程度不同,这与植物的光合能力相关。植物长期适应不同的光生境条件,形成了不同的适应策略,具有各种适应策略的植物类群称为生态类型。园林植物对光强的适应可以表现为植物体形态和生理特征上的变化,如叶片的大小和厚薄;茎的粗细、节间长短;叶片结构与花色浓淡的变化等。不同的花卉种类对光照强度的反应不同,多数陆地草本花卉,在光照充足时,生长健壮、花多而大;有些花卉,需半阴条件才能健康生长。通常根据植物对光照强度的要求,可把植物分为阳性植物、阴性植物和耐阴植物三大生态类型。

1)植物对光照强度的适应类型

(1)阳性植物　喜光而不能忍受荫蔽的植物,在全光照或强光下生长发育良好,在弱光或荫蔽条件下生长发育不良,树木在林冠下不能完成更新。需光量一般为全日照的70%。该类植物的光饱和点、光补偿点都较高,光合速率和呼吸速率也较高,多生长在旷野、路边,群落的先锋植物均属此类。该类植物包括松属(华山松、红松例外)、落叶松属、水杉、侧柏、桦木属、桉属、杨属、柳属、相思属、刺槐、楝树、金钱松、水松、落羽松、银杏、板栗等多种,漆树属、泡桐属、刺楸、臭椿、悬铃木、核桃、乌桕、黄连木、芍药等。此外,草原和沙漠植物也都是阳性植物。

(2)阴性植物　在较弱的光照条件下比强光下生长良好的植物。需光量一般为全日照的5%~20%。该类植物具有较强的耐阴能力,在气候较干旱的环境下,常不能忍受过强光照,林冠下可以正常更新,这类植物的光饱和点、光补偿点均较低,呼吸作用、蒸腾作用都较弱,光合速率和呼吸速率也较低,抗高温和干旱能力较低。但阴性植物对光照要求也不是越弱越好,当光照低于它们的光合补偿点时,也不能生长。阴性植物多生长在光照阴暗、潮湿的生境,如背阴的山涧和森林中。对于阴性花卉要求适度庇荫方能生长良好,不能忍受强烈直射光线,生长期间要求50%~80%蔽阴度环境,如自然群落中下层或潮湿背阴处。该类植物包括冷杉属、福建柏属、云杉属、铁杉属、粗榧属、红豆杉属、椴属、杜英、八角金盘、常春藤属、八仙花属、紫楠、罗汉松属、香榧、黄杨属、蚊母树、海桐、枸骨、桃叶珊瑚属、紫金牛属、杜鹃花属、络石、地锦属以及药用植物人参、三七、半夏、细辛、黄连、阴生蕨类、兰科的多个种等。阳性树种和阴性树种的生长特点见表2.7。

表 2.7　阳性树种和阴性树种的生长特点

植物类型	生长速度	成熟	开花结实	土壤条件	适应性
阳性树种	快	快	早	干旱瘠薄	强
阴性树种	慢	慢	晚	湿润肥沃	弱

注:园林生态学,刘方明,2012。

（3）耐阴植物　耐阴植物是在全光照条件下生长最好,尤其是成熟植株,但也能忍受适度的荫蔽或其幼苗可在较荫蔽的生境中生长。它们既能在全光照条件下生长,也能在较荫蔽的地方生长,但不同植物的耐阴性不同。耐阴树种包括侧柏、胡桃、五角枫、元宝枫、桧柏、樟、珍珠梅属、木荷、七叶树等为稍耐阴的树种。

2）植物的耐阴性

（1）植物的耐阴性　植物耐阴的能力,一般称为耐阴性。耐阴性强的植物在弱光下能正常生长发育,将植物耐阴性按次序排列,对栽培应用有很大帮助,如华北常见乔木树种可按照对光照强度的需要,由大到小排序为:落叶松、柳属、杨属、白桦、黑桦、刺槐、臭椿、白皮松、油松、栓皮栎、槲树、白蜡树、蒙古栎、辽东栎、红桦、白桦、黄檗、板栗、白榆、春榆、赤杨、核桃楸、水曲柳、国槐、华山松、侧柏、裂叶榆、红松、槭属、千金榆、椴属、云杉属、冷杉属。阳性树种一般较耐阴性树种短,但生长速度较快,而耐阴树种生长较慢,成熟较慢,开花结实也相对较迟。从适应生境条件上,阳性树一般耐干旱瘠薄的土壤,对不良环境的适应能力较强,耐阴树则需要比较湿润、肥沃的土壤条件,对不良环境的适应性较差。

（2）影响植物耐阴性的因素　影响植物耐阴性的因素主要有以下3个方面:一是年龄。幼龄林特别是幼苗阶段,耐阴性较强,随着年龄的增加,耐阴性逐渐减弱,特别在壮龄林以后,耐阴性明显降低,需要更强的光照。二是气候。在气候适宜的条件下,温暖湿润地区,树木耐阴能力比较强,而在干旱瘠薄和寒冷条件下,则趋向喜光。同一树种处在不同的气候条件下,耐阴能力存在一定差异:在低纬度温暖湿润地区往往比较耐阴,而在高纬度高海拔地区趋向喜光。三是土壤。同一树种,生长在湿润肥沃土壤上的耐阴性较强,而生长在干旱瘠薄土壤上的耐阴性较差。一般一切对树种生长生态条件的改善,都有利于树种耐阴性的增强。

3）叶片对光强适应性

叶片是直接接受阳光进行光合作用的器官,对光有较强的适应性。由于叶片所在的生境光照强度不同,其形态结构与生理特性往往产生适应光的变异,这种现象称为叶的适光变态。强光下发育的阳生叶与弱光下发育的阴生叶在叶形、解剖结构、生理生化特性方面有明显的区别（表2.8）。

表2.8　树木阳生叶与阴生叶的特征

特　征		阳生叶	阴生叶
形态特征	叶片	较厚	较薄
	叶肉层	较多,栅栏组织发达	较少,栅栏组织不发达
	角质层	较厚	较薄
	叶脉	较密	较疏
	气孔分布	较密	较稀
生理生化特征	叶绿素	较少	较多
	可溶性蛋白	较多	较少
	光补偿点、饱和点	高	低
	光抑制	无	有
	暗呼吸速率	较强	较弱
	RUBP 羧化酶	较多	较少

注:园林生态学,冷平生,2003。

4）光质对植物的生态适应

在紫外线辐射强的地区，植物通过类黄酮等次生代谢物质的合成产生相应的保护反应；在形态解剖结构上，植物用于防御的资源增加，如增加表皮厚度、表皮腔中的单宁含量、外表皮酚醛树脂含量。自然界的阴生环境多存在于森林内部，光谱中的蓝色成分较多，阴生植物的叶片为了提高细胞捕捉光量子的效率，不仅增加细胞中叶绿素的数量，而且叶绿素中吸收蓝光能力强的叶绿素 b 数量更多。一些喜光、种子细小的植物，其种子都具有需光萌发习性。如种子细小的先锋植物，种子在远红光丰富的环境中保持休眠。当这些种子落在森林内部地面后，由于林内丰富的远红光迫使它们保持休眠，一旦森林被破坏或出现林窗，它们马上萌发。许多杂草种子也是如此，它们可长期在土层中休眠，一旦被翻到地表则立刻萌发。根据种子的特性，我们尽量避免在缺少光照条件下萌发，以免造成幼苗死亡和浪费种子。

植物叶片的适光变态在强光照射下趋向阳生结构，在弱光下趋向阴生结构，阳性树种的叶片主要具有阳生叶特征，耐阴树种由于适应光照强度范围较广，通常阳生叶与阴生叶分化较明显，耐阴性强的植物，主要具有阴生叶特征。

阳性植物枝叶稀疏、透光性好，自然整枝良好。阴性植物有两种典型树形：一种是形成较开阔的单层树冠，增加枝条的水平生长，枝条角度近于水平，植株增高缓慢，叶片生长在枝条的两侧，并能加速自疏树冠下层的枝条，减少自我遮阴；第二种类型是个体较高，分枝性不强，形成紧凑的树冠甚至不分枝，树干瘦细，维持快的纵向生长，使之尽快脱离弱光环境。此外，同一株植物不同位置叶片也会表现出阳性植物、阴性植物叶片的特征，树冠的南向外层的叶片常表现出一些阳性植物叶片的特征，而树冠内部和北向的叶片常表现出一些阴性植物叶片的特征。

2.4.2　光调节在园林植物上的应用

1）指导引种

短日照植物南种北引，开花期推后，生育期会延长；北种南引，开花期提前，生育期会缩短。长日照植物正好相反，北种南引，开花期推后，生育期会延长；南种北引，开花期提前，生育期会缩短。短日照植物南种北引应引早熟品种，北种南引应引晚熟品种。长日照植物南种北引应引晚熟品种，南种北引应引早熟品种。

2）调整花期

菊花是短日照植物，要使其在五一节开花，采取的措施是：12 月下旬剪除盆栽菊花的地上茎，将其转移到 15～25 ℃的温室里，加强肥水管理，使老蔸根基萌发出许多幼芽，每盆留 1～2 个健壮苗，再按照菊花对环境条件的要求进行培育，这样，3 月中旬现蕾，4 月下旬开花。要使菊花在元旦开花采取的措施是：8 月中旬进行连续光照，或用电光补足 16～18 h/d 以上的光照，抑制其开花。到国庆前夕，将菊花搬离路灯下，让其接受自然光照，这样 11 月中下旬即可现蕾，元旦前后开花。要使菊花在七一开花，采取的措施是：2 月上旬清除去年残菊地上部分，并移放在 15～25 ℃的温室里，使其萌发幼芽，培育 1～2 株苗/盆。3 月上中旬开始，每天 14 时进行遮光处理，连续 40～50 d，每天只给 7～10 h 的光照，这样 4 月下旬现蕾，6 月中下旬就可开花。要使菊花在国庆节开放，采取的措施是：春天分株繁殖，6 月中下旬进行 40～50 d 遮光处理，8 月中下旬现蕾,国庆前后开花。

我们掌握了光周期的基本原理以后,可以人为地采取措施,通过延长、缩短光照或闪光处理来调节植物开花,可以使在不同季节开花的植物在节日同时开放。河南洛阳牡丹研究所对牡丹进行光周期处理,诱导牡丹在春节前开花,收到了良好的经济效益。

3) 光周期处理促进园林植物的营养生长和休眠

在短日照季节,要使长日照花卉提前开花,就需要人工辅助光照;要使短日照花卉延迟开花,也需要采取人工辅助光照。长日照处理的方法大致有 3 种:一是明期延长法。就是在日落前或日出前开始补光,延长光照 5~6 h。二是暗期中断照明。就是在半夜辅助灯光照 1~2 h,以中断暗期长度,达到调控花期的目的。三是终夜照明法。就是整夜都照明。照明的光强需要100 lx 以上才能完全阻止花芽的分化。秋菊是对光照时数非常敏感的短日照花卉,在 9 月上旬开始用电灯给予光照,在 11 月上中旬停止人工辅助光照,在春节前,菊花即可开放。利用增加光照或遮光处理,可以使菊花一年四季任何时候都能开花,满足人们周年对菊花切花的需要。但应注意,大多数短日照花卉延长光照时荧光灯的效果优于白炽灯;给一些长日花卉延长光照时白炽灯效果更好,如宿根霞草的加光就是这种情况。

4) 调节光照强度,促进园林植物的生长发育

园林树木在幼苗阶段的耐阴性高于成年阶段,就是耐阴性常随年龄的增长而降低,在同样的庇荫条件下,幼苗可生存,成年树即感到光照不足。就同一种树种,生长在其分布区南界的植株,就比生长在其分布区中心的植株耐阴。而分布在其分布区北界的植株则较喜光。同样树种,海拔高度越高,其喜光性越强。土壤肥力也影响树木的需光量,如榛子在肥土中相对需光量为全光照的 1/60~1/50,而在瘠土中为全光照的 1/20~1/18。根据这样一个要求,可进行园林树木的科学管理,适时提高光照强度,促进园林植物正常的生长发育。

复习思考题

1. 光的性质是什么? 光的变化规律如何?
2. 简述城市的光照的特点和城市光污染的类型。
3. 说明光照强度对植物的生态作用,光强如何影响光合作用。
4. 简述光质、光强对园林植物的生态意义。
5. 何为园林植物的生态类型? 园林植物有哪些生态类型?
6. 园林植物的生态适应性表现在哪些方面?
7. 何为树木的耐阴性? 影响树木的耐阴性的因素有哪些?
8. 阳性树种和阴性树种生长特点有何不同?
9. 什么叫临界日长? 它与园林植物发育有何关系?
10. 什么叫光周期和光周期现象? 植物对光周期的反应有哪些类型?
11. 何为光周期诱导? 如何应用光周期调控植物的花期?
12. 根据园林植物对光强的适应,可将园林植物分为哪几类? 各有哪些特点?

知识链接——光周期现象及其在生产上的应用

按照植物的生长发育理论,植物要经过两个不同的发育阶段:第一阶段是春化阶段,这个阶段要求的主导因素是一定时间的低温。第二阶段是光照阶段,需要的主导因素是光照,植物经过营养生长阶段以后,就进入生殖生长阶段,而后诱导花芽分化,开花、授粉,子房膨大形成果实,果实中有种子,大多数高等植物依靠种子来延续种族,扩大种群的数量。在整个自然界,植物开花具有明显的季节性,一种植物在某一地区开花的时间基本上变化不大。同一个品种的植物在同一个地区播种时,即使播种期相差几日,但开花期相差时间不长;但在不同纬度种植时,开花期呈现有规律的变化。农谚上说"九九杨落地,十九杏花开"就是说在黄河中游地区杨树和杏树的开花期。

1)光周期的发现

早在1914年,Tournois就发现了蛇麻花和大麻的开花受日照长度的控制。美国园艺学家加纳和阿拉德(Garner and Allard)在1920年观察到烟草的一个变种(maryl and mammoth)在华盛顿地区夏季生长时,株高达3~5 m仍不开花,但在冬季转入温室栽培后,其株高1 m就能开花。他们试验了温度、光质、营养等各种条件,发现日照长度是影响烟草开花的关键因素。在夏季用黑色的薄膜遮盖,人为缩短日照长度,烟草就能开花;冬季在温室内用人工光照延长日照长度,则烟草保持营养状态而不开花。由此他们得出结论,短日照是这种烟草开花的关键条件。后来的大量实验证明:许多植物的开花与昼夜的相对长度即光周期有关,即这些植物必须经过一定时间的适宜光周期后才能开花,否则就一直处于营养生长状态。光周期的发现,使人们认识到光不但为植物光合作用提供能量,而且还作为环境信号调节着植物的发育过程,尤其是对成花诱导起着十分重要的作用。

人类早已注意到多种植物的开花时间相对稳定,但光周期在决定开花期方面所起的作用直到20世纪才了解清楚。

1912年法国J.图尔努瓦发现大麻,在每日6 h的短日照条件下开花,在长日照下则停留于营养生长阶段。1913年德国G.A.克莱布斯发现人工加长日照时间,可使通常在6月开花的长春花属(Sem-pervivum)植物能在冬季开花。但明确地提出光周期理论的是美国园艺学家W.W.加纳与H.A.阿拉德。

在北方夏季用遮光办法缩短日照时数到每天14 h以下,也可使它开花。以后发现大豆(Biloxi品种)、紫苏、高粱等也有这种现象,并各有其日长上限,日照长度短于此数值时即可开花,称此日长限度为临界日长。同时发现菠菜、萝卜等植物相反,须在日照长度超过一定临界日长时才能开花。

2)光周期诱导的成花刺激物

大量研究表明,植物在适宜的光周期、温度等条件的诱导下,体内发生一系列生理生化变化,从营养生长转向生殖生长而完成花的诱导过程。但有关花的诱导机制目前还不甚清楚,下面介绍一些影响成花的化学物质。

(1)成花素　柴拉轩在1958年提出"成花素"假说来解释光周期诱导植物开花的机制。植物在适宜的光周期诱导下,叶片会产生一种类似激素性质的物质即"成花素",传递到茎的分生组织,从而引起成花反应。所谓"成花素"就是形成茎必需的赤霉素和形成花所必需的开花素,是由两种互补的活性物质所组成,开花素必须和赤霉素相结合才能表现出生理活性。植物体内同时存在这两种物质时植物才能开花。长日照植物在长日条件下、短日照植物在短日条件下、日中性植物在任何光周期条件下都具有赤霉素和开花素,因此,都可以开花。用赤霉素处理处于短日照条件下的某些长日照植物也能开花,但用赤霉素处理处于长日照条件下的短日照植物则没有效果。Lang(1956年)就发现了用赤霉素在某些长日照植物中可代替长日条件,诱导其在短日条件下开花。对某些冬性长日照植物,赤霉素可以代替低温的作用,使其不经春化也可以开花。成花素这种物质目前一直还没有分离出来,使"成花素"假说缺乏令人信服的实验证据。

(2)植物激素　大量试验证明:植物激素至少能影响植物的成花过程。外施 TAA(生长素)会抑制短日照植物开花,这在仓耳中得到了证实。CTK(细胞分裂素)能影响植物开花,因植物种类而异。试验表明,CTK(细胞分裂素)能促进紫罗兰、牵牛、浮萍等短日照植物开花,但特能促进长日照植物拟南芥的成花。CTK(细胞分裂素)促进植物成花或是抑制植物成花与 CTK 使用的剂量和处理时间有密切关系。ABA(脱落酸)可以代替短日照处理,促进一些短日照植物如浮萍、草莓、红藜在长日照条件下开花。如果在非诱导条件下,ABA(脱落酸)处理不能促进短日照植物发生成花反应。

(3)其他化学物质　除了上述激素以外,还有其他化学物质,如有机酸、多胺、寡糖素等,都影响植物的成花过程,且在不同植物中表现出来的效应也不同。

植物的营养状况也影响植物开花,Klebs 等经过大量观察,发现植物体内糖类和含氮化合物的比值 C/N 高时,植物就开花;而比值低时,植物就不开花。为此,提出植物开花的 C/N 假说。这种假说仅适合长日照植物和日中性植物,对短日照植物不起作用,C/N 不但可以调节长日照植物开花,而且可以调节花芽分化的数量,达到提高产量的目的。

3) 成花诱导的途径

近几年以拟南芥为研究材料,应用现代遗传学的手段,对成花有关的发育途径有了更深入的认识。Blazquez(2000)结合已有的研究成果,提出成花诱导存在以下几种途径:

(1)光周期途径　光敏色素和隐花素参与该途径,不同光受体之间相互作用通过生理钟促进 CONSTANS 基因(CO)的表达,编码一个具有锌指结构的转录因子,再通过诱导其他基因的表达而启动成花过程。

(2)自主/春化途径　植物达到一定生理年龄的植株即可开花,称为自主途径。在自主/春化途径中,都是通过控制成花抑制基因(FLC)的表达成花的,但其作用机制不同。

(3)糖(或蔗糖)途径　植物体内的代谢状态(如蔗糖水平)可影响植物成花。

(4)赤霉素途径　赤霉素能促进拟南芥提前开花,以及在非诱导条件下开花。但目前尚不清楚糖类和赤霉素是通过影响哪些基因的表达而促进成花的。

4) 光周期理论在农业上的应用

(1)指导引种　在农、林生产中,经常需要从外地引进优良品种。但因自然界的光周期决定了植物的地理分布与生长季节,一个地区的外界条件不一定满足外来植物开花的要求。因此,同纬度地区引种容易成功,但在远地不同纬度地区间引种时,如果不考虑品种的光周期特性,则可能引种提早或延迟开花而造成减产甚至颗粒无收。在引种时,必须首先了解被引进品种对光周期反应的类型,属于长日照植物、短日照植物还是日中性植物;了解所引品种原产地与引种地生长季节日照条件差异。在生长季节中,北半球在夏天越向南越是夜长日短;越向北越是夜短日长。引种时,我国将短日照植物从南方引到北方,发育延迟,开花晚,应引早熟品种;从北方引到南方,发育加速,提早开花,应引晚熟品种。长日照植物引种则相反,若从南方引种北方,提前开花,应选择晚熟品种;而将北方品种引种到南方,延迟开花,宜选择早熟品种。短日照植物大豆,由于地理上分布不同,形成了对日照长短需要不同的品种,我国南方种植的大豆一般需要较短的日照,而北方品种一般则需要稍长的日照。南方大豆在北京种植时,开花期要比南方地区迟,营养生长旺盛,枝叶繁茂,到达开花时天气已冷,影响结实,产量降低;而北京大豆在北京种植时,从播种到开花时间缩短,营养体很小就开花,花少果稀,同样影响产量。因此,对日照要求严格的作物品种进行引种时,一定要对其光周期要求与引进地区具体日照情况进行分析,最好先种植一年,进行详细观察后,再确定引用的品种和种植面积为好。

(2)育种　常规育种常常需要几代培育才能得到一个新品种。现在通过人工光周期诱导,可加速良种繁育,大大缩短了育种年限。在较短时间(1年内)培育出两代或多代,可加速育种进程。现已创造出一套小麦、水稻温室促进栽培的方法,如将冬小麦在苗期连续光照下进行春化,而后一直给予长日照条件,可使生育期缩短 60~80 d,1年内可繁殖 4~6代。对水稻苗期若给予长日照,促进幼苗生长,冬季移植到温室,在自然短日照下即可开花结实。我国育种工作者良种加代常采取南繁北育的方法,就是根据我国气候条件的特点,利用异地种植满足作物生长发育所需要的日照和温度条件,达到快速繁育的目的。如短日照植物玉米、水稻等,冬季由北方到海南岛繁育;长日照植物冬小麦,冬季到云南一带繁殖可获得优质良种。此外,通过人工控制光周期诱导和温度变化,加速或延迟开花,解决花期不育,进行有性杂交,获取新的杂交品种。在甘薯杂交育种时,可人为缩短光照,使甘薯同期开花,创造有性杂交条件,培育出较多的新品种。早稻和晚稻杂交育种过程中,在晚稻秧苗 4~7 叶期进行遮光处理,促使提早开花,以便和早稻进行杂交授粉。

(3)控制花期　在自然条件下,植物开花的季节性十分明显。但随着人们生活水平的提高和实际工作的需要,人们越来越向往植物的花期能随着人们的需要随时开放。现在通过控制影响植物开花的光周期就能做到。如菊花是短日照植物,在自然条件下秋季开放,若给予遮光人工缩短光照,就可提前至夏季开花或在预定的时间内开花;如果进行人工延长光照或午夜闪光处理,则可使花期延后。广州园艺工作者利用此原理,加上摘心和水肥管理,使一株菊花在春节开两三千朵花。对于杜鹃、茶花等长日照花卉植物,人工延长光照处理,则可提早开花,提高其观赏价值。

(4)提高作物产量　在农业生产上,通过控制植物营养生长和生殖生长的时期来提高作物产量。如以收获营养体为主的短日照植物大麻、烟草,可提早播种或北移,使其接受较多的长日照诱导,推迟开花,延长营养体生长时间,提供大麻纤维产量和质量。如果引种地与原产地相距很远,种子则不能及时成熟,如将广东的红麻引到北方种植时,由于 9 月中下旬才有短日照条件,因此 9 月下旬才能开花,但此时气温降低,种子难以成熟。为解决这一问题,可在留种地采用苗期短日照处理的方法来解决种子用于再生产问题。

3 温度与园林植物

[本章导读]

温度是植物生长发育的重要生态因素之一。城市中的温度变化规律、城市中的热岛效应，园林植物对城市温度的调节作用，是近几年人们关注的热点。本章主要介绍了城市的温度环境，大气温度和土壤温度的变化规律，城市热岛效应及其成因，温度对园林植物的生态作用，园林植物对城市温度的调节作用。并详细介绍了在实践中，如何调控温度，使其适于园林植物的生长发育，最大限度地发挥园林植物的作用。

[理论教学目标]

1. 了解城市温度环境特点及温度的变化规律。
2. 掌握温度对植物生长发育的影响。
3. 掌握城市绿化对改变人居环境有哪些重要作用。
4. 了解园林植物对气温调节作用的原理。

[技能实训目标]

1. 学会观测植物的春化现象。
2. 掌握小生境的大气温湿度测定方法。

植物的生理活动、生化反应都必须在一定的温度条件下才能进行。在一定的温度范围内，温度升高，植物的生理生化反应加快，生长发育加速；温度降低，生理生化反应减慢，生长发育迟缓。当温度低于或高于植物所能忍受的温度范围时，生长逐渐减慢、停止，发育受阻，植物受害直至枯死，因此，温度是影响植物生长发育的一个重要的生态因子。

3.1　城市温度环境

3.1.1　温度及其变化规律

1）太阳辐射与热量平衡

太阳辐射是地表面的主要热源,一切物体吸收太阳能辐射后温度都会升高,而这些物体在增温的同时,又会以长波辐射的形式释放热量。地表面吸收太阳辐射导致温度上升,同时又不断释放辐射,即地面辐射。地面辐射是近地面层大气的主要热源。大气主要通过接受地面辐射增温,同时又向外辐射,其中射向地面的那部分辐射称为大气逆辐射,它也是地面热量的一个来源。地面辐射与大气逆辐射中被地面所吸收部分之差,称为地面有效辐射。因此,地面辐射收入主要包括太阳直接辐射和散射辐射以及大气逆辐射;支出部分包括地面辐射和地面对太阳的反射。

地球表面热量收入与支出的状况叫热量平衡。从总体上说,热量收入等于热量支出而达到平衡。每天早晨当太阳升起时,地表开始接收太阳的辐射能,约1 h以后,地表温度开始变化,当地表接受到的辐射能大于地表有效辐射时,温度开始上升,大约到午后,温度达到最高值。此后,太阳辐射开始变弱,地面有效辐射慢慢超过所获得的太阳辐射能,地面温度开始下降;在日落后,由于地面继续进行有效辐射,地面温度加速下降,直至日出前后,温度达到一天最低值。

地表的热量平衡情况又与空气流动和水分含量及土壤性质密切相关,因此,可以通过调节地面的风速、水分状况和土壤性质来调节与控制地面热量平衡。

2）温度在空间上的变化

地球表面上各地的温度条件随所处的纬度、海拔高度、地形和海陆分布等条件的不同而有很大变化。

(1)纬度　纬度通过影响某一地区的太阳入射高度角的大小以及昼夜长短来影响太阳辐射量的大小。纬度越高,太阳入射高度角越小,太阳辐射量较小,因此,温度就越低,纬度越低,太阳入射高度角越大,温度就相应高些。一般纬度每增高1°,年平均温度下降0.5~0.7 ℃。所以,从赤道到北极可划分出热带、亚热带、暖温带、温带、寒温带和寒带。我国领土辽阔,最南端为北纬3°59′,最北端为北纬53°33′,南北纬度相差49°34′,因此,我国南北各地的太阳辐射的热量相差很大,南北方温度有很大差异(表3.1)。

表3.1　不同纬度的温度变化

地　点	北　纬	年平均温度/℃	最热月平均温度/℃	最冷月平均温度/℃	年较差/℃	≥20 ℃（月数）	≥15 ℃（月数）	≥10 ℃（月数）	≤0 ℃（月数）
漠河	53°33′	-5.4	18.1	-30.8	48.9	0	3	3	7
黑河	50°15′	-0.4	19.8	-25.8	45.6	0	3	5	5
齐齐哈尔	47°20′	3.0	22.7	-20.1	42.8	3	3	5	5
哈尔滨	45°45′	3.6	22.9	-19.8	42.7	2	3	5	5

续表

地　点	北　纬	年平均温度/℃	最热月平均温度/℃	最冷月平均温度/℃	年较差/℃	≥20 ℃（月数）	≥15 ℃（月数）	≥10 ℃（月数）	≤0 ℃（月数）
长春	43°53′	4.8	22.9	-16.9	39.8	3	4	5	5
沈阳	41°46′	7.4	24.8	-12.8	37.6	3	5	5	5
北京	39°57′	11.8	26.1	-4.7	30.8	4	5	7	5
青岛	36°00′	12.0	25.3	-1.5	26.8	3	6	6	3
南京	32°04′	15.7	28.0	2.2	25.8	5	7	8	2
温州	28°01′	18.5	29.0	7.7	21.3	6	8	10	0
福州	26°05′	19.8	28.5	10.9	17.8	6	8	12	0
广州	23°00′	21.9	28.3	13.7	14.6	7	10	12	0
海口	20°00′	24.1	28.6	17.5	11.1	9	12	12	0
西沙群岛	16°50′	26.5	29.0	23.0	6.0	12	12	12	0

注：中国气候，陈世训，1957。

(2)海陆位置　我国位于欧亚大陆东南部，东面是太平洋，南面距印度洋不远，西南面和北面都是广阔的大陆。由于我国属于季风气候，夏季盛行温暖湿润的热带海洋气团和赤道海洋气团，气团的运行方向是从东或南向西或北推进；冬季盛行极地大陆气团，寒冷而干燥，从西或北向东或南推进。因此，东面和南面多属海洋性气候，从东南到西北，大陆性气候逐步加强。

与同纬度其他地区相比，我国大陆性气候较强。夏季酷热，冬季严寒，气温年较差大，我国一月份平均气温比同纬度其他地区要低，七月平均气温比同纬度其他地区要高，年平均气温比同纬度其他地区要低，年温差比同纬度其他地区要大。例如，以北京和温度相近的里斯本及纽约的平均气温相比较，则一月平均气温北京比里斯本低14.9 ℃，比纽约低3.8 ℃；七月平均气温北京比里斯本高5.1 ℃，比纽约低3.1 ℃，北京的年温差远比这两个地区为大。

(3)海拔高度与地形特点　我国地形复杂，山地面积占国土面积大约70%。据统计，海拔在500 m以下的占16%。500～1 000 m的占19%，1 000～2 000 m的占28%。2 000～5 000 m的占18%，海拔在5 000 m以上的占19%。海拔最高的是珠穆朗玛峰，为8 848.86 m；海拔最低的是吐鲁番盆地，为-293 m。地形高低起伏，高差很大。

海拔对温度的影响源于空气密度。在低海拔地区，空气密度大，吸收的太阳辐射较多，并且接受地面的传导和对流热，因此温度相对较高；随着海拔的升高，虽然太阳辐射增强，但由于空气密度越来越稀薄，导致大气逆辐射下降，地面有效辐射增多，因此温度有所下降，一般海拔每升高1 000 m，气温下降5.5 ℃。气温的这种递减率在夏季大、冬季小。我国是一个多山国家，海拔的变化范围从-293 m(吐鲁番盆地)到8 844.43 m(珠穆朗玛峰)，境内地形高低差异很大，对温度的变化影响很大。如北京市海拔52.3 m，年平均温度11.8 ℃，最冷月均温为-4.8 ℃；而处于相同纬度的五台山，海拔2 894 m，年平均温度-4.2 ℃，最冷月均温为-19 ℃。

我国山体多，且地形复杂，地形复杂必然导致气候的多变。特别是我国西北、西南地区常有"十里不同天"的气候。错综复杂的山系常是南北暖冷气团运行的障碍，特别是东西走向的山脉能阻挡寒潮和湿热气团的运行，称为气候的分界线。山体也是影响温度水平变化的主要原因之一。例如,秦岭南坡温暖多雨,北坡寒冷少雨,山脉两侧气候类型不同。

不同坡向,热量分布也不均匀,一般南坡的太阳辐射大于北坡,所以南坡的空气和土壤温度比北坡高,但土壤温度西南坡比南坡更高,这是因为西南坡蒸发耗热较少,用于土壤和空气增温的热量较多的缘故。

封闭谷地和盆地的温度变化有其独特的规律。以山谷为例,由于谷中白天受热强烈,再加上地形封闭,热空气不易输出,所以白天谷中气温远较周围山地为高,如河谷城市南京、武汉、重庆为我国三大"火炉"城市。在夜间、因地面辐射冷却,近地面形成一层冷空气,冷空气密度较大,顺山坡向下沉降聚于谷底,而将暖空气抬高至一定高度,形成气温下低上高的逆温现象。在晴朗无风,空气干燥的夜晚,这种辐射逆温最易形成(图3.1)。

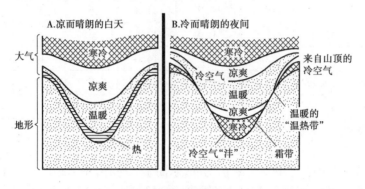

图3.1　逆温现象

温度逆增的原因有很多,主要有辐射逆温和地形逆温。辐射逆温由于夜间地面辐射冷却,使近地层气温迅速下降的结果。在晴朗无风,空气干燥的夜晚,更有利于辐射逆温的发展。地形逆温层的强弱与山谷深浅有关,山谷越深,向谷底沉降的冷空气越多,则在谷底沉积的冷空气层越厚。逆温层形成后,由于大气污染物不易扩散,因此,容易加重空气污染。

在城市地区,混凝土与下垫面冷却较快,常易形成逆温层。由于逆温层的形成,空气交流极弱,热量、水分不易扩散,易形成闷热天气,此外由于大气污染物的积累,常会加剧大气污染的危害程度。

(4)大型水体　海洋和大型水体在夏季会贮存大量的热量使冬季吹过水面的大气暖化,结果靠近水体的陆地比不靠近水体的陆地温度相应高些。

我国位于欧亚大陆的东南部,东面是太平洋,南面靠近印度洋,而西面和背面是广阔的大陆。由于我国气候属于季风气候,夏季受热带海洋气团和赤道海洋气团的影响,盛行温暖湿润的海洋气候,运行方向是从东或南向西或北推进;而冬季,受极地大陆气团的影响,盛行寒冷干燥的大陆性气候,运行方向从西或北向东或南推进。因此,我国受大型水体的影响显著,形成了从东南到西北,大陆性气候逐渐增强的温度变化规律。

3)温度在时间上的变化

(1)季节变化　在地球绕太阳的公转中,太阳高度角的变化是形成一年四季温度变化的原因。一年中据气候冷暖、昼夜长短的节律性变化,可分为春、夏、秋、冬四季,在历法上,3—5月为春季,6—8月为夏季,9—11月为秋季,12月—翌年2月为冬季。但是,由于各地纬度、海陆位置、地形和大气环流等条件不同,气候差别很大。例如,冬季,东北地区冰天雪地,而华南地区仍是风和日暖;夏季,四川盆地酷热难忍,而青藏高原仍是雪花纷飞,寒气逼人。因此,根据历法上的季节,在全国很难统一。所以目前一般用温度作为划分季节的标准。一般将 5 日平均温度为 10～22 ℃时为春秋季,22 ℃以上为夏季,10 ℃以下为冬季。我国大部分地区位于亚热带和温带,一般是春季气候温暖,昼夜长短相差不大;夏季炎热,昼长夜短;秋季与春季相似;冬季则寒冷而昼短夜长。但由于各地所处位置及气候条件不同,四季长短及开始日期有很大差异(表 3.2)。

表 3.2　不同四季长短及开始日期

地　方	春　始	春季天数	夏　始	夏季天数	秋　始	秋季天数	冬　始	冬季天数
广州	11 月 1 日	170	4 月 20 日	195				
昆明	1 月 31 日	315					12 月 12 日	50
福州	10 月 18 日	205	5 月 11 日	160				
重庆	2 月 5 日	80	5 月 6 日	145	9 月 28 日	80	12 月 17 日	60
汉口	3 月 17 日	60	5 月 16 日	135	9 月 28 日	60	11 月 17 日	110
上海	3 月 27 日	75	6 月 10 日	105	9 月 23 日	60	11 月 17 日	125
北京	4 月 1 日	55	5 月 26 日	105	9 月 8 日	45	10 月 23 日	165
沈阳	4 月 21 日	55	6 月 15 日	75	8 月 29 日	50	10 月 18 日	185
瑷珲	5 月 11 日	125					9 月 13 日	240
乌鲁木齐	4 月 26 日	50	6 月 15 日	65	8 月 19 日	55	10 月 13 日	195

注:中国气候,陈世训,1957。

　　温度的年较差是温度季节变化的一个重要指标。年较差是指一年内最热月与最冷月平均温度的差值。年较差的大小受纬度制约。低纬度地区年较差小,高纬度地区年较差大。海陆位置也影响年较差,海洋和海洋性气候地区,年较差小,大陆和大陆性气候地区年较差大。因此,根据各个地区的年较差大小,可以判断该地区的气候特点。

　　(2)昼夜变化　气温的日变化中有一个最高值和最低值。最低值发生在将近日出的时候,日出以后,气温上升,在 13:00—14:00 达到最高值,以后温度下降,一直到日出前为止(图 3.2)。昼夜间最高气温与最低气温的差值称为气温日较差。

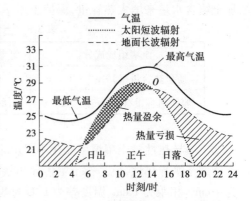

图 3.2　上海 7 月份气温日变化平均情况与地面热量收支示意图

　　气温日较差随纬度的增加而加大。在高纬度地区,一天内太阳高度角的变化很大,所以日较差也大;在低纬度地区一天内太阳高度角变化很小,所以日较差也小。气温日较差还受季节的影响,温暖季节(夏季)日较差较寒冷季节(冬季)大。此外,低凹地(如盆地、谷地)的气温日较差大于平地,平地大于凸地(如小山丘)的气温日较差。低凹地形,空气与地面接触面积大,通风不良,热量不易散失,并且在夜间常为冷空气沿山坡下沉汇合之处,加上辐射冷却,故气温日较差大。而凸出地形上部由于海拔高和方圆面积小的原因,气温受地表影响小而主要受周围空气的调节,白天不易升高,夜晚也不容易降低,气温日较差通常比同纬度的平地小,平地则介于两者之间,山谷大于山峰;高原大于平原:如青藏高原,海拔高,空气稀薄,大气质量、水汽、杂质相对较少。白天,大气对太阳辐射的削弱作用较小,到达地面的太阳辐射量大,晚上大气逆辐射弱,所以气温日较差较大;长江中下游平原,地势低平,水域面积大,大气质量、水汽、杂质集中在对流层底部。白天,大气对太阳辐射的削弱作用强,晚上大气逆辐射强,所以气温日较差较小。

4) 土壤温度的变化

(1)土壤的热特性　土壤的热能主要来源于太阳辐射,土壤微生物活动产生的生物热、土壤内各种生化反应产生的化学热和来自地球内部的地热,也能不同程度地增加土壤的热量。土壤的温度状况受环境条件和土壤的热特性的影响,土壤的热特性包括土壤的热容量和土壤的导热性能。

①土壤热容量　土壤热容量指单位体积或单位质量的土壤温度增加1 ℃时所需的热量,以$J/(g \cdot ℃)$或$J/(cm^3 \cdot ℃)$为单位表示,又称质量热容量和容积热容量。

土壤热容量的大小可以反映出土壤温度的变化难易程度。土壤热容量越大,土壤升温所需要的热量越多,土温不易升降,温差小,俗称"冷性土",如黏土;而热容量小,土温易升降,温差大,又称"热性土",如沙土。

决定土壤热容量大小的因素主要是土壤固、液、气三相组成的比例。三相物质中,水的热容量最大,空气的热容量最小(表3.3)。土壤中固相物质的质量是不变的,只有孔隙中的水和空气的含量不断变化,相互制约。因此,土壤热容量经常随土壤含水量变化而改变。含水量增加,热容量增大;含水量降低,热容量减小。越冬植物灌越冬水和炎热夏季用井水灌溉等,就是利用增加土壤含水量来增大热容量,保持土温平稳,以保证作物的正常生长发育。

表3.3　土壤组成物质的热容量

土壤组成成分	矿物质土粒	有机质	水	空　气
质量热容量/$(J \cdot g^{-1} \cdot ℃^{-1})$	0.84	1.84 ~ 2.01	4.18	1.00
容积热容量/$(J \cdot cm^{-3} \cdot ℃^{-1})$	0.84 ~ 1.25	—	4.18	0.001 25

②土壤导热性　土壤温度变化不仅决定于热量多少,热容量大小,同时还决定于土壤导热性。所谓土壤导热性,就是指土壤传导热量的性质,其大小用热导率来度量。热导率指的是面积为$1 cm^2$、相距为1 cm、温度差为1 ℃的两个截面,在1 s内交换热量的数值,单位是焦耳/(厘米·秒·摄氏度)[$J/(cm \cdot s \cdot ℃)$]。土壤热导率的大小决定于土壤固、液、气三相物质的组成成分及其比例。实践证明,空气的热导率最小,水的热导率约为空气的30倍,土壤中常见矿物质的热导率大多为空气的100倍(表3.4)。由于土壤固相组成在数量上变化不大,因此,土壤热导率的变化主要受土壤含水量及土壤松紧程度的影响。土壤热导率的大小,可以反映表层土壤受热后土温增加的难易程度以及土温平稳的程度。

表 3.4　几种物质的热导率

物质名称	银	铜	铅	土壤砂粒	水	冰	干燥土壤	空气
热导率	4.60	3.85	0.35	0.02	0.006	0.024	0.002 1	0.000 2

③土壤导温率　土壤中热量的传导快慢取决于导热率,而由热量的得失而产生的温度变化又随热容量而变化。因此,用两个量之比来表示土壤变化的指标更能反映土壤温度的变化,这个比值称土壤的导温率。其定义为:标准状况下,在单位厚度土层中温度相差 1 ℃时,单位时间(1 s)经单位断面面积(1 cm²)流经的热量使单位体积土壤发生的温度变化值。

土壤热容量、导热率和导温率三者的关系为:

$$土壤导温率＝土壤导热率/土壤体积热容$$

土壤温度变化时,由于土壤水分含量既改变了土壤的导热率,又改变了土壤的热容量,因此,对导温率的影响并不是简单的线性关系,导温率直接决定着土壤温度的垂直分布。在导温率小的土壤中,由于温度升降较慢,因而表层升降温明显,温度变化大。深层土壤升降温较慢,温度变化小。

(2)土壤热量的收支状况　土壤的热量收支主要由 4 个方面的因素组成:

①以辐射方式进行的热量交换(用 R 表示),即辐射差额;

②地面与下层土壤间的热量交换(用 B 表示);

③地面与近地层之间的热量交换(用 P 表示);

④通过水分的凝结和蒸发进行的热量交换(用 LE 表示)。

四者之间的关系可由图 3.3 表示。

白天,地面吸收的太阳辐射热多于地面以辐射放出的有效辐射,辐射收支差额为正值,地表土壤吸收了辐射能转化为热能,温度高于贴近气层和下层土壤,于是地表土壤将热量传给地表空气和深层土壤,土壤水分蒸发也会耗去一部分热量。

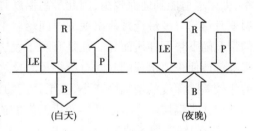

夜间,地面土壤的辐射收支差额为负值,地面冷却降温,温度低于邻近气层和深层土壤时,P 和 B 热量传到方向与白天相反,同时水汽凝结也放出热量(LE)给地面土壤。

图 3.3　地表面热量收支示意图

土表温度的升降决定于热量收支各项变化情况。例如,当土壤很干燥时,地面辐射差额(R)消耗于蒸发的热量很少。干燥的土壤导热率小,传给深层土壤的热量也少,因而地表土壤热量净收入增加,致使地表土壤温度升高较多。当土壤潮湿时,辐射差额消耗于蒸发的热量多,传给深层土壤的热量也多,因而地表土壤热量净收入减少,地表土壤及近地表气层空气的温度上升较少。

地表土壤降温的程度同样也由热量收支各项所决定。夜间辐射差额为负值,地面土壤因失热而冷却。如土壤和空气都很干燥,则由于土壤导热率小,由深层往上传的热量也少,同时,由水汽凝结放出的潜热量也少,地表土壤的热量净收入为负值且数值大。地表土壤失热多,降温快,致使土壤温度低。如在晚秋或冬季节,发生霜冻的机会就多。

(3)土壤温度的变化　土壤温度是植物生长的重要环境因素之一,其变化情况对植物的生长影响较大。土壤温度在太阳辐射,近地气层等因素影响下,有其自身的变化规律。

①土壤热容量土壤温度的日变化   一日之中最高温度与最低温度之差称之为日较差。一昼夜内土壤温度的连续变化叫土壤温度的日变化。土表白天接受太阳辐射增热,夜间放射长波辐射冷却,因而引起温度昼夜变化。在正常条件下,一日内土壤表面最高温度出现在 13 时左右,最低温度出现在日出之前。

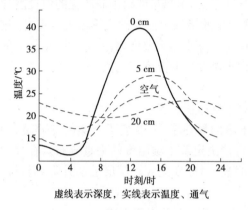

图 3.4   土壤浅层温度的日变化
(引自植物生产与环境,宋志伟,2006)

土壤温度日较差主要决定于地面辐射差额的变化和土壤导热率,同时还受地面和大气间乱流热量交换的影响。所以,云量、风和降水对土壤温度的日较差影响很大。晴天时,由于白天土壤接受太阳辐射多,土壤温度上升快,夜间地面有效辐射大,土壤降温迅速,温度低,故日较差大。阴雨天时,白天吸热和夜间放热都少,故日较差小。土壤日较差随着土层深度不同而不同。土表日较差最大,随着深度增加,日较差不断变小,到达一定深度时,日较差变为零。一般土壤 80 ~ 100 cm 深层的日较差为零。最高、最低温度出现的时间,随深度增加而延后,每增深 10 cm 延后 2.5 ~ 3.5 h(图 3.4)。

②土壤温度的年变化   一年内土壤温度随月份连续地变化,称为土壤温度的年变化。在中、高纬度地区,土壤表面温度年变化的特点是:最高温度在 7 月份或 8 月份,最低温度在 1 月份或 2 月份。在热带地区,温度的年变化随着云量、降水的情况而变化。如印度 6—7 月份是雨季,太阳辐射能到地面较少,因此最高温度月份并不在 7 月而在雨季到来之前的 5 月份。最高温度月份与温度最低月份出现的时间落后于最大辐射差额和最小辐射差额出现的月份,其落后的情况随下垫面性质而异。凡是有利于表层土壤增温和冷却的因素,如土壤干燥、无植被、无积雪等都能使极值出现的时间有所提早。反之,则使最低温度与最高温度出现的月份推迟。土壤的年较差随深度的增加而减小,直至一定的深度时,年较差为零。这个深度的土层称为年温度不变层或常温层。土壤温度年变化消失的深度随纬度而异,低纬度地区,年较差消失层为 5 ~ 10 m 处;中纬度地区消失于 15 ~ 20 m 处,高纬地区较深,约为 20 m。

各层土壤温度最低温度月份和最高温度月份出现的时间随深度的增加而延迟,每深 1 m,延迟 20 ~ 30 d。利用土壤深层温度变化较小的特点,可冬天窖贮蔬菜和种薯,高温季节可窖贮禽、蛋、肉,防止腐烂变质。

③土壤温度的垂直变化   由于土壤中各层热量昼夜不断地进行交换,使得一日中土壤温度的垂直分布具有一定的特点。一般土壤温度垂直变化分为 4 种类型,即辐射型(放热型或夜型)、日射型(受热型或昼型)、清晨转变型和傍晚转变型(图 3.5)。

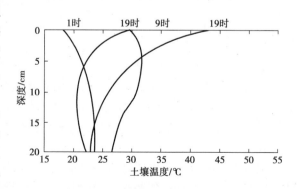

图 3.5   一日中土壤温度的垂直变化
(引自植物生产与环境,宋志伟,2006)

辐射型以 1 时为代表,此时土壤温度随深度增加而升高,热量由下向上输导。日射型以 13 时为代表,此时土壤温度随深度增加而降低,热量从上向下输导。清晨转变型可以9时为代表,此时5 cm深度以上是日射型,5 cm以下是辐射型。傍晚转变型可以19时为代表,即上层为放热型,下层为受热型。

一年中土壤温度的垂直变化可分为放热型(冬季,相当于辐射型)、受热型(夏季,相当于日射型)和过渡型(春季和秋季,相当于上午转变型和傍晚转变型)。

3.1.2 城市温度条件

1)热岛效应

(1)城市热岛效应的概念 城市是人口、建筑物以及生产、生活的集中地,其温度条件与周围的郊区比较有很大差异。城市热岛效应是指城市气温高于郊区或乡村的气温,温度较高的城市地区被气温相对较低的郊区或乡村所包围的现象。

城市的热岛效应普遍存在,一般城市平均气温比周围郊区高0.5~2 ℃。

(2)热岛效应产生的原因 随着城市建设的高速发展,城市热岛效应也变得越来越明显。城市热岛效应形成的原因有以下几个方面:

①受城市下垫面特性的影响。城市内有大量的人工构筑物,如混凝土、柏油路面,各种建筑墙面等,改变了下垫面的热力属性,这些人工构筑物吸热快而热容量小,在相同的太阳辐射条件下,它们比自然下垫面(绿地、水面等)升温快,因而其表面温度明显高于自然下垫面。狭窄的街道、墙壁之间的多次反射和吸收,导致太阳辐射能增多。

②另一个主要原因是人工热源的影响。工厂生产、交通运输以及居民生活都需要燃烧各种燃料,每天都在向外排放大量的热量。此外,城市里绿地、林木和水体的减少也是一个主要原因。随着城市化的发展,城市人口的增加,城市中的建筑、广场和道路等大量增加,绿地面积和水体的减少,缓解热岛效应的能力被削弱。

③城市中的大气污染也是一个重要原因。城市中的机动车、工业生产以及居民生活,产生了大量的氮氧化物、二氧化碳和粉尘等排放物。这些物质会吸收下垫面热辐射,产生温室效应,从而引起大气进一步升温。

④城市中建筑物密集,通风不良,不利于热量的扩散;城市地面不透水面积较大,排水系统发达,地面蒸发量小,植被少,通过水分蒸腾、蒸发消耗热量的作用减小。

城市热岛效应强度因地区而异,它与城市规模、人口密度、建筑物密度、城市布局、附近的自然环境有关。

城市热岛效应在一年四季均可出现。但是,对居民生活和消费构成影响的主要是夏季高温天气下的热岛效应。为了降低室内气温和使室内空气流通,人们使用空调、电扇等电器,而这些都需要消耗大量的电力。如2012年美国1/6的电力消费用于降温,每年需付电费400亿美元。高温天气对人体健康不利。有关研究表明,环境温度高于28 ℃时,人们就会有不适感;温度再高还容易导致烦躁、中暑、精神紊乱等症状;气温持续高于34 ℃,还可导致一系列疾病,特别是使心脏、脑血管和呼吸系统疾病的发病率上升,死亡率明显增加。此外,气温升高还会加快光化学反应速度,形成城市雾霾天气,使近地面大气中臭氧浓度增加,影响人体健康。

2）城市的温度条件

在城市，由于建筑物和下垫面的作用，会极大地改变光、热、水分布，形成特殊的小气候，对温度因子的影响最为明显。城市街道和建筑物受热后，如同一块不透水的岩石，其温度远远超过植被覆盖区（表3.5）。夏季在阳光下，混凝土平台的温度可比气温高8 ℃，屋顶和沥青路面高17 ℃，严重影响居民生活和植物的正常生长发育。

表3.5　裸地与植被覆盖地土壤温度比较

深度 /cm	裸地土温/℃			低矮禾草覆盖地土温/℃			两者之差
	max	min	差　值	max	min	差　值	
2.5	36.6	16.3	20.3	31.9	18.6	13.3	7.0
12.5	25.4	20.1	5.3	24.3	20.9	3.4	1.9
25.0	23.3	20.6	2.7	22.2	20.9	1.3	1.4
50.0	19.5	18.6	0.9	19.7	19.1	0.6	0.3

建筑物不同朝向的温度差异：建筑物南北向接受的太阳辐射及风的差异大，温度条件也存在很大差异，建筑物南面白天全天几乎都是直射光，反射光也多，墙面辐射热也大，加上背风，空气流通性差，温度高，生长季延长，春季物候期早。冬季楼前土壤冻结晚，早春化冻早，形成特殊小气候，适于喜光和暖地的边缘树种。

建筑物北侧，背阴，其范围随纬度、太阳高度角而变化，以漫散射为主，夏季午后傍晚有少量直射光，温度较低，相对湿度较大，风大，冬冷，北方易积雪和土壤冻结期长。适合选择耐寒、耐阴树种。

一年中，夏季楼南楼北气温差异不明显，其他季节楼南气温高于楼北气温，距楼3 m处，两侧气温差2 ℃左右。在一天中，楼北比楼南气温变化推迟1.5～2 h。

城市建筑物对温度、风以及湿度的影响，会在建筑物周围形成与郊区差异明显的特殊小气候，合理利用这些小气候，可以丰富园林植物的多样性，如在楼南可栽种一些温暖湿润地带的植物种类。

3.2　温度对园林植物的生态作用

3.2.1　温度对园林植物生理活动的影响

植物的一切生理生化作用都是在一定的温度环境中进行的。当温度升高时，植物的生命活动就随之加强，直到一个最佳温度为止，以后就逐渐减弱。温度对植物的生理活动影响主要表现在：

①影响生化反应酶的活性，尤其是光合作用和蒸腾作用的酶。

②影响二氧化碳和氧气在植物细胞中的溶解度。

③影响植物的蒸腾作用。

④影响根系在土壤中吸收水分和矿质营养的能力。当温度升高时，细胞膜透性增大，植物生理活动所必需的水分、二氧化碳、养分吸收增多，酶活性增强，植物光合作用、呼吸作用等随之

增强,直到一个最佳温度范围为止,以后就逐渐减弱;温度过高时,植物萎蔫枯死。植物不同生理生化反应过程对温度的要求不尽相同,植物类型不同,光合作用对温度的要求不同(表3.6)。

表3.6 生长季各类植物光合作用与温度的关系

植物类群		CO_2 吸收的低温限度/℃	光合作用的最适温度/℃	CO_2 吸收的高温限度/℃
草本植物	热生境 C_4 植物	5 ~ 10	30 ~ 40(50)	50 ~ 60
	C_3 农作物	−2 ~ 0	20 ~ 30(40)	40 ~ 50
	喜光植物	−2 ~ 0	20 ~ 30	40 ~ 50
	耐阴植物	−2 ~ 0	10 ~ 20	约40
	早春及高山植物	−7 ~ −2	10 ~ 20	30 ~ 40
木本植物	热带、亚热带常绿树	0 ~ 5	25 ~ 30	45 ~ 50
	干旱地区硬叶乔灌木	−5 ~ −1	15 ~ 35	45 ~ 55
	温带落叶树	−3 ~ −1	15 ~ 25	40 ~ 45
	常绿针叶树	−5 ~ −3	10 ~ 25	35 ~ 42
	沼泽地及苔原矮灌木	约−3	15 ~ 25	40 ~ 45
苔藓类	北极和北极圈地区	约−8	5 ~ 12	约30
	温带	约−5	10 ~ 20	30 ~ 40
地衣类	寒冷地区	−15 ~ −10	8 ~ 15(20)	25 ~ 30
	沙漠	约−10	8 ~ 20	38 ~ 45
	热带	−2 ~ 0	约20	25 ~ 35
藻类	冰雪藻类	约−5	0 ~ 10	30
	喜热藻类	20 ~ 30	45 ~ 55	65

C_4 植物光合作用的最适温度在 30 ℃ 以上,在某些情况下可高达 50 ℃。C_3 植物的最适温度为 20 ~ 30 ℃,这是植物在自然条件下对温度状况的一种适应。耐阴植物在遮阴处,温度较低且直射光不多,最适温度处于 10 ~ 20 ℃。不同植物所能忍受的极端温度有很大差异,如北方落叶乔灌木能忍受−40 ℃ 的低温,而亚热带的榕树,在 1 月份平均气温低于 8 ℃ 的地方就不能生长。通常植物呼吸作用的最适温度和最高点温度均高于光合作用。

温度对植物蒸腾作用的影响有两方面:一方面温度会改变空气中蒸气压,而影响植物的蒸腾速度;另一方面温度能直接影响叶面温度和气孔开关,并使角质层蒸腾和气孔蒸腾的比率发生变化,温度愈高,角质层蒸腾所占比例也愈大。

3.2.2 温度对园林植物生长发育的影响

温度对植物生长发育的影响表现为三基点温度,即生长最适温度、最高温度、最低温度。

植物种子只有在一定的温度条件下才能萌发。一般温带树种的种子,在 0 ~ 5 ℃开始萌动、大多数树木种子萌发的最适温度为 25 ~ 30 ℃、最高温度为 35 ~ 40 ℃,温度再高会对芽产生有害作用,甚至灼伤种子。如油松、侧柏、刺槐的种子发芽最适温度为 23 ~ 25 ℃,马尾松为 25 ℃,落叶松为 25 ~ 30 ℃,臭松为 30 ℃。温带和寒温带许多植物种子需要经过一段低温期,才能顺利萌发。有些植物种子发芽前,需要低温处理,使其度过春化阶段,经过春化作用后,种子才能萌发。

一般植物的最适生长温度在 0 ~ 35 ℃,C_4 植物可以达到 40 ℃。

在这个温度范围内,随着温度上升,生长迅速,温度降低,生长减慢。

植物在一年中,从树液流动开始到落叶为止的日数成为生长期。一般南方树种的生长期比北方长。在生长季中,各种树木的生长期变化很大,大多数落叶阔叶树在初霜前结束生长,而在终霜后恢复生长,它们的生长期短于生长季;也有一些树种如柳树,发芽早而落叶晚,生长活动超出生长季之外;常绿树种,特别是针叶树种在霜期内温度较高的日子里,仍有不同程度的生长现象。

温度对植物的发育也有很大影响,有些植物成花前需要一定时间的低温刺激,这种现象称为春化现象。如油松需 10 ℃低温 71 d,白榆需 10 ℃低温 90 d,毛白杨需 10 ℃低温 69 d,才能开花。

温度是影响植物生产力的主要因素之一,净初级生产力(NPP)是指生态系统内单位时间单位面积植物的净生产能力(总生产量减去呼吸消耗部分),从热带到极地,随着温度的下降,植物生产力逐渐下降;随着海拔的升高,年均温下降,不同植被带的生产能力也下降。

3.2.3　变温对植物的生态作用

1)节律性变温的生态作用

地球表面的大部分地区,温度都有昼夜变化和季节变化。对于季节性变温,纬度越低的地方越不明显,而昼夜变化在两极及其附近地区不明显。温度随昼夜和季节而发生有规律的变化,称为节律性变温。植物长期适应节律性变温,会形成相应的生长发育节律。

(1)昼夜变温对植物的生态作用　植物对温度昼夜变化节律的反应称为温周期现象。变温对植物的影响及植物的生态适应可从植物生长发育等习性方面体现出来。

种子的发芽:多数种子在变温条件下可发芽良好,而在恒温条件下反而发芽不好。如毛冬青种子在变温 20 ~ 30 ℃发芽率为 70% ~ 80%。恒温条件 25 ℃发芽率为 20% ~ 30%,因为降温后,增加了氧气在细胞中的溶解度;温度交替提高细胞膜的透性,促进萌发。

植物的生长:一般在植物的最适温度范围内,变温对园林植物的生长具有促进作用。白天的适度高温与夜间适度低温的情况下,植物生长加快,温差变幅越大,生长越快。通常,原产于大陆性气候地区的植物,在日变幅为 5 ~ 15 ℃条件下,生长发育最好;原产于海洋性气候区的植物,在日变幅为 5 ~ 10 ℃条件下生长发育最好,一些热带植物能在日变幅很小的条件下生长发育最好。

开花结实:一般温差大,开花结实相应增多。有些花卉在开花前需要一定时间的低温刺激,才具有开花的潜力,这种经过低温处理促使植物开花的作用称为春化作用。如金盏菊、金鱼草等二年生花卉,一般在秋季播种,其营养生长期必须经过一段低温诱导,才能转化为生殖生长(开花结实),翌年春季开花。

植物产品品质:昼夜温差大,有利于提高植物产品的品质,如吐鲁番盆地在葡萄成熟季节,由于气温高,光照强,昼夜温差常在 10 ℃以上,所以,浆果含糖量高达 22%以上,而烟台地区受海洋气候影响,昼夜温差小,浆果含糖量多在 18%左右。河南开封、中牟的西瓜负有盛名,中心含糖量达到 13%,由于这些地区的土壤为沙质土,我们称为"热性土",升温、降温快,昼夜温差大,有利于糖分的积累,是西瓜含糖量高的主要原因,施用饼肥和鸡粪,不施化肥也是重要的原因之一。

需要注意的是,有些植物的生长很少受温周期的影响。例如,红杉在昼夜温差很小或无差别时,也能正常生长。

(2)季节性变温对植物的生态作用　植物在长期的进化过程中,形成了与季节温度变化相适应的生长发育节律,称为物候。例如大多数植物在春季开始发芽生长,继之出现花蕾;夏、秋温度较高时开花、结实和果实成熟;秋末低温条件下落叶,进入休眠。植物的器官(如芽、叶、花、果)受当地气候的影响,从形态上所显示的各种变化现象称为物候期或物候相。如黄河流域的农谚中所讲的"七九、八九,抬头看柳。九九杨落地,十九杏花开。枣芽发,种棉花,清明前后把种下"就是说的物候期。

美国昆虫学家 Hopkins 从 19 世纪,花了 20 多年的时间研究物候,确定了美国境内生物物候与纬度、经度和海拔高度的关系。他指出,在北美温带地区,纬度向北移动 1°或经度移动 5°或海拔上升 124 m,生物的物候期在春添或夏初各延迟 4 d,而在秋季物候期提早 4 d。在我国,物候变化与北美大陆有所不同,从纬度上看,从广东湛江沿海至福州、赣州一线纬度相差 5°,春季桃花开花期相差 50 d 之多;南京和北京纬度相差 6°,桃花开花期相差 19 d,前者每 1 纬度相差 10 d,后者相差 3 d 多;物候在海拔高度上的差异,可从唐朝大诗人白居易诗句"人间四月芳菲尽,山寺桃花始盛开"中可见一斑,桃花的始花期在芦山上要比山下约迟 1 个月。可见影响物候的因素是比较复杂的。

植物的物候现象是同周围的环境条件紧密联系的。在城市区内,温度一般比城市以外地区高,其物候期一般要早一些,所以植物的萌动、开花在市区比郊区早,市区植物的生产期亦更长,落叶休眠较晚。由于植物的物候期反映过去一个时期内气候和天气的积累,是比较稳定的形态表现,因此通过长期的物候观测,可以了解植物发育季节性变化同气候及其他环境条件的相互关系,作为指导园林生产和绿化工作的科学依据。

研究物候的方法主要靠物候观测,除地面定期观测外,也可以用遥感等新技术进行。物候观测的结果,可以整理成物候谱、物候图或等物候线以说明物候期与生态因子或地理区域的联系。物候节律研究对确定不同植物的适宜区域及指导植物引种工作具有重要价值。

一般树木物候期观察记载包括下列项目:

①萌动前(休眠中)的状态,如落叶树的芽形芽色,常绿树的叶色。

②芽的膨胀、萌发、最盛和完结日期。

③展叶开始和最盛日期。

④花芽出现、膨大、开花、盛花及终花日期,传粉时间。

⑤侧枝和顶枝的延长生长,形成层的开始活动和终止日期。

⑥果实增大过程,果实膨大、始熟、正熟、过熟日期。

⑦果实或种子脱落日期(始落、盛落、终落)。

⑧树叶变色、落叶日期(始落、盛落、终落)。

⑨冬芽的形成过程。

⑩在休眠期中(冬季)对低温的反应(如冻害等)。

在自然条件下,低温和短日照是相随出现的,多数植物冬季休眠的诱导因子是短日照,而植物体整个休眠期是在冬季低温下通过的,因此,低温与休眠过程是密切相关的。许多事实证明,休眠期内低温程度对休眠的加深或是延长,都有决定性的作用。植物通过休眠,对低温有一定的要求,这种要求随植物原产地冬季低温条件的不同而不同,那些长期适应北方寒冷地区的植物,其休眠期低温需要量较多,而南方生长的植物,休眠期低温需要量偏少。有人观察桃树的休眠期后指出,多数桃树品种休眠时,花芽需要经历 750 ~ 1 150 h 低温时数才能正常发芽。如果遇到冬季气温偏高,植物体便以延长休眠期来弥补低温的不足,如从寒冷地区引种到南方的植物,由于南方冬季气温偏高,一般休眠期普遍延长,如果冬季气温过高,不能满足完成休眠所需冷量,便不能正常萌芽,出现萌芽不整齐,生长衰弱等现象。

2)极端温度对园林植物的生态作用

植物进行正常生命活动对温度有一定的要求,当温度低于或高于一定数值,植物便会因低温或高温受害,这个温度即为极端温度。极端温度对植物的伤害程度,不仅取决于极端温度的强度、持续时间与受影响的外界环境条件,同时也取决于植物的生命活力、所处的发育阶段以及锻炼程度等。

(1)低温对植物的危害　根据低温对植物的危害程度可以把低温的危害分为以下几种类型:

①寒害:寒害又称冷害,是指 0 ℃以上的低温对植物造成的伤害。由于在低温条件下 ATP 减少,酶系统紊乱活性降低,导致植物的光合、呼吸、蒸腾作用以及植物吸收、运输、转移等生理活动的活性降低,植物各项生理活动之间的协调关系遭到破坏。喜温植物易受寒害。寒害多发生在我国南方的热带地区,一般热带树种在温度为 0 ~ 5 ℃时,呼吸代谢就会严重受阻,如热带植物槟榔、椰子等在 0 ℃以上低温影响下,叶片变黄,落叶严重。因此,寒害是喜温植物往北引种的主要障碍。

②冻害:冻害是指冰点以下的低温使植物细胞间隙结冰引起的伤害。冰晶一方面使细胞失水,引起细胞原生质浓缩,造成胶体物质的沉淀,另一方面使细胞压力增大,促使胞膜变性和细胞壁破裂,严重时可引起植物死亡。很多植物在 0 ℃以下维持较长时间会发生冻害,如柠檬在 -3 ℃、金柑在 -11 ℃受冻害。

当植物受冻害后,温度的急剧回升要比缓慢回升使植物受害更加严重。温度回升慢,细胞间隙的冰晶慢慢融化,细胞原生质能把细胞间隙的水分吸回到细胞内部,避免原生质脱水。如果冰融化太快,特别是在直射光照下,细胞间隙的水迅速蒸发,加重原生质失水,更增加植物受害程度。

③霜害:由于霜的出现而使植物受害称为霜害。秋季出现的第一次霜冻为早(初)霜,翌年春季出现的最后一次霜冻为晚(终)霜。早霜一般在植物生长尚未结束、未进入休眠状态时发生,从南方引种到北方栽培的植物容易发生早霜危害;晚霜危害一般在早春发生,对于一些从北方引种到南方栽培的植物,因春季过早萌芽而受晚霜危害。所以,从北方引入的树种应种在比较阴凉的地方,抑制早萌芽。

④冻举:又称冻拔。由于温度下降造成土壤结冰,使地表的土壤体积膨胀,连带小苗根系一起向上拔起;当土壤解冰时水分蒸发,土壤下陷,苗木留于原地,根部裸露,严重时出现倒伏死亡。冻举一般多发生在寒温带地区土壤含水量过大、土壤质地较细的立地条件下。一般小树比大树受害严重。

⑤冻裂:是指白天太阳光直接照射到树干,入夜气温迅速下降,由于木材导热慢,树干两侧温度不一致,热胀冷缩产生横向拉力,使树皮纵向开裂造成伤害。冻裂一般多发生在昼夜温差较大的地方。一些树皮较薄的树种如乌桕、核桃、悬铃木等,越冬时常在向阳面树干发生冻裂。对于这类树种可采用树干包扎、绑草或涂白措施进行保护。

⑥生理干旱:又称冻旱。土壤结冰时,植物根系不能从土壤中吸收水分,或在低温下植物根系活动微弱,吸水很少,而地上部分不断蒸腾失水,引起枝条甚至整株树木失水干枯死亡。

生理干旱多发生在土壤未解冻前早春,北京等多风的城市,蒸腾失水多,生理干旱经常发生。迎风面挡风减少蒸腾失水,或在幼龄植物北侧设置月牙形土埂以提高地温,缩短冻土期,可以减轻生理干旱的危害。

(2)高温对植物的危害　在植物的生长发育过程中,温度过高容易造成植物受害。在长期的高温条件下,植物呼吸作用增强,呼吸消耗增加,光合作用减弱,严重时导致植株饥饿而死亡;在高温条件下,植物为了维持体温加大蒸腾作用,破坏体内的水分平衡,造成生理干旱,严重时也可导致植株死亡,常见的高温危害有皮烧与根茎灼伤。高温危害多发生在无风的天气;在城市街区、铺装地面、沙石地和沙地,夏季高温易造成危害。

①皮烧(日灼伤)　树木受强烈的太阳辐射,温度升高,特别是温度的快速变化,引起树皮组织的局部死亡,而出现树皮斑点状死亡、爆皮或片状脱落。多发生在冬季,朝南或南坡地域有强烈太阳光反射的城市街道,树皮光滑的成年树易发生。

植物皮烧后,容易发生病菌侵入,严重时刻危害整株树木。树干涂白,反射掉大部分热辐射可减轻强烈太阳辐射造成的皮烧危害。

②根茎灼伤　当土壤表面温度高到一定程度时,会灼伤幼苗柔弱的根茎而造成伤害。夏季中午强烈的太阳辐射,常使地表温度升高很快,达到 45 ℃以上,易造成这种伤害。灼伤使根茎处产生宽几毫米的缢缩环带,因高温杀死了疏导组织和形成层而致死。根茎灼伤多发生在苗圃,可通过遮阴或喷水降温以减轻危害。

极端温度对植物的影响程度:一方面取决于温度的高低程度及极端温度持续时间、温度变化的幅度和速度;另一方面与植物本身的抵抗能力有关。

植物在不同发育阶段,其抵抗能力不同,休眠阶段抗性最强,生殖生长阶段抗性最弱,营养生长阶段居中。外地引进的园林苗木,一般在本地栽植 1 ~ 2 年后,经过适应性锻炼,才能提高其抗性。

3.2.4　温度与植物的分布

1)积温

在地球表面植物种的分布与温度条件有密切的关系,一方面与年平均温度,特别是 1 月份的平均温度相关,另一方面与积温相关。积温是指植物整个生长发育期或某一发育阶段内,高

于某一特定温度以上的热量总量。不同植物要求不同的积温总量。积温可分为有效积温和活动积温,有效积温的计算方法如下:

$$K=N(T-T_0)$$

式中　K——有效积温;

　　　T——当地某个时期内的平均温度;

　　　T_0——生物学零度;

　　　N——某时期的天数。

不同生物种的生物学零度是不同的,但在同一热量带相差并不大,一般温带地区的生物学零度为 5 ℃,亚热带地区为 10 ℃。例如某温带树种,当平均温度达 5 ℃时,到开始开花共需 30 d,这段时期的日平均温度为 15 ℃,则该树种开始开花的有效积温 $K=30(15-5)=300$ ℃。

活动积温的计算方法是把生物学零度换算成物理学零度,即 $K=NT$,如上例,活动积温是 450 ℃。

植物在整个生长发育期要求不同的积温总量,根据各植物种需要的积温量,再结合各地的温度条件,大致可以确定某种植物的引种范围。此外,还可根据各种植物对积温的需要量,推测或预报各发育阶段到来的时间,以便及时安排生产活动。

2)广温植物与窄温植物

植物长期生活在一定的温度范围内,不仅需要一定的温度量,而且需要有一定的温度变幅,形成了温度的生态类型。根据植物对温度变幅的适应能力将植物分为广温植物和窄温植物两大类。广温植物能适应较大的温度变幅,如松、桦、栎能在 −5 ~ 55 ℃温度范围内生活;相反,窄温植物对温度要求严格,生活在很窄的温度范围内。窄温植物又分为高温窄温植物和低温窄温植物,前者仅能在高温条件下生长发育而最怕低温,如椰子、可可等;后者仅能在低温范围内生长发育而怕高温,如偃松、兴安落叶松等。

3)我国园林植物的分布类型

根据日温≥10 ℃的积温和低温为主要指标,可以把我国分为 6 个热量带(高原和高山除外)。由于每个带温度的不同,都有其相应的树种和森林类型,植物种类也由热带的丰富多样逐渐变为寒带的稀少,形成各带特有的植物种和森林(表3.7)。

表 3.7　我国热量带划分表

热量带类型	积温/℃	最冷月平均气温/℃	植物类型
赤道带	9 000	>26	热带植物(椰子、木瓜、羊角蕨、菠萝蜜等)
热带	≥8 000	≥16	热带雨林(樟科、番荔枝科、龙脑香科、使君子科、楝科、桃金娘科、桑科、无患子科)
亚热带	4 500 ~ 8 000	0 ~ 15	常绿阔叶林(壳斗科、樟科、冬青科等常绿阔叶树;马尾松、柏树、杉木等针叶树)
暖温带	3 400 ~ 4 500	−10 ~ 0	落叶阔叶林

续表

热量带类型	积温/℃	最冷月平均气温/℃	植物类型
温带	1 600 ~ 3 400	≤-10	针叶与阔叶混交林
寒带	<1 600	<-28	落叶松林

3.3 园林植物对气温的调节作用

3.3.1 园林植物的热量平衡

植物可以将它们吸收的热能散发出一部分,从而调节其自身的温度,避免因温度过高而死亡,通过植物体热辐射散发掉的热量可占植物吸收的全部热量的近一半。蒸腾也可散失很大一部分热量,因为在水变成气体时会消耗一定的热量,从而使叶面温度下降;此外,在无风时贴近一切表面的空气薄层,有着对流作用,这种对流作用也可将叶面的热量传到温度低的空气中去,而当叶面温度低于气温时,空气中的热量就通过对流传导到叶内。通过这些生理机制,植物就和环境之间保持着一定的热量平衡,从而使植物体保持适当的温度,当空气温度低时,可以使叶温高于气温,当空气温度高时,又可使叶温低于气温。

树木受到热辐射后,温度会升高,到晚上由树冠表面大量散热,从而使树体变凉。在树冠内部和下部,接收到的热辐射较弱,同样,树冠亦会妨碍热量的散失。植物叶片接受辐射后,反射一部分,传导一部分,仅有一少部分被吸收,吸收会使叶片温度升高,这要通过蒸腾作用降温,蒸腾速度越高,所散失的热量越多,在气温高而温度低的情况下,叶片通过蒸腾作用的降温效果可达高值,叶片温度会比四周气温低几度。在生产实践中,有的地方使用抗蒸腾剂,虽然减少了水分的消耗,但是也会使叶片温度升高。

3.3.2 园林植物的降温作用

1)园林植物蒸腾作用与吸收温室气体 CO_2 降温

植物一方面可阻挡太阳的热辐射,另一方面又可通过蒸腾作用消耗掉大量的热量,达到降温的效果。Bau mgartner 测定,一片云杉林每天通过蒸腾作用可消耗掉66%的太阳辐射能。Ruge 认为,一棵行道树每年蒸腾消耗的水分为5 m^3,那么每公顷500棵行道树将能蒸腾掉相同面积内流走的同样数量的水分,它的凉爽效应为 $6.28×109$ kJ·hm^{-2}·a^{-1}。显然,在夏季植物蒸腾作用所消耗的热量,对改善城市热岛效应有明显的改善作用。

另外,众所周知,CO_2 是最重要的温室气体,但 CO_2 同时又是植物进行光合作用时所必需的重要原料。植物大量地吸收 CO_2 等温室气体,减小了温室效应程度,从而达到降温效果。

2)园林植物的遮阴降温

夏季在树荫下会感到凉爽宜人,这是由于树冠能遮挡阳光,减少日光直接辐射所致。一般而言,太阳辐射直接加温于空气的作用是很小的,太阳直接辐射对空气的加温效果为0.02 ℃/h,而太阳辐射到地面后,通过地表散热,才是直接加温于空气的主要热源,因此,通过植物遮阴降低小环境温度的作用很明显。一般植物叶片对太阳光的反射率为10%~20%,对热效应最明显的红外辐射的反射率可达70%,是沥青地面的18倍,鹅卵石地面的23倍。树木通过遮挡阳光,可以减少太阳光的直接辐射量,从而产生明显的降温效果,且不同树种降温效果差异较大,这与树冠的大小、枝叶的密度和叶片的质地等有关,对于单株植物来讲,树冠越大,层次越多,遮挡的太阳辐射也越多,遮阴作用越明显(表3.8)。对于植物群落来说取决于植物群落的复杂程度,植物群落层次越多,所阻挡的太阳辐射也就越多,地面温度下降得越快。

表3.8　常用行道树遮阴降温效果比较

树　种	阳光下温度/℃	树荫下温度/℃	温　差
银杏	40.2	35.3	4.9
刺槐	40.0	35.5	4.5
枫杨	40.4	36.0	4.4
悬铃木	40.0	35.7	4.3
白榆	41.3	37.2	4.1
合欢	40.5	36.6	3.9
加杨	39.4	35.8	3.6
臭椿	40.3	36.8	3.5
小叶杨	40.3	36.8	3.5
构树	40.4	37.0	3.4
楝树	40.2	36.8	3.4
梧桐	41.1	37.9	3.2
旱柳	38.2	35.4	2.8
槐	40.3	37.7	2.6
垂柳	37.9	37.7	2.3

注:树木遮阴与街道绿化,吴翼,1963。

　　建筑物附近的乔木,其树冠不仅可以阻挡来自太阳的直接辐射,而且也可以阻挡建筑物的墙面反射,栽植有适量乔木的绿化庭院,所获得的总辐射量(光和热)一般只有空旷庭院的15%左右。当然,若庭院完全覆盖就会对庭院内的空气流通、采光和接收紫外光不利。据测定,树冠投影度为10%的庭院接收到的辐射量可减少一半左右,既不影响采光、通风,又可降低一定的温度。

3)地被攀援植物的覆盖降温

　　由于植物对热辐射的遮挡和消耗,使得栽种植物的物体表面接收到的长波辐射热比建筑材料铺装表面低得多,因此,具有植物覆盖的表面温度较裸露的墙面温度自然也就低得多。

　　图3.6是2005年8月8日8:00—20:00南侧墙绿化墙面、裸露墙面以及环境温度的曲线。由图中可以看出,环境温度、裸露墙面与绿化墙面温度变化趋势基本相同,且最高温度出现在15:00

前后。当天环境温度在15:00为34.2 ℃,为全天最高温度。裸露墙面15:00温度为39.3 ℃,而其最高温度是在14:30出现,此时温度高达40.7 ℃。绿化墙面最高温度也出现在15:00,绿化密度大的墙面此时最高温度为32.2 ℃,绿化密度小的墙面此时最高温度为33.7 ℃。

比较裸露墙面与绿化墙面温度变化可以看出,日间,裸露墙面的温度一直高于绿化墙面的温度。尤其是午后高温时段,裸露墙面与绿化墙面最大温差为7 ℃,这说明墙面绿化可以有效地降低了墙面温度,从而减少对室内热量的传导,对室内起到一定的降温作用。

有植物覆盖的地面,吸收了大部分太阳光的直接辐射,蒸腾作用又消耗部分热量,所以有树荫与草坪的地面气温明显低于硬质地面,有乔木遮挡形成的树荫地面其温度也明显低于草坪的地面温度(图3.7)。

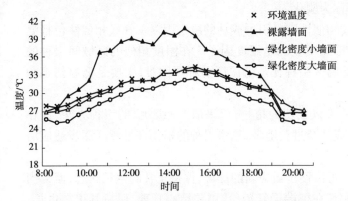

图3.6　夏季绿化南墙面与裸露南墙面以及环境温度比较
(郑州市不同主体绿化方式的降温、增湿效果研究,施琪,2006)

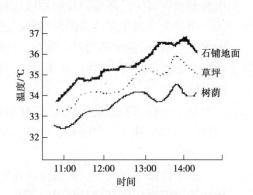

图3.7　不同植被覆盖地面的温度比较
(浅谈城市绿化对大气温度的改变
作用,崔江涛等,2009)

3.3.3　园林植物对气温的调节作用

城市中有绿化覆盖的地层表面可形成局部小气候,可促使空气对流产生局部微风。城市中的建筑道路以及广场在吸收太阳辐射后表面增热,使绿化地与无绿化地产生一定的温差,使密度大的气温较低的空气向密度小的热空气流动,密度小的热空气上升,形成环流,也就是园林绿地的凉爽空气流向"热岛"的中心区。夏季时,建筑物和硬化的地面由于比热容大,气温升高快,导致局部热空气上升,而周边绿地由于能够吸收热辐,其内部环境气温较低,空气密度相应较大,形成冷空气下沉,并向周围流动,从而使热空气流向绿地,经植物过滤后形成凉爽的空气流向四周,产生局部微风。而在冬季,有树冠阻挡地面,防止了辐射热向高空扩散,空气流动慢,散热慢,因此在树木较多的小环境中,气温要比空旷处高,此时树林内热空气会向周围空旷地流动,从而增高周围地区大气温度。总之,大片的园林绿地能使城区环境趋于冬暖夏凉,而且由于这些绿地的存在改变了城区的下垫面,有利于空气的流动和大气污染的稀释。

园林绿地的面积越大,其降温效果越显著。城市的大面积绿地在降低热岛效应方面具有重要作用。事实上,城市热岛并非市中心温度最高,离市中心越远温度越低,城市热岛应是多中心形的,具有若干个高温区,这些高温区的分布与地面上的植被覆盖多少有密切关系,在城市中凡是有大面积绿地和水面的地方,温度普遍较低。

3.4　温度的调控在园林中的应用

3.4.1　温度调控与引种

引种是把植物从原产地迁移到新地区栽植的方法,引种是园林中重要的植物来源。我们把引种的植物对生长环境条件的适应过程称为驯化。

引种会受到很多因素的制约,而气候相似性则是引种成功的决定因素。气候相似性包括温度、光照、水分、湿度等因素,其中对引种影响明显的是温度因子。在温度相似的区域间引种的成功率最大。同时,植物种从高温区向低温区引种比从低温区引种要困难,主要是低温伤害和越冬困难。

对于一些引种跨度区域大,一次引种难以成功的植物,可采取"三级跳"的引种方法,即在引种区与被引种区的中间地带寻求一个或几个过渡地带,先将引种的植物在过渡区逐步适应后再行引种。

引种植物本身经过一定锻炼驯化后,可以逐步适应新的环境,保持正常的生长状态,但与当地生长的植物相比有相对较弱的抗性,尤其在极端天气年份,更要精心管理,保持其正常生长。郑州地区从华南地区引种香樟,直径在 7～10 cm,冬季不能越冬,容易发生冻害。直径在 10 cm以上,在冬季采取培土、用稻草缠树干后,再用薄膜缠缚在外,香樟就能越冬,但长势不如华南地区,主要原因是干旱、降雨量少,冬季气温较低。

3.4.2　温度调控与种子处理

种子的温度处理可以促使种子早发芽,出苗整齐。由于各种园林植物种子大小,种皮的厚薄、本身的性质不同,因此应采用不同的处理方法。

冷温水处理比较容易发芽的种子,可加快出苗速度。如一串红、万寿菊、翠菊等种子,可用冷水(0～30 ℃)浸种 12～24 h,温水(30～40 ℃)浸种 6～12 h,以加快种子吸水速度,促进种子发芽。

变温处理对于出苗比较缓慢的种子,可加快出苗速度,提高苗木的整齐度。如珊瑚豆、金银茄、观赏辣椒、含羞草、文竹、天门冬等,播种前应进行催芽。催芽前先用温水浸种,待种子吸水膨胀以后,捞出来平摊在湿纱布或湿毛巾上,再蒙上 2 层湿纱布或 1 层湿毛巾,平放在浅盘中,放在温暖的室内,保持 25～30 ℃的温度,每天用温水冲洗一次,待种子萌动后立即播种。

休眠种子可经过低温沙藏和变温处理打破休眠,促进种子早发芽,如月季、蔷薇、玫瑰、贴梗海棠、碧桃、郁李、梅花、榆叶梅等种子都必须经过很长一段时间的低温潮湿环境,才能打破休眠而萌芽。把种子分层埋入湿润的大砂中,然后放在 0～7 ℃环境中进行层积处理,一般 6 个月左右,层积处理视植物种类不同而异。如榆叶梅需 30～40 d,海棠需 50～60 d。

有些花卉种子如流苏、牡丹、芍药等,具有胚根和胚轴双休眠的习性,即其胚根需要通过 1～2 个月或更长时间的 25～32 ℃的温度条件下,才能打破休眠开始萌发生根,此时其胚轴仍处于休眠状态,它需要在 3～5 ℃的条件下,1～3 个月才能解除休眠而萌发出芽。对这类种子,在播种前,与湿沙混合后,经一定时间的高温。然后再转入低温条件下,才能促进种子在播种后正常萌发。

3.4.3 温度调控与花期调控

有些植物冬季低温休眠,有些植物夏季高温休眠,可以通过对温度的调控打破或促进休眠,进而调节植物的花期。一些春季开花的园林植物,如牡丹、迎春、杜鹃、丁香、海棠、碧桃等,如果在温室中进行促成栽培,便可提前开花。利用加温方法来催花,首先要预定花期,然后再根据花卉本身的习性来确定提前加温的时间。在将室温增加到 20～25 ℃,相对湿度保持在 80%的条件下,牡丹经 30～35 d 可以开花,杜鹃需 40～45 d 开花,龙须海棠仅 10～15 d 就能开花。

另外,为了使春季开花的植物花期推迟,在春季植物萌发前,将植物移到 1～3 ℃的低温下,使其继续休眠,于预定花期前 1 个月左右移到温暖处,加强管理便可在短期内开花,如碧桃、杜鹃花。

3.4.4 温度调控与贮藏

在园林生产中,园林植物的种子、苗木、种条、接穗的贮藏,通常是采用低温贮藏,种子贮藏的方法是,把贮藏的种子和湿河沙混合堆放在一起,温度保持在 1～10 ℃,这样既可以使种子在贮藏期间不萌发且保持种子生活力,又可以提高种子播种后的发芽率。北方地区苗木贮藏的做法是,在秋季起苗后,选排水良好的地段挖贮藏沟,然后在沟内放一层苗木,铺一层湿沙,贮藏坑内温度保持在 3 ℃左右,这样既可以使苗木不萌动,又可以保持苗木的生命力。插穗和接穗的贮藏,在北方地区秋季采条后,打成捆,放在 0～5 ℃的低温冷窖内贮藏,保持插穗和接穗生命力可达 8 个月,以确保嫁接、扦插成功。

3.4.5 温度调控与防寒

原产于热带、亚热带和温带的植物,在我国北方地区不能越冬,必须移入温室养护,才能安全越冬,如仙客来、君子兰、变叶木、橡皮树等,不同种类花卉在越冬时对温度的要求也不同,根据这一特点,可以把花卉分为 4 类:

(1)冷室花卉 这类花卉冬季在 1～5 ℃的室内可越冬,如棕竹、苏铁、雪松、大叶女贞、棕榈等;

(2)低温温室花卉 这类花卉最低温度在 5～8 ℃时可越冬,如瓜叶菊、樱草、紫罗兰等;

(3)中温温室花卉 这类花卉最低温度在 8～15 ℃时可越冬,如仙客来、君子兰、天竺葵等；

（4）高温温室花卉　这类花卉最低温度要求高于 15 ℃才能越冬，如气生兰、变叶木、花烛等。

北方地区冬季温度较低，室外园林植物要采取必要的防寒措施以防止低温带来各种伤害。由于低温下的强烈太阳辐射，使树干的受光面和背光面因接受辐射不同而引起的冻裂现象。可用石灰加盐或石硫合剂对树木进行涂白；已遭受冻害的树干和枝条，可用稻草或草绳将其包扎，一些小灌木或比较大的灌木，可将其枝条推倒并覆土以保证越冬；树木的根系没有休眠期，抗冻能力较差，靠近地表的根易遭冻害，尤其是在冬季少雪、干旱的沙土地，更易受冻。可在封冻前浇一次透水，然后在根茎处培土防寒。

复习思考题

1. 何谓热岛效应？其形成原因是什么？
2. 解释温室效应、春化作用、活动积温和有效积温。
3. 温周期现象及其对植物生长的影响是什么？
4. 物候的影响因素及其变化规律是什么？
5. 搜集民间物候谚语 10 句，分析其生态学道理。
6. 植物低温危害和高温危害各有哪些表现？
7. 植物对低温和高温适应的方式各有哪些？
8. 简述城市热岛的利弊。
9. 试述园林植物调节环境温度的机理。
10. 城市绿化对改变人居环境有哪些重要作用？
11. 什么是引种驯化？简要说明园林植物引种要注意哪些问题。
12. 如何进行种子的层积处理打破种子休眠？
13. 温度调控在园林中有哪些应用？

知识链接——城市热岛效应及应对措施

城市是人口、商业、工业、交通高度集中的区域，由于人类的活动和工业生产排放出大量的热量，使城市气温比周围郊区气温高，这一新现象就称为"城市热岛效应"。我国曾观测到的最大城乡温差（城市热岛强度），上海是 6.8 ℃（1979 年 11 月 13 日 20 时），北京是 9.0 ℃（1966 年 2 月 22 日清晨）。城市热岛最早见之于科学记载的，可能是 1818 年英国出版的《伦敦气候》。作者 L. 赫华德对城市气候的两大发现，就是伦敦市中心气温比郊外高（各月平均分别高 0.5 ～ 1.2 ℃），以及城乡温差夜间比白天大。随着世界各地城市的发展和人口的稠密化，"城市热岛效应"变得日益突出。

1）城市热岛效应的成因及危害

城市热岛主要是由以下几种因素综合形成：①人口高度密集、工业集中，大量人为热量喷发。②高耸入云的建筑物是气流通行的障碍物，造成的地表风速小且通风不良。③城市绿地的缺少。④人类活动释放的废气排入大气，改变了城市上空的大气组成，使其吸收太阳辐射的能力及对地面长波辐射的吸收增强。据统计,热岛的80%归咎于绿地的减少,20%才是城市热量的排放。由此可见绿地对城市的重要性。

2) 城市热岛的危害

①"热岛效应"引起自然环境和植物生态发生变化,夏季城市更加闷热,"热岛效应"使大气中的粉尘增多,威胁市民的健康。

②"热岛效应"的产生不仅使人们工作效率降低,而且中暑人数增加,夏季高温导致火灾多发,加剧化学烟雾的危害。

③产生热岛效应后,阻碍城乡空气交流,新鲜空气进不来,有害气体排不出去,烟尘、二氧化碳、汽车尾气等污染物便会在地表空气摩擦层长时间滞留,形成灰蒙蒙的大气状态,称为雾霾天气,诱发呼吸道疾病和多种疾病的发生。

3) 城市热岛效应及应对措施

城市绿化建设应遵循科学合理,因地制宜的原则,绿化、规划、环保、城建部门联手,使过去的"见缝插绿"变成今天的生态园林城市建设。在规划建设中,必须按照生态学的基本理论,结合大型城市的特点,逐步形成平面绿化和空间绿化相结合,公共绿地、居住区绿地、单位绿化同步发展,城乡一体化的大型城市绿化发展框架,具体方法和措施如下:

(1)加强绿廊建设 由于道路处于交通污染严重的环境下,更应进一步加强对道路绿化的建设,道路绿化带及河流绿化带属于人类打造的一种特殊的绿廊,直观地看,廊道(绿化带)的树冠阻挡了阳光和风,改变了微环境条件,可以调节小气候,还起到了分割屏障,连通的作用,在规划市区外缘,根据地形和可能条件,设置营造宽展的城市防护林带,并和邻县的农田防护林网相联结,在规划市区内,要在居住区、集团之间营造隔离林带,特别是工业区和居住区必须尽可能设置一定宽度的卫生防护林带。在这方面,上海市率先垂范,已经着手建设长97 km,宽100 km的外环线绿化带,并且注意绿色廊道的相互连通。这样,夏季就可以利用绿色廊道引凉风入城,消除一部分热岛,而冬季,大片树林可以减低风速,发挥防风作用。

(2)在市中心创建大型绿地——"绿心" 大型绿色地带给我们最大的生态效应——减缓城市热岛效应。气象专家认为,绿地是城市天然的"空调"和"空气清洁器",夏季林区的太阳辐射量为非林区的66%,平均辐射温度可降低14.1%。赤裸的街道气温如果为40 ℃,公园林地可降低5.64 ℃,仅为34.36 ℃。例如,在上海市中心的黄浦区、卢湾区、静安区是上海"热岛效应"最强的地区,而三区的交汇处更是一直受到气象部门关注的"特高温区",在此规划建设延安中路大型公共绿地等于为城市打开一扇"天窗"。一期工程竣工后,市气象局对该地块测试表明,在7、8、9三个月间,白天气温与同期相比,平均下降0.6 ℃,晚上气温平均下降1 ℃多。有专家推算,面积7 万m²的延中绿地一期工程在每小时吸收的热量相当于1 385台两匹空调的工作量。目前,面积23 万m²的延中绿地已经建成,缓解"热岛效应"的范围达到4.5 km²。可见,延中绿地的建设对缓解上海市中心"热岛效应"已经起到了有效的作用。并且在上海建成的和在建的绿地中,面积过万的星罗棋布,7 万m²的徐家汇公园,10 万m²的陆家嘴中心绿地,13 万m²的虹桥花园,23 万m²的延中绿地,140 万m²的浦东世纪公园……这些都是上海对改善城市生态环境,缓解中心城区热岛效应,提高市民生活质量所采取的重大措施。

(3)加强屋顶绿化 对城市屋顶进行绿化是美化城市环境,削减城市"热岛效应"的有力措施。屋顶绿化潜力巨大,可以成为城市绿地的重要增长点。其对改善市民的居住条件,提高生活质量,降低城区热岛效应以及美化城市的环境景观,改善生态效应都有着重要意义。目前,屋顶花园在国外已不再是"空中楼阁",美国芝加哥为减轻城市热岛效应,正推动一项屋顶花园工程来为城市降温,日本东京明文规定:新建筑与地面面积只要超过 1 000 m²,屋顶的 1/5 必须有绿色植物覆盖,否则开发商就得接受罚款。国内深圳、长沙、兰州等城市也把城市楼群的屋顶作为新的绿源。

(4)发展针对性强的垂直绿化   凡有条件的地方,都要下大力度继续拆墙透绿,把绿色亮出来。广泛栽种爬墙虎、常青藤等攀援植物。研究材料表明,有垂直绿化的墙面表面温度比清水红砖表面温度低 5.5~14 ℃,并且可减少墙面热辐射 1 464 kcal/(m² · h)。

充分利用绿色植物来减缓城区热岛效应较典型的例证就是广州市。广州城外远郊森林围城,市区绿化遥相呼应。从"一年一小变"开始规划建绿、动迁造绿、见缝插绿、破墙透绿、环城围绿……地面绿化的同时,空中也建设立体性绿化。技术人员根据对遥感影像图和城市气象观测数据综合分析发现,近几年来,广州城区"热岛效应"已有减弱迹象,温差大于 1.2 ℃ 的热岛面积已停止扩大,温差大于 1.6 ℃ 的热岛面积已有缩小趋势,闹市区的"热岛效应"明显降低,特高温区减少。

河南省郑州市的生态廊道建设近几年发展很快,在全国起到了示范作用。郑州市通过 10 年的努力被评为全国园林城市。郑州市现居住人口 700 多万,有机动车 220 多万辆,交通拥挤在全国著名。据河南省环保局发布的公告显示,2012 年郑州市 9—12 月的空气质量为中度、轻度污染,PM2.5 在 250~350,个别月份 PM2.5 高达 380,达到了严重污染的程度。这件事引起了市委、市政府的高度重视,采取强有力的措施,要求在 3 年以内,将工业锅炉全部迁出四环以外的郊区,每迁移一台锅炉政府补贴 40 000 元,分期淘汰黄标车。在治理环境污染的同时,市委、市政府将生态廊道建设列入建设森林郑州、生态郑州、美丽郑州"六个切入点"任务之一,重点加快中心城区连接"六城十组团"的快速通道建设,按照"生态园林城市"的建设理念,建设多条生态廊道,引用黄河水打造城市水系景观。2010 年以来,郑州市委、市政府在提升"两环十七放射"道路建设的同时,要求在道路两侧 50 m 内建设功能齐全的园林生态廊道。生态廊道建设按照生态环保的出行理念,构建绿廊加漫步道体系,融入人行步道、自行车道、公交港湾、绿岛加油站等公共设施综合体。实现"公交进港湾,行走在中间,辅道在两边,休闲在林间"的景观效果。

目前,生态廊道建设已初见成效,四港联动大道、绿博大道、中原西路 3 条全市示范性生态廊道及郑新快速通道、南三环东延快速通道、登封音乐大典通道、新密黄帝宫旅游通道、荥阳郑上路等精品生态廊道已全面建成使用,长度 1 000 余 km,绿化面积约 8 000 万 m²。条条"绿带"穿街过巷,纵横交织,成为市民亲近自然、享受自然的绿色空间。于 2012 年 11 月 20 日起,中原网记者带领全国各大报社的记者观光团,踏上即将建成的"两环十七放射"生态廊道,高高的植物、低低的灌木,高低起伏的车道让记者们实地感受了一把"郑州之美"。

19 条道路环形、纵横加放射的绿化生态景观廊道的建成,不仅彰显了郑州都市区现代化的形象,而且为郑州都市区建设提供了良好的生态支撑,大大改善了市民的生活环境。春天,市民徜徉在散发着花香的廊道中,观赏着满目的新发嫩芽;夏天,如茵的树木将烈日遮挡,为市民带来丝丝清凉;秋天,欣赏着树叶缓缓落下,脚下的落叶沙沙作响;冬天,树枝下的冰挂在阳光下折射出耀眼的光芒。如此美丽的景色在我们身边,心情怎能不舒畅?生活怎能不幸福?等到生态廊道完全建成之时,郑州的天会更蓝,空气会更清新,水会更清,树叶会更绿,花会更香,郑州更美丽,我们的生活也会更美好!

　　总之,应当应用"生态系法",以减缓热温为主,规划生态轴、生态绿心、生态环和放射生态走廊相互联系的"环状—放射"型框架结构,创造新的城市绿地体系。并运用航空红外遥感技术资料的热岛分布,因害设防,在中心城区按照服务半径和防灾、消防功能要求布局绿地;按城市组团要求设置结构性绿地;在主城外围造人工森林、绿色廊道、楔形绿地成为新鲜空气的库地和通道,走社会、经济与生态环境相协调的持续发展的绿色道路,形成树木成荫、成林、成片、成景,碧水蓝天的空间绿色城市。从而有效地缓解城市热岛效应的影响。

4 水与园林植物

[本章导读]

　　本章主要讲授地球上水的分布及水循环,我国水资源的特点和我国城市水环境特点。降水和温度与园林植物的分布。城市水污染的现状,水污染的危害及其防治措施。水在植物生命活动中的重要作用,植物细胞和根系对水分的吸收。园林植物对水分的生态适应,植物的需水规律及水分临界期;合理灌水增产的原因以及合理灌水的指标。植物体内的水分平衡,在生产实践中水分的调节和控制。酸雨形成的原因,酸雨的危害及其综合防治措施。

[理论教学目标]

　　1. 了解地球上水分布的概况和我国水资源的特点。

　　2. 掌握降雨对植物分布的影响。

　　3. 水生植物和旱生植物的特点。

　　4. 水对植物的生理作用和合理灌溉的指标。

　　5. 水分平衡及水分的调节和控制。

　　6. 酸雨的危害和防治措施。

[技能实训目标]

　　1. 学会用小液流法测定植物细胞的水势。

　　2. 掌握土壤含水分量的测定方法。

　　3. 学会植物蒸腾速率的测定方法。

　　生命起源于水体环境,水是生命存在的先决条件,也是维持生命活动的重要生态因子。水分直接影响植物的生长发育、地理分布。水分因子还通过其他环境因子对园林植物产生间接影响,如大气中的水汽能吸收长波光,维持地球表面温度不会发生剧烈变化。通过降水、植物的蒸腾作用、地面蒸发、凝结等过程构成水循环,对地表的能量平衡产生重要影响,气候、土壤等环境因子也因水分的多少而发生变化。地球表面的海洋、内陆淡水水域和地下水等统称为水圈,水圈中的淡水非常重要,淡水是生物生存的物质基础。

4.1　水分的分布与降水

4.1.1　地球上水的分布及水分循环

1)地球上水的分布

水是地球上分布最广泛的物质之一,地球上水的总储藏量为13.8亿 km³,其中海水、盐湖水等咸水占97.3%,淡水占2.7%。在淡水资源中冰山、冰川水占77.2%,地下水和土壤水占22.4%,沼泽水占0.35%,河水占0.1%,大气中的水分占0.04%。水在自然界里呈循环状态,在地球上的循环水量每年大体上为42万 km³,其中降落在大地上的大约为10万 km³,通过江河流入海洋的为4万~4.5万 km³。

世界各国由于地理环境不同,拥有的水资源的数量有很大差异,按水资源的多少来划分依次顺序是:巴西、俄罗斯、加拿大、美国、印度尼西亚、中国、印度。地球上的总水量虽然很大,但大多数为海洋水,通过太阳光的能量参与大气循环,而以降水径流方式在陆地上运行的淡水相对较少2.5%,全球年径流总量为47万亿 km³。

我国水资源分布的特点:年内分布集中,年间变化大;我国黄、淮以北水资源量小,长江以南地区水资源丰富;西北内陆干旱地区水量缺少,西南地区水资源丰富。我国大小河川总长42万km,湖泊76.8 km²,占国土面积的0.8%。我国虽然水资源总量居世界第6位,但是人均占有量为2 300 m³,仅为世界平均值的1/4,为美国的1/4,日本的1/2。我国水资源分布不均匀,全国80%的水资源分布在长江流域及其以南地区,人均水资源3 490 m³,长江流域以北的广大地区仅占全国水资源的14.7%,人均水资源770 m³,其中黄、淮、海流域地区水资源短缺尤其突出。我国内陆地区仅占全国水资源的4.8%,农林业开发利用水资源受到一定的制约。总之,我国也是一个水资源缺乏的国家,是世界上第13个缺水国,我国华北地区常有十年九旱之说。我国花费巨大的财力和人力正在建设的南水北调工程,就是要解决北京、天津以及郑州地区水资源不足的问题。

2)水分循环

水是生命之源,是人类、植物、动物赖以生存的物质条件。有人把水比作生命摇篮,也有人把水比作地球的血液。地球如此庞大,地球上的江河湖泊、河塘小溪,时而满,时而干,年复一年、循环往复、周如复始、晶莹浩荡的水是怎样循环的呢? 水循环是指地球上的水在太阳辐射和地球重力作用下,不断地进行转化、输送、交换的连续运动过程。水通过蒸发、凝结、降水、径流的转移和交替,沿着复杂的循环路径不断运动和变化,来完成水循环过程。

太阳辐射是引起水循环的主导因子。我们在烧开水做饭时,把水加热后就会产生上升的水蒸气,太阳辐射就是水面产生水蒸气的动力。地球上的水,在太阳辐射作用下,不断从水面、陆面和植物表面蒸发和蒸腾,化为水汽升到高空;太阳能辐射引起了地表温度分布不均,从而形成了不同气压区,进而形成了空气运动,即形成了风;风是从高压吹向低压的。太阳的辐射蒸发海水和陆地水,形成水汽被大气运动所携带,风将气流带到其他地区,在适当条件下凝结,形成降水降落到地表,在重力作用下形成地表和地下径流,由地表水变成河水,进而汇入海洋。

地球上水循环根据其强度、规模和路径，水循环可分为大循环和小循环。大循环又称全球性水循环，是指海洋水和陆地水之间通过一系列过程所进行的相互转换运动。从海洋上蒸发的水汽，被气流带到陆地上空，在适当的条件下凝结，形成降水，降落地表。降落地表的水，一部分又被蒸发进入大气，一部分被植物截留，大部分沿地表流动，形成地表径流，有的渗入地下，形成地下径流，两种径流最终注入海洋。这种循环是水循环中最重要的一种。陆地上的水就是靠这种循环运动不断得到补充和更新。在水分的大循环过程中，整个地球的年蒸发量和降水量相当，大约为 1 100 mm。海洋表面的年蒸发量占地球总蒸发量的84%，陆地上的蒸发量（包括植物的蒸腾作用）大约占16%；每年通过各种降水到达海洋表面的水量为总降水量的77%，到达陆地表面的水量为总降水量的23%。

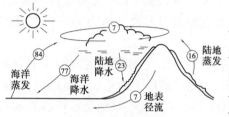

图 4.1　全球水循环
（Smith，1974）

水小循环是指水从陆地或海洋蒸发成水汽进入大气中，又凝结成降水回到地面或水面的过程（图4.1）。水的小循环又分两种：一是海洋小循环（海上内循环），即从海洋表面蒸发的水汽，在海洋上空成云致雨，然后再降落到海洋表面上的循环过程。这种循环虽然只在海洋领域内进行，但从参与水循环的量来看是主要部分；二是陆地水循环（陆上内循环），即从陆地表面蒸发的水汽或从海洋输送向内陆的少量水汽，在内陆上空成云致雨，然后再降落到大陆表面上，在陆地内消耗，不返回海洋。这种循环大多发生在内陆区域。

水循环是自然界物质运动和能量转化的重要方式之一，把大气圈、水圈、岩石圈、生物圈相互联系起来，对自然界具有以下重要意义：

①促进自然界物质的运动。

②促进自然界能量的交换。水循环的过程也是水在固态、液态、气态之间的转变过程。水的三态变化要吸收和放出热量，而降水、下渗和径流则会涉及热能、机械能以及动能和势能之间的转化。

③维持地球上水的动态平衡，使自然界的水不断得到更新。水循环还能给我们带来洁净的环境。当灰尘满地的时候，一场大雨就把灰冲洗得干干净净。水循环也会给人类带来污染的环境。每当下雨以后，下水道排泄不通畅时，城市街头到处可以看到污水、脏水、臭水、毒水，一些传染病由此而来。

4.1.2　降水

1）水的形态及降水

水不仅是自然界的动力，也是植物的重要组成部分。水分对植物既有生理作用，又有物理影响，水是植物赖以生存和发展的必不可少的生存条件。"哪里有水，哪里就有生命。"水分在自然界有气态、液态和固态 3 种形式，它们对植物的生态意义是不同的。植物生活需要的水分大部分是通过根系从土壤中吸收的，而土壤水分主要来源于人为灌水和大气降水，在正常降水满足不了植物生命活动需求时,才用人工灌水的形式进行补充,因此,降水对植物生长发育有很大的影响。

降水是指以雨、雪、霰、雹等形式从云中降落到地面的液态和固态水。广义的降水还包括地面的凝结物(雾、霜、雾凇、雨凇等)。一般情况下降水是指云中降水。降水强度的大小、时间分布等对生物的生长、发育、形态结构和地理分布都具有重要的生态意义。常见的降水有以下几种形式:

(1)雨　雨是降水中最重要的形式,是从云中降落到地面的液态水,一般直径 0.57 mm,大多数地方的降水形式以雨的形式降落。雨水对园林植物的影响,除了降雨量和季节分配以外,还与降水强度、降水频率、降水持续时间有密切关系。降雨强度过小,如果在高温季节,雨水随时就会蒸发,对树木生长起不到应有的作用。如果降水强度大而集中,土壤不能渗透吸收,造成地表径流过大,导致水土流失,树木根系外露,甚至会造成水灾。持续降雨影响植物的开花、传粉,浆果容易发生裂果。植物在开花传粉期降雨量会引起干旱,导致植物落花、落果,降低种子的质量和品质。降雨量较少就发生干旱,对植物造成不同程度的危害,严重时作物绝收,干旱会使蝗虫的数量增加,甚至发生蝗灾。

(2)雪　从云中降到地面的各种类型冰晶的混合物,当云层温度很低时,云中有冰晶和过冷却水同时存在,水汽、水滴表面向冰晶移动,在冰晶的角上凝华,形成六角形雪花。在低层气温较低时,雪花降到地面仍保持其形态,如果云层下面气温高于 0 ℃时,就会出现雨夹雪。降雪是冬季常见的一种降水形式,适当的降雪在雪融化以后就形成水,可以及时补充土壤水分,避免冬季或早春干旱。雪水融化后会给植物带来更多的氮素(一般为雨水的 5 倍),有利于植物的生长发育。如果降雪量很大,就会造成雪灾。由于积雪不易传热,可以防止土壤持续降温,避免冻结过深,可以保护树木根系和幼苗越冬;但也可以引起雪压、雪倒等危害,受害程度因树种特性有一定的差异。一般是常绿树重于落叶树,浅根系树种重于深根系树种。

(3)露和霜　露和霜是指地面物体表面辐射冷却,温度下降到空气的露点以下时,空气接触到这些冷的表面而产生的水汽凝结的现象。如露点高于 0 ℃,就凝结为露,露点低于 0 ℃时,就凝结为霜。露水对植物生长有利,尤其是在夏天的早上,在植物的幼苗期的叶片上经常看到露水,在叶尖和叶的边缘的水珠是植物的吐水,是植物通过气孔和水孔散失的水分。而霜冻往往会对植物造成危害,为了防止霜冻的危害,人们经常在霜冻到来的前一天晚上,用烟熏法来防止霜冻。

(4)雾　当近地气层温度降到露点以下时,水汽凝结成小水滴或冰晶,弥漫成乳白色带状,使水平方向上的能见度降低的现象称为雾。短期的雾对植物生长影响不大,长期大雾可以减少植物的蒸腾作用,降低植物的光合速率,有利于植物病害的发生。大雾影响城市交通和机场飞机的正常起飞。

(5)雾凇、雨凇　雾凇、雨凇是空气中的水汽、雾气遇冷在树木枝干、植物茎干和线杆的迎风面凝结的现象,尤其在冬季湿润地区比较普遍。凝结雾凇、雨凇融化后可以补充土壤水分的不足;同时也可以形成特殊的自然景观供人们游览和欣赏,但也会使树木受到不同程度的危害。

(6)冰雹　冰雹是一种特殊的固体降水,它是从发展旺盛的积雨云中产生的,是坚硬的球形、锥形或形状不规则的固体降水。冰雹一般直径在几毫米到几十毫米,最大的冰雹直径可达几十厘米。冰雹一般发生在初夏,正是植物生长旺盛的季节,冰雹在降落时形成一条线状,俗话有"雹打一条线"之说。冰雹对树木和农作物都会造成很大危害,严重时造成毁灭性灾害。冰雹虽然也会给土壤带来一定水分,但主要是危害植物生长。

(7)水汽　大气中含水蒸气的多少,一般用绝对湿度(a)和相对湿度(r)来表示。绝对湿度是指单位容积空气中所含水汽的质量,它实际上就是空气中水汽的密度,单位是 g/m³。相对湿度是指大气中实际水气压与相同温度下饱和水气压的百分比。空气中的相对湿度大,可以降低植物的蒸腾强度,不利于水分的散失,但相对湿度大不利于植物的开花、传粉和种子的传播。相对湿度低时,一般光照比较强,有利于植物的蒸腾作用。

大气相对湿度的逐渐降低,可以加快地表蒸发,在一定程度上起到了调节土壤温度的作用。

2)降水的表示方法

(1)降水量　降水量是指在一定时间内从大气中降落到地面未经蒸发、渗透和流失在水平面上积聚的水层的厚度。降水量通常用毫米来表示。降水量具有不连续性和变化大的特点,通常以日为最小单位,进行降水日总量、旬总量、月总量、年总量统计。

(2)降水强度　降水强度是指在单位时间内的降水量。降水强度是反映降水急缓的特征量,单位是 mm/d 和 mm/h。根据降水强度的大小,可将降水划分为若干等级(表 4.1)。

表 4.1　降水强度等级表

种　类	等　级	小	中	大	暴	大　暴	特大暴
雨	12	0.1~5.0	5.1~15.0	15.1~30	30.1~60.0	≥60.1	
	24	0~10.0	10.0~25.0	25.1~50.0	50~100	100.1~200	200
雪	12	0.1~0.9	1.0~2.9	≥3.0			
	24	≤2.4	2.5~5.0	5.0			

(3)降水保证率　降水保证率是指降水量高于或低于某一界限降水量的频率的总和。是表示某一界限降水量可靠程度的大小。某一界限降水量在某一段时间内出现的次数与该时段降水总次数的百分比,叫降水频率。

4.2　城市水环境

城市水环境是指一个城市所处的地球表层的空间中水圈的所有水体、水中悬浮物及溶解物的总称。城市水圈中的水体包括河流、湖泊、水库、冰川海洋等地面水和地下水,它构成一个城市的总体水资源,其中淡水资源对人们的生活关系密切。

4.2.1　城市水环境的特点

1)淡水资源短缺

随着我国城镇化的快速发展,城市人口和面积不断扩大,城市对水资源的需求也越来越大。城市人口密集,工业发达,用水需求过度集中,淡水缺乏是我国城市发展面临的新问题。2000

年的研究资料表明:在全国 669 个城市中,400 个城市常年供水不足,其中有 110 个城市严重缺水,日缺水量达 1 600 万m³。值得注意的是,在我国经济比较发达、人口比较集中的地区,特别是水资源短缺地区如海河及黄河下游平原、山东半岛、辽河平原及辽东半岛、淮北平原、四川盆地的城市水的供需矛盾尤为突出。例如,北京市水资源总量高达 40.8 亿 m³,人均可利用的水资源 1997 年仅为 373 m³,远远低于全国 2 300 m³ 的人均水平,每年缺水 11.4 亿 m³,上海和天津市,人均水资源拥有量分别为 199 m³ 和 161 m³。人均水资源占有量的不足加剧了城市生态用水的紧缺,这种缺水往往是资源型缺水。城市淡水的短缺给城市居民生活造成许多困难,成为城市社会中的一种隐忧。

据有关资料统计,1979—1988 年我国城市的总供水量平均增长率为 3.47%,而工业与城市生活需水量的平均增长率分别为 4.0% 和 8.5%,即需水量增长率大于供水能力的增长率。实际上,1983 年在 236 个城市中即有 188 个城市缺水,日缺水量达 1 240 万m³。到 1990 年,全国 467 个城市共有水厂 1 220 座,日供水能力 6 382.5 万m³。在"七五"期间,全国城市平均每年虽然节约用水量约 10 亿 m³,但 1990 年全国仍有 300 个城市缺水,日缺水量达 1 000 万m³。1992 年,全国城市的综合日供水能力为 16 036.4 万m³,但仍有 300 多个城市处于缺水状态,其中 50 个城市严重缺水。

我国现在缺水量 1 600 万m³/d。许多大江大河的水量减少,例如黄河由于上游水量不断减少,下游灌溉引水和城市供水不断增加,20 世纪 90 年代河流断流现象日趋严重,1997 年断流 160 d,断流河长达 700 km,约占黄河郑州以下总长度的 90%。

2)水污染严重、水质恶化

水体污染是指进入水体的污染物超过了水体的自净能力,使水的组成和性质发生变化,使动植物生长条件恶化,影响到人类的生活和健康。我国城市地区工业和生活污水多,污水处理率比较低,相当部分污水直接进入水体,造成水体污染,水质恶化。

3)城市降雨量大

现代化的城市高楼林立,这些高层建筑阻碍流过城市的气流,会在小区域内产生涡流,形成堆积现象。城市由于工厂林立,大气中的污染物远远高于郊区,堆积的气流和上空的粉尘形成凝结核,在大气中的水汽压达到饱和时,就形成降水。因此,城市的降水频率和降水强度比郊区要高一些。从表 4.2 可以看出,世界一些城市的降水量一般比郊区高 11% ~ 55%。

表 4.2　世界部分城市年平均降雨量的城乡差别

地　名	记录时间/年	市区/mm	郊区/mm	城郊差别/%
莫斯科	14	605	539	+11
慕尼黑	30	906	843	+8
芝加哥	12	871	812	+7
厄巴拉	30	948	873	+9

4)城市径流量增加

城市的郊区大部分种有作物和蔬菜,土壤不断耕作,土壤空隙度在 50% 以上,有良好的透气性和透水性,当雨水降落到地面后,迅速渗入到土壤中补充地下水,有一大部分保存在土壤的毛细管中,为植物的生长发育提供有效水分,雨水除少量蒸发以外,其余部分形成地表径流。城市有宽阔的马路,高大的建筑物,植被破坏严重,自然土壤面积较小,下雨后,雨水有 2/3 流入下水管道,形成地表径流,雨水渗透到土壤中的很少,造成水资源的严重浪费。一般城市化水平越高径流量越大。

5)城市的湿度低、云雾多

由于城市的下垫面发生了变化,降雨后很快形成地表径流,进入下水道外排,雨停后路面干燥快,加上城市植被覆盖面积比郊区要少,所以城市水分蒸发散失的数量也小,导致城市的湿度比郊区小,形成所谓"干岛效应"。如上海市 1961—1970 年的气象数据显示,市区年平均相对湿地为 79%,郊区为 82%。

城市一般雾霾天气多,主要是大气污染颗粒物为雾的形成提供了丰富的凝结核,同时高大的建筑物降低了风速,为雾的形成提供了合适的风速条件。当城市地面空气的相对湿度接近或达到饱和时,水汽在凝结核上凝结成小水滴,这些小水滴和城市的烟尘悬浮在城市低空形成雾。城市的大雾阻滞了空气中污染物的稀释和扩散,加重了大气污染,减弱了太阳辐射,使能见度降低,影响了城市交通和生物的生命活动。

4.2.2　城市水污染及其防治

在我国 669 个城市中 2/3 以上的城市缺水,有 100 多个城市严重缺水,水污染现象日益严重。截至 1997 年底全国污水排放量为 1 108 m³/d,全国各类水体 82% 的河段受到污染,其中已有 39% 的河段受到严重污染,70% 以上的城市河段不适合做饮水水源,50% 的城市地下水受到污染。长江等七大水系水质不断恶化,湖泊水库普遍受到污染,沿海水体发生赤潮和富营养化现象。曾经被荣为"东方威尼斯"的苏州河,在 20 世纪,50 年代淘米洗菜,60 年代水质变坏,70 年代鱼虾绝代,80 年代洗不净马桶盖,这就是今天环境污染的真实写照。其他城市的河流污染也是如此,因此,城市进行污水处理和节水已经成为当务之急。

1)我国城市水污染的现状

随着我国经济的发展和城市化进程的加快,工业用水和城市居民生活用水急剧增加,排污量也随之增加。部分城市水资源短缺,水污染问题比较严重,尽管近 30 年来我国在水污染防治方面出台了一系列法律法规,但水污染仍未得到有效控制,虽然我国在城市水污染的防治工作中取得了一些成绩,但污染状况依然十分严重。水污染的类型一般分为以下两种:

(1)地表水污染　从 2002 年国家环境保护总局公布的数字中可以看出,地表水流经城市的河段有机污染比较严重,城市居民生活废水和许多工业废水都含有大量的有机物质。有的工业废水含有毒害很大的有机物质,如农药和染料等,使大多数城市河流都存在严重的有机污染使城市水源水质下降,严重威胁到城市居民的饮水安全和人民群众的身体健康,2003 年度监测的 28 个重点湖库中,满足 Ⅱ 类水质的湖库有两个,占 3.6%,Ⅲ 类水质湖库有 6 个,占 21.4%;Ⅳ 类水质湖库有 7 个,占 25.0%。Ⅴ 类水质湖库有 4 个,占 14.3%;劣 Ⅴ 类水质湖库有 10 个,占 35.7%。

(2)地下水污染　在 2003 年全国 194 个主要地下水水位监测城市和地区的调查资料显示:

2003年地下水质在基本稳定的基础上存在恶化趋势,大部分城市和地区存在一定程度上的点状或面状污染,其中以人口密集和工业化程度较高的城市中心区为主。由于地表水普遍污染,造成地下水的污染也相当严重,污染面已达50%。如海河流域和辽河、淮河流域内许多城市和农村的地下水遭受了不同程度的污染。另外,由于用水量不断增加和地面水污染越来越重,只有靠大量抽取地下水来满足工农业和人民生活的需要,因此造成地下水位下降严重。如河北沧州市深层地下水位降落漏斗面积达2 225 km²。

2)水污染的危害与类型

(1)水污染的危害

①水污染对人体的危害 人类生活和工、农业生产都离不开水。人的一切生理活动,如体温调节、营养输送、废物排泄等都需要水的参与。如果不注意合理开发利用水资源,水体就会受到污染,水的质量恶化不仅会降低甚至丧失其使用功能,还会对人体健康和生态环境产生一系列危害,被污染的水体中含有农药苯类,重金属氰化物,放射性元素致病菌等有害物质,它们具有很强的毒性,有的具有致癌、致畸作用。20世纪80年代,我国南方的甲肝流行,就是由于食用了甲肝病毒污染水域的毛蚶所致。石油、化工等工厂排出的废水中含有机氯多环有机化合物,苯类化合物等,造成水体污染,水体污染后对人的危害极大。2005年底发生在松花江流域的硝基苯污染,是由于石油、化工厂爆炸发生泄漏引起的,成为全国闻名的水体污染事件。

②水污染对水生物的危害 良好的水体中各类水生生物之间,水生生物与其生存环境之间处于动态平衡状态。当在人类的活动下水体受到污染后,就会破坏这种动态平衡,引起水生态环境的变化,当水体受到含有大量氮、磷的污水侵蚀时,就会发生水体富营养化现象,导致水中的藻类大量繁殖,同时会引起水中溶解氧减少,使得厌养微生物大量繁殖,产生硫化氢等有害物质造成水质恶化,使水生动物大量死亡。

③对植物的危害 湖泊、水库水体的富营养化使蓝藻、绿藻和硅藻以及浮游生物大量繁殖,在水面形成密集的藻被层,影响光合作用。同时,大量死亡的藻类沉积在底部,使水中的溶解氧下降,引起其他水生生物死亡。

④对工业的危害 许多工业产品加工过程需要用水,水质恶化不仅直接影响到产品质量,还会造成冷却水循环系统的堵塞、腐蚀、结垢等问题;工业用水硬度增高会影响锅炉的使用期限及安全。

(2)水污染的类型 常见的水质污染有以下几种类型:

①水体富营养化 水体富营养化是指水体中氮、磷、钾等植物营养物质过多,使水中的浮游植物(主要是藻类)大量繁殖。水体富营养化以后,大量有机物残体分解和浮游植物呼吸消耗氧气,导致水体中溶解氧下降,使水体浑浊,透明度下降,严重时使鱼类窒息死亡,水体有明显的腥臭味。有一些水生藻类死亡后残体分解残生毒素,通过食物链毒害其他动物和人类。海洋的近海岸处发生富营养化现象,腰鞭毛藻类大量繁殖,能使海水呈粉红色或红褐色,称为赤潮,赤潮的发生严重影响渔业生产。我国太湖、巢湖都存在严重的富营养化问题。水体是否富营养化,常用藻类特别是蓝藻是否大量产生作为标志。美国环保局判断水体富营养化的标准如表4.3所示。

②有毒物质的污染 有毒物质的污染主要包括两大类:

a.重金属,如汞、镉、铅、铬、铜、锌铝等具有显著的生物毒性。它们在水体中十分稳定,常被水中的悬浮物吸附沉如水底的淤泥中,不能被微生物降解,而只能发生各种形态相互转化和分

表 4.3　湖泊水体富营养化阶段的判定标准

指　标	贫营养	中营养	富营养
总磷/(mg·L^{-1})	<10	10~12	>20
叶绿素 a/(mg·L^{-1})	<4	4~10	>10
透明度/m	>3.7	2.0~3.7	<2.0
深水层的溶解氧（饱和百分数）	>80	10~80	<10

散、富集过程（即迁移）。重金属污染有以下几个方面的特点：

● 除被悬浮物带走后吸附沉淀，富集于排污口附近的底泥中，成为长期的次生污染源；

● 水中各种无机配位体（氯离子、硫酸离子、氢氧离子等）和有机配位体（腐殖质等）会与其生成络合物或螯合物，导致重金属有更大的水溶解度而使已进入底泥的重金属又可能重新释放出来；

● 重金属的价态不同，其活性与毒性也有差异，其形态又随 pH 和氧化还原条件不断转化。

b. 污染物是有机氯、有机磷、芳香族氨基化合物等化工产品，如有机氯农药、合成洗涤剂、合成燃料等，这类物质不易被微生物分解，有些是致癌物质。

③热污染　很多工厂在生产过程中产生的废余热散发到水体中，使水体温度提高，影响水生生物的生长发育，称为热污染。火力发电厂是热污染的主要来源。各种生物生存和繁殖都要求一定的温度范围，高于或低于某一限度，就会影响生物的生长发育。原生动物生存的上限温度是 56 ℃，而真菌在 60~62 ℃，藻类是 55~60 ℃。大量研究证明：水体温度的微小变化就会影响到生物的多样化和生长发育，高于生物生存的上限温度会导致生物死亡。

3）水污染的原因

水污染的原因有自然因素和人为因素两种。自然污染是由于自然规律的变化和土壤矿物质对水源的污染；人为污染主要是由于人类的生活和生产活动所造成的污染，是生活污水和工业废水随便排放所造成的。水污染包括生活污水、工业废水、农田排水未经处理而大量排入水体所造成的污染。

（1）工业废水　工业废水是水体主要污染源，它面广、量大、含污染物质多、组成复杂，有的毒性大，处理困难。像造纸、纺织、印染、食品加工等轻工业部门，再生长过程中常排出大量废水。而且这些废水中的有机质，在降解时消耗大量溶解氧，易引起水质发黑变臭等现象。此外还常含有大量悬浮物、硫化物、重金属等。

（2）生活污水　生活污水的特点是有机物含量高，易造成腐败。此外，因在厌氧细菌条件下，易产生恶臭物质，如硫化氢、硫醇等。生活污水中含合成洗涤剂量大时，对人体有害。家庭污水一般很浑浊，生化需氧量为 100~700 mg/L。

（3）农业污染源　农业污染源是指由于农业生产而产生的水污染源。如降水所形成的径流和渗流把土壤中的氮、磷和农药带入水体；由牧场、养殖场、农副产品加工厂的有机废物排入水体，它们都可使水体的水质恶化，造成河流、水库、湖泊等水体污染，形成水体的富营养化。

4）水污染的防治

（1）进行宣传教育，增强全民节水意识　一位水质量控制专家曾经说过，治理水污染的代价远远高于控制水污染的代价。我国近年来治理太湖、淮河等河流的经验已经证明了这一点。各地区、各部门应该采取积极有效的措施，进行深入广泛持久的宣传教育，让全国人民都知道我国是缺水国，节约用水是 14 亿人民的大事，从城市到农村广泛宣传，达到家喻户晓，人人明白。

2013 年 8 月，郑州市区有近 700 万人口，每日最高用水量已经突破 100 万吨，全国日用水量超过100万吨的其他大城市还有10多个,如果我们不节约用水,黄河、长江等河流的水源就会逐渐减少,甚至会慢慢干枯,用地下水会使地面逐渐下沉,地下水会形成漏斗状,给郊区灌溉造成困难。水资源的缺乏,会给人类的生存造成威胁。丹江口水库的优质水源,南水北调解决了郑州市、北京市等的用水问题。

(2)改革工艺和设备,循环重复用水 科学施用农药化肥采用干法和清洁生产工艺替代用水生产工艺,更新设备防止污水跑冒滴漏,减少工业污水的产生量,根据不同的生产工艺的要求,把生产过程中的废水处理后,在原来的或其他的生产过程中重新使用,减少工业污水的排放量。生活污水也可以通过有效的净化手段再生后回用于其他用途,农药、化肥施用后大部分残留物进入土壤里造成水污染,因此,在农业生产中应当使用高效低毒的农药,尽量减少化肥的使用,减少农业污水的污染和毒害。

(3)加强管理,综合治理 城市污水是工业污水和生活污水的混合体,其中工业污水占很大比例,随着我国工业化的迅速发展,城市污水所占的分量将越来越多,城市生活污水含有丰富的氮、磷,必须从预防角度减少排入水体的氮、磷的总量。

要解决我国水污染问题,要从多方面综合考虑,经过坚持不懈的努力,就会达到预期的目的。其主要对策有以下几个方面:

①推行清洁生产,节约用水 在工业上实施清洁生产,提倡一水多用,提高水的重复利用率等,都是节约用水行之有效的方法。

②建立城市污水处理系统 为了有效地治理水污染,工业企业要率先垂范,尤其是化工厂、农药厂、冶炼厂对有毒污染物的排放,必须单独处理或预处理。工业布局、城市布局的调整和城市工业废水治理紧密结合起来。

③调整产业结构 水体的自然净化能力是有限的,合理的工业布局可以充分利用自然环境的自然能力,变恶性循环为良性循环,起到发展经济、控制污染的作用。对那些耗水量大、污染重、治污代价高的企业实行关、停、并、转、迁移等措施,进行彻底治理。也要对耗水量大的农业结构进行调整,特别是干旱、半干旱地区要减少水稻种植面积,走节水农业与可持续发展之路。

④控制农业面源污染 农业面源污染包括农村生活源、农业面源、畜禽养殖业、水产养殖污染。要解决面源污染比工业污染和大中城市生活污水难度更大,需要通过综合防治和开展生态农业示范工程等措施进行控制。

⑤开发新水源 我国的工、农业生产和居民生活用水的节约潜力很大,需要抓好节水工作,减少浪费,达到降低单位国民生产总值的用水量。南水北调工程的实施,对于北京、天津、河南等省市发挥了重要作用,缓解了华北地区的缺水矛盾。修建水库、开采地下水、净化海水等可缓解日益紧张的用水压力,但修建水库、开采地下水时要充分考虑对生态环境和社会环境的影响。

⑥加强水资源的规划管理 水资源规划是区域规划、城市规划、工农业发展规划的主要组成部分,应与其他规划同时进行。必须根据水的供需状况,实行定额用水,并将地表水、地下水和污水资源统一开发利用,防止地表水源枯竭、地下水位下降,切实做到合理开发、综合利用、积极保护、科学管理。

⑦利用市场机制和经济杠杆作用,节约水资源 促进污水管理及其资源化。为了有效地控制水污染,在管理上逐步过渡到总量控制管理。采用阶梯水价,实施全民节水,从一点一滴开始,家庭用水要循环利用。现在我国为了节约水资源,很多城市实行了阶梯水价,在每户必需的基础用水吨数以上,收取高价水费,一般是基础水价的两倍以上,洗车用水和商业用水的水价是

居民区生活用水的 3~4 倍,利用经济杠杆作用强化全民节约用水。

4.3　水对植物的生理作用

4.3.1　水在植物生活中的重要性

1)植物的含水量

水生植物(浮萍、满江红、轮藻等)的含水量可达鲜重的 90% 以上,在干旱地区生长的植物(地衣、藓类)含水量仅占 6%,草本植物的含水量占其鲜重的 70%~80%,木本植物稍低于草本植物。根尖、嫩梢、幼苗和肉质果实(番茄、桃)含水量可达 60%~90%;树干的含水量为 40%~50%,干燥的谷物种子仅为 10%~14%,油料作物种子含水量在 10% 以下。种子含水量增加,生命活动增强,就不易贮藏。

同一植物在不同环境中,含水量也有明显区别。在荫蔽、潮湿环境中的植物,其含水量比在向阳、干燥的环境中要高一些,生长旺盛的器官比衰老的器官含水量高。

2)水在植物生命活动中的作用

水分在植物生命活动中的作用是多方面的,主要表现如下:

(1)水分是细胞质的主要成分　细胞质的含水量一般在 70%~80%,使细胞质呈溶胶状态,有利于新陈代谢正常进行,如根尖、茎尖,在含水量减少的情况下,细胞质变成凝胶状态,生命活动就大大减弱,如休眠的种子。

(2)水分是代谢作用过程的反应物质　在光合作用、呼吸作用、有机物质合成和分解的过程中,都有水分子参与。植物细胞的正常分裂和生长都必须有充足的水分。

(3)水分是植物对物质吸收和运输的溶剂　一般来说,植物不能直接吸收固态的无机物质和有机物质,这些物质只有溶解在水中才能被植物吸收。各种物质在植物体内的运输、分解、合成都需要水作为介质。

(4)水分可以保持植物的固有姿态　由于细胞含有大量水分,维持细胞的紧张度(即膨压),使植物枝叶挺立,便于充分接受光照和交换气体,同时,在植物开花时使花瓣展开,有利于传粉和受精。

(5)水分可以调节植物的体温　水分有较高的汽化热,有利于通过蒸腾作用散热,保持植物适当的体温,可以避免在烈日下被灼伤。

4.3.2　植物细胞对水分的吸收

植物的生命活动是以细胞为基础的,一切生命活动都是在细胞内进行的,植物对水分的吸收最终决定于细胞之间的水分关系。细胞对水分的吸收有以下 3 种方式:

①吸胀吸水——干燥的种子在未形成液泡之前的吸水。

②渗透性吸水——有液泡的细胞以渗透性吸水为主。

③代谢性吸水——直接消耗能量,与渗透作用无关的叫代谢性吸水。在这 3 种吸水方式中,渗透吸水是细胞吸水的主要方式。

1) 植物细胞的渗透吸水

(1)水的化学势和水势　根据热力学原理,系统中物质的总能量可分为束缚能和自由能两部分。束缚能是不能转化为用于做功的能量,而自由能是在温度恒定的条件下用于做功的能量,用 ΔG^0 表示。已知任何物系中的物质的自由能决定于物质的数量,我们在研究水分流动时所说的自由能,是指存在于指定数目分子内的自由能。任何物质每摩尔的自由能,称为该物质的化学势,水的化学势用 μ_w 表示,其热力学含义为:当温度、压力及物质数量(水分以外)一定时,体积中 1 mol 水分的自由能。水的化学势是依温度、压力、水以外的物质以及其他因素(如吸附力、张力、重力等)而变化的变数。

水的化学势与其他热力学量一样,不用其绝对值,而是用其相对值($\Delta\mu_w$),在一定条件下的纯自由水的化学势作为参比状态,把纯水在当时温度与大气压力下的化学势指定为零,则其他状态的水的化学势偏离这一零值的情况则能够确定。并且,为了突出水的化学势在水分生理中的物理意义,通常把水的化学势除以水的偏摩尔体积 $V_{w,m}$ 使其具有了压力的单位,即在植物生理学中被广泛应用的概念——水势。所以,水势就是偏摩尔体积的水在一个系统中的化学势与纯水在相同温度压力下的化学势之间的差,可以用公式表示为:

$$\Psi_w = \frac{\mu_w - \mu_w^\circ}{V_{w,m}} = \frac{\Delta\mu_w}{V_{w,m}}$$

式中　　Ψ_w——水势;

$\mu_w - \mu_w^\circ$——化学势差($\Delta\mu_w$),单位为 J/mol,J=N·m(牛·米);

$V_{w,m}$——水的偏摩尔体积,单位为 m³/mol。

则水势:

$$\Psi_w = \frac{\mu_w - \mu_w^\circ}{V_{w,m}} = \frac{J \cdot mol^{-1}}{m^3 \cdot mol^{-1}} = \frac{J}{m^3} = \frac{N}{m^2} = Pa$$

水势单位为帕(Pa),一般用兆帕(MPa,1 MPa = 10⁶ Pa)来表示。过去曾用大气压(atm)巴(bar)作为水势单位,它们之间的换算关系是:1 bar = 0.1 MPa = 0.987 atm,1 标准 atm = 1.013×10⁵ Pa = 1.013 bar。

偏摩尔体积($V_{w,m}$)是指在恒温恒压,其他组分浓度不变的情况下,混合体系中 1 mol 该物质所占据的有效体积。在纯的水溶液中,水的偏摩尔体积与纯水的摩尔体积(V_w = 18.00 cm³/mol)相差不大,在实际应用时往往用纯水的摩尔体积代替偏摩尔体积。我们把纯水的水势定为零,由于溶液中溶质颗粒会降低水的自由能,所以任何溶液的水势都是负值。

(2)渗透作用　把种子的种皮紧缚在漏斗上,注入蔗糖溶液,然后把整个装置浸入盛有清水的烧杯中,漏斗内外液面相等。由于种皮是半透膜(水分子能通过而蔗糖分子不能透过),所以整个装置就成为一个渗透系统。在一个渗透系统中,水的移动方向决定于半透膜两侧溶液的水势高低。水势高的溶液水,流向水势低的溶液(图 4.2)。实质上,半透膜两侧的水分子是可以自由通过的,可是清水的水势高,蔗糖溶液的水势低,从清水到蔗糖溶液的水分子比从蔗糖溶液到清水的水分子多,所以在外观上,烧杯中的水流入漏斗内,漏斗玻璃管内的液面上升,静水

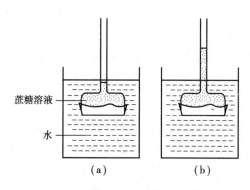

图4.2　渗透现象

（植物生理学,潘瑞炽,2002）

（a）实验开始时；（b）经过一段时间后

压也开始升高。随着水分逐渐进入玻璃管内,液面逐渐上升,静水压力越大,压迫水分从玻璃管内向烧杯移动速度就越快,膜内外水分进出速度越来越接近。最后,液面不再上升,实质上是水分进出的速度相等,暂时达到动态平衡。水分从水势高的系统通过半透膜向水势低的系统移动的现象,就称为渗透作用。

具有液泡的细胞,主要靠渗透作吸水,当与外界溶液接触时,细胞能否吸水,取决于两者的水势差,当外界溶液的水势大于植物细胞的水势时,细胞正常吸水;当外界溶液的水势小于植物细胞的水势时,植物细胞失水;当植物细胞和外界溶液的水势相等时,植物细胞不吸水也不失水,暂时达到动态平衡。

当外界溶液的浓度大于细胞的浓度时,细胞就会不断失水,使液泡体积变小,原生质和细胞壁跟着收缩,但由于细胞壁的伸缩性有限,当原生质继续收缩而细胞壁已停止收缩时,原生质便慢慢脱离细胞壁,这种现象叫质壁分离。把发生质壁分离的细胞放在水势较高的清水中,外面的水分便进入细胞,液泡变大,使整个原生质慢慢恢复原来的状态,这种现象叫质壁分离的复原。

（3）植物细胞的水势　　细胞吸水情况决定于细胞的水势。典型的细胞 Ψ_w 是由 3 部分组成的:

$$\Psi_w = \Psi_s + \Psi_p + \Psi_m$$

式中　Ψ_w——细胞的水势；

　　　Ψ_s——渗透势；

　　　Ψ_p——压力势；

　　　Ψ_m——衬质势。

①细胞的渗透势（Ψ_s）或溶质势　　渗透势亦称溶质势。是由于溶质的存在而使体积水势降低的力量。渗透势由于溶质颗粒的存在,降低了水的自由能,因而使水势低于纯水的水势。溶液的渗透势等于溶液的水势,因为溶液的压力势为 0 MPa。植物细胞的渗透势值因内外条件不同而异。一般来说,温带生长的大多数作物叶组织的渗透势在 $-2 \sim -1$ MPa。而旱生植物叶片的渗透势很低,仅有 -10 MPa。

②压力势（Ψ_p）　　压力势是指细胞的原生质体吸水膨胀,对细胞壁产生一种作用力,于是引起富有弹性的细胞壁产生一种限制原生质体膨胀的反作用力。压力势是由于细胞壁压力的存在而增加的水势。压力势往往是正值。

③衬质势（Ψ_m）　　细胞的衬质势是指细胞胶体物质（蛋白质、淀粉和纤维素等）的亲水性和毛细管对自由水的束缚而引起的水势降低的值,以负值表示。未形成液泡的细胞具有一定的衬质势,干燥的种子衬质势可达 -100 MPa 左右,但已形成液泡的细胞,其衬质势仅有 -0.01 MPa 左右,占整个水势的很少一部分,通常可省略不计。因此,上述公式可简化为:

$$\Psi_w = \Psi_s + \Psi_p$$

（4）细胞间的水分移动　植物相邻细胞间水分移动的方向取决于细胞之间的水势差异，水总是从水势高的细胞流向水势低的细胞（图4.3）。

$\Psi_s=-13\times10^5$ Pa	$\Psi_s=-12\times10^5$ Pa
$\Psi_p=+7\times10^5$ Pa	$\Psi_p=+4\times10^5$ Pa
$\Psi_w=-6\times10^5$ Pa	$\Psi_w=-8\times10^5$ Pa

A 细胞——B 细胞

图4.3　相邻两细胞之间水分移动
（植物与植物生理，陈忠辉，2001）

细胞 A 的水势高于细胞 B，所以水从 A 细胞流向 B 细胞。当多个细胞连在一起时，如果一端的细胞水势较高，依次逐渐降低，则形成一个水势梯度，水便从水势高的一端移向水势低的一端。水势高低不同不仅影响水分移动方向，而且也影响水分移动速度。两细胞间水势差异移动越快。植物叶片由于蒸腾作用不断散失水分，所以水势较低，根部细胞因不断吸水水势较高，所以，植物体的水分总是沿着水势梯度从根输送至叶。

2）细胞的吸胀吸水

干燥种子的细胞中，细胞壁的成分纤维素和原生质成分蛋白质等生物大分子都是亲水性的，呈现凝胶状态，它们对水分的吸引力很强，这种吸引水分子的力称为吸胀力，因吸胀力的存在而吸收水分的作用称为吸胀作用。蛋白质类物质吸胀力量最大，淀粉次之，纤维素较小。因此，大豆及其他富含蛋白质的豆类种子吸胀力很大，禾谷类淀粉质种子的吸胀力较小。

一般而言，干燥种子在细胞形成中央液泡之前主要靠吸胀吸水。细胞内亲水物质通过吸胀力而结合的水称为吸胀水，它是束缚水的一部分，在高温时不蒸发，在低温时不结冰。

3）细胞的代谢性吸水

利用细胞呼吸释放出的能量，使水分经过质膜进入细胞的过程称代谢性吸水，不少试验证明，当通气良好引起细胞呼吸速率增强时，细胞吸水加快；相反，减小 O_2 或用呼吸抑制剂处理时，细胞呼吸速率降低，细胞吸水减少。由此可见，原生质的代谢与细胞吸水有着密切关系，但这种吸收方式的机制目前还不清楚。

4.3.3　植物根系对水分的吸收

根系是植物吸水的主要器官，根系吸水主要在根尖进行。根尖包括根冠、分生区、伸长区和根毛区四部分。由于前三个区域原生质浓厚，输导组织不发达，对水分移动阻力大，吸水能力较弱。根毛区输导组织发达，对水分的移动阻力小。所以，根毛区吸水能力最强。

1）根系吸水的方式

植物根系吸水主要有以下两种方式：

（1）被动吸水　当植物进行蒸腾作用时，水分便从叶子的气孔和表皮细胞表面蒸腾到大气中去，其水势降低，失水的细胞便从邻近水势较高的叶肉细胞吸水，接近叶脉导管的叶肉细胞向叶脉导管、茎的导管、根的导管和根部吸水；这样便形成了一个由低到高的水势梯度，使根系再从土壤中吸水。这种因蒸腾作用所产生的吸水力量，称为"蒸腾拉力"。由于吸水的动力来源于叶的蒸腾作用，故把这种吸水称为根的被动吸水，蒸腾拉力是蒸腾旺盛季节植物吸水的主要动力。

（2）主动吸水　根的主动吸水可由"伤流"和"吐水"现象说明。小麦、油菜等植物在土壤水分充足，土温较高，空气湿度大的早晨，从叶尖或叶缘水孔溢出水珠，这种现象称为"吐水"（图4.4）。在夏天晴天的早晨，经常看到作物叶尖和叶缘有吐水现象。

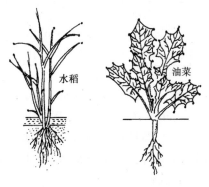

图4.4　水稻、油菜的吐水现象
（现代植物生理学,李合生,2004）

如葡萄在发芽前有个伤流期,表现为有大量的溶液从伤口流出(修剪时留下的剪、锯口或枝蔓受伤处),这种从受伤或剪断的植物组织茎基部伤口溢出液体的现象称为伤流。流出的汁液叫伤流液。若在切口处连接一压力计,可测出一定的压力,这显然是由根部活动引起的,与地上部分无关。这种靠根系的生理活动,使液流由根部上升的压力称为根压。以根压为动力引起的根系吸水过程,称为主动吸水。

伤流是由根压引起的。葡萄及葫芦科植物伤流液较多,稻、麦等作物较少。同一种作物,根系生理活动强弱,根系有效吸收面积的大小都直接影响根压和伤流量。因此,根系的伤流量和成分,是反映植物根系生理活性强弱的生理指标之一。吐水现象也是由根压引起的,亦可作为植物根系生理活动状况的指标。一般来讲,作物吐水量越大,表示作物生长越健壮。

2)影响根系吸水的因素

根系通常生存在土壤中,所以土壤条件和根系自身因素都影响根系吸水。

(1)根系自身因素　根系的有效性取决于根系密度及根表面的透性。根系密度通常指1 cm^{3}土壤内根长的厘米数(cm/cm^3)。根系密度越大,占土壤体积越大,吸收的水分就越多。根系的透性也影响到根系对水分的吸收,一般初生根的尖端透水能力强。而次生根失去了它们的表皮和皮层,被一层栓化组织包围,透水能力差。根系遭受土壤干旱时透性降低,供水后透性逐渐恢复。

(2)土壤条件　影响植物涵水的土壤条件主要有以下几个方面:

①土壤水分状况。土壤中的水分可分为束缚水、毛管水和重力水3种类型。束缚水是吸附在土壤颗粒外围的水,植物不能利用;毛管水是植物能够利用的有效水;重力水在干旱农田为无效水,在稻田是可以利用的水分。根部有吸水的能力,而土壤也有保水的本领(土壤中一些有机胶体和无机胶体能吸附一些水分,土壤颗粒表面也吸附一些水分),假如前者大于后者,植物则吸水,否则失水。

②土壤通气状况。在通气良好的土壤中,根系吸水性很强,若土壤透气状况差,则吸水受抑制。试验证明,用CO$_2$处理根部,以降低呼吸代谢,小麦、玉米和水稻幼苗的吸水量降低14% ~ 15%,尤以水稻最为显著;如通以空气,则吸水量增大。

③土壤温度。土壤温度不但影响根系的生理生化活性,也影响土壤水分的移动。因此,在一定的温度范围内,根系中水运输加快,反之则减弱,温度过高或过低,对根系吸水均不利。

④土壤溶液浓度。土壤溶液浓度过高,其水势降低。若土壤溶液水势低于根系水势,植物不能吸水,反而造成水分外渗。一般情况下,土壤溶液浓度较低,水势较高。土盐碱地土壤溶液浓度太高,植物吸水困难,导致生理干旱。如果水的含盐量超过0.2%,就不能用于灌溉作物。

4.3.4　水对植物生长发育的影响

植物生长发育需要适当的水分。水分不足时,植物生长缓慢或停止生长,水分亏缺时植物会发生萎蔫,发生永久萎蔫时植物就会死亡。水分过多,使土壤通气不良,植物根系缺氧,轻者烂根,严重时窒息死亡。水分在适当的范围内,才能保持植物的水分平衡,从而保证植物最适宜的生长条件。在种子萌发时,满足种子对水分的需要是种子萌发的第一要素,其次是适当的温度和充足的氧气。因为水分可以软化种皮,增强透性,有利于植物的有氧呼吸,种子吸水以后原生质由凝胶状态变成溶胶状态,种子中的有机物质如淀粉、脂肪、蛋白质等有机物质进一步分解转化,建成植物幼苗的躯体。水分还影响其他的生理活动,如果水分不足,植物的蒸腾量减少到65%时,植物就会因缺水发生萎蔫,影响植物的光合速率,经大量研究证明:在光照条件很好的情况下,当植物在叶片水分接近饱和状态时光合速率最高。水分状况也影响动物的生长发育,动物在水分不足时,会导致滞育或休眠。例如,在草原上的雨季临时性积雨中,生活着一些水生昆虫,但雨季过后就进入滞育期。许多动物的周期性繁殖与降水季节密切相关,如羚羊幼兽在降水与植物生长茂盛时期出生,在干旱年份澳洲鹦鹉即停止繁殖。

4.3.5 水对植物分布的影响

在地球上降水分布很不均匀,但也有一定的规律性。一般可根据降雨量分为潮湿的赤道带、热带荒漠带、中纬荒漠带、湿润亚热带、中纬、极地亚极地带。水分条件和温度条件是决定植物分布的主要生态因子,森林、草地与荒漠植被的分布主要取决于降雨条件(表4.4)。在我国通常用年降雨量400 mm 的等雨量线作为森林和草原的分界线,高于此指标的东部与南部为森林分布区,低于此指标的西北部为草地和荒漠区。

表 4.4　植被类型与降雨条件的关系

年降雨量/mm	植被类型
0 ~ 24.5	荒漠
24.51 ~ 73.5	草原
73.51 ~ 1 225	森林
>1 225	湿润森林

植被类型的区域分布,还取决于降水量与潜在蒸发量(自由水面蒸发)之间的平衡。例如,我国用可能蒸发量与同期实际降水量之比作为一个地区的干燥度指标。为了便于计算,干燥度(干燥度 K)一般采用经验公式,将 10 ℃ 以上的活动积温($\sum \geq 10$ ℃)与同期降水量(R)之比,再乘以系数 0.16,即 $K = 0.16 \sum \geq 10$ ℃$/R$。我国由东南到西北 K 值增大,按顺序分为湿润、半干旱和干旱气候区域,相应出现森林、草原和荒漠 3 个植被类型(表 4.5)。

表 4.5　我国干燥度、水分状况与植被类型的关系

干燥度	水分状况	植被类型
≤0.99	湿润	森林
1 ~ 1.49	半湿润	森林草原
1.50 ~ 3.99	半干旱	草甸、草原、荒漠植被
≥4.0	干旱	荒漠

不仅园林植物的栽培和水分关系密切,而且作物栽培也受到水分多少的制约,我国南方降雨量大,适合种植水稻,是水稻的主要产区,北方地区降雨量少,属于半干旱地区,适合种植小

麦、玉米、大豆和棉花。

动物分布也受水分条件的影响。如绵羊喜冷怕热、喜燥怕热，多分布在我国西北地区。水牛则喜温喜湿。多分布在温暖多雨的地区。马和牛分布在温带森林草原区，骆驼和山羊分布在西北干旱荒漠地区。

4.4　园林植物对水分环境的适应

由于长期生活在不同的水环境中，植物会产生固有的生态适应特征。根据水环境的不同以及植物对水环境的适应情况，可以把植物分为水生植物和陆生植物两大类。

4.4.1　水生植物

生长在水体中的植物统称为水生植物。水体环境的主要特点是弱光、缺氧、密度大、黏性高、温度变化平缓，以及能溶解各种无机盐类等。水生植物对水体环境的适应特点：

①体内有发达的通气系统，根、茎、叶形成连贯的通气组织，以保证身体各部位对氧气的需要。例如，荷花从叶片气孔进入的空气，通过叶柄、茎进入地下茎和根部的气室，形成了一个完整的通气组织，以保证植物体各部分对氧气的需要。

②其机械组织不发达甚至退化，以增强植物的弹性和抗扭曲能力，适应于水体流动。同时，水生植物在水下的叶片多分裂成带状、线状，而且很薄，以增加吸收阳光、无机盐和 CO_2 的面积。最典型的是伊乐藻属植物，叶片只有一层细胞。有的水生植物，出现异型叶，毛茛在同一植株上有两种不同形状的叶片，在水面上呈片状，在水下丝裂成带状。

水生植物类型很多，根据生长环境中水的深浅不同，可划分为挺水植物、浮水植物和沉水植物3类。

1）挺水植物

挺水植物是指植物体大部分挺出水面的植物，根系浅，茎秆中空。如荷花、芦苇、香蒲、泽泻、柳叶蓼、茳草等。

2）浮水植物

浮水植物的茎叶漂浮在水面上的植物，根固着或自由漂浮。浮水植物为根生浮叶植物和自由浮叶植物。根生浮叶植物叶片漂浮在水面，叶片两面性强，气孔分布在上面，叶片有沉水的叶柄或根茎，沉水部分气道发达。如莲、睡莲、水鳖、菱角和眼子菜等。自由浮叶植物的根系漂浮退化或悬垂在水中；气孔分布在叶的上面，微管束和机械组织不发达，茎疏松多孔叶片或茎的海面组织发达，浮力大，植株在水面漂浮不定。如浮萍、满江红、水葫芦、槐叶萍、凤眼莲、浮萍等。

3）沉水植物

整个植物沉没在水下，与大气完全隔绝的植物，根退化或消失，表皮细胞可直接吸收水体中气体、营养和水分，叶绿体大而多。沉水植物一般叶片小而薄，有一些叶片裂成丝状，表皮细胞壁薄，不角化或轻度角化，无气孔。叶肉不发达，无栅栏组织和海绵组织的分化，维管组织和机械组织的衰退,细胞间隙发达,形成通气组织,适应水体中弱光环境,如眼子菜属的菹草、金鱼藻、狸藻和黑藻等。

4.4.2 陆生植物

生长在陆地上的植物统称陆生植物,可分为旱生植物、湿生植物和中生植物3种类型。

1)旱生植物

旱生植物是指在干旱环境中能正常生长的植物,并能长期忍耐干旱环境。这类植物在形态和生理上有多种多样适合干旱环境的特征(图4.5),多分布于干热草原和荒漠地区。

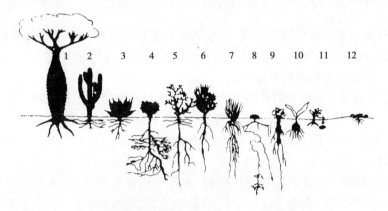

图4.5 植物对干旱适应生存的一些生长形式
1—树干中贮水的落叶瓶型树(如猴面包树);2—茎中贮水的植物仙人掌类;
3—叶中贮水的植物如景天科、龙舌兰属;4—具有深根系的常绿树和灌木(硬叶型);
5—落叶、常多刺灌木;6—具叶绿素茎灌木;7—丛生科草;8—垫状植物;
9—地下芽植物;10—鳞茎类植物;11——年生植物;12—耐干化植物
(Larcher,1994)

旱生植物在形态结构上的特征主要表现在两个方面:一方面增加水分的吸收;另一方面是减少水分的散失。发达的根系是增加水分吸收的首要条件。如在沙漠中生长的骆驼刺地下根系常达15 m。为了减少水分,许多植物的叶面积很小,而且有角质层和茸毛,如夹竹桃的叶。松、柏树的叶片呈针形或鳞片状,有些单子叶植物的叶片上表皮有扇状的运动细胞,在水分亏缺时,叶可以收缩卷曲,尽量减少植物体内水分的散失。另一类旱生植物具有发达的贮水组织。如美洲沙漠中的仙人掌树,高达12~15 m,可贮水2 t左右;南美的瓶子树、西非的猴面包树,可贮水4 t以上。根据旱生植物生活的环境特点,把它分为多浆液植物和少浆液植物两类。

(1)多浆液植物 又称肉质植物。例如仙人掌、番杏、猴狮面包树、景天、马齿苋等。这类植物蒸腾面积很小,多数种类叶片退化而由绿色茎行使光合作用;其植物体内有发达的贮水组织,植物体的表面有一层很厚的蜡质表皮,表皮下有厚壁细胞层,大多数种类的气孔下陷,且数量少。细胞质中含有一种特殊的五碳糖,提高了细胞质浓度,增强了细胞的保水性能,从而提高了抗旱能力。有人在沙漠地区做过一个实验,把一棵37.5 kg重的球状仙人掌放在屋内不浇水,6年后仅蒸腾了11 kg水。这类植物在湿润地区多在温室内盆栽,炎热干旱地带则可露地栽培。

（2）少浆液植物   又称硬叶旱生植物。如柽柳、沙拐枣、羽茅、梭梭、骆驼刺、木麻黄等。这类植物的主要特点是：叶面积小，大多退化为针刺状或鳞片状；叶表具有发达的角质层、蜡质层或茸毛，以防止水分蒸腾；叶片栅栏组织多层，排列紧密，气孔量多且大多下陷，并有保护结构；根系发达，能从深层土壤中吸收水分；维管束和机械组织发达，体内含水量很少，失水时不呈现萎蔫状态，甚至在丧失1/2含水量时也不会死亡；细胞液浓度高、渗透压高，吸水能力特强，细胞内有亲水胶体和多种糖类，抗脱水能力也很强。这类植物适于在干旱地区的沙地、沙丘中栽植；潮湿地区只能栽培于温室的人工环境中。

常用于园林上的旱生植物有马尾松、雪松、麻栎、栓皮栎、小叶栎、构树、旱柳、枣树、橡皮树、骆驼刺、木麻黄、文竹、天竺葵、天门冬、杜鹃、山茶、肉质仙人掌等。

2）湿生植物

湿生植物是指适于生长在潮湿环境，且抗旱能力较弱的植物。这类植物的根系不发达，具有发达的通气组织，如气生根、板根和膝状根。根据湿生植物生活的环境特点还可将其划分为阴性湿生植物和阳性湿生植物两个亚类。

（1）耐阴湿生植物   也称为阴性湿生植物，主要生长在阴暗潮湿环境里。例如多种蕨类植物、兰科植物，以及海芋、秋海棠、翠云草等植物。这类植物大多叶片很薄，栅栏组织与机械组织不发达，而海绵组织发达，防止蒸腾作用的能力较弱，根系浅且分枝少。它们适应光照较弱，空气湿度大的环境。

（2）喜光湿生植物   也称为阳性湿生植物，主要生长在光照充足，土壤水分经常处于饱和状态的环境中。例如池杉、水松、灯心草、半边莲、小毛茛以及泽泻等。它们虽然生长在潮湿的土壤里，但也常遇到短期干旱的情况，加之光照强度大，空气湿度较低，因此湿生形态不明显，有些带有旱生的特征。这类植物叶片具有防止蒸腾的角质层等，输导组织也较发达；根系多较浅，无根毛，根部有通气组织与茎叶通气组织相连，木本植物多有板根或膝根。

常用于园林绿化的湿生植物有水松、水杉、池杉、枫杨、垂柳、秋海棠、马蹄莲、龟背竹、翠云草、蒲桃、灯心草、观音莲座等。

3）中生植物

中生植物是指适于生长在水湿条件适中环境中的植物。这类植物种类多，数量大，分布最广，它们不仅需要适中的水湿条件，同时也要求适中的营养、通气、温度条件。中生植物具有一套完整的保持水分平衡的结构和功能，其形态结构及适应性均介于湿生植物与旱生植物之间，其根系和输导组织均比湿生植物发达，随水分条件的变化，可趋于旱生方向，或趋于湿生方向。在园林植物中大多数属于中生植物，如油松、侧柏、家桑、乌桕、月季、紫穗槐、扶桑、茉莉、棕榈、君子兰、宿根球根花卉等。

4.5 水分在园林实践中的调节和控制

水是植物光合作用的原料，是植物生长必需的重要生态因子。在农、林生产中，应根据不同植物的需水规律进行合理灌溉，才能保持植物体内的水分平衡，有利于植物的生长发育，达到高产、稳产的目的。

4.5.1 植物的需水规律

1) 不同植物对水分的需要量不同

植物的需水量因其种类不同有很大差异(表4.6)。小麦和大豆需水量较大,高粱和玉米需水量较少。以生产等量的干物质而言,需水量少的作物比需水量大的作物所需水分少;或者在水分较少的情况下,能制造较多的干物质,因而受干旱影响比较少。在生产上常以作物的生物产量乘以蒸腾系数为理论最低需水量,蒸腾系数是指植物每制造 1 g 干物质所消耗水分的克数。但作物实际需要的灌溉量要比理论值大得多,因为,土壤保水能力、降雨及生态需水的多少还应考虑进去。

表4.6　不同植物的蒸腾系数(需水量)

作物名称	需水量	作物名称	需水量
水稻	211~230	油菜	277
小麦	257~774	大豆	307~368
玉米	174~406	蚕豆	230
甘薯	248~264	马铃薯	167~659

2) 同一植物不同生育期对水分的需求量不同

植物在整个生育期中对水分的需求有一定的规律,一般规律是苗期需水较少,在开花前旺盛生长期和开花期需水量最大,开花结果后需水量逐渐减少。不同作物在不同生育期的需水量有很大区别。例如早稻在苗期,由于蒸腾面积较小,水分消耗量不大;进入分蘖期后,蒸腾面积扩大,气温也逐渐转高,水分消耗量也明显加大;到孕穗开花期耗水量达最大值,进入成熟期后,叶片逐渐衰老脱落,耗水量又逐渐减少。

3) 植物的水分临界期

(1)水分临界期　植物在一生中对水分缺乏最敏感、最易受害的时期,称为水分临界期。一般而言,植物水分临界期处于花粉母细胞四分体形成期。这个时期如果缺水,就会使性器官发育不正常。园林植物中的果树,在开花期和幼果膨大期必须满足果树对水分的需求,这时缺水,就会落花落果,影响果实膨大。

禾谷类作物一生中有两个临界期:

①拔节到抽穗期:如缺水可使性器官形成受阻,降低产量;

②灌浆到乳熟末期:这时缺水,会阻碍有机物质的运输,导致籽粒糠秕,粒重下降。

(2)水分临界期的生理特点　植物水分临界期的生理特点是原生质的黏性和弹性都显著降低,因此,忍受和抵抗干旱的能力减弱,此时,原生质必须有充足的水分,代谢才能顺利进行。因此,植物在水分临界期抗逆性最差,不耐旱、不耐涝。因此,在农业生产上必须采取有效措施,满足作物水分临界期对水分的需求,是取得高产的关键。

4.5.2　合理灌溉的生理指标

1)土壤含水量指标

植物灌水一般是根据土壤含水量来进行灌溉,即根据土壤墒情决定是否需要灌水。一般植物生长较好的土壤含水量为田间持水量的60%~80%,如果低于此含水量,就应及时进行灌溉。但这个值不固定,常随许多因素的改变而变化。此值在农业生产中有一定的参考意义。

2)植物形态指标

植物缺水时,植物的叶片中午会发生暂时萎蔫,如矮牵牛、瓜叶菊等植物。其他植物如菜豆、甘薯和芝麻都有此现象。发生暂时萎蔫的植物生长速度下降,茎、叶变暗、发红,这是因为干旱时生长缓慢,叶绿素浓度相对增大,使叶色变深。在干旱时糖的分解大于合成,细胞中积累较多的可溶性糖并转化成花青素,使茎叶变红,是因为花青素在弱酸条件下呈红色的缘故。形态指标易于观察,当植物在形态上表现受旱或缺水症状时,其体内的生理生化过程早已受到水分亏缺的危害,这些形态症状不过是生理生化过程改变的结果。因此,更可靠的灌溉指标是生理指标。

3)灌溉的生理指标

(1)叶水势　叶水势是一个灵敏的反映植物水分状况的生理指标。当植物缺水时,叶水势下降。当水势下降到一定程度时,就应及时灌溉。对不同作物,发生干旱危害的叶水势临界值不同。表4.7列出了几种作物光合速率开始下降时的叶水势值。

表4.7　光合速率开始下降时的叶水势值

作物	引起光合速率下降的叶水势值/MPa	气孔开始关闭的叶水势值/MPa
小麦	-1.25	
高粱	-1.40	
玉米	-0.80	-0.480
豇豆	-0.40	-0.40
早稻	-1.40	-1.20
棉花	-0.80	-1.20

注:植物生理学,王宝山,2004。

(2)植物细胞汁液的浓度　干旱情况下植物细胞汁液浓度比水分供应正常情况下高,当细胞汁液浓度超过一定值时,就应及时灌溉,否则会阻碍植株生长。

(3)气孔开度　水分充足时气孔开度较大,随着水分的减少,气孔开度逐渐缩小;当土壤可利用水耗尽时,气孔完全关闭。因此,气孔开度缩小到一定程度时就要灌溉。

(4)叶温-气温差　缺水时叶温-气温差加大,可以用红外测温仪测定作物群体温度,计算叶温-气温差确定灌溉指标。目前已利用红外遥感技术测定作物群体温度,指导大面积作物灌溉。

作物灌溉的生理指标受栽培地区、时间、作物种类、作物生育期的不同而异,甚至同一植株不同部位的叶片也有差异。因此,在实际运用时,应结合当地的实际情况,测出不同作物的生理指标阈值,以指导合理灌溉。在灌水时尤其要注意看天、看地、看作物苗情,不能用某一项生理指标生搬硬套。

4.5.3 合理灌溉增产的原因

合理灌水对作物的生长发育和生理生化过程有着重要影响,合理灌水增产的生理原因主要是改善了作物的光合性能,光合性能包括光合面积、光合时间、光合速率、光合产物的消耗、光合产物的分配利用5个方面。下面从以下5个方面说明合理灌水增产的生理原因:

1)扩大了光合面积

合理灌水能显著促进作物生长,尤其是扩大了光合面积。光合面积主要是指叶面积,叶面积通常用叶面积系数来表示,即在一定地段上作物的叶面积与土地面积的比值。在生产实际当中作物的实际光合面积要比叶面积大一些,作物的幼茎、果实,如黄瓜、菜豆等都能进行光合作用。棉花的苞叶、玉米的苞叶、小麦的穗和穗下节间都能进行光合作用。在一定的范围内作物的叶面积和光合速率呈正相关。

2)增强了光合速率

水是光合作物的主要原料,大量试验证明,作物在水分接近饱和状态下,光合速率最高。暂时萎蔫导致光合速率显著下降,因为在接近饱和状态下,叶片能充分接受光能,气孔张开,有利于 CO_2 的吸收,CO_2 是光合作用的主要原料之一。

3)延长光合时间

合理灌水能延长叶片的功能期,延缓衰老,从而延长了光合时间。小麦在灌浆期保证水分供应十分重要,合理灌水可使作物成熟时落黄好,合理灌水可以降低呼吸强度,减少午休现象,提高千粒重,也为下茬作物的播种奠定了基础。

4)促进有机物质运输

合理灌水有利于有机物质的运输,光合作用合成的有机物质都是在水溶状态下运输的,尤其是在作物后期灌水,能显著促进有机物运向结实器官,提高作物产量和经济系数。

5)改善生态环境

合理灌水不但能满足作物各生育期对水分的需求,而且还能满足作物需求的农田土壤条件和气候条件,如降低作物株间气温,提高相对湿度等。合理灌水可以改善农田小气候,对作物的生长发育十分有利,在盐碱地合理灌水还有洗盐压碱作用。

4.5.4 植物体内的水分平衡

植物根系从土壤中不断地吸收水分,叶片通过气孔蒸腾失水,这样就在植物生命活动中形成了吸水与失水的连续运动过程。一般把植物吸水、用水、失水三者之间的和谐动态关系称为水分平衡。

1)在农业生产上维护水分平衡的措施

在农业生产上维护水分平衡的技术措施有以下几个方面:

(1)带苗床土移栽　在农业生产上为了保证作物移栽后的成活率,带苗床土移栽是常用的方法之一,一般用于瓜类、烟草。具体做法是在移栽前一天在苗床里灌水,到第二天在水分渗透以后,用平头铁锨在苗床土以下 5 cm 处推进土壤,而后把整锨幼苗放在平板上便于运输,在移栽时掰开带土球的幼苗埋好封平,这样就能保证作物幼苗的成活率。

(2)利用营养钵育苗移栽　种植棉花和西瓜经常采用营养钵育苗移栽的方法,保证成活率100%。具体方法是在菜园比较肥沃的土地上,向下挖宽 1 m,长若干米的苗床,把挖出来的原土洒一些水搅拌均匀,用专用小机械(如打煤球机)打成营养钵,放在挖好的苗床里摆放整齐,在营养钵的中心用小棍子插入深度 3 cm 进行播种后均匀覆土,而后覆盖塑料薄膜,定期喷水,保证苗床湿度适宜,待幼苗长到 10 cm 左右,开始发十字叶时就可进行移栽。要注意在大田移栽前两天灌一次水,保证移栽时土壤成块而不散为宜,把营养钵的土球埋好封平,保证幼苗在地平面以上即可。由于幼苗是在潮湿的营养钵(为圆柱形土块)里,没有伤到植物的根系,因此,幼苗成活率高,缓苗快,生长健壮。

(3)埋蔓插栽　埋蔓插栽一般用于甘薯。具体做法是先把土壤起垄,把甘薯的茎蔓插在土壤里,用脚在插好薯蔓的下半部分重踩一下,留一个脚窝,在脚窝里灌满水,待第二天早上将脚窝封平,把茎蔓的上部也埋在土壤里,待一周后茎蔓基部开始扎根,再去土露出茎蔓的上半部分,这样可以减少茎蔓的蒸腾作用,有利于甘薯茎蔓基部形成新根,保证甘薯插栽的成活率。

2)园林树木移栽维护水分平衡的措施

(1)带土球移栽少伤根系　一般园林树木移栽时为了确保成活率,除了较小的植株以外,一般要求带土球移栽,带土球的大小和茎的直径大小呈正比例关系。带土球移栽的理论基础是少伤根系,在移栽以后,有利于植物根系对水分和肥料的吸收。因为植物吸收水分和矿质营养主要是靠根毛区,损伤根系就会影响植物的吸收功能,植物缓苗慢,严重时会使整个植株死亡。

(2)去掉枝叶、减少水分的散失　一般植株较小的植物,要求带土球移栽就可以了,并不要求去枝叶。但有一些园林植物在移栽时仅有根系和地上 2 m 左右的树干,没有留枝叶,如柳树、悬铃木(法桐)、银杏。凡是大树或是古树移栽,为了长途运输方便,仅留主干和主侧枝基部 1.5 m 左右。去掉枝叶的作用主要是减少水分的散失。为了防止树的皮孔散失水分,常常在树干上用稻草绳子密密缠绕后,再包上一层塑料薄膜,在主干和侧枝的断开处用机油或油漆涂抹防止失水。

(3)改善栽植处的立地条件　对于将要移栽大树古树的地下部分,一般可采用松土、覆土、覆沙等措施来改善树根的通气、透水状况,采用培土、砌石等措施来增加其根部的营养面积。对于缺肥、板结的土壤,必须采用打孔与换土的方法,来彻底改变其根部的生长环境。打孔在草坪管理工作中应用较为普遍,主要是通过打孔来解决土壤的板结问题。这在大树复壮上也同样适用,但孔的深度需要达到 50 cm 以上,孔径在 2 cm 以上为好。在树冠中午投影范围内打孔,同时再往孔内撒入具有通气性的固体颗粒缓释肥。

（4）固定植株，覆盖遮阳网　大树在移栽以后，一般采取饱灌水的方法让大树尽快复活，但在灌水以后覆盖树根的土壤成泥团状态，容易被大风刮倒或刮歪，因此，在灌水之前必须对大树进行固定，一般常用三角固定法。尤其是在反季节移栽大树，一定在固定后覆盖遮阳网，减少太阳辐射，防止皮孔散失水分，维持新栽大树的水分平衡。

（5）树体保护与养分补充　为防止在移栽过程后引发病害，必须对大树古树受损的树干、树根进行灭菌消毒处理，可采用广谱杀菌剂——菌无菌稀释 1 500 倍喷洒，然后视情况严重对受损树干进行修补处理。如果伤口太大或成环状受损，难以愈合，则可以通过桥接嫩枝来输送水分和养分。另外，对根部受损特别严重的大树古树，可在其树干基部采用靠接法嫁接新根，以增强树体的养分水分吸收能力。同时，可适当浇灌快活林生根液，促进新根的萌发。

移栽后的大树古树养分水分的收支平衡被打破，过低的根压导致树体无法正常吸收土壤中的水分养分，而地上部的蒸腾作用又不断地消耗树体内的资源，因此，需要采用人工措施对其进行养分水分补充。一般可采用大树输液或强行注射法。将稀释好的激活素利用吊针的形式进行输液，也可采用新型树干注射机进行强行注射。

（6）日常养护与病虫防治　除了必要的保护措施，平时的日常管理也十分重要。应做好水肥管理、防止水土流失和人为破坏等。大树古树已基本定型，对肥料需求不会太大。一般只在冬季于树冠投影圈内侧，挖深约 20 cm 的施肥沟，投放经沤制的有机肥或长效颗粒缓释肥，生长期不用施肥。对于生长过于衰败的，可能是因其根部受到严重伤害，可在春秋季对叶面喷施细胞复活剂浓度在 1 500～3 000 倍，每隔 5 d 喷施 1 次，切不可盲目施用化肥。

4.5.5　在生产实践中水分的调节与利用

1）合理灌溉

合理灌水满足植物生长发育的需求，是维持植物体体内平衡的重要措施，在园林绿化管理中，合理灌水是十分重要的手段。要确定各种园林植物的灌水量是一件很困难的事情，因为园林植物有几千种，有高大乔木、灌木、草本植物和水生植物，植物种类不同，需水量有很大差异，所以应根据园林植物的生态习性、不同生长阶段、天气情况、土壤质地和不同季节等方面综合考虑。不同生态习性的植物需水量不同，如睡莲、荷需要在水中才能生长良好；而秋海棠、瓜叶菊、蕨类植物、泽泻、慈姑需要湿生环境；金虎、仙人掌、长寿花、瓦松等多浆汁植物需要水分较少。植物的不同生育期需水量也不一样，一般在苗期少浇水，随着植物的不断生长，需水量也增加，到开花时达到需水高峰期，到结果期需水量又逐渐减少。

2）灌水防寒

水的热容量比干燥的土壤和空气的热容量要大。灌水后土壤水分提高有两方面的意义：

①使土壤的导热率提高，深层土壤的热量容易上升，从而提高了地表和近地面空气的温度。

②土壤的热容量提高，使土壤的保温能力增大而不容易降温。灌水可以提高土壤空气中的含水量，而空气中水汽凝结时，放出潜在的热能量提高气温。根据测定，灌水后可以使地表温度提高 2～3 ℃，因此，在冬季寒冷时进行冬灌能减少或预防冻害。北方在深秋灌冻水，可以显著

提高植物的抗寒能力。

3）水分调节与植物的抗性

植物本身有一定的抗旱能力。一般旱生植物比水生植物、湿生植物抗旱，凡是抗旱能力较强的植物一般都具有旱生结构，如叶片较小，有很厚的角质层，根系发达，机械组织发达，并在很多方面表现出旱生植物的特性。有许多中生园林植物，在短期干旱的条件下，能不同程度表现出抗旱的特性。因此，可以在花卉苗木在苗期给予适度的干旱条件进行抗旱锻炼，可以促进根系深扎，使叶绿素含量增加，能显著提高光合速率，使干物质积累加快。

为了提高植物的抗旱能力，也可以在种子萌发阶段进行抗旱锻炼，具体方法是将植物的种子用温水浸泡到萌动阶段，再经风干 2 d 后播种，使种子在胚萌动阶段就改变了代谢特性，植株在以后的生长发育过程中，还能出现一些旱生的形态结构，如根系发达、叶片变小、角质层发达、叶脉密度增加、气孔变小等，这些旱生结构显著提高了植物的抗旱能力。

4.6　酸雨及其防治

4.6.1　酸雨及其分布

酸雨一词最早是由英国化学家（R. A. Smith）提出的。他于 1852 年在英国的第三大城市、大工业城市曼彻斯特周围，做了大量的雨水化学调查后，发现城区雨水成分中有硫酸和酸性硫酸盐，在 1872 年所著的《空气和降雨：化学气候学的开端》一书中，首次使用酸雨这个词。在 20 世纪 70 年代，酸性沉降在世界上还是局部性问题，但由于酸雨有长距离输送的特点，使酸雨成了全世界性的环境污染问题，甚至已成为影响世界之间政治关系的感性问题。

酸雨、"温室效应""臭氧层空洞"一并被认为是当代人类面临的三大灾难性的环境挑战。在正常情况下，由于大气中含有一定的二氧化碳，降雨时二氧化碳溶解在水中，形成酸性很弱的碳酸，因此正常的雨水呈微酸性，pH 值为 5.6 ~ 5.7。

1）酸雨的概念

在 1982 年 6 月的国际环境会议上，第一次统一将 pH 值小于 5.6 的降水（包括雨、雪、霜、雾、雹、霰等）正式定为酸雨。酸雨不单指 pH 值小于 5.6 的降水，现在泛指酸性物质以湿沉降或干沉降的形式从大气转移到地面上。湿沉降是指酸性物质以雨、雪形式降落地面，干沉降是指酸性颗粒物以重力沉降、微粒碰撞和气体吸附等形式由大气转移到地面。已构成重酸雨中的酸绝大部分是硫酸和硝酸，主要来源于工业生产和民用生活中燃烧煤炭排放的硫氧化物、燃烧石油及汽车尾气释放的氮氧化物等酸性物质。

2）酸雨的分布

酸雨被认为是"空中死神"，已构成重要的国际环境问题。它使水体、土壤酸化，破坏森林，伤害庄稼，损坏文物古迹，影响人体健康和生物生存，因此，引起世界各国极大关注。早在 20 世纪初，英国就发现有酸雨，但没有引起人们的注意。20 世纪 50 年代后，随着工业的迅速发展，北欧的瑞典、挪威、丹麦等国相继发现酸雨。1973—1975 年，日本各地发生 pH 值为 4 ~ 5 的降雨，而神奈川县多次出现 pH 值 4 以下的酸雨。

　　欧洲是世界上第一大酸雨区,主要的排放源来自北欧的一些国家。这些国家排出的二氧化硫有相当一部分传输到其他国家,北欧国家降落的酸性沉淀物一半来自欧洲大陆和英国。受影响重的地区是工业化和人口密集的地区,即从波兰、捷克、英国和北欧这一大片地区,其酸性沉淀负荷高于欧洲极限负荷值的 60%,其中中欧部分地区超过生态系统的极限承载水平。

　　美国和加拿大东部也是一大酸雨区。美国是世界上能源消费量最多的国家,消费了全世界近 1/4 的能源,美国每年燃烧矿物燃料排放出的二氧化硫和氮氧化物也占各国首位。从美国中西部和加拿大中部工业心脏地带污染源排放的污染物定期落在美国东北部和加拿大东南部的农村及开发相对较少或较为原始的地区,其中加拿大有一半的酸雨来自美国。

　　亚洲是二氧化硫排放量增长较快的地区,其主要集中在东亚,其中中国南方是酸雨最严重的地区,成为世界上又一大酸雨区。据全国监测数据表明,我国酸雨出现面积之广,酸度之大,不亚于欧美和日本。我国在 1982 年进行全国酸雨的普查,据全国 23 个省市自治区的地市级的检测站检测的结果,我国酸雨不仅分布面积广,而且还相应严重,其主要特点有以下几个方面:

　　(1)酸雨出现频率高　在全国调查的 23 个省、自治区、直辖市中有 20 个省、自治区、直辖市出现酸雨,占 87%;在参加检测的 121 个监测点中,检测到酸雨的有 55 个,占 45.5%。

　　(2)有明显的区域性　主要集中在长江以南的我国西南、中南和华东地区,其中以西南地区最为严重。

　　(3)局部地区酸度很高　据 1982 年调查资料,pH 值低于 4.0 的城市有苏州和广州、南昌、贵阳、重庆及贵州的都匀市。尤其是贵州省,参加测报的所有市、地、自治州都出现酸雨,全省降雨的 pH 值为 5.0,最小 pH 值达 3.1。早在 20 世纪 80 年代,年降水平均 pH 值最低的地区在重庆、贵阳和柳州地区。到了 20 世纪 90 年代,最强降雨区已经到了长沙、南昌和杭州。1995 年长沙市年降水平均 pH 值为 3.53;南昌市为 4.68;杭州市为 3.91。

　　欧美一些国家是世界上排放二氧化硫和氮氧化物最多的国家(表 4.8)。但近 10 多年来亚太地区经济的迅速增长和能源消费量的迅速增加,使这一地区的各个国家,特别是中国成为一个主要排放大国。

表 4.8　主要发达国家二氧化硫和氮氧化物排放情况/万 t

国家名称	二氧化硫			氮氧化物		
	1980 年	1990 年	1993 年	1980 年	1990 年	1993 年
美国		2 370	2 106	2 062	2 147	2 137
英国		490	375	319	240	273
德国			563	390		303
加拿大		464	333	303	196	200
法国		335	120	122	165	149
日本		126	88	162		148
意大利		321	168		159	204
西班牙		338	221		95	125
苏联		1 280	893		317	441
波兰		410	321	273		128

注:World resources 1996—1997。

4.6.2　酸雨形成的原因

自然活动和人类活动向大气排放若干物质形成酸雨,其中有的物质是中性的,如风吹浪沫漂向空中的海盐、NaCl、KCl 等;有的物质是酸性的,如 SO_x 和 NO_x 及酸性尘埃(火山灰)等;有的是碱性的,如 NH_3 及来自风扫沙漠和碱性土壤扬起的颗粒;有的本身并无酸碱性,但在酸碱物质的迁移转化中可起催化作用,如 CO 和臭氧;降水的 pH 值是它们在雨水冲刷过程中相互作用和彼此中和的结果。

科学家发现并证实,二氧化硫(SO_2)及氮的氧化物(NO_x)是形成酸雨的主要原因。在美国,大约 2/3 的 SO_2 和 1/4 的 NO_x 来自用于发电所燃烧的煤一类的石油燃料。当这些气体在空气中与水,氧气及其他化学物质反应形成各种酸性化合物时,酸雨便产生了。阳光能加速大多数这种反应。反应的产物就是硫酸和硝酸的稀溶液。现已确认,大气中的二氧化硫和氧化氮是形成酸雨的主要物质。美国测定的酸雨成分中,硫酸占 60%,硝酸占 32%,盐酸占 6%,其余是碳酸和少量有机酸。大气中的二氧化硫和氧化氮主要来源于煤和石油天然气的燃烧,它们在空气中缓慢氧化,分别形成硫酸和硝酸。在我国主要是硫酸型酸雨,从酸雨取样分析来看,硝酸的含量只有硫酸的 1/10,这是因为我国能源结构以煤为主,二氧化硫排放量的 90% 来源于燃煤。据统计,全球每年排入大气的二氧化硫约为 1 亿吨,二氧化氮约 5 000 万吨,无疑,酸雨主要是人类生产活动和生活造成的。

我们如何检测酸雨? 我们用一种叫作"pH"值的标准来检测酸雨。pH 值越低,酸性越强。纯水的 pH 值是 7.0。普通的雨水带有一些轻微的酸度,这是因为二氧化碳溶于其中的原因,所以普通的雨水的 pH 值大约是 5.5。在 2000 年,在美国所下的大部分酸雨,其 pH 值大约是 4.3。

酸雨形成的原因有以下几个方面:

(1)酸性物质 SO_x 的天然排放　酸性物质 SO_x 有四类天然排放源:一是海洋雾沫,它们会夹带一些硫酸到空中;二是土壤中某些机体,如动物死尸和植物枯枝落叶在细菌作用下可分解某些硫化物,继而转化为 SO_x;三是火山爆发,也将喷出可观量的 SO_x 气体;四是雷电和干热引起的森林火灾也是一种天然 SO_x 排放源。

浙江省衢州市常山县地下蕴藏含高硫量的石煤,开采价值不大,在地下自燃数年,通过洞穴和岩缝,每年逸出大量 SO_x。既是自燃,也归属于天然排放源。安徽省铜陵市铜山铜矿的矿石为富硫的硫化铜矿石,其含硫量平均为 20%,最高为 41.3%,世间罕见。高硫矿石遇空气可自燃,即:$2CuS+3O_2 \Longrightarrow 2CuO+2SO_2$。因此在开采过程中,能自燃,形成火灾,并释放出大量热的 SO_x,腐蚀性大,对周边环境造成污染。

(2)人工排放化石燃料与酸性物质 SO_x　NO_x 排放人工源之一是煤、石油和天然气等化石燃料燃烧,无论是煤、石油或天然气都是在地下埋藏多少亿年,由古代的动植物化石转化而来,故称为化石燃料。科学家粗略估计,1990 年我国化石燃料约消耗 700 百万吨;仅占世界消耗总量的 12%,人均相比并不惊人;但是我国近几十年来,化石燃料消耗的增加速度,实在太快,1950—1990 年的 40 年间,增加了 30 倍,不能不引起我们的高度重视。

(3)工业过程的排放酸性物质 SO_x　NO_x 排放人工源之二是工业过程,如金属冶炼:某些有色金属的矿石是硫化物,铜、铅、锌便是如此,将铜、铅、锌硫化物矿石还原为金属过程中将逸出大量 SO_x 气体,部分回收为硫酸,部分进入大气。再如化工生产,特别是硫酸生产和硝酸生产可分别跑冒滴漏可观量 SO_x 和 NO_x,由于 NO_2 带有淡棕的黄色,因此,工厂尾气所排出的带有 NO_x 的废气像一条"黄龙",在空中飘荡。

(4)汽车尾气的排放酸性物质 SO_x　 NO_x 排放人工源之三是交通运输,如汽车尾气。在发动机内,活塞频繁打出火花,像天空中闪电,N_2 变成 NO_x。不同的车型,尾气中 NO_x 的浓度有多有少,机械性能较差的或使用寿命已较长的发动机尾气中的 NO_x 浓度要高。近年来,我国各种汽车数量猛增,它的尾气对酸雨的贡献正在逐年上升,不能掉以轻心。

4.6.3　酸雨的危害

我国的酸雨危害非常严重,酸雨的污染由"七五"期间的少数地区,目前扩展到约占国土面积的 40%,尤其是西南、中南和华东等长江以南一些重酸雨区,酸雨的 pH 值小于 4.5。污染最严重的城市为重庆、贵阳、涪陵、临汾,另外还有宜宾、南昌、赣州、宁波等,这些城市酸雨出现的频率超过 80%。重庆市是我国酸雨危害最严重的城市,那里重工业发达,大气污染严重,加上地形、气候因素,风速极低,相对湿度大,污染物难以向外扩散,重庆市每年因酸雨造成的经济损失高达 5.48 亿元。随着酸雨频率、范围、酸性逐年增大,对环境的影响也越来越明显。

酸雨对地球生态系统的各个构成因素,例如水体、土壤、植被和人文景观等能造成长期的、潜在性的不利影响,给工、农、林业生产造成巨大的经济损失,酸雨对生态系统的影响主要有以下几个方面:

1) 对水生生态系统的影响

酸雨对水体的影响,一方面能引起河流、湖泊等水体酸化,抑制水生生物的生长发育和繁殖,当湖水的 pH 值小于 4.0 时,大部分鱼苗不能生长。另一方面酸雨可使土壤和湖泊底泥中的铝、铅、汞等重金属溶解出来,毒害水生生物。当水中铅的浓度达到 2.0 mg/L 时,幼鱼的死亡率达到 60% 以上。水体酸化还能致死浮游生物,减少鱼和两栖动物的食物来源。酸雨能导致水生生物群落结构发生改变,使生物种类和数量大幅度下降,使整个水生生态系统发生紊乱,严重时甚至崩溃,变成没有生物的死水域。综上所述,湖泊酸化的结果,抑制了微生物的活动,影响到湖中有机物的分解,造成固体物的大量积累,影响营养成分的释放和物质、能量的循环。

2) 对陆地生态系统的影响

(1)对土壤的影响　酸雨可使土壤酸化,在土壤酸化过程中,植物生长所需要的钙、镁、钾等营养元素从土壤中淋洗出来,从而降低了土壤肥力,土壤酸化还会影响生物种类和数量。怀特(White)的试验研究表明:每年用 150 kg/hm² 的硫酸模拟酸雨处理针叶林土壤,6 年后土壤的腐殖质层的 pH 值由原来的 4.6 下降到 4.1,真菌的生物量对细菌的生物量之比由原来的 3:1 变成 13:1;用 900 kg/hm² 硫酸模拟酸雨处理,细菌和活菌丝分别比对照少 50% 和 26%,真菌差异不明显。因此,土壤酸化后,使许多原来适应某中土壤的微生物,包括一些将氮转化为植物可吸收状态的固氮细菌不再适应新的土壤环境,从而影响土壤中有机物的分解。

(2)酸雨对植物的危害　酸雨对我国的农作物和森林影响很大,1997 年浙江、江苏因酸雨造成 1.5 亿亩农田减产,直接经济损失 37 亿元,森林受害面积 128.1 万 hm^2,年木材损失 6 亿元,森林生态效益损失 54 亿元。目前还没有统一的办法精确估计酸雨造成的危害,一般可以参考下列数据进行估算:蔬菜减产 15%;果树减产 15%;粮食在重度污染情况下减产 15%,中度污染情况下减产 10%,轻度污染情况下减产 10%。

酸雨能直接伤害植物,使植物营养失调,降低抵抗病虫害的能力,引起土壤理化性质的改变而间接影响植物的生长发育。近年来,人们普遍认为大面积森林的死亡归因于酸雨的危害。在德国,横贯巴伐利亚州山区的 1.2 万 hm^2 森林有 1/4 坏死,波兰已经枯萎的针叶林面积达 24 万 hm^2,捷克的受害森林占全国森林总面积的 1/5。在欧洲的法国、瑞典、芬兰、丹麦等地已有近 700 万 hm^2 的森林处于衰亡之中。我国在 20 世纪 80 年代初期发现衰亡的林地有峨眉山的冷杉林、重庆秀山和广西柳州的马尾松林,四川万县的华山松林等。在四川,重酸雨区的马尾松林的病情指数为无酸雨区的 2.5 倍。酸雨对中国森林的危害主要是在长江以南的省份。根据初步的调查统计,四川盆地受酸雨危害的森林面积最大,约为 28 万 hm^2,占有林地面积的 32%。贵州受害森林面积约为 14 万 hm^2。

欧美学者的研究认为:森林大面积的死亡有以下 3 方面的原因:

①大气中各种污染物和酸雨共同作用的结果;

②早期干旱所造成的影响;

③其他原因的影响。

雅各逊(Jacobson)的研究表明:在 pH 值为 3.0 的酸雨的影响下,植物叶片可见伤斑高达 75%,酸雨腐蚀叶片的蜡质层,从而引起破坏性损伤。酸雨对森林的影响有以下几个方面:叶器官直接受到伤害,营养元素大量流失;增加对细菌、真菌病原体的感染;加速叶片蜡质的腐蚀;抑制根瘤固氮菌的活性;抑制松树末端花蕾的形成,增加松树的死亡率;阻碍正常的繁殖和降低其生产量等。

不同植物类型和不同植物种类对酸雨的抗性有明显差异。据高绪平等在 1987 年对 105 种植物的研究结果表明:阔叶树和草本植物容易受酸雨的危害(表 4.9)。针叶树由于叶面积小,质地坚韧,酸雨不容易腐蚀、伤害。在针叶树中松柏类抗性较强,水杉等软质型叶片的树种容易受伤害。植物不同叶龄对酸雨的反应也不同,除雪松以外,一般幼嫩的叶片比成熟定性或老叶片容易受害。

表 4.9　不同类型的植物在接触 pH 值 2.0 的酸雨后的受害统计

植物种类	供试株数	受害株数	受害种数占供试株数/%
针叶树	15	1	7
阔叶树	80	62	78
草本植物	10	5	50

(3)酸雨对腐蚀建筑材料和金属结构　酸雨对建筑材料、金属结构、水泥、涂料、木材、油漆等有强烈的腐蚀作用,加速了用于房屋建筑、桥梁、水坝、工业装备、供水管网、水轮发电机、动力和通信电缆等材料的腐蚀。尤其是以大理石和石灰石为材料的历史建筑物和艺术品,耐酸性差,容易受到酸雨腐蚀和变色。如具有 2 000 多年历史的雅典古城的大理石建筑和雕塑已千疮百孔,层层剥落。重庆嘉陵江大桥,其腐蚀速度为每年 0.16 mm,用于钢结构的维护费每年达 20

万元以上。也有人就北京的汉白玉石雕做过研究,认为近 30 年来其受侵蚀的厚度已超过 10 mm,比在自然状态下快几十倍。世界上许多石雕艺术品和古建筑,如罗马的图拉真凯旋柱、雅典的巴特农神殿、我国故宫的汉白玉雕刻、四川乐山大佛、洛阳龙门石窟等,都在受到酸雨沉积物的侵蚀。

(4)酸雨对人体健康的影响 在酸雨的影响下,土壤中的各种金属的溶解度增加,这些金属元素能进入饮用水源,污染鱼类、农作物和蔬菜,其中铝、铅、锰、锌、铜、汞等元素能通过食物链进入人体。

高浓度的硫酸气溶胶对敏感人群,即有哮喘病、呼吸道敏感的儿童与成年人危害严重,在短期内暴露于 $0.1\ mg/m^3$ 硫酸气溶胶的情况下,就能使肺部受害,由此可见,酸雾对呼吸道的危害更大。很多国家由于酸雨的影响,在酸性水域中发现鱼体内汞的浓度很高,当人们食用了含高水平汞的鱼类以后,会给人类的健康带来潜在威胁。当空气中含 $0.8\ mg/L$ 硫酸雾时,就会使人难受而致病。人们饮用酸化的地面水和由土壤渗入金属含量较高的地下水,食用酸化湖泊和河流的鱼类等,一些重金属元素通过食物链进入人体,最终通过生物富集作用对人体造成危害。

4.6.4 酸雨的综合防治措施

为了控制酸雨的发展,减轻酸雨的危害,早在 1990 年 12 月国务院环境委员会第 19 次会议通过了关于控制酸雨发展意见的决议,提出在酸雨监测、酸雨科研攻关、二氧化碳控制工程和征收二氧化碳排污费 4 个方面开展工作的建议。1992 年国务院批准在部分省市征收工业燃放二氧化碳排污费的试点工作。在我国污染物排放标准中,也逐步建立了二氧化硫排放限值。为了进一步遏制酸雨和二氧化硫污染的发展,1993 年 8 月全国人大专门立法通过了大气污染防治,专门在全国范围内制订了酸雨控制区和 SO_2 污染控制区。

防治酸雨最根本的措施是减少人为硫氧化物和氮氧化物的排放。实现这一目标有两个途径:

①调整以矿物燃料为主的能源结构,增加无污染或少污染的能源比例,发展太阳能、核能、水能、风能、地热能等不产生酸雨污染的能源。

②加强技术研究,减少废气排放,积极开发利用煤炭的新技术,推广煤炭的净化技术、转化技术,改进燃煤技术,改进污染物控制技术,采取烟气脱硫、脱氮技术等重大措施。1980—1986年,法国发电量增加了 4%,二氧化硫排放量却减少了一半,大气质量明显改善,主要原因是其核电比重由 24% 上升到了 70%。由于二氧化硫是我国酸雨的祸根,国家环境保护总局已在全国范围对二氧化硫超标区和酸雨污染区进行了严格控制(两控区)。控制高硫煤的开采、运输、销售和使用,同时采取有效措施发展脱硫技术,推广清洁能源技术。

如何防止酸雨的危害,这是全世界都十分关心的问题。因为酸雨的形成因素是多方面的,因此,防治酸雨也应该采用以下综合防治技术:

1)优化能源质量,调整能源结构

我国酸雨属于硫酸性酸雨,控制大气中 SO_2 污染是防治酸雨的根本措施。据有关资料研究分析,我国 SO_2 的排放 90% 来自于煤炭燃烧,目前受技术条件和经济条件的限制,我国还不能在全部燃煤设施上进行烟气脱硫,因此,控制高硫煤的开发和使用,大力推行煤炭的精选。调整能源结构,提倡使用天然气,大力开发核能、太阳能、沼气、风能、水能和地热能源,充分利用当地资源研究开发新能源,逐步减少燃煤用量。

2) 抓好工业上 SO_2 的排放治理

大气中 SO_2 的排放,按行业统计主要集中在电冶金、化工、建材等行业,其中电力行业的热电厂、电厂 SO_2 的排放量最大。据有关资料统计,1995 年占全国 SO_2 的排放总量的 35%,2000年占全国 SO_2 的排放总量的 50%,2010 年达到 60% 以上。在主要城区和城市中心区禁止新建火电厂、化工厂、冶金等企业,推行洁净生产技术,对工艺落后,有 SO_2 的排放的十五小企业坚决关、停、并、转。河南省郑州市为了根治环境污染,市政府出台治理环境污染的相关文件,要求火电厂、化工厂、冶金、砂灰砖厂等排放污染物的企业从 2003 年 3 月开始到 2006 年底全部迁到郊区四环以外,企业搬迁以后,对设施进行升级改造,污染物排放要符合国家标准。

3) 加快开发研制 SO_2 治理技术和设备

加快国产脱硫技术的研究、开发、推广和应用,加快有关示范重点工程建设。国家要大力发展新型锅炉及电厂的低能耗、低运行费用的 FGP(烟气脱硫)技术和脱硝技术,从末端保证酸性气体的达标排放及达到总量控制要求。

4) 使用新能源,减少氮氧化物的排放

汽车排放出大量的尾气,尾气中有上百种不同化合物,其中污染物有固体悬浮微粒、一氧化碳、碳氢化合物、氮氧化合物、铅及硫氧化合物等,汽车目前可使用无铅汽油,减少尾气排放。大部分城市出租车进行改装使用天然气,减少了尾气的排放,和使用汽油相比能节约经费 40% 左右。以后汽车逐渐使用新能源,郑州一家公司已经研究出新型电动汽车,几分钟就能更换电瓶,电瓶一次充电可以行驶 500 多千米。许昌市投入 25 亿元建立了汽车电瓶生产基地,电取代汽油、天然气作为新能源,是以后汽车行业的发展趋势。

5) 搞好酸雨的监测及科学研究

全世界对酸雨的防治工作都非常重视,早在 1979 年 11 月在日内瓦举行联合国欧洲经济委员会的环境部长会议上,通过了控制长距离越境空气污染公约,1983 年,欧洲各国及北美的美国、加拿大等 32 个国家领导人在公约上签字,公约生效。而后,日、美等国建立了东亚空气污染监测网,开展联合监测,逐步在东亚建立区域性酸雨控制体系。我国在 2000 年 10 月正式加入了东亚酸沉降监测网,并开始了常规运行,这标志着我国正式开始了沉降酸防治工作的国际间的技术合作。我国在很多大中城市建立了大气及酸雨的自动监测系统,并配备网络及数据库系统,从而使人们随时监测大气中的 SO_2 和 NO_x 浓度和分布情况,了解酸雨的状况并预测其时空变化趋势。

加强科学研究,有效预防酸雨的形成。开发利用实用型煤炭,开发研究原煤脱硫技术,可以除去燃煤中 40% ~60% 的无机硫,就能减少 SO_2 的排放。进一步节约用电,在工业上使用清洁能源等技术措施来减少能源消耗,从而降低 SO_2 和 NO_x 的排放。

6) 加强宣传教育,提高全民防酸雨的意识

酸雨的防治工作必须要全民参与,动员全社会的力量,积极开展对酸雨的预防和治理工作,充分利用电视、报纸、杂志等新闻媒体大力宣传,达到家喻户晓,人人明白。早日恢复当地良好的生态环境,加快开发洁净能源的速度,从根本上解决酸雨问题。

　　同时,作为政府职能部门应制订严格的大气环境质量标准,调整工业布局,改造污染严重的企业,加强大气污染的监测和科学研究,及时掌握大气中的硫氧化物和氮氧化物的排放和迁移状况,了解酸雨的时空变化和发展趋势,以便及时采取措施。

复习思考题

　　1.我国水资源有哪些特点?地球上水分是如何循环的?

　　2.简述降雨的类型及降雨量的表示方法。

　　3.说明城市水污染的原因、危害及其防治措施。

　　4.举例说明水对植物的生理作用。

　　5.在植物体内水分是如何移动的?植物是如何吸收水分的?

　　6.水生植物有哪些类型?旱生植物有哪些类型?简述旱生植物的结构特点。

　　7.湿生园林植物有哪些类型?了解这些在园林绿化中有何意义?

　　8.何为水分临界期、水分平衡?合理灌溉有哪些具体指标?

　　9.说明合理灌水增产的理论依据。

　　10.在农业生产上如何进行合理灌溉?在大树移栽时如何维持水分平衡?

　　11.简述酸雨的分布,酸雨形成、危害及其防治。

知识链接——我国北方干旱地区对雨水的利用

　　人们种植植物离不开水,水是生命之源。在农业生产上我们经常说:"有收无收在于水,收多收少在于肥",水利是农业的命脉。我们搞城市绿化,建设生态园林城市更需要水分,因为植物的生长发育和水分密切相关。植物的水分来源主要有3个方面:一是利用地下水;二是利用江、河、湖泊、水库里的水;三是利用自然降水。利用地下水进行灌溉,保证园林植物正常的生长发育是常用的方法,引用江、河、湖泊里的水建设城市生态水系在一些城市已经开始利用,郑州市近几年就是利用黄河水建立城市生态水系,改善城市生态环境。在长江以南地区年降雨量一般在1 000 mm以上,黄河中下游地区在600～700 mm,西北地区在200～400 mm。我国部分主要城市的年降雨量如下:台湾基隆2 882.1 mm,广州1 661.8 mm,桂林1 966.1 mm,福州1 438.3 mm,上海1 141.8 mm,长沙1 529.4 mm,武汉1 266.6 mm,南京970.8 mm,济南621.1 mm,西安566.3 mm,北京630.4 mm,兰州325.1 mm,乌鲁木齐277.6 mm。可以看出,我国降雨量从南到北逐渐减少,从东南到西北逐渐减少。北京地区降雨量高一些,大部分时段是采用人工降雨,其他地方属于自然降雨。我国人口比较集中的华北地区,由于降雨量较少,常有十年九旱之说。因此,如何利用好大气降水是我们要认真研究的问题。

　　降水形式虽然有雨、雪、霰和冰雹等多种形式,但降雨是降水的主要形式。我国对雨水的研究利用是一项古老又具有潜力的农业技术,其内涵相当丰富。近年来,随着全球性水资源紧缺,人口、粮食、环境等问题的日益突出,国内外对雨水利用的研究与实践越加关注与深入。国际上成立了国际雨水利用协会,并于1995年在北京召开了第七届雨水利用国际会议,1997年在伊朗德黑兰举行第八届国际雨水利用大会。我国1996年9月在兰州召开了首届雨水利用会议暨东亚地区国际会议,并成立中国雨水利用协会。我国在雨水利用方面的研究历史悠久,早在春秋战国时期(2 700 年前)已有洪水坝,明代已有水窖(620 年前)。目前,在我国北方的半干旱地区均有储备雨水的设施。例如,甘肃在定西市设施的"1213"工程(即每户 1 000 m² 水泥抹面,打两口水窖,发展 1 亩庭院经济和 3 亩雨水补灌农田)至 1995 年已经解决了 600 万人饮水问题,发展 25 万户庭院集雨工程,并正在实施发展补灌的二期工程。宁夏的"窖窖"工程,内蒙古的"311"工程以及陕西的"甘露"工程正在实施之中,国家"九五"科技攻关项目"节水农业技术与示范"也正在实施,在这个项目中也将"人工汇集雨水利用技术研究"作为一项内容。

1)我国雨水利用的现状

在地球水分大循环中,雨水是水存在的一种形式和中间环节,在我国北方的干旱和半干旱地区,雨水成为农业生产的主要水源。我国西北黄土高原地区,人均径流量 541 m³,每公顷水量平均 2 625 m³,分别为全国平均量的 22% 和 10%,仅为世界平均水量的 4.2% 和 8.8%。区域年降雨量 200~600 mm,多年平均年降雨量 443 mm,全区 62.60 万 km³ 的雨水总量为 2 757 亿 m³。

在雨水利用上,一方面,降水量偏少与时空分布不均匀,作物需水和供水出现错位现象,从而导致干旱和水分亏缺;另一方面,在暴雨季节,严重水土流失和烈日下蒸发等损耗,引起土壤退化和土地持续生产力下降,雨水利用率低,作物产量不高。据有关部门调查,我国西北黄土高原的雨水平均利用率为 40%,作物水分的利用效率 0.5 kg/(mm·亩)左右,而国际节水农业先进水平表明,每毫米降水每亩可生产 2~2.5 kg 或更多的谷物。和世界节水先进国家相比,我国对雨水的利用还有一定的差距。

2)雨水分配与利用的基本构件

在我国北方的干旱地区,雨水的分配包括:土壤表面的蒸发,地表径流,土壤储水,植物的光合作用,植物的蒸腾作用。因此,在农田雨水的利用上,就形成了雨水利用的多途径与多层次性的特点。目前,要达到高效利用雨水的目的,就必须做到以下几点:一是强化就地渗透,减少水土流失;二是以覆盖为主,抑制地面的无效蒸腾;三是促进土壤水分转化与利用;四是汇集径流补充灌溉;五是改良调节作物,提高自身的水分利用效率。

雨水作为一种新型水资源,其高效利用的理论基本构件包括作物所处的土壤—植物—大气连续体(SPAC)各环节,包括各个环节的调控手段与方法。综合而言,雨水利用的基本构件反映在以下 3 个方面:①工程构件,主要是指雨水利用的水源和输配水、用水工程。例如,水源补偿的集水、贮水、供水体系。输送水中的管道、渠系,以及田间用水的节水灌溉体系等。②生物构件,是雨水利用的目的,要培育具备高水分利用效率为特点的抗旱节水优质高产新品种。③农艺构件,应对工程和生物构件具有增进作用,有保水增效等特点。

3)雨水利用的基本理论

(1)强化就地入渗利用理论　雨水从天而降,地表是界内雨水的第一面段,由于土壤是植物吸收水分的主要来源,其本身具备可储水的"土壤水库"特性。因此,采取田间拦蓄雨水工程,如水土保持耕作技术,水保耕作技术等使雨水就地拦蓄渗透到土壤中,不仅可以减少水土流失造成的危害,而且提高了土壤的有效储水量,为作物需水提供水源。由于这种利用方法是以地面直接纳雨利用为特色,所以,亦可称为雨水利用的平面利用理论,传统的旱作农业和水保农业技术就属于此类。

(2)抑蒸覆盖利用理论　在旱作农业中,强烈的光照会加速地面蒸发,在黄土高原地区,一般在半干旱地区年蒸发量是年降雨量的数倍。因此,采用各种覆盖材料或农艺措施降低地面蒸发,不但能提高土壤的储水保墒效果,而且还可以改良土壤的理化性质,提高作物产量和水分的利用效率。由于这种技术措施是以减少水分无效消耗为特色,所以,亦可称为雨水"节流"利用理论。目前生产上利用的覆盖材料按色彩分类可以分为白色覆盖(地膜覆盖)、黑色覆盖(作物残茬与秸秆)和绿色覆盖(植被和草地)3 种基本类型。

(3)径流汇集叠加利用理论　由于降雨在实践和空间分配上的变化性和可移动性,采用人工或自然集流,将雨水资源汇集储存起来,在作物需要的关键时期补充灌溉。其原理就是将大面积的平面降雨叠加起来,在较大面积的地块上,把多个时段的降雨量叠加在一个时段上,这样,就可减少集雨区和农田非作物生育期的无效水分消耗,增加农田的总供水量和作物生育期的供水量。按工程时段划分,径流汇集应包括集水、储存和利用 3 个体系,集中面材料按性质划分,可划分为生物集中水面、硬地表(土面硬化、水泥道路等)和活动集中水面(塑料薄膜)等;储存水设备按结构有水窖、水池等;用水方式有地表补灌和压力管道补灌(滴灌、微灌)等。

(4)促进土壤水分转化利用理论　土壤水分是植物吸收水分的主要形式,雨水进入土壤后需要根系吸收转化以后才能为作物所利用,供水过量会使部分水下渗到地层深处形成重力水,成为无效水分。所以,采取农艺和化控等技术措施促进作物根系生长,同时改善土壤的理化性质,就能促进作物对土壤水分的有效利用。

(5)改良作物提高自身水分利用效率理论　作物耗水包括植物的蒸腾作用、地面蒸发和光合作用,光合作用制造干物质一般用水量很少,在计算作物总耗水量时常常忽略不计。因此,关键技术就是降低植物的蒸腾效率。由于作物的生产量是气候、自身的遗传特性、农业生产管理等因素综合作用的结果。从遗传的角度分析,选择水分利用率高的优质、高产新品种,提高光合/蒸腾值则是重要途径;在农艺上,着眼于作物布局,个体生产和生长发育,生理生态、生物化学、基因改良等不同层次,系统研究缺水与供水的适应与调节规律是调节作物水分利用效率的重点所在。

4)雨水利用与农业可持续发展

雨水的利用是连接资源、环境、粮食、人口和社会经济的纽带,干旱地区农业可持续发展所需雨水利用技术是多途径和多层次的。目前,雨水利用的理论体系还处在不断发展和完善阶段。从雨水利用的角度来讲,需要深入研究不同作物的需水规律,尤其是在水资源有限的条件下非充分灌溉理论,作物抗干旱理论等方面,注意作物在干旱和补水两方面的生长与生理效应比较,以及作物耗水与产量和水分利用率的关系等,也是水分生理研究要注意的一个重要方面。

5 大气与园林植物

[本章导读]

大气是指包围在地球外围的空气层,亦即大气圈。本章主要讲述大气成分及其生态作用,大气污染物的种类及污染源分析。详细阐述了影响城市大气污染的因素,大气污染对园林植物的危害,以及防治城市大气污染的技术措施。介绍园林植物的抗性,园林植物对环境的监测作用及其对大气的净化作用。

[理论教学目标]

1. 了解大气的成分及其生态作用。
2. 掌握大气污染的概念及大气污染物的种类。
3. 掌握园林植物对空气的净化作用。
4. 了解常见的抗污染植物种类及常见指示植物。

[技能实训目标]

能够利用常见指示植物检测大气环境是否污染及污染程度大小。

5.1　城市大气环境

大气圈的厚度有 1 000 km 以上,围绕着地球的这层大气的总质量约为 $5.3×10^{15}$ t,其中98.2%集中在30 km 以下,地球表面的大气形成了大气圈。而直接构成生物的整体环境的部分,只有大气圈下部对流层约16 km 的厚度范围,气候现象多发生在这一范围。大气圈是地球生物的保护圈,它维持着地球远比其他星球稳定的温度,减弱紫外线对生物的伤害。

在环境科学中,对大气和空气两个名词的使用是有区别的。一般,对于室内和特指地方与空间(如车间、厂区等)供动植物生存的气体,习惯上称为空气,对这类场所的气体污染就用空气污染一词。在大气物理、大气气象和自然地理的研究中,是以大区域或全球性的气流为研究对象,一般用大气一词。

5.1.1 空气成分及其生态作用

1)空气的组成

大气的组成成分是很复杂的。几十亿年前地球大气中二氧化碳含量很高,没有氧气,随着植物的出现,不断进行光合作用释放氧气,并逐渐增加到现在大气中的浓度,大气中的成分基本稳定。自然状态下的大气是由混合气体、水汽和杂质组成。除去水汽和杂质的空气称为干洁空气。干洁空气的主要成分是氮、氧和氩,它们占干空气总容积的百分数分别为78.08%,20.95%,0.93%,可见,这3种气体已占干空气总容积的99.9%以上。其他成分所占的容积总共不到0.04%,这些次要成分有:二氧化碳、氖、氦、氪、氙、氢、臭氧,它们各自所占的容积百分数见表5.1。

表5.1 干洁空气成分组成(25 km 高度以下)

气体类别	含量(容积百分数)	气体类别	含量(容积百分数)
氮(N_2)	78.09	氪(Kr)	1.0×10^{-4}
氧(O_2)	20.95	氢(H_2)	0.50×10^{-4}
氩(Ar)	0.93	氙(Xe)	0.08×10^{-4}
二氧化碳(CO_2)	0.03	臭氧(O_3)	0.01×10^{-4}
氖(Ne)	18×10^{-4}		
氦(He)	5.24×10^{-4}	干洁空气	100

大气中的水汽和杂质含量,会因时间与地点而发生变化。随着工业的发展与城市的集中,许多工业废气、烟尘排入大气,使空气普遍受到不同程度的污染。大气污染已成为现代社会特别关注的问题。

2)大气的生态作用

在大气组成成分中,对生物关系最密切的是氧气和二氧化碳。二氧化碳是光合作用的主要原料,又是生物氧化代谢的最终产物。氧气几乎是所有生物所依赖的物质(除极少数厌氧生物外),没有氧气,生物就不能生存。

(1)氮气的生态作用 氮气是大气成分中最多的气体,同时氮元素也是生物体内及生物生命活动不可缺少的成分。氮元素一般不能被植物直接吸收和利用,只有在雷电作用下氮气变为氧化物才能被直接利用,少数有根瘤菌共生体系的植物也可以通过菌根来固定大气中的游离氮。所以,大部分植物吸收的氮元素来自于土壤中有机质的转化和分解产物。活性氮在植物的生命活动中有极重要的作用,但土壤中的氮素经常不足。当氮素缺乏时,植物生长不良,甚至叶黄枝死,所以生产上常常施以氮肥进行补充。在一定范围内增加土壤氮素,能明显促进植物的生长。

(2)氧气的生态作用 植物进行呼吸作用时,吸收氧气,放出二氧化碳,没有氧气植物就不能生存。大气中的氧气主要来源于植物的光合作用,少量的氧气来源于大气层中的光解作用,即在紫外线照射下,大气中的水分子分解成氧气和氢气。植物在光合作用过程中吸收二氧化碳释放出氧气。植物自身呼吸作用也消耗少量的氧气,据测定,植物呼吸消耗的氧气只占自身产生量的1/20。大量的氧气用于大气平衡和其他生物包括人类的呼吸消耗。

植物根系进行呼吸作用,消耗大量的氧气,积累很多的二氧化碳。当土壤的通气性能较差时,大气中供植物呼吸的氧是充足的,但在土壤中,当土壤含水量过高或土壤结构不良等原因,往往会导致土壤空气与大气的交换减弱,土壤中的氧气得不到补充,植物根系呼吸缺氧,会发生酒精中毒,根系生长受阻,严重时根系腐烂死亡。如城市街道旁的土壤往往过于板结,氧气供应不足,影响了行道树根系的生长。所以,调节土壤结构和水分,保证土壤良好的通气性,才有利于根系的呼吸作用,使植物正常生长。

此外,在大气高空中,由于高空臭氧层多分布在 20~25 km 的空间,臭氧层的存在能够有效地吸收太阳紫外线辐射,保护地球上的人类及生物免受过多紫外线辐射的危害。因为过多过强的紫外线不但能杀死部分细菌,抑制植物生长,也会使人的皮肤发生癌变。地球上一旦失去臭氧层的保护,生物将无法生存。

(3)二氧化碳及其生态作用 二氧化碳是植物光合作用的主要原料之一。通过光合作用,植物把二氧化碳和水合成碳水化合物,构成各种复杂的有机物。据分析,在植物干重中,碳占45%,氧占42%,氢占6.5%,氮占1.5%,灰分元素占5%。其中碳和氧皆来自二氧化碳,所以二氧化碳对植物具有最重要的生态意义。

在近地层,二氧化碳浓度并非一成不变的,它有着日变化和年变化,这是随着植物光合作用的强弱而发生变化的。在中午光合作用最强时,二氧化碳浓度最低,而晚上呼吸作用不断放出二氧化碳,在日出前二氧化碳浓度达最高值。在一年中,一般夏季二氧化碳浓度最低,冬季最高。

目前大气中的二氧化碳含量为350 $\mu L/L$,但对植物生长来说,350 $\mu L/L$ 的二氧化碳浓度满足不了作物光合作用的需求,在设施园艺中,常增施二氧化碳气肥,促进植物的光合速率,提高植物的生产力。大量的试验结果表明,大多数 C_3 植物进行光合作用的最适二氧化碳浓度为 1 000 $\mu L/L$ 左右,当环境中二氧化碳浓度达 600 $\mu L/L$ 时,植物生长量能够提高1/3 左右。

(4)水蒸气和其他杂质的作用 大气中的水蒸气含量随着时间、地点和气象条件等不同有较大变化,范围在 0.01% ~4%。其含量虽不多,但对云、雾、雨、霜、露等天气现象起着重要作用,同时还导致大气中热能的输送和交换。

5.1.2 城市大气污染

由于人类生产和生活活动以及自然过程(火山喷发、森林火灾等)都不断向大气释放各种原来没有或极微量的物质。其释放的数量和持续的时间均足以对人和生态以及材料等产生不利的影响和危害,这时的大气状况就被污染。简而言之,大气污染(air pollution)是指大气中一些物质的含量达到有害的程度,以致破坏人和生态系统的正常生存和发展,对人体、生态和材料造成危害的现象。

当前,大气污染已成为全球面临的公害,在城市地区尤为严重。如1930 年比利时发生马斯河谷事件,主要污染物是二氧化硫和氟化物,数十人死亡。20 世纪40 年代初期,伦敦的光化学烟雾,主要污染物是二氧化硫和粉尘,大气中二氧化硫的浓度达到 1.34 mg/L,超出卫生标准的几十倍,粉尘浓度达 4.46 mg/m³,持续时间达 4~5 d,造成数千人死亡。其危害之严重、死亡人数之多,使世界震惊。在 20 世纪五六十年代,随着世界各国工业突飞猛进,大气污染日益严重,已经引起各国政府的高度重视。

1)大气污染源

引起大气污染的物质主要来自两个方面:一是自然界各种过程中产生的,即所谓"自然源",主要指火山喷发,森林火灾会释放出有害物质;二是人类生产和生活过程中产生的,即所谓的"人工源"。引起大气污染的大气污染源主要是"人工源"。环境科学中所提的"污染源",通常是指"人工源"。主要的大气污染源有以下几类:

(1)工业企业污染源 工业生产过程中产生的大气污染物,电厂、钢铁厂、冶炼厂、供暖锅炉燃烧煤炭排放废气,是大气污染的主要来源。这类污染源的特点是污染物排放量大而集中,同时污染物的种类繁多而复杂。

(2)交通运输污染源 汽车、火车、轮船、飞机等交通工具和工业企业相比,具有小型、分散、流动的特点。但是由于其数量庞大,污染物排放总量也相当可观。在一些大中城市和交通主干线上,大气环境质量下降主要是由交通污染源所引起。

(3)农业污染源 农业生产活动也向大气排放一些污染物,主要有 CH_4,N_2O 和挥发性农药等。

(4)生活污染源 由居民的生活活动而产生的污染物,如天然气燃烧不完全产生的废气,建筑和装修产生的粉尘及其材料释放的甲醛、苯类、氯仿等有机化合物,做饭时产生的苯并芘,生活垃圾产生的有害气体等。

2)污染物种类

排入大气的污染物种类很多,引起人们注意的有 100 多种,依照不同的原则,可将其分为不同的类别。

依照与污染源的关系,可将其分为一次污染与二次污染。若大气污染物是从污染源直接排出的原始物质,进入大气后其性态没有发生变化,则称其为一次污染物;若由污染源排出的一次污染物与大气中原有成分,或几种一次污染物之间,发生了一系列的化学变化或光化学反应,形成了与原污染物性质不同的新污染物,则所形成的新污染物称为二次污染物。

依照污染物的形态,可分为颗粒状污染物与气态污染物。

(1)颗粒状污染物 是指空气中分散的微小的固态或液态物质。其颗粒直径在 0.005~100 μm。一般可分为烟尘、雾尘和粉尘等。在燃料的燃烧、高温熔融和化学反应等过程中所形成的颗粒物,飘浮于大气中称为烟尘。烟尘粒子粒径很小,一般均小于 1 μm。雾尘是小液体粒子悬浮于大气中的悬浮体的总称。粒子粒径小于 100 μm,水雾、酸雾、碱雾、油雾都属于雾尘。粉尘在固体物料的输送、粉碎、分级、研磨、装卸等机械过程中产生的颗粒物,或由于岩石、土壤的风化等自然过程中产生的颗粒物,分为降尘和飘尘。降尘颗粒较大,粒径在 10 μm 以上,靠重力可以在短时间内沉降到地面。飘尘粒径小于 10 μm,不易沉降,能长期在大气中飘浮。

颗粒状污染物在空中能散射和吸收阳光,使能见度降低,夏季达 1/3,冬季高达 2/3,并使地面的阳光辐射减少,城市所接受的阳光辐射平均少于农村 15%~20%,其主要原因就是城市上空的粉尘较多。粉尘微粒还是水分凝聚和有毒气体的核心,经常形成城市雾,影响人的呼吸,引发加剧支气管和肺部疾病。甚至有些飘尘表面还带有致癌性很强的化合物。

（2）气态污染物　以气体形态进入大气的污染物称为气态污染物。气态污染物种类很多，有以下主要污染物：

①碳氧化合物　污染大气的碳氧化合物主要是 CO 和 CO_2，CO 是城市大气中含量最多的污染物（约占大气污染物总量的 1/3），其天然本底只有百万分之一左右。CO 是无色、无味的气体，对植物无害而对人类有害。实验证明，CO 与血红素的结合能力较 O_2 大 200～300 倍，因此，CO 中毒会使血液携带氧的能力降低而引起缺氧。城市中的 CO 绝大部分是汽车尾气排放的，高浓度的 CO 常出现在上下班时间、交通繁忙的道路和交叉路口。

在工业化革命以前，大气中的二氧化碳浓度一直稳定在 280 μL/L 左右。随着现代工业的发展，化石燃料（煤、石油和天然气）的使用逐渐增多，释放到大气中的二氧化碳也随之增高。据测定，大气中二氧化碳浓度年增加率逐年加快，现在已达 350 μL/L，预计到 21 世纪下半叶，大气中二氧化碳浓度将超过 500 μL/L。由于二氧化碳是温室气体，在空气中的含量很低，对人体健康没有直接影响，但它可以吸收地球表面释放的热辐射，减少对外层空间的释放，从而引起全球气温上升，产生温室效应（greenhouse effect）。

②含硫化合物　主要指 SO_2，SO_3 和 H_2S 等，其中以 SO_2 的数量最大、危害也最大，是影响城市大气质量的主要气态污染物，主要是由含硫物燃烧所致。在稳定的天气条件下，二氧化硫聚集在低空，与水生成亚硫酸（H_2SO_3），当它氧化成三氧化硫时，毒性增大，并遇水形成硫酸，继之形成硫酸烟雾。硫酸烟雾的毒性更大，尤其是在风速低和逆温层引起的空气滞留的情况下，危害十分严重。

当空气中的二氧化硫以及氮氧化物与水汽结合，形成硫酸和硝酸，以降水形式降落到地面，使雨水 pH 值小于 5.6，就形成酸雨（acid rain），称为酸沉降（acid deposition）。除二氧化硫以外，氮氧化物也是形成酸雨的重要污染物。酸雨的毒害程度比二氧化硫大，当空气中硫酸烟雾达到 0.8 mL/L 时，会使人患病。酸沉降会酸化土壤、水体，对植物造成很大的危害，在全球许多地方都发现由于酸沉降使森林大面积死亡的现象。酸雨具有很大的腐蚀作用，能腐蚀油漆、金属以及各类纺织品，大理石和石灰石也易受二氧化硫和硫酸的侵蚀，许多城市的历史古迹、艺术品和建筑物因此受到损坏。

解淑艳等研究表明：2011 年，全国酸雨分布区域主要集中在长江以南，青藏高原以东地区。主要包括浙江、江西、福建、湖南、重庆的大部分地区，以及长江、珠江三角洲地区、湖北西部、四川东南部、广西北部地区。酸雨发生面积约 120 万平方公里。2005—2011 年，酸雨分布格局总体稳定，面积呈下降趋势。

③含氮化合物　主要是一氧化氮（NO）和二氧化氮（NO_2），它们是在高温条件下，由空气中的氮与氧反应而生成的，在城市地区主要是二氧化氮，绝大部分来自工业生产（46%）和交通运输（51%），汽车尾气是氮氧化物的主要来源。一氧化氮不溶于水，危害不大，但当它转变为二氧化氮时就具有和二氧化硫相似的腐蚀与生理刺激作用。在 3 μL/L 的二氧化氮环境中停留 1 h，人的支气管就会产生萎缩，在 150～200 μL/L 的高浓度下短时间的停留就会因肺部损伤而死亡。

④碳氢化合物　包括烃、醇、酮、酯、胺等，主要来源是石油燃料的不完全燃烧和挥发，其中汽车尾气占很大比例。

⑤卤素化合物　主要指含氯化合物 HCl 及含氟化合物 HF，SiF_4 等。

近年来,随着工业发展,不少有毒重金属进入大气,如铅、镉、铬、锌、钛、钡、砷和汞等。它们都可能引起人体慢性中毒。在20世纪60年代中期,日本的牛达柳町事件就是由于空气的含铅成分过高引起的。该町位于东京郊区交通最繁华的交叉路口,大量含铅的汽车废气使当地居民的内脏受到损害,造血机能衰退,同时血管病、脑溢血和慢性肾炎等病的发病率提高。

（3）二次污染物　气态污染物从污染源排入大气,可以直接对大气造成污染,同时还可以经过反应形成二次污染物。主要气态污染物和由其所生成的二次污染物种类见表5.2。

表5.2　主要气态污染物及其二次污染物

污染物	一次污染物	二次污染物
含硫化合物	SO_2,H_2S	SO_3,H_2SO_4,MSO_4
碳的氧化物	CO,CO_2	无
含氮化合物	NO,NH_3	NO_2·HNO_3,MNO_3
碳氢化合物	C_mH_n	醛、酮、过氧乙酰基硝酸酯
卤素化合物	HF,HCl	无

注:M为金属离子。

二次污染物一般危害更大。二次污染物中危害最大,也最受到人们普遍重视的是光化学烟雾。化学烟雾主要有如下类型:

①伦敦型烟雾　常指大气中未燃烧的煤尘、SO_2与空气中的水蒸气混合并发生化学反应所形成的烟雾,也称为硫酸烟雾。

②洛杉矶型烟雾　一般指汽车、工厂等排入大气中的氮氧化物或碳氢化合物,经光化学作用所形成的烟雾,也称为光化学烟雾。

③工业型光化学烟雾　例如在我国兰州西固地区,氮肥厂排放的NO_2、炼油厂排放的碳氢化合物,经光化学作用所形成的就是一种工业型光化学烟雾。

3) 大气污染类型

根据能源性质和大气污染物的组成和反应,将空气污染划分为了4种类型:

（1）煤炭型空气污染　指一次污染物是烟气、粉尘和二氧化硫。二次污染物是硫酸及其盐类所构成的气溶胶。因为最早于20世纪40年代发生在伦敦,所以也称为伦敦型空气污染,这种污染类型多发生在以燃煤为主要能源的国家与地区,历史上早期的大气污染多属于此种类型。

（2）石油型(排气型或联合企业型)空气污染　指一次污染物是烯烃、二氧化氮以及烷、醇、羰基化合物等。二次污染物主要是臭氧、氢氧基、过氧化氢基等自由基以及醛、酮和PAN(过氧乙酰硝酸酯)。光化学烟雾首先发现于20世纪40年代的洛杉矶,所以该类污染也称为洛杉矶空气污染。此类污染多发生在油田及石油化工企业和汽车较多的大城市。近代的大气污染,尤其在发达国家和地区一般属于此种类型。

（3）混合型空气污染　指以煤炭为主,还包括以石油为燃料的污染源而排放出的污染物体系。此种污染类型是由煤炭型向石油型过渡的阶段,它取决于一个国家的能源发展结构和经济发展速度。

（4）特殊性空气污染　指某些工矿企业排放的特殊气体所造成的污染,如氯气、金属蒸汽或硫化氢、氟化氢等气体。前3种污染的范围较大,而这种污染所涉及的范围较小,主要发生在污染源附近的局部地区。

4)大气的自净作用

进入大气的污染物经过物理、化学和生物作用,可以使其从大气中排除或减少。这种作用主要包括以下几个方面:

①污染物在大气中的扩散、稀释。

②在重力作用下沉降和降水洗涤作用。

③在大气中发生化学反应而分解成为无害物质。

④由于地面植被的吸收、吸附而从空气中分离。

在大气的自净作用中,植物的吸收作用在大气的自净中占有重要地位。

自然因素和人为因素常向大气中释放各种污染物,正常情况下,一般不会对生态系统产生危害,这主要依赖于大气环境的自净能力。但是这种自净能力不是无限的,当向大气中排放的污染物超出一定的量后,由于大气自净能力的有限性,使大气中的污染物浓度不断上升,就会产生大气污染问题。

5)影响城市大气污染的因素

城市空气污染程度除了取决于污染物排放量之外,还与城市及其周围的气象、地理因素等有密切关系。

(1)气象因素　污染物进入大气,会受到大气的输送、混合和稀释作用。这就是说,大气污染的危害,不仅取决于污染物的排放量和离排放源的距离,而且还取决于周围大气对污染物的扩散能力。由此可见,气象条件是影响大气污染的主要因素之一。

①风　风对污染物的扩散有两个作用。第一个作用是整体的输送作用,风向决定了污迁移运动的方向。污染物总是由上风方被输送到下风方,污染区总是出现在污染源下风的方向。因此,要考察一个地区的大气污染时,一定要了解当地的风向。风对污染物扩散的第二作用是对污染物的冲淡和稀释作用。对污染物的稀释作用主要取决于风速。风速越大,单位时间内与污染物混合的清洁空气量就越大,冲淡稀释作用就越好。一般来说,大气中污染物的浓度与污染物的总排放量成正比,而与风速成反比。

②大气湍流　大气除了整体水平运动以外,还存在着不同于主流方向的各种不同尺度的次生运动或旋涡运动,我们把这种极不规则的大气运动称作湍流。大气的湍流运动造成湍流场中各部分之间强烈混合,当污染物由污染源排入大气中时,高浓度部分污染物由于湍流混合,不断被清洁空气渗入,同时又无规则地分散到其他方向去,使污染物不断地被稀释、冲淡。从烟囱的排烟状况可以了解湍流的作用。假设大气中不存在湍流运动,那么由烟囱中冒出的烟被吹向下风向时,应是一根直径几乎不变的烟柱。但实际从烟囱排出的烟,在向下风向飘动时,烟团直径是明显地逐渐加大的。这就说明,烟团在飘动时,除有扩散作用微弱的分子扩散外,大气湍流起着主要的作用。

③大气的温度层结　是指大气的气温在垂直方向的上分布,即指在地表上方不同高度大气的温度情况。大气的湍流状况在很大程度上取决于近地层大气的垂直温度分布,因而大气的温度层结直接影响着大气的稳定程度,稳定的大气将不利于污染物的扩散。对大气湍流的测量要比相应的垂直温度的测量困难得多,因此常用温度层结作为大气湍流状况的指标,来判断污染

物的扩散情况。

④气温的垂直分布　大气中的某些组分可以吸收太阳的辐射能量,使大气增温。地表也可以吸收太阳的辐射能量,使地表增温,增温后的地表又会向近地层大气释放出辐射能。在正常的气象条件下(即标准大气状况下),近地层的空气温度总要比其上层空气温度高。在对流层内,气温垂直变化的总趋势,是随高度的增加而逐渐降低。

气温随高度的变化通常以气温垂直递减率(γ)表示,指在垂直于地球表面方向,每升高100 m气温的变化值。对流层下层的值为0.3~0.4 ℃/100 m;中层为0.5~0.6 ℃/100 m;上层为0.65~0.75 ℃/100 m。整个对流层的气温垂直递减率平均为0.65 ℃/100 m。由于近地层实际大气的情况非常复杂,各种气象条件都可影响到气温的垂直分布,因此,大气的实际气温垂直分布与标准大气会有较大差异。概括起来有3种情况:

a.气温垂直递减率大于零,表示气温随高度的增加而降低,其温度垂直分布与标准大气相同。晴朗的白天,风不大时,一般出现这种分布。

b.气温垂直递减率等于零,表示气温基本不随高度变化,符合这样特点的空气层称为等温层。阴天,风较大时,容易形成等温层。

c.气温垂直递减率小于零,表示气温随高度的增加而增加,其温度垂直分布与标准大气相反,气象上称之为逆温,出现逆温的空气层称为逆温层。逆温层的出现将阻止气团的上升运动,使逆温层以下的污染物不能穿过逆温层,只能在其下方扩散,因此会造成高浓度污染。许多空气污染事件都是发生在逆温、静风的条件下,如英国的"雾都劫难"事件就是在这种条件下发生的。

⑤大气稳定度　是对空气团在垂直方向稳定程度的一种度量。大气状态不稳定,湍流便得以发展,大气对污染物的稀释扩散能力就增强。反之,大气状态稳定,湍流会受到抑制,大气对污染物的稀释扩散能力就减弱。污染物停滞积累在近地大气层中,会加剧大气污染。世界上多次严重的大气污染事件,几乎都发生在这种大气状态下。

(2)地理因素　空气流动总是受下垫面的影响,即与地形、地貌、海陆位置、城镇分布等地理因素有密切关系,在小范围引起空气温度、气压、风向、风速、湍流的变化,进而对大气污染物的扩散产生间接的影响。地形和地貌的差异,造成地表热力性质的不均匀性,往往形成局部气流,其水平范围一般在几千米至几十千米,局部气流对当地的大气污染起显著的作用。

①城市地理因素和下垫面性质　在一定的地域内,山脉、河流、沟谷的走向,对主导风向具有较大的影响。此外,地形、山脉的阻滞作用,对风速也有较大影响,尤其是封闭的山谷盆地,因四周群山的屏障作用,使静风、小风频率占的比重较大。我国许多城市处于山间河谷盆地地带,静风频率高达30%以上。这些城市因处静风、小风时间多,不利于大气污染物的扩散。

高层建筑,体形大的建筑物和构筑物,都能造成气流在小范围内产生涡流,阻碍污染物质迅速排走扩散,使污染物停滞在某地段内,从而加重了污染。

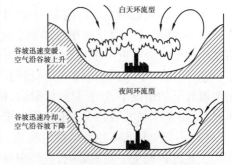

图5.1　谷地昼夜间空气环流示意图
(城市生态学,宋永昌等,2000)

城市下垫面本身的机械作用也会影响到气流的运动,如下垫面粗糙,湍流就可能较强,下垫面光滑平坦,湍流就可能较弱。因此下垫面通过本身的机械作用,也影响着污染物的扩散。

②山谷风　处于山谷地形中的工业城市往往空气污染要严重一些。原因在于:山谷中,白天山坡上的温度比山谷中的温度高,气流沿谷底向上吹,形成谷风;夜间山坡的温度比谷底低,冷空气沿山坡向谷底吹,形成山风。工厂排放的污染物常在谷地和坡地之间回旋,不易扩散(图5.1)。

③城市热岛效应　由于热岛效应的存在,城市郊区工厂所排放的污染物,由低层吹向市区,使市区污染物浓度升高。日本的北海道旭日市,市郊是山地丘陵,市区为平地,有20万人口,在市郊周围山地建立了许多工厂,由于城市热岛效应,周围市郊工厂的烟尘涌入市区,市中心烟雾弥漫,使没有污染源的市区的污染浓度比污染源所在的工业区高3倍,造成了市区的严重污染。

5.2　大气污染与园林植物

5.2.1　大气污染对园林植物的危害

1)大气污染物侵入植物体的途径

存在于大气中的各种气体、液体、固体形态的污染物,主要以气体及气溶胶状态与植物发生联系,气体以及一般小于 1 μm 的物质,能通过植物叶片气孔进入植物体内。气孔的孔径一般为 1 μm 左右,植物叶片吸收二氧化碳进行光合作用,放出氧气,蒸发水分,主要通过气孔进行。气孔张开时,大气污染物就能进入植物组织,而大于 1 μm 的物质,一般不能通过气孔直接进入,它们只能吸附在植物器官表面,在具备一定条件(如水分溶解渗透)时,才有可能渗入植物组织内部。因此植物气孔是污染物入侵植物组织的最主要途径。气孔开闭状况,对植物受害程度有重要的影响。气孔张开或达到相当大的开放度时,大气污染物就容易进入,气孔关闭时就难以进入。

植物叶片上的气孔的开闭是由保卫细胞控制的,气孔开闭的动力主要来自保卫细胞的膨压,当叶片体内水分较多时膨压增大,气孔张开;水分不足时,气孔开度降低或关闭气孔。

2)园林植物受害的基本类型

大气污染对植物造成的危害,一般可分为可见危害和不可见危害两种。

(1)可见危害　是指肉眼可以明显直接观察到的危害,植物有明显的受害症状表现。根据症状出现的快慢可进一步分为:急性危害和慢性危害两种。急性危害是在污染物浓度较高条件下,短时间内(几小时至 1~2 d 内)植物就出现明显伤害症状,一般易于发现。慢性危害是污染物浓度较低的情况下,经长时间接触后,植物逐渐出现一些不良反应,表现为生长不茂盛,发育不良,受伤害症状不明显或逐渐显现出来,往往不易发现。

(2)不可见危害　也称隐性危害或生理危害,一般在污染物浓度较低时,污染物对植物的生理生化过程产生一定的影响,其影响程度未达到叶片表现受害症状的水平,仅对生育有一定的抑制,对产量有轻微的影响。另一种隐性危害情况是,污染物逐渐在植物体内积累而不影响植物本身的正常生长,当积累量达到一定程度后会毒害取食的动物和人类。

3)大气污染对植物产生危害的影响因素

大气污染物对植物产生直接或间接影响,是需要一定发生条件的。也就是说,大气污染物对植物的危害受到多方面因素的影响。

（1）污染物的浓度和接触时间　污染物浓度和接触时间的联合作用称为剂量。能引起植物伤害的最低剂量称为临界剂量，或叫伤害阈值。各种污染物都有一个阈值，把污染物的浓度控制在阈值以下，即可保证植物的正常生长。不同污染物危害植物的临界剂量是不同的。同一污染物危害不同种类的植物，由于植物敏感程度的不同，临界剂量也不同（表5.3）。

表5.3　SO_2 伤害植物的临界剂量

植物名称	浓度/($mg \cdot m^{-3}$)	接触时间/h	植物名称	浓度/($mg \cdot m^{-3}$)	接触时间/h
松树	1.83	3	美国黄松	1.96	6
欧洲花楸	1.42	3	月季	1.83	6
悬铃木	1.31	6	苹果、梨	1.258	6
大叶黄杨	2.62	6	挪威槭	5.24	2
丝棉木	2.62	6		1.97	504
旱柳	2.62	6	榔榆	5.24	2
柽柳	5.24	6	银杏	7.86	4
夹竹桃	7.86	6	紫花苜蓿	1.97	720
美洲五针松	0.665	2		3.46	4
榔榆	1.96	5		0.262	192
沼生栎	10.84	6			

注：大气污染与植物，孔国辉等，1988。

（2）植物　在同一污染物、同样剂量、同样环境条件下，不同植物受害的情况有很大差异，不仅不同植物间存在差异，而且同种植物的不同品种也有很大不同。在空气污染的环境中，可利用这些差异选用抗性较强的园林植物品种进行栽培。

植物不同生长发育时期对大气污染物的抗性也有很大的差别。如，植物花粉对污染物较为敏感，因而多数植物在开花期容易受大气污染物的危害。且在生殖生长期遇害后，其生殖器官一般不易恢复。

（3）污染物的作用时段　植物气孔作为大气污染物进入的主要途径，植物的受害程度与其气孔的活动规律有着密切的关系。白天植物叶片气孔开张，大气污染物容易侵入；夜间大多数植物叶片气孔关闭，污染物不易侵入，因此大多数植物在夜间对污染物的抗性强于白天。仅有少数植物夜间叶片气孔不关闭，其抗性昼夜无明显差别。

春夏季，植物生命活动旺盛，植物叶片与外界物质交换频繁，污染物易于侵入，大气污染物容易对植物产生危害。秋冬季节，叶片组织发育完成，抵抗力增强，较少发生受害情况。

（4）气象条件　一般植物在温度高，湿度大，光照强等条件下，气孔开放度较大，这时，污染物易侵入，抗性降低。当温度低于5 ℃，相对湿度在30%左右时，气孔基本处于关闭状态，故污染物不易侵入，植物也就表现出对污染物较强的抗性。

4）大气污染物对园林植物的危害

大气污染物主要通过气孔进入叶内，对植物生理代谢活动产生影响，因此受害症状一般先出现在植物叶片。不同的污染物对植物病害的症状有差异。

（1）大气硫氧化物对植物的危害　硫氧化物有 SO_2, SO_3 和硫酸烟雾等,其中以 SO_2 最为主要。SO_2 是目前各种大气污染物中,排放量较大,污染范围较广的污染物之一。

大气中 SO_2 的浓度超过阈值,植物接受相当剂量时,植物体内发生各种各样的不良反应而在外表产生可见症状。不同类型的植物,其可见症状的表现形式也不一样。

双子叶植物受 SO_2 危害后,植物叶片上叶脉间出现伤斑,伤斑由漂白引起失绿,并逐渐呈棕褐色坏死。受害症状首先在功能叶上表现出来,危害进一步加重时,其他嫩叶或老叶随后也会出现伤斑,但这些叶的受害程度不及功能叶严重。

SO_2 对单子叶植物产生危害,其可见症状主要表现在叶尖及其附近部位。叶片上有点状或条状伤斑,组织脱水坏死,且功能叶易受伤害。

对于针叶树,叶部的急性伤害在当年生针叶上常表现为浅橘红色叶尖坏死,在受害的叶尖和正常的部位之间有一条明显的分界线。当针叶前端枯死时,受害部位变得易受损坏,或整个针叶从树上脱落。嫩叶很少出现坏死斑,而完全展开叶对 SO_2 急性伤害最为敏感,老叶中等敏感。SO_2 对针叶树的慢性伤害一般最先出现在老叶上,组织失绿从叶尖开始,再向叶基部发展。多年生针叶连续遭受慢性伤害,会导致针叶提早脱落,径向生长和材积生长下降,树木提早死亡。

（2）大气氟化物对植物的危害　大气氟化物危害植物的症状,主要在嫩叶、幼芽上先发生。

对于双子叶植物,首先在叶片的叶尖和叶缘部位出现伤斑,坏死伤斑通常是红棕色,坏死斑与正常组织之间有一清晰的暗红色窄带。连续暴露于氟的叶片,坏死斑逐渐由外向内,或由叶尖向叶基发展。

禾本科植物则先在新叶尖端和边缘出现症状,抽穗前后的剑叶和幼穗顶部最为敏感,常迅速产生症状,由绿色变成灰白色。

大气氟污染物对松树和其他针叶树的伤害症状,先出现在近期生长的针叶顶端,之后不断向叶基延伸,损伤组织先出现失绿,然后由暗褐色变成黄棕色。春天处于萌发和伸长期的簇生针叶对氟最为敏感,随着针叶的生长,对氟的抗性逐步增强。上一年生成的老针叶对氟抗性较强,较少受到氟的伤害。

某些果树的果实比叶片对氟更为敏感。果实受氟影响后,表现出各种不同受害症状。大气氟化物对果实伤害的一个最为人们熟知的例子是桃的软"合缝红斑"症状。在氟污染区,许多果树,例如桃、杏、梅、柿子、李、樱桃等常出现开花不结果的现象,这是由于大气氟对一些植物花粉的萌发有较强的抑制而造成的。

（3）氯气对植物的危害　氯气是具有强刺激性气味,对动植物均有较强毒性的黄绿色气体。

氯气具有强氧化性,它对植物的毒性低于 HF,与水作用生成次氯酸,对叶肉细胞具有很强的杀伤力,能很快破坏叶绿素,使叶片产生褪色伤斑,严重时使全叶漂白脱落。

氯气对植物的急性伤害症状与 SO_2 相似,伤斑主要出现在叶脉间,呈不规则的点状和块状。受害组织与健康组织之间常无明显的界限,同一叶片上常常相间分布着不同程度的受害伤斑或失绿黄化区,有时甚至呈现一片模糊。

（4）氯化氢对植物的危害　植物叶片吸收氯化氢后像氟化物一样,大多积累在叶尖和叶缘部位。

氯化氢对植物的影响主要是盐酸的酸性作用。植物受氯化氢伤害后,叶片背面呈半透明状,随氯化氢暴露的持续,受害叶片边缘或叶脉间产生不规则带状或块状坏死伤斑,呈黄棕、红棕甚至黑色。伤斑周围往往漂白成乳白色或纯白色。番茄叶上会产生盘状伤害,在叶片的上表面出现斑块或斑点,呈红棕色。据调查,柑橘、泡桐等植物受氯化氢气体伤害后,幼叶叶缘部位生长受抑制,叶绿素减少,失绿明显,幼叶不能正常伸展,叶片出现畸形。此外,盐酸气体对竹、柑橘等植物的顶端生长点有较强的抑制作用,使树枝头丛生出许多新的细小的枝头,并常呈现萎缩状态。

(5)乙烯对植物的危害 乙烯是炼油厂、石油化工厂、合成纤维厂、合成橡胶厂等化工企业的逸漏气,以及以油或天然气作燃料的热电厂和汽车排放的废气。石油、天然气在燃烧不完全时也会产生乙烯。一些大城市市区空气中乙烯浓度可达 $0.12 \sim 0.8$ mg/m^3,主要公路旁乙烯浓度可达 $0.32 \sim 0.47$ mg/m^3。在农村地区,乙烯的浓度一般低于 0.006 mg/m^3。

乙烯是大气污染物,但也是植物的内源激素之一,植物本身能产生微量乙烯以控制、调节其生长发育过程。当环境大气受乙烯污染,浓度达到一定水平时,就会干扰植物的正常生长发育,往往出现一些特征反应。乙烯危害植物时,促使植物器官脱落,促进果实提早成熟,我们称它为催熟激素。

(6)氮氧化物对植物的危害 氮氧化物对植物产生危害的症状与二氧化硫相似。最初在叶表面的叶脉间和近边缘处出现不规则形状的水渍斑,而后干燥,变成白色或黄褐色的坏死斑点,质地与纸差不多,有的甚至逐渐扩展到整个叶片。禾本科作物平行叶脉的叶片,则在叶的中心部位沿叶脉产生条斑。其他大多数单子叶和针叶植物的急性伤害症状通常是叶尖附近出现坏死斑。

一般植物功能叶和老叶容易受害,而幼嫩叶抗性较强。

(7)颗粒状大气污染物对植物的危害 颗粒状大气污染物主要指大气中各种形状、结构和组成的固体颗粒物。

①颗粒物污染源 主要有:水泥厂、热电厂、金属冶炼厂、城市建筑、公路交通等。

②颗粒物对植物的影响 主要是对植物地上部分产生影响;其次是通过污染土壤对植物产生影响。颗粒物可分为惰性颗粒物和有毒颗粒物两类。惰性颗粒物对植物主要是物理影响;而有毒颗粒物对植物主要是化学和生理影响。

a. 惰性颗粒物 煤烟粉尘是空气中粉尘的主要成分之一,对植物危害主要在大城市及工业区周围发生,在各种农作物的嫩叶、新梢、果实等柔嫩组织上形成污斑。果实早期受害,被害部分会出现木栓化,果皮粗糙,品质降低;成熟期受害,则受害部分易于腐烂。叶片上的降尘影响光合作用和呼吸作用,叶片失绿,植物生长发育不良甚至死亡。

水泥粉尘也是一种排放量比较大的粉尘。它在薄雾、细雨和日光的联合作用下,在植物叶、花和枝条上形成一层水泥壳、膜。这层硬壳的形成是因为落下的水泥粉尘由铝硅酸盐组成,在叶面上发生水合作用,生成凝胶状铝硅酸钙水合物,最终结晶固化形成硬壳。这层硬壳阻碍了植物对光的吸收,光合作用受到抑制;堵塞气孔,影响植物对 CO_2 的吸收以及水分的蒸腾;引起植物体温升高,造成叶片干枯甚至死亡。

b. 有毒颗粒物 是指携带具有植物毒性的重金属或有机物的颗粒状大气污染物。目前主要指含重金属的颗粒物。

重金属对植物的伤害程度与其吸收位置有关。渗入植物地上部分的重金属的危害性往往小于由根系从土壤中吸收的重金属。营养液和砂培试验表明,植物干物质中锌浓度为500 mg/kg 时就会引起危害;而由叶片吸收的锌浓度高达每千克数千毫克时,仍不会使植物受害。镉也是如此,通过叶面喷施进入植物体的镉浓度每千克达数百毫克时,不会造成可见伤害;而通过根系吸收的镉低于 5 mg/kg 时就能使植物受害。金属锌和金属镉都能通过叶表面直接被植物吸收,被植物地上部分吸收的锌和镉,既能向顶端迁移也能向基部迁移。

(8)臭氧对植物的危害　O_3 是光化学烟雾的主体。光化学烟雾是指汽车、工厂等污染源排放出的氮氧化物和碳氢化合物等一次污染物,进入大气后,在阳光的作用下,起光化学反应所形成的烟雾污染现象。它具有很强的氧化能力。光化学烟雾的组分有:O_3,NO_2、过氧乙酰硝酸酯类化合物(PAN)和醛类,其中它们所占的比例 O_3 为 80% ~ 90% ,NO_2 为 10% ,PAN 为 0.6%。光化学烟雾对人体和植物都有较强的毒害性。

O_3 对植物产生的伤害症状首先在将要成熟的叶片上发生,在叶片上能够辨认出 O_3 伤害有色素斑(条点病)、漂白和双面坏死 3 种常见类别。前两种类型的伤害是低浓度 O_3 长时间慢性暴露造成的;而双面坏死则是由高浓度 O_3 短时间急性暴露引起的。

5.2.2　园林植物的抗性

植物抗性是指植物在污染物的影响下,能尽量减少损害,或者受害后能很快恢复生长,继续保持旺盛的活力的特性。

1)三级抗性标准

不同植物种对大气污染物的抗性不同,这与植物叶片的结构、叶细胞生理生化特性有关,常绿阔叶植物的抗性比落叶阔叶植物强,落叶阔叶植物的抗性比针叶树强。通常将植物对大气污染物的抗性强弱分为三级(表5.4),其定义如下:

(1)敏感植物　这类植物不能长时间生活在一定浓度的有害气体污染的环境中,生长点常干枯,叶片伤害症状明显,全株叶片受害普遍,长势衰弱,受害后生长难以恢复或恢复缓慢。

(2)抗性中等植物　这类植物能较长时间生活在一定浓度的有害气体环境中,在高浓度有害气体的环境中,植物表现伤害症状;生长恢复比较缓慢,表现为节间缩短,小枝丛生,叶形变小,产量下降等。

(3)抗性强植物　这类植物能正常地长期生活在一定浓度的有害气体环境中,基本不受伤害,或受害轻微。在高浓度有害气体的环境中,叶片虽会遭受较明显的伤害,但受害后生长恢复较快,能迅速萌发出新叶。

表 5.4   常见园林植物抗性

抗性强弱\大气污染物\植物	强	中等	弱
SO₂	大叶相思、五角枫、假槟榔、鱼尾葵、板栗、樟树、柱果、山楂、高山榕、椿树、白蜡、皂角、杜松、女贞、蒲葵、扁桃、苦楝、悬铃木、加拿大杨、毛白杨、栓皮栎、圆柏、龙柏、旱柳、国槐、糠椴、紫穗槐、黄杨、山茶、大叶黄杨、枸骨、茉莉、紫薇、九里香、夹竹桃、海桐、柽柳、五叶地锦、爬山虎、欧洲绣球、美人蕉	沙松、糖槭、臭椿、合欢、朴树、丝棉木、梧桐、银杏、核桃、桑树、白皮松、云杉、青杨、红叶李、山桃、辽东栎、刺槐、北京丁香、蜡梅、华北卫矛、木槿、小叶女贞、含笑、桂花、石楠、接骨木、钻天杨	
Cl₂	大叶相思、五角枫、臭椿、假槟榔、鱼尾葵、樟树、丝棉木、高山榕、榕树、白蜡、杜松、蒲葵、柱果、扁桃、青杨、栓皮栎、龙柏、旱柳、糠椴、黄杨、山茶、大叶黄杨、接骨木、枸骨、茉莉、九里香、夹竹桃、海桐、柽柳、欧洲绣球、美人蕉、钻天杨	沙松、糖槭、合欢、板栗、丝棉木、梧桐、银杏、核桃、女贞、苦楝、桑树、白皮松、云杉、罗汉松、加拿大杨、毛白杨、红叶李、山桃、辽东栎、刺槐、圆柏、国槐、北京丁香、紫穗槐、华北卫矛、木槿、紫薇、小叶女贞、含笑、桂花、石楠、爬山虎	朴树、海杧果、皂荚、悬铃木、五叶地锦
HF	臭椿、假槟榔、樟树、高山榕、榕树、白蜡、杜松、女贞、蒲葵、柱果、扁桃、桑树、白皮松、罗汉松、栓皮栎、圆柏、龙柏、北京丁香、糠椴、紫穗槐、黄杨、山茶、大叶黄杨、接骨木、枸骨、紫薇、九里香、夹竹桃、海桐、柽柳、爬山虎、欧洲绣球、野牛草	大叶相思、五角枫、鱼尾葵、朴树、海杧果、山楂、梧桐、核桃、女贞、苦楝、云杉、悬铃木、青杨、红叶李、辽东栎、刺槐、旱柳、国槐、华北卫矛、木槿、小叶女贞、含笑、桂花、石楠、钻天杨	银杏、皂荚、加拿大杨
O₃	五角枫、臭椿、白蜡、银杏、悬铃木、红叶李、刺槐、圆柏、国槐、紫穗槐、海桐、翅茎卫矛、钻天杨	野牛草	

注:大气污染与植物,孔国辉等,1988。

2)确定植物抗性的方法

确定植物对大气污染抗性强弱主要有以下 3 种方法:

（1）野外调查   这种方法是在相似的条件下,调查不同植物种所受伤害的程度,并据此划出不同抗性等级。野外调查是确定植物抗性最基本最实用的方法,常反映野外复合污染的情况。

（2）定点对比栽培法   在污染源附近栽种若干种植物,经过一段时间的自然熏气后,根据各种植物受害的程度确定抗性强弱。

（3）人工熏气法　把试验的植物置于熏气箱内，给熏气箱内通入有害气体，并控制在一定的含量，经过一段时间后，比较各种植物的受害程度，以确定其抗性强弱。

5.2.3　园林植物的环境监测作用

监测环境中的污染物种类和浓度方法，常用的有理化仪器和生物方法两种。生物方法主要是植物监测，即利用一些对毒气体特别敏感的植物来监测大气中有毒气体的种类与浓度，这些植物在受到有毒气体危害时会表现出一定的伤害症状，进而可以推断出环境污染的范围与污染物的种类和浓度，用来监测环境污染的植物称为监测植物或指示植物。

1）利用园林植物监测城市大气污染的特点

（1）能够早期发现大气污染　大气中二氧化硫的浓度达 $1 \sim 5\ \mu L/L$ 时，人们才能嗅到气味，$10 \sim 20\ \mu L/L$ 时引起咳嗽和流泪。而一些植物如紫花苜蓿在二氧化硫浓度为 $0.3\ \mu L/L$ 时就会表现出受害症状。即可利用其受害症状来判断大气污染的状况。

（2）能够反映几种污染物的综合作用强度　环境污染物成分复杂，各种分子和各种离子之间既有协同作用，又有拮抗作用以及增效作用等。如二氧化硫与臭氧、二氧化氮与乙醛共存时，对植物的危害就会增强，表现出协同作用；而有些污染物共存时，则表现出相互减弱的作用，即拮抗作用，如二氧化硫与氨气。同时，污染物对植物的作用还受到环境因子如 pH 值、温度等的影响，这是理化监测所不能反映的。而园林植物接受的是综合影响，不仅仅是某一种污染物的作用。因而园林植物监测反映了整个环境中各种因素综合作用的结果。

（3）能够初步监测污染物的种类和估测污染物的浓度　依据不同污染物可以形成不同的危害症状，可初步监测污染物的种类，通过植物受害面积和程度可初步估测污染物的浓度。

（4）能够反映某一地区的污染历史和污染造成的累积受害情况　由于树木寿命长，而许多污染物会沉积在树木的年轮中，通过对年轮中有害物浓度进行分析可推测环境污染的历史状况。因此，用多年生的树木作监测植物，能够反映某一地区的污染历史和污染造成的累积受害情况等。蒋高明用油松年轮揭示了承德市自 1760 年以来大气中二氧化硫污染的历史和程度，结果表明：油松年轮内的硫自 $44.4\ \mu g/g$ 上升到最近 10 年来的 $420.7\ \mu g/g$，从而揭示出大气中的二氧化硫从 $0.1\ \mu g/m^3$ 上升到 $30\ \mu g/m^3$，增加了 300 倍。这一过程与承德的工业化和城市化快速发展有密切关系。

（5）具有长期、连续监测的特点　在植物的生长周期内，可以连续不断地监测环境污染状况，而且，植物监测还可监测污染物在环境中的迁移、蓄积、转化等动态变化过程，为污染后的治理等提供理论依据。

用植物监测环境污染经济、简便，在生产实际中具有很大的应用价值。

2）常用的植物监测方法

（1）指示植物法　指示植物法是利用指示植物对污染的反应，来了解污染的现状和变化，指示植物通常为敏感植物。指示植物法是植物监测的常用方法，要求指示植物对污染物反应敏感，受污染后的症状表现明显，干扰症状少，生长发育受损。可通过对大气污染区的指示植物生长发育情况进行调查，或定点栽植指示植物观察其变化，根据指示植物受伤害后所表现出的症状或对植物的生长指标或者生理生化指标进行检测,推知大气污染的种类、强度和污染历史。植物监测不仅要选择合适的监测植物进行监测,而且要对植物的生长、受害等状况进行分级,并将其作为判断标准。有人利用树木活力作为植物监测的判断标准(表 5.5)。常见的指示植物见表 5.6。

表 5.5　树木活力作为植物监测的判断标准

调查项目	评价标准			
	1	2	3	4
树势	旺盛	衰弱	严重衰弱	濒死或死亡
枝条生长量	正常	偏少	少、枝短而细	极少、枝极短小
枝梢枯损	未见	少量	明显	严重
枝叶密度	正常	部分稀疏	明显稀疏	严重稀疏
叶形	正常	稍变形	中度变形	明显变形
叶的大小	正常	稍小	较小	极小
叶色	正常	稍变色	中度变色	严重变色
枯斑	未见	少量	较多	极多
不正常落叶	未见	少量落叶	大量落叶	严重落叶
开花情况	良好	稍少	少量开花	不开花

表 5.6　常见大气污染指示植物

污染物	指示植物
SO_2	紫花苜蓿、曼陀罗、向日葵、金荞麦、大马蓼、葱、南瓜、黄槐、杏、山荆子、紫丁香、水杉、枫杨等
HF	唐菖蒲、郁金香、金荞麦、金钱草、杏、葡萄、紫荆、落叶松、梅等
Cl_2	向日葵、大马蓼、翠菊、万寿菊、鸡冠花、桃树、枫杨、糖槭、女贞、臭椿、油松等
HCl	落叶松、李属、槭属
O_3	烟草、牵牛花、萝卜、洋葱、女贞、银槭、梓树、皂荚、丁香、葡萄、牡丹等

(2)植物调查法　在受污染区域调查植物的生长、发育及数量丰度和分布状况等,查清大气污染与植物之间的相互关系。调查时,主要观察污染区内现有园林植物可见症状,在轻度污染区敏感植物会表现出症状,重点观察植物叶片症状;在中度污染区,敏感植物症状明显,抗性中等植物也可能出现部分症状;在严重污染区,敏感植物受害严重,甚至死亡绝迹,中等抗性植物有明显症状,抗性较强的植物也会出现部分症状。

(3)地衣、苔藓监测法　地衣、苔藓是分布广泛的低等植物,对环境因子的变化非常敏感,如大气中 SO_2 浓度为 $0.015 \sim 0.105 \ mg/m^3$ 的地区,地衣绝迹;SO_2 浓度超过 $0.017 \ mg/m^3$ 时,大多数苔藓植物不能生存,因此,用地衣与苔藓来监测大气环境质量非常有效。

地衣、苔藓易于栽植,对一些分布较少的地点,可将地衣或苔藓移栽在监测区域的不同位置或栽植于花盆内,置于各监测点,以通过观察它们的生长状况来判断监测地的空气质量。

5.3　园林植物对空气的净化作用

植物在正常生命活动的同时,能够通过吸收同化、吸附阻滞等形式消纳大量的污染物质,从而达到净化空气的目的,植物的这种净化功能主要表现为降尘、吸收有毒气体和放射性物质、减弱噪声、增加空气负离子、减少细菌以及吸收二氧化碳、放出氧气等。

5.3.1　降　尘

园林植物能减少粉尘污染,一方面是由于树木具有降低风速的作用,随着风速的减慢,空气中携带的大粒灰尘也会随之下降;另一方面是由于植物叶表面不平,多茸毛,且能分泌黏性油脂及汁液,吸附大量飘尘。据测定,1 hm² 松林每年可滞留灰尘 36.4 t,1 hm² 云杉每年可吸滞灰尘32 t。各种树木的滞尘能力有差异,如桦树比杨树的滞尘量大 2.5 倍,构树比青秆竹大近 30 倍。表 5.7 列出了南京市部分阔叶树的滞尘量。

表 5.7　不同树木单位面积上的滞尘量　　　　单位:g/m²

树　种	滞尘量	树　种	滞尘量	树　　种	滞尘量
刺楸	14.23	楝树	5.89	泡桐	3.53
榆树	12.27	臭椿	5.88	乌桕	3.39
朴树	9.37	构树	5.87	樱花	2.75
木槿	8.13	三角枫	5.52	蜡梅	2.42
广玉兰	7.10	桑树	5.39	加拿大杨	2.06
重阳木	6.81	夹竹桃	5.28	黄金树	2.05
女贞	6.63	丝棉木	4.77	桂花	2.02
大叶黄杨	6.63	紫薇	4.42	栀子	1.17
刺槐	6.37	悬铃木	3.73	绣球	0.63

注:大气污染与植物,孔国辉等,1988。

植物滞尘量大小与叶片形态结构、叶面粗糙程度、叶片着生的角度、树冠大小、疏密度等因素有关。一般叶片宽大、平展、硬挺而风不易抖动,叶面粗糙的植物能吸滞大量的粉尘。植物叶片的细毛和凹凸不平的树皮是截留吸附粉尘的重要形态特征,如多毛的向日葵叶面集结气溶胶的能力是马褂木的 10 倍。此外,松柏类树木的总叶面积较大,并能分泌树脂、黏液,一般滞尘能力普遍较强。表 5.8 列出了东北地区不同针叶树的滞尘效益。

表 5.8　不同针叶树滞尘效益比较

植物名称	灰尘重量/g	针叶干重/g	滞尘量/$(g \cdot kg^{-1})$
沙地云杉	2.78	409.8	6.784
沙松冷杉	3.83	326.1	11.745
红皮云杉	2.04	342.06	5.964
东北红豆杉	1.89	371.93	5.082
油松	2.26	681.35	3.317
华山松	2.39	662.26	3.609
白皮松	1.62	419.43	3.862

注:应用生态学报,东北地区城市针叶树冬季滞尘效应研究,陈玮等,2003。

园林植被的滞尘作用,因季节不同有明显差异,如冬季叶量少,甚至落叶,滞尘能力较弱,而夏季滞尘作用最强。植物吸滞粉尘的能力与叶量多少成正相关。据测定,即使在树木落叶期间,它的枝丫、树皮也有蒙滞作用,也能减少空气含尘量的 18% ~ 20%。有些植物单位叶面积滞尘量虽不高,但它的树冠高大、枝叶茂密,总叶面积大,所以植株个体滞尘能力就十分显著。植物吸滞粉尘的能力还受气象因子的影响,粉尘随风而动,下风方向粉尘量大,上风方向粉尘量低,早晨有露水,叶片粘尘量大,中午温度高、干燥,则叶片粘尘量低。

据统计,吸滞粉尘能力强的园林树种,在我国北方地区有刺槐、沙枣、国槐、家榆、核桃、构树、侧柏、圆柏、梧桐等;在中部地区有家榆、朴树、木槿、梧桐、法桐、悬铃木、女贞、荷花玉兰、臭椿、龙柏、圆柏、楸树、刺槐、构树、桑树、夹竹桃、丝棉木、紫薇、乌桕等;在南方地区有构树、桑树、鸡蛋花、黄槿、刺桐、羽叶垂花树、黄槐、苦楝、黄葛榕、夹竹桃、阿珍榄仁、高山榕、银桦等。

植物吸滞粉尘可降低空气中的尘埃污染,植物的这种减尘效果是非常明显的。据广州市测定,在居住区墙面种五爪金龙的地方与没有绿化的地方比较,室内空气含尘量减少 22%。在大叶榕树绿化地段含尘量减少 18.8%。

林带能有效地降低风速,从而使粉尘沉降下来,但疏林与密林的作用效果不同。在密林内粉尘迅速减少,迎风面尘量最多,背风面尘量最少,通过密林后,尘量迅速上升。而在较分散的疏林地测定的相对含尘量,离尘源的距离越远,以比较稳定的比率逐渐减少。疏林与密林降尘效果不同,因为速度较大的风可掠过密林,并将质轻的微尘一起携带越过林带;而在透风的疏林内,随气流进入的粉尘则滞留在树丛中或是滞留在林带边沿。密林虽然可以产生单侧涡流有滞尘作用,但效果不如疏林。所以,在营造防护林带时,宜密度适中,乔木、灌木和草本植物混合配制,才能发挥较好的防风滞尘效果。

5.3.2　吸收有毒气体

几乎所有的植物都能吸收一定量的有毒气体而不受伤害。植物通过吸收有毒气体,降低大气中有毒气体的浓度,避免有毒气体积累到有害的程度,从而达到净化大气的目的。

硫是植物氨基酸的组成成分,是植物的营养元素之一,所以,植物体都含有一定量的硫。在正常情况下,树木硫的含量为干重的 0.1% ~ 0.3%,当空气中存在二氧化硫污染时,树木体内硫的含量可上升为正常情况下的 5 ~ 10 倍。陈卓梅等在熏二氧化硫的条件下,测得了 42 种植物的吸收能力强弱(表 5.9)。

表 5.9 　浙江省重要园林绿化植物对 SO_2 气体的吸收能力等级

植物名称	熏气前浓度 /(mg·kg^{-1})	熏气后浓度 /(mg·kg^{-1})	熏气前后浓度 差/(mg·kg^{-1})	浓度变化百 分比/%	吸收能力 等级
华棕	11 907.88	11 921.91	14.03	0.12	弱
栀子	2 699.95	2 746.89	46.94	1.74	弱
云山白兰	4 860.66	4 920.69	60.03	1.24	弱
美人蕉	2 764.95	2 908.95	144.00	5.21	弱
米老排	1 539.69	1 725.07	185.38	12.04	弱
大叶榉	2 645.09	2 880.08	234.99	8.88	弱
湿地松	2 992.06	3 254.17	262.11	8.76	弱
交让木	5 912.65	6 246.53	333.87	5.65	弱
洋白蜡	4 789.47	5 241.16	451.69	9.43	弱
瓜子黄杨	2 463.57	2 935.44	471.87	19.15	弱
柠檬桉	1 797.65	2 323.09	525.44	29.23	弱
马尼拉草	10 740.24	11 311.56	571.32	5.32	弱
美国枫香	4 311.29	4 963.17	651.88	15.12	弱
麦冬	2 434.68	3 121.02	686.35	28.19	弱
常春藤	1 869.37	2 823.92	954.56	51.06	较弱
苦槠	2 684.20	38 18.82	1 134.62	42.27	较弱
金叶含笑	5 050.56	6 202.55	1 151.99	22.81	较弱
野含笑	3 550.80	4 714.81	1 164.01	32.78	较弱
天师栗	4 857.03	6 209.90	1 352.87	27.85	较弱
乐东拟单性木	2 784.44	4 258.06	1 473.62	52.92	较弱
枫	1 939.63	3 417.581	477.94	76.20	较弱
火棘	3 123.01	5 034.73	1 911.71	61.21	中等
红花木莲	4 445.40	6 361.15	1 915.74	43.09	中等
木荷	3 348.72	5 264.99	1 916.27	57.22	中等
台湾相思	2 547.64	4 524.81	1 977.17	77.61	中等
深山含笑	6 357.61	8 356.38	1 998.77	31.44	中等
狭叶四照花	8 805.13	1 0812.34	2 007.22	22.80	中等
茶花	4 544.21	6 871.11	2 326.90	51.21	中等
乐昌含笑	3 622.29	5 983.52	2 361.23	65.19	中等

续表

植物名称	熏气前浓度/(mg·kg⁻¹)	熏气后浓度/(mg·kg⁻¹)	熏气前后浓度差/(mg·kg⁻¹)	浓度变化百分比/%	吸收能力等级
峨眉含笑	6 018.64	8 459.13	2 440.49	40.55	中等
浙江樟	2 562.51	5 024.11	2 461.60	96.06	中等
红花檵木	3 908.62	6 607.30	2 698.68	69.04	中等
槐树	5 740.14	8 772.14	3 032.00	52.82	较强
黑壳楠	10 159.42	13 254.40	3 094.98	30.46	较强
红叶小檗	1 889.37	5 052.01	3 162.64	167.39	较强
香樟	1 541.67	4 782.51	3 240.84	210.22	较强
红翅槭	1 368.56	4 629.06	3 260.51	238.24	较强
珊瑚朴	3 779.52	7 056.62	3 277.10	86.71	较强
乳源木莲	4 462.25	7 837.69	3 375.44	75.64	较强
栎木	10 141.52	13 517.55	3 376.03	33.29	较强
无患子	3 503.87	8 276.96	4 773.10	136.22	强
杨梅	2 219.42	7 024.96	4 805.54	216.52	强

注:浙江省 42 种园林植物对 SO_2 气体的抗性及吸收能力研究,陈卓梅等,2007。

氯化氢的毒性比二氧化硫大 2~3 倍,在正常情况下植物含氯量为 100 mg/L,在氯污染区生长的树木,叶片中含氯量比清洁区高 10 倍至数百倍。如在清洁区生长的银桦、水杉和刺槐,干叶含氯量都在 0.5 mg/g 以下,而在污染区,它们干叶的含氯量分别为 12.82 mg/g,13.72 mg/g 和 16.89 mg/g。

氟及氟化物是毒性较大的污染物,在正常情况下,植物中的氟含量为 0.5~25 mg/L,而在氟污染区,树木叶片含氟量可为正常叶片的几百倍至几千倍。据推算,每年银桦林可吸收氟化氢 11.8 kg/hm²,滇杨吸收 10.0 kg/hm²,拐枣林吸收 9.7 kg/hm²,油茶吸收 7.9 kg/hm²,桑树吸收 4.3 kg/hm²,垂柳吸收 3.9 kg/hm²,刺槐吸收 3.4 kg/hm²。

鲁敏等对部分园林植物的吸氯、吸氟能力进行了研究,结果表明,绿化树种对大气氯污染物具有吸收净化能力。这种能力的大小因树木种类不同而具明显差异,这种差异有时可达数倍之多;耐盐碱植物吸氯量一般较高;树木可通过叶片吸收和积累大气中的氟污染物,并且吸收积累量是较大。吸氯量高的树种有:京桃、山杏、糖槭、家榆、紫椴、暴马丁香、山梨、水榆、山楂、白桦;吸氯量中等树种有:花曲柳、糖槭、桂香柳、皂角、枣树、枫杨、文冠果、连翘、落叶松(针叶树中落叶松为吸氯高树种);吸氯量低树种有:桧柏、茶条槭、稠李子、银杏、沙松、旱柳、云杉、辽东栎、麻栎、黄菠萝、丁香、赤杨、油松。吸氟量高的树种有:枣树、榆树、桑树、山杏;吸氟量中等树种有:臭椿、旱柳、茶条槭、桧柏、侧柏、紫丁香、卫矛、京桃、加杨、皂角、紫椴、雪柳、云杉、白皮松、沙松、毛樱桃、落叶松;吸氟量低的树种有:银杏、刺槐、稠李、樟子松、油松。

鲁敏等在 2003 年对部分城市园林绿化植物的吸铅、吸镉能力进行了研究。结果表明,吸铅量高的树种有:桑树、黄金树、榆树、旱柳、梓树;吸铅量中等的树种有:枫杨、皂角、美青杨、刺槐、稠李、花曲柳;吸铅量低的树种有:卫矛、银杏、榆叶梅、山刺梅、紫丁香、锦鸡儿、枸杞、臭椿、柳叶绣线菊、东北赤杨、红瑞木、水蜡、朝鲜黄杨。吸镉量高的树种有:美青杨、桑树、旱柳、榆树、梓树、刺槐;吸镉量中等的树种有:稠李、枫杨、皂角、黄金树、东北赤杨、花曲柳、枸杞、桃叶卫矛、柳叶绣线菊、山刺梅、紫丁香、锦鸡儿、榆叶梅;吸镉量低的树种有:银杏、臭椿、红瑞木、水蜡、朝鲜黄杨。

植物净化有毒气体的能力除与植物对有毒物积累量呈正相关外,还与植物对它们的同化、转移能力密切相关。植物进入污染区后开始吸收有毒气体,有毒物质部分被积累在植物体内,部分被转移,同化解毒。当植物离开污染区后,在植物体内积累的有毒物会因代谢而减少。因此,可以认为,植物从污染区移至非污染区后,植物体内有毒物含量下降越快,该种植物同化转移有毒物的能力越强。

植物吸收有毒气体的能力除因植物种类不同而异外,还与叶片年龄、生长季节、大气中有毒气体的浓度、接触污染时间以及其他环境因素如温度、湿度等有关。一般老叶、成熟叶对硫和氯的吸收能力高于嫩叶,在春夏生长季,植物的吸毒能力较大。

植物在吸收有毒气体的同时,也降低了大气中有毒气体的含量。当绿地面积比较大时,这种降毒效果是十分明显的。如北京市园林局对空气中二氧化硫日平均浓度测定表明,居民区二氧化硫浓度最高,为 $0.223\ \mathrm{mg/m^3}$,工厂区为 $0.115\ \mathrm{mg/m^3}$,绿地内最低,仅为 $0.102\ \mathrm{mg/m^3}$。绿地内二氧化硫浓度比居民区低 54.3%。

大片的树林不但能够吸收空气中部分有害气体,并且由于树林与附近地区空气的温差,可形成缓慢的空气对流,促进有害气体的扩散稀释,降低下层空气中有害气体的浓度。

5.3.3　减弱噪声

噪声是一种特殊的空气污染,它能影响人的睡眠和休息,损伤听觉,严重时能够引发多种疾病。一般噪声高过 50 dB(A),就会对人类日常工作生活产生有害影响。在城市地区普遍存在着噪声污染,城市居民区多属 60～85 dB(A)的中等噪声。

随着城市化进程的加快,交通噪声、工业噪声等在我国许多城市呈上升趋势。当前,噪声污染更是成为国际社会普遍关心的环境问题之一,世界卫生组织(WHO)于 1993 年公布了噪声干扰的有关标准,要求生活区户外白天的噪声级不超过 55 dB(A),夜间不超过 45 dB(A),室内在开窗条件下低于 30 dB(A)。而我国也相应制订了城市五类地区环境噪声的标准(表 5.10)。

表 5.10　城市区域环境噪声最高限值/dB(A)

类　别	白　天	夜　晚
疗养、高级宾馆等特殊住宅区	50	40
居住与文教区	55	45
居住、商业与工业混杂区	60	50
工业区	65	55
城市交通干线两侧	70	55

园林植物具有明显的减弱噪声作用。一方面是噪声波被树叶向各个方向不规则反射使声音减弱;另一方面是噪声波造成树叶枝条微振而使声音能量消耗噪声减弱。因此,树冠、树叶的形状、大小、厚薄,叶面光滑与否、树叶的软硬以及树冠外缘凹凸的程度等,都与减噪效果有关。

一般来讲,具有重叠排列的、大的、健壮的、坚硬叶子的树种,减噪效果较好,分枝低、树冠低的乔禾比分枝高、树冠高的乔木减低噪声的作用大。不同树种的减噪效果有明显差异(表5.11)。

表 5.11　各种乔灌木减噪效果

分组	减小噪声/dB(A)	树　种
I	4~6	鹿角桧、金银木、欧洲白桦、李叶山楂、灰桤木、加州忍冬、欧洲红瑞木、桦叶槭、红瑞木、加拿大杨、高加索枫杨、金钟连翘、心叶椴、西洋接骨木、欧洲榛
II	6~8	毛叶山梅花、枸骨叶冬青、欧洲槲栎、欧洲水青冈、杜鹃花属、欧洲鹅耳枥、洋丁香
III	8~10	中东杨、山枇杷、欧洲荚蒾、大叶椴
IV	10~12	假桐槭

柳孝图等在2002年对不同植物配置方式的减噪效果进行了分析。悬铃木幼树林高5 m,覆盖密度大于90%;以枫香、麻栎、黑松为主组成的杂木林,树高平均为15 m,覆盖率为60%~70%。人工制造噪声源,在绿篱两侧和等距离的开阔地测定不同频率噪声的衰减情况,噪声中心频率为500~2 000 Hz的衰减值主要决定于第一个22 m宽的林带,而中心频率在500 Hz以下的噪声衰减随林带宽度增加而增加,说明植物对不同频率的噪声衰减效果是有差异的。此外比较不同植物配置对噪声的衰减效果,树木带的减噪效果较好,而草地的减噪效果较差。

成片树林的减噪效果与树林的宽度并不是线性关系,当林带宽度大于35 m时,树林的减噪效果会降低,从减弱噪声的效果考虑,宜将连片的树林按一定的距离分为几条林带,噪声在每次遇到林带时就降低一个数值,犹如每条林带重新遮挡了声音,对于总宽度相同的林带而言,这就加强了减噪效果。

树木的减声作用首先决定于树木枝、叶、干的特性,其次是树木的组合与配置情况。在投射至树叶的声波中,反射、透射与吸收等各部分所占比例,取决于声波透射至树叶的初始角度和树叶的密度。

因此,在进行减噪林带的配置时,应选用常绿灌木结合常绿乔木,总宽度为10~15 m,其中灌木绿篱宽度与高度不低于1 m,树木带中心的树行高度大于10 m,株间距以不影响树木生长成熟后树冠的展开为度,若不设常绿灌木绿篱,则应配置小乔木,使枝叶尽量靠近地面,以形成整体的绿墙。

5.3.4　减少细菌

空气中散布着各种细菌,据国外资料报道,城市大气中存在杆菌37种,球菌26种,丝状菌20种,芽生菌7种等,其中许多都是对人体有害的病原菌。绿色植物可以减少空气中的细菌数量,一方面是由于植物降尘作用,减少细菌载体,从而使大气中细菌数量减少;另一方面植物本身具有杀菌作用,许多植物能分泌出杀菌素,这些由芽、叶和花所分泌的挥发性物质,能杀死细菌、真菌与原生动物。据调查,城镇闹市街上空气细菌数比绿化区多 7 倍以上,1 hm² 松柏林 24 h 内即能分泌出 30 kg 杀菌素。

戚继忠等人(2000)的研究表明,园林植物的杀菌效果与树种、群落类型、发育时期、观测时间、温度、光照、风速、最近雨距等因子密切相关。

据苏联的托金对植物杀菌素的系统研究,常见的具有杀灭细菌等微生物能力的树种主要有:松、冷杉、桧、侧柏、雪松、柳杉、黄栌、盐肤木、锦熟黄杨、尖叶冬青、大叶黄杨、沙枣、核桃、黑核桃、月桂、欧洲七叶树、合欢、树锦鸡儿、金莲花、刺槐、紫薇、广玉兰、木槿、楝树、大叶桉、蓝桉、柠檬桉、茉莉、女贞、丁香、悬铃木、石榴、枣树、水枸子、枇杷、石楠、火棘、麻叶绣球、一些蔷薇属植物、枸橘、银白杨、垂柳、栾树、臭椿等。

5.3.5　增加空气负离子

空气负离子具有降尘作用,小的空气正、负离子与污染物相互作用,容易吸附、聚集、沉降,或作为催化剂在化学过程中改变痕量气体的毒性,使空气得到净化,尤其对小至 0.01 μm 的微粒和在工业上难以除去的飘尘,有明显的沉降去除效果。如一些皮毛作业车间,当控制空气负离子浓度为 1.5×10⁵ 个/cm³ 时,尘埃浓度可由 0.42 mg/cm³ 降低至 0.05 mg/cm³。其次空气负离子具有抑菌、除菌作用,空气离子对多种细菌、病毒生长有抑制作用。空气负离子还能与空气中的有机物起氧化作用而清除其异味的作用,即具有除臭作用。医学研究表明,空气中带负电的微粒使血中含氧量增加,有利于血氧输送、吸收和利用,具有促进人体新陈代谢、提高人体免疫能力、增强人体机能、调节肌体功能平衡的作用。据考证,负离子对人体 7 个系统近 30 种疾病具有抑制、缓解和辅助治疗作用,对人体的保健作用尤为明显。特别对"不良建筑物综合征"或空调病有较强的预防和缓解作用。

陆地上空气负离子浓度为 650 个/cm³,但分布很不均匀,在存在森林和建有各种绿地的地方,太阳光照射到植物枝叶上会发生光电效应,且植物释放出芳香类挥发物,促进空气发生电离,加上园林绿地有减少尘埃作用,使林区和绿地空气中负离子浓度大为提高,如空气负离子浓度(个/cm³)在城市居室为 40~50,街道绿化地带为 100~200,旷野郊区为 700~1 000,农村为 5 000,海滨、森林、瀑布等疗养地区则可达 10 000 以上。

日本空气净化协会对空气洁净度指标(CI)进行了规定:

$$CI = (n/1\ 000) \times (1/q)$$

式中　CI——空气质量评价指数;

　　　n——空气负离子浓度;

　　　q——正离子数与负离子数之比。

按空气质量评价指数可将空气质量分为 5 个等级(表 5.12)。

在城市和居住区规划时,可通过增加绿化面积、在公园和广场等公共场所设置喷泉等,来增加环境空气中负离子浓度,有利于改善城市环境的空气质量,增强人体对气候的适应能力。因此,通过合理开发、利用自然环境中形成的空气负离子,在维护良好生态环境的同时,对人类预防疾病和保持人体健康方面也有重要作用。

表 5.12　空气质量分级标准

等　级	A 级	B 级	C 级	D 级	E 级
清洁度	最清洁	一般清洁	中等清洁	容许	临界值
CI	>1.0	1.0～0.7	0.69～0.50	0.49～0.30	0.29

5.3.6　吸收二氧化碳、释放氧气

二氧化碳既是光合作用的原料,又是主要的温室气体。在大城市中,空气中的二氧化碳有时可达 0.05%～0.07%,局部地区甚至可达 0.2%。尽管二氧化碳是一种无毒气体,但当空气中的浓度达 0.05% 时,人的呼吸会感到不适,当含量达到 0.20%～0.60% 时,就会对人体产生伤害。

植物通过光合作用吸收二氧化碳、排出氧气,又通过呼吸作用吸收氧气、放出二氧化碳;植物在正常生长发育过程中,通过光合作用吸收的二氧化碳比呼吸作用放出的二氧化碳多。因此,植物有利于增加空气中的氧气,减少二氧化碳含量。

据日本学者研究,1 hm^2 落叶阔叶林每年可吸收二氧化碳 14 t、释放氧气 10 t,常绿阔叶林可吸收二氧化碳 29 t、释放氧气 22 t,针叶林可吸收二氧化碳 22 t、释放氧气 16 t。一个成年人每天呼吸需消耗的氧气为 0.75 kg,排出二氧化碳 0.9 kg,如果在晴天适宜的条件下,有 25 m^2 的叶面积,就可以释放一个人所需的氧气和吸收掉呼出的二氧化碳,若考虑晚上和冬季植物基本不进行光合作用,则至少要 150 m^2 的叶面积才能满足一个人一年中对氧气的需求。陈自新等人的研究表明,北京建成区的植被日平均吸收二氧化碳 3.3 万 t,在北京地区植物进行光合作用的有效日数以 127.7 d 计算,则全年吸收二氧化碳 424 万 t,释放氧气 295 万 t,年均每公顷绿地日平均吸收二氧化碳 1.767 t,释放氧气 1.23 t,其中乔木高于灌木,灌木高于草坪和花竹类,其中落叶乔木的作用最大(表 5.13)。廖建雄等(2011)对 10 种园林植物的固碳释氧能力进行了研究,结果表明:即便是在叶面积相同的条件下,不同植物固定二氧化碳和释放氧气的水平也不同。不同植物的能力依次为:栾树>悬铃木>樟树>广玉兰>桂花>水杉>银杏>女贞>石楠>紫薇。

表 5.13　北京市建成区植被日吸收二氧化碳和释放氧气的量

植被类型	绿量/m^2	吸收二氧化碳/(t·d^{-1})	释放氧气/(t·d^{-1})
落叶乔木/株	165.7	2.91	1.99
常绿乔木/株	12.6	1.84	1.34
灌木类/株	8.8	0.12	0.087
草坪/m^2	7.0	0.107	0.078
花竹类/株	1.9	0.027 2	0.019 6

注:中国园林,北京城市园林绿化生态效益的研究,陈自新等,1998。

5.3.7　吸收放射性物质

植物不但可以阻隔放射性物质和辐射的传播,而且还有过滤和吸收作用。据报道,用剂量为 1 500 Gy 以下的中子-γ 混合辐射栎树林,栎树可以吸收而不影响生长。杜鹃花科的一种乔木,在中子-γ 混合辐射剂量超过 15 000 Gy 时仍能正常生长,表明它对辐射的抵抗力较强。针叶林净化放射性污染的能力比常绿阔叶林要低,当放射性散落物落到森林中 15 ~ 90 d,常绿阔叶林树冠上部 γ 射线的剂量比针叶林低 1.5 ~ 2.5 倍。因此,在有辐射污染的厂矿或带有放射性污染的科研基地周围选择抗辐射性强的树种建立绿地,可以减少放射性污染。

复习思考题

1. 简述大气的主要组成成分及其生态作用。
2. 什么是大气污染? 有哪些类型? 分析大气污染的原因。
3. 大气中主要污染物对植物有什么危害?
4. 园林植物对大气污染的抗性是什么? 可以分为哪几级?
5. 利用园林植物监测城市大气污染有哪些优点?
6. 常见的大气污染指示植物有哪些?
7. 园林植物对空气的净化作用主要有哪几个方面?
8. 空气质量分级的依据是什么? 分为哪几级?

知识链接——城市雾霾的成因及防治

美国洛杉矶光化学烟雾事件是世界有名的公害事件之一,20 世纪 40 年代初期发生在美国洛杉矶市。洛杉矶位于美国西南海岸,西面临海,三面环山,是个阳光明媚,气候温暖,风景宜人的地方。早期金矿、石油和运河的开发,加之得天独厚的地理位置,使它很快成为了一个商业、旅游业都很发达的港口城市。洛杉矶市很快就变得空前繁荣,著名的电影业中心好莱坞和美国第一个"迪斯尼乐园"都建在这里。城市的繁荣使洛杉矶人口倍增。白天,纵横交错的城市高速公路上拥挤着数百万辆汽车。从 20 世纪 40 年代初开始,人们就发现这座城市一改以往的温柔,变得"疯狂"起来。每年从夏季至早秋,只要是晴朗的日子,城市上空就会出现一种弥漫天空的浅蓝色烟雾,使整座城市上空变得浑浊不清。这种烟雾使人眼睛发红、咽喉疼痛、呼吸憋闷、头昏、头痛。1943 年以后,烟雾更加肆虐,以致远离城市 100 km 以外的海拔 2 000 m 高山上的大片松林也因此枯死,柑橘减产达 60%。仅 1950—1951 年,美国因大气污染造成的损失就达15 亿美元。在 1952 年 12 月的一次光化学烟雾事件中,洛杉矶市 65 岁以上的老人死亡 400 多人。1955 年 9 月,由于大气污染和高温,短短两天之内,65 岁以上的老人又死亡 400 余人。1970 年,约有 75% 以上的市民患上了红眼病。这就是最早出现的新型大气污染事件——光化学烟雾污染事件。直到 20 世纪 70 年代,洛杉矶市还被称为"美国的烟雾城"。

据《郑州晚报》报道,2012 年 12 上、中旬,郑州以及太原、石家庄等黄河以北的各大、中城市,包括北京空气质量均为轻度污染或严重污染。郑州市人口近900万,市区居住人口近700万,每天大约有2 000辆小轿车上牌,虽然在市区立交桥纵横交错,但堵车现象十分严重。据交通运输部门统计,郑州市现有机动车220多万辆,每天大约消耗1 100 t汽油,排出1 000多吨碳氢(CH)化合物,300多吨氮氧(NO_x)化合物,700多吨一氧化碳(CO)。另外,还有炼油厂、热电厂、水泥厂、冬季取暖设施等其他石油燃烧排放,这些化合物被排放到郑州上空,人为地制造了一个毒烟雾工厂。在工业发达、汽车拥挤的大城市光化学烟雾将是一大隐患,雾霾天气不但影响城市交通,而且在不同程度上对人们的健康造成一定影响。

据报道,中国科学院近日公布了该院大气灰霾溯源与控制专项组的最新研究成果。研究认为:人类污染物的排放是形成雾霾天气的内因,污染物遇到水汽就会发生灰霾事件。据专家分析,空气污染物的可溶性成分遇到浮沉矿物质凝结核后就会很快包裹,形成混合颗粒,再遇到较大的空气相对湿度后,就会很快发生吸湿增长,使颗粒的直径增长2~3倍,消光系数增加8~9倍,也就是能见度下降为原来的1/8~1/9。通俗地讲,空气中原本存在的较小颗粒的污染物遇到水汽后就变成了肉眼可以看到的大颗粒物,随即发生灰霾事件。专项组大气灰霾研究项目负责人中国科学院大气物理所研究员王跃思说,本次席卷中国中东、北部地区的强霾污染物化学组成,是英国伦敦1952年烟雾事件和20世纪40年代美国洛杉矶化学烟雾事件污染物的复合体,并叠加了中国特色的沙尘气溶胶。洛杉矶化学烟雾事件成因是石油挥发物(碳氢化合物)和二氧化氮,在强烈的阳光紫外线照射下,会产生一种有刺激性的有机化合物,这个过程叫光化学反应,其产物就是含剧毒的光化学烟雾。在京、津、冀、豫雾霾中也检测出了大量的含氮有机颗粒物,这在王跃思看来是"最危险的信号",因为这就是20世纪美国洛杉矶化学烟雾的主要成分。经过源解析技术,这些包括了含氮有机颗粒物在内的有机物,已经检测出4类有机组成:氧化性有机颗粒物,主要来自于北京周边地区;油烟性有机物,主要来自于烹饪源排放;氮富集有机物,一种化学产物;还有烃类有机颗粒物,主要来自于汽车尾气和燃煤。

除了大气污染以外,我们的室内环境也会受到污染,哪些因素会影响住室PM2.5浓度呢?清华大学建筑环境检测中心针对这个问题进行过实验检测,实验员将3种蚊香样品,放在3 m^3的环境舱里,对PM2.5浓度进行检测,检测时间为1 h,每1 min记录1次数据。实验结果表明:3种盘式蚊香燃烧1 h后都产生了PM2.5,且呈现明显上升态势。根据国家对环境中每立方米PM2.5不超过75 μg的安全标准,3种蚊香点燃后使密闭环境中PM2.5的浓度超标。实验员在15 m^2的普通居室环境内进行实验,由于受房间的密闭性、家具表面的吸附性、气流流动等因素的影响,3种蚊香燃烧1 h所释放的PM2.5的浓度,约为在3 m^3密闭舱测试结果的1%~2%,数据明显下降。但国家规定,一个盘式蚊香最少要燃烧7 h以上。再次实验发现,3种蚊香燃烧7 h后,只有雷达无烟型蚊香释放的PM2.5的浓度接近国家标准,而雷达有烟型蚊香和益健有烟型蚊香分别超标2倍和8倍。这个实验证明:夏季使用有烟型盘式蚊香会导致房间内的PM2.5的浓度上升,实验表明:住室PM2.5的浓度主要来源于蚊香燃烧释放的烟雾。中华中医药学会、肺系病专业委员会秘书长冯淬灵说,门诊上经常遇到一些使用蚊香后,诱发哮喘或其他呼吸道疾病的病人,因为蚊香在燃烧过程中会释放一些超微颗粒,这些超微颗粒吸入肺中会诱发哮喘或其他呼吸道疾病。实验证明:夏天使用电蚊香片和电蚊香液对居室内PM2.5的浓度无影响,人们在夏季可以放心使用。

如何防治光化学烟雾的发生,减少城市环境污染,这是全世界学者关注的焦点问题。我国目前防治光化学烟雾的技术措施主要有以下几个方面:一是加强对工厂废气排放的管理,排废气较多的工厂有火力发电厂、钢铁厂、冶炼厂、炼焦厂、石油化工厂、氮肥厂等。我们要对石油、氮肥、硝酸等化工厂的排废严加管理,严禁飞机在航行途中排放燃料等,以减少氮氧化物和烃的排放。现在已研制开发成功的催化转化器,就是一种与排气管相连的反应器,它使排放的废气和外界空气通过催化剂处理后,氮的氧化物转化成无毒的 N_2,烃可转化成 CO_2 和 H_2O。对污染严重的工厂要及时搬迁到离市区较远的地方。二是减少汽车尾气排放。减少汽车尾气排放是防治光化学烟雾的有效途径之一。因此,目前人们主要在改善城市交通结构、改进汽车燃料、安装汽车排气系统催化装置等方面积极努力。我国购置小排量汽车国家实行定额补贴措施,也在一定程度上减少了汽车尾气的排放。在目前情况下,使用无铅汽油和天然气,也可使 CO 和 HC 降低60%以上,使用甲醇燃料比使用汽油降低 CO 和 HC 达37%和56%。以后的发展方向是汽车动力全部使用蓄电池。河南省投资近20个亿在许昌建立了汽车蓄电池生产基地,在河南省的大中城市公交车已经开始使用蓄电池取代汽油,分期分批地改造小轿车使用蓄电池代替汽油,把汽车尾气排放降到最低程度。三是利用化学抑制剂抑制化学烟雾的形成。常使用的化学抑制剂有二乙基羟胺、苯胺、二苯胺、酚等对各种自由基可产生不同程度的抑制作用,从而终止链反应,达到控制烟雾的目的。但在使用前要慎重考虑抑制剂的二次污染问题,并避免其对人体和动植物的毒害作用。四是在城市布点建立监测站,可以及时了解光化学烟雾的发生情况,许多国家都很重视监测工作。例如,洛杉矶市设有10个监测站,经常监测光化学烟雾的污染状况。同时该市还制订了光化学烟雾的三级警报标准,以便及时采取有效的防止措施。

土壤与园林植物

[本章导读]

本章主要讲授土壤的组成,城市土壤的特点;土壤的理化性质对园林植物的影响,土壤生物对园林植物的影响,土壤结构性对园林植物的影响;园林植物对土壤养分的适应,园林植物对土壤酸碱性的适应,园林植物对盐渍土的适应;土壤污染及其防治,土壤固体侵入及其改良,土壤的其他人为干扰和改良。

[理论教学目标]

1. 了解土壤的组成因素,了解城市土壤的特点。

2. 了解土壤的理化性质对园林植物的影响,土壤生物对园林植物的影响,土壤结构性对园林植物的影响。

3. 掌握园林植物对土壤养分的适应,园林植物对土壤酸碱性的适应,园林植物对盐渍土的适应。

4. 了解土壤污染的类型,土壤固体侵入的类型以及土壤的其他人为干扰因素;掌握对土壤污染防治的方法,土壤固体侵入的改良,土壤的其他人为干扰的改良。

[技能实训目标]

1. 掌握土壤剖面的观察方法。

2. 掌握对土壤水分的测定。

3. 掌握土壤比重、容重的测定,学会计算土壤孔隙度。

4. 掌握油浴加热重铬酸钾氧化-容量法测定土壤有机质的方法。

5. 了解当地主要土壤类型。

土壤是(岩石圈)地球表面能够生长绿色植物的疏松表层,土壤是绿色植物生长的物质基础。土壤的作用是通过生长植物庞大的根系来固定植株;根系从土壤中吸收水分和营养元素,满足植物生长发育的需求;植物通过根系分泌一些有机物质,枯死植株的腐烂分解,来改善土壤理化性状;土壤通气有利于植物生长,土壤空隙一般占50%～60%,土壤通气和土壤水分之间相互影响。土壤为植物生长提供适宜的温度;土壤环境有利于土壤微生物的活动,根瘤菌可以通过和豆科植物建立共生关系进行固氮,土壤可以为植物生长提供水、肥、气、热等条件,满足植物生长发育的需求。

6.1 土壤组成与城市土壤的特点

土壤是由固相(矿物质、有机质)、液相(土壤水分)、气相(土壤空气)三相物质组成的,它们之间是相互联系、相互转化、相互作用的有机整体。从土壤组成物质总体来看,它是一个复杂而分散的多相物质系统。固相主要是矿物质、有机质,也包括一些活的微生物。按容积计,典型的土壤中矿物质约占38%,有机质约占12%。按质量计,矿物质可占固相部分的95%以上,有机质约占5%。典型土壤液相、气相容积共占三相组成的50%。由于液相、气相经常处于彼此消长状态,即当液相占容积增大时,气相占容积就减少,气相容积增大时,液相所占体积就减少,两者之间的消长幅度为15%~35%。

6.1.1 土壤组成

1)土壤的矿物组成

土壤矿物质来自土壤母质。土壤中的矿物质土粒,其矿物组成按其成因可分为原生矿物和次生矿物两类。

(1)原生矿物 在风化过程中未改变化学组成而遗留在土壤中的一类矿物称为原生矿物。土壤中的原生矿物主要是石英和原生铝硅酸盐类。石英是土壤中常见的最稳定的矿物,是土壤砂粒的重要成分。石英砂本身不含养分,对养分的保持能力很差,所以含砂多的土壤常较贫瘠。原生铝硅酸盐类矿物有长石、云母、辉石、角闪石等。长石和白云母抗风化也相当强,所以常在土壤中存在。不过,它们比石英容易风化,在成土过程中不断进行风化,缓慢地释放出钾、钙、镁和铁等养分。至于辉石、角闪石等较易风化的原生矿物,在土壤中很少出现。它们在风化和成土过程中大部分变为次生矿物和简单的化合物。

(2)次生矿物 原生矿物在风化和成土作用下,新形成的矿物称为次生矿物。土壤中的次生矿物种类繁多,有成分简单的盐类,包括各种碳酸盐、重碳酸盐、硫酸盐、氯化物等;也有成分复杂的各种次生铝硅酸盐;还有各种晶质和非晶质的含水硅、铁、铝的氧化物。后两类矿物是土壤黏粒的主要组成部分,因而习惯上将这两类矿物称为次生黏土矿物,简称为黏粒矿物或黏土矿物。黏粒矿物与土壤腐殖质一起,构成土壤的最活跃部分——土壤复合胶体,它影响土壤的物理、化学性质和生物特性。

2)土壤矿物质的化学组成

土壤矿物质的化学组成很复杂,几乎包括地壳中所有的元素。其中氧、硅、铝、铁、钙、镁、钠、钾、钛、碳等10种元素占土壤矿物质总重的99%以上,其他元素不过1%。这些元素中,以氧、硅、铝、铁4种元素含量最多。如以氧化物的形态来表示,SiO_2、Al_2O_3和Fe_2O_3三者之和通常约占土壤矿物质部分总重量的75%以上。因此,人们常把它们看成为土壤的骨干成分。

3)土壤的机械组成

（1）土壤粒级　土粒有大有小，它的组成和性质对土壤的水、肥、气、热状况以及各种物理化学性质都起着巨大的作用。将土壤颗粒按粒级的大小和性质的不同分成若干级别，称为土壤粒级。同一粒级范围内土粒的组成成分和性质基本一致，而不同粒级土粒的性质差异较大。不同国家和地区对土粒分级的标准有所不同，但大致可以分为石砾、沙粒、粉粒和黏粒4种基本粒级。目前国际上常用的两种粒级分级标准为国际制和苏联的卡庆斯基分类制。

①国际制　以粒径2 mm为基础，每降低一个数量级划分出一种粒级。

②卡庆斯基制　粒径>1 mm的土粒称石砾，0.01～1 mm的土粒称为物理性沙粒，<0.01 mm的土粒称为物理性黏粒。

生产上使用比较多的土壤粒级分类标准是苏联的卡庆斯基分类制。我国的粒级分类是由中国科学院南京土壤研究所经过调查，在总结群众对土壤的感性认识的基础上，结合我国的具体情况拟订的，但目前使用并不普遍。

（2）各粒级的基本特征（按国际制分类）

①石砾　岩石风化留下的残屑，通透性强，无黏结性、黏着性、可塑性及胀缩性，一般很少有速效矿质养分，不能蓄水保肥，土温变幅大。

②沙粒　主要矿物成分是石英，通透性强，毛管水上升高度低，无黏结性、黏着性、可塑性和胀缩性，蓄水保肥力弱，养分贫乏，土温变幅大。

③黏粒　主要矿物成分是次生黏土矿物（包括铝硅酸盐类和硅、铁、铝的含水氧化物），通气不良，透水困难，毛管水上升高，但缓慢，黏着性、黏结性、可塑性、胀缩性均很强，干时成硬土块，蓄水保肥力强，矿质养分丰富，土温变幅小。

④粉粒　颗粒大小与物理性质均介于沙粒与黏粒之间，通透性强，毛管水上升较高，略有黏结性、黏着性、可塑性，湿时膨胀微弱，干缩后紧密，保水保肥力较强。

（3）土壤质地

土壤质地反映的是土壤的沙黏程度。各粒级土粒在土体内所占的重量百分比（机械组成）及其所表现出来的物理性质，称为土壤质地。机械组成不同的土壤表现出不同的肥力特征。

土壤质地分类是按照各粒级土粒含量的不同进行划分的。一般将土壤质地分成沙土、壤土和黏土3种基本类型。由于土壤粒级划分标准不同，土壤质地分类也有不同的分类系统。目前在我国常用的土壤质地分类介绍如下：

a.国际制土壤质地分类　根据沙粒、粉粒、黏粒的百分含量并结合其特性而划分土壤质地，称"三级分类制"，共划分为沙土、壤土、黏壤土和黏土4大类。

b.苏联卡庆斯基土壤质地分类　根据物理性沙粒（粒径大于0.01 mm）和物理性黏粒（粒径小于0.01 mm）的百分含量并结合其特性而划分土壤质地，称"双级命名法"，共划分为沙土、壤土和黏土3大类（表6.1）。

表6.1　卡庆斯基土壤质地分类标准（草原土及红黄壤土类）

土壤名称		物理性黏粒/%	物理性沙粒/%
沙土	松沙土	0～5	100～95
	紧沙土	5～10	95～80

续表

土壤名称		物理性黏粒/%	物理性沙粒/%
壤土	沙壤土	10～20	90～80
	轻壤土	20～30	80～70
	中壤土	30～45	70～35
	重壤土	45～60	55～40
黏土	轻黏土	60～75	40～25
	中黏土	75～85	25～15
	重黏土	>85	>15

该分类所依据的标准简单,它在生产上应用较为广泛。采用沉降原理进行机械分析时,只需测定一项数值(<0.01 mm 的土粒所占的百分比),即可查出土壤质地的名称。

c.我国土壤质地分类　根据我国气候特征和母质特点,以及我国各类型土壤中沙粒、粗粉粒和细黏粒 3 个粒级分别对土壤物理性质所起的主导作用,相应地把土壤分为沙土组、壤土(两合土)组和黏土(胶泥土)组(表 6.2)。该分类方案在苗圃土壤可以进行试用。土壤质地可以通过比重计法(即密度计法)或手测法进行测定。

表 6.2　我国土壤质地分类

质地	质地名称	颗粒组成/%		
		沙粒 1～0.05 mm	粗粉粒 0.05～0.01 mm	黏粒<0.001 mm
沙土	粗沙土	>70	—	<30
	细沙土	60～70		
	面沙土	50～60		
壤土（两合土）	沙粉土	>20	>40	
	粉土	<20		
	粉壤土	>20	<40	>30
	黏壤土	<20		
	沙黏土	>50	—	
黏土（胶泥土）	粉壤土	—	—	30～35
	壤黏土			35～40
	黏土			>40

4)土壤有机质

土壤有机质是指土壤中经过改良的含氮化合物的总称。它是土壤固体物质的组成成分之一,约占土壤干物质的 5% 以下。数量虽比矿物质少得多,但它是组成土壤的重要物质基础,在成土过程尤其是肥力发展过程中起着极其重要的作用,是衡量土壤肥力的重要指标之一。

（1）土壤有机质的来源与组成

①土壤有机质的来源 土壤有机质主要来源于动物、植物和微生物死亡后的残留体，其中最多的是植物残留体。施入土壤中的有机质肥料也是土壤有机质的重要来源。

②土壤有机质的组成 土壤有机质由新鲜有机质、分解的有机质、简单有机化合物和土壤腐殖质组成。土壤腐殖质是有机物在土壤中转化而成的一类含氮的高分子有机化合物，是一种有机凝胶状物质，占土壤有机质的 $80\% \sim 90\%$，是土壤有机质的主体，对土壤的各种理化性质及肥力状况都有很大的影响。

（2）土壤有机质的作用 土壤有机质对土壤肥力的作用是多方面的，可概括为以下几点：

①植物营养的重要来源 土壤有机质含大量而全面的植物养料，如氮、磷、钾、钙、镁、硫等主要元素以及多种微量元素。氮素主要来源于土壤有机质，占土壤全氮量的 $90\% \sim 95\%$。有机氮可转变为植物能吸收利用的有效态氮。

②提高土壤的蓄水保肥和缓冲能力 腐殖质本身疏松多孔，且是一种两性胶体，具有很强的蓄水、吸收保持大量离子养分免遭淋失的能力，其吸收力为黏粒的几十倍至几百倍。此外，腐殖质是弱酸，它的盐类具有两性胶体的特性，可以缓和土壤酸碱性的急剧变化，提高土壤的缓冲能力。

③改善土壤的物理性质 土壤腐殖质具有凝聚作用，能提高土壤的结构性能，改善土壤的结构状况，形成水稳性结构。还可改变土壤的黏结性、黏着性和可塑性，改善土壤的耕性，有利于根系的生长发育。

④促进土壤微生物的活动 土壤有机质能提供微生物活动所需的能量和养料，同时又能调节土壤水、气、热和酸碱状况，改善土壤微生物的条件，有利于微生物的活动和养分的转化，有助于消除、减轻农药和重金属的污染。

⑤促进植物生长发育 土壤有机质分解的产物中含有生长素、激素，可以提高植物活性，促进植物根的呼吸作用和提高植物营养吸收能力，促进有机物质的积累。土壤有机质中又含有多种维生素、抗生素，可以刺激植物生长，增强植物体的抗性。

（3）土壤有机质的转化 有机残体进入土壤后，在土壤微生物的作用下，进行两个方向的转化：一是复杂的有机物经土壤微生物分解为简单无机化合物（如二氧化碳、铵盐、硝酸盐、磷酸盐等），这一转化称为矿质化过程；另一方面是有机质进行分解的同时，部分分解产物经微生物等作用转化成新的有机物——腐殖质，此过程称为腐殖化过程。这两个过程既互相制约又互相促进，对土壤的供肥、保肥性能产生重要的影响。

5）土壤的生物组成

土壤生物是指全部或部分生命周期在土壤中生活的那些生物，组成土壤生物的类型包括动物、植物、微生物等各种生物类型。

（1）土壤生物类型

①土壤动物 土壤动物种类繁多，包括众多的脊椎动物、软体动物、节肢动物、螨类、线虫和原生动物等，如蚯蚓、线虫、蚂蚁、蜗牛、螨类等。土壤动物的生物量一般为土壤生物量的 $10\% \sim 20\%$。

②土壤微生物 在土壤生物中主要是土壤微生物，土壤微生物种类多、数量大，是土壤生物中最活跃的部分（图6.1）。土壤微生物包括细菌、真菌、放线菌、藻类和原生动物等类群，其中细菌数量最多，放线菌、真菌次之，藻类和原生动物数量最少。

③土壤植物 土壤植物是土壤的重要组成部分，就高等植物而言，主要是指高等植物的地

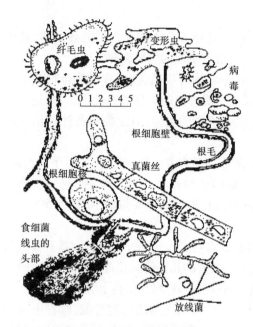

纤毛虫

变形虫

病毒

根细胞壁

根毛

根细胞核

真菌丝

食细菌
线虫的
头部

放线菌

图6.1　土壤生物的主要类群

（引自土壤的本质与特性，
Brady N.C. Weil R.R,1999）

下部分,包括植物根系、地下块根(甘薯)、块茎(马铃薯)、球茎(荸荠)等。

（2）土壤微生物的分布　土壤微生物是土壤中最重要的生物类型,一般来讲,越是肥沃的土壤中,有机质的含量也高,微生物生命活动所需要的能源和碳源物质较丰富,则相应的微生物种类和数量也越多,同理,表层土壤的微生物数量远高于底层土壤。

越是靠近根系的土壤,其微生物数量也越大,说明根系周围的土壤要比远离根系的土壤肥沃。通常把受到根系明显影响的土壤范围称为根际,一般距根表2 mm范围内的土壤属于根际。园林植物在生长时,根系不断地向其周围土壤内分泌根系的代谢物和由地上部输送到根系的光合产物,为根际微生物提供丰富的碳源和能源物质,以及促进微生物活动的维生素和激素类物质。

（3）土壤生物的功能　归纳起来讲,土壤生物的功能主要有:

①影响土壤结构的形成与土壤养分的循环,如微生物的分泌物可促进土壤团粒结构的形成,也可分解植物残体释放碳、氮、磷、硫等养分;

②影响土壤无机物质的转化,如微生物及其生物分泌物可将土壤中难溶性磷、铁、钾等养分转化为有效养分;

③固持土壤有机质,提高土壤有机质含量;

④通过生物固氮,改善植物氮素营养;

⑤可以分解转化农药、激素等在土壤中的残留物质,降解毒性,净化土壤。

6.1.2　城市土壤的特点

土壤是地壳表面的岩石经过长时期的风化、淋溶过程逐步形成的。在这个过程中,植物和微生物发挥着重要的作用,最终形成了由矿物质、有机质、水分、土壤生物和空气5种物质组成的、具有肥力的土壤,成为地球上陆生植物立地和生长发育的基础。

城市内的土壤由于深受人类各种活动的影响,如城市废弃物、建筑物、机械与行人践踏等因素的影响,其物理、化学和生物学特性都与自然状态下的土壤有较大差异。与自然土壤相比,城市土壤具有以下几个特点:

1）城市土壤污染严重

当土壤中的有害物质含量过高,超过了土壤的自净能力时,会导致土壤自然功能失调,肥力下降,植物的生长和发育不良,或污染物在植物体内积累,通过食物链危害人类健康,称为土壤污染。

城市污染物主要有污水、污泥和固体废物等。污水成分复杂,其含有的悬浮物、有机物、可溶性盐类、合成洗涤剂、有机毒物、无机毒物、病原菌、病毒、寄生虫等成分,进入土壤后可以改变土壤水的性质或成为土壤的组分,影响土壤水分功能的发挥,抑制生物种群数量和生物活性及物质循环。固体废弃物大都含有重金属,甚至含有放射性物质,这些物质经过长期暴露,被雨水冲洗和淋溶后,溶入水中,通过地表径流进入水体从而对土壤造成污染,长此以往将导致城市土壤污染日益严重。

2)城市土壤紧实度大,通透性差

土壤坚实度是指单位立方厘米土壤所能承受的重量,这是衡量土壤物理性状的一个重要指标。在城市地区,由于人流的践踏和车辆的辗压,城市土壤的坚实度明显大于郊区土壤。一般越靠近地表,坚实度越大,人为因素对坚实度的影响可深到土壤 20～30 cm 处,在某些地段,经机械多层压实后,影响深度可达 1 m 以上。

土壤坚实度的增大,使土壤容重增高,土壤的孔隙度降低,在一些紧实的心土或底土层中,孔隙度可降至 20%～30%,有的甚至小于 10%。

土壤紧实度大还会对溶质移动过程和生物活动等产生影响。城市地面硬化坚实,造成城市土壤与外界水分、气体的交换受到阻碍,使土壤的通透性下降,大大减少了水分的积蓄,造成土壤中有机质分解减慢,加剧土壤的贫瘠化;根系处于不透气、营养及水分极差的环境中,严重影响了植物根系的生长,园林植物生长衰弱,抗逆性降低,甚至有可能导致其死亡。

3)城市土壤贫瘠化

因为城市卫生管理制度的原因,城市内大量植物的枯枝落叶常作为垃圾而被清除,中断了土壤营养元素的循环,降低了土壤有机质含量。据测定,北京市区土壤有机质含量略高于 1%,相当于郊区菜园土的 1/4～1/2。有机质是土壤氮素的主要来源,城市土壤中有机质的减少又直接导致氮素的减少。

城市行道树周围铺装混凝土沥青等封闭地面,会严重影响大气与土壤之间的气体交换,使土壤中缺乏氧气,这不利于土壤中有机物质的分解,减少了养分的释放,也是土壤养分缺乏的原因。

4)城市土壤的 pH 值较高

随着城市建设进程的加快,城市渣土堆放填埋数量增多,面积增大,使土壤可给植物吸收的养分相对减少。石灰渣土可使土壤钙盐类和 pH 值增加。例如河南太昊陵内由于土壤中含有石灰及香灰等侵入物,许多古柏根部土壤的 pH 值在 8.5 左右,使古柏长势衰弱。据北京城区 211 个测点测试表明,土壤 pH 值为 7.4～9.7,平均值为 8.1,明显高于郊区。由于 pH 值增高,不仅降低了土壤中铁、磷的有效性,也抑制了土壤微生物的活动以及对养分的释放作用。

6.2 土壤对园林植物的影响

6.2.1 土壤的物理性质对园林植物的影响

土壤的物理性质是指土壤质地、密度、容重、孔隙性等以及与此有关的土壤水分、土壤空气和土壤热量的变化情况。组成土壤的三相系统中,固相是组成土壤的物质基础,约占土壤全部重量的 85% 以上,是土壤组成的骨干;液相和气相受到土壤固相颗粒的组成、特性及排列状态的影响。土壤固相颗粒的组成、特性及排列形式又决定土壤的物理、化学和生物特性,与植物生长发育所需要的水分、空气、热量及养分的关系十分密切。

(1)土壤质地　土壤质地影响土壤的孔隙状况、松紧度及养分含量,进而作用于土壤的通透性、保肥供肥性、土壤微生物的生命活动、土壤热量状况和耕性等。土壤质地的类型包括沙土类、壤土类、黏土类,不同质地类型的土壤物理性质存在较大差异,对植物的生长发育有较大的影响。

①沙土类　沙土类的砂粒含量超过50%,黏粒含量小于30%。因此,土壤粒间孔隙大,小孔隙少,总孔隙度小,毛管作用弱,保水性弱。但砂质土壤通透性良好,土壤孔隙中经常充满空气,易干旱,应防止漏水,加强抗旱保墒措施。

沙土类主要矿物成分为石英,养分含量很少,因此,要多施、深施有机肥,施用化肥时要少施、勤施。沙质土热容量小,易增温也易降温,昼夜温差大,早春土温易上升发暖,晚秋一遇寒潮,温度下降较快,容易遭受冻害。种植作物常常"养小不养老"。

②黏土类　黏土类土壤中黏粒含量超过30%,由于黏粒多,总孔隙度虽大,但土粒间孔隙小,小孔隙多,而且互相连通成为曲折的毛细管,因此土壤通气透水性差,水分进入土壤时渗漏慢,易积水。但黏土水分蒸发慢;在地下水位高时,地下水能沿着毛细管缓慢上升,供应土壤水分,因而抗旱力强。种植作物常常"养老不养小"。

黏质土含矿物质养分丰富,特别是钾、钙、镁等阳离子含量较多,而且它本身对这些养分有较强的吸附保持能力,不致受雨水或灌溉水淋洗而损失,对这种土壤在施肥上可以集中施用。黏土保水保肥能力强,容易形成涝灾。土壤热容量较大,因而受大气温度变化的影响就慢,昼夜温差较小,早春时土温升高缓慢;晚秋受短期寒潮侵袭时,因土温下降慢,作物遭受霜害较轻。如寒潮历时较长,土温降低后,回升也慢,植物一旦受害后就难以恢复。黏质土耕性较差,适耕期较短。

③壤土类　壤土类主要含粗粉粒多,细砂粒含量亦较多,黏粒含量低于30%;如黏粒含量超过30%,而砂粒含量超过50%时也属于此壤土范围内。由于砂粒、粉粒、黏粒含量比例较适宜,因此兼有沙土类与黏土类的优点,是园林生产上较为理想的土壤质地。适合种植多种农作物,常常既"养老又养小"。

壤土类由于砂黏适中,大小孔隙比例适当,通透性好,保水保肥性好,养分含量丰富,有机质分解快,保肥性能也强,土性温暖,耕作方便,宜耕期长,耕作质量好,发小苗也发老苗,故适宜种植各种植物。

(2)土壤密度、容重与孔隙性

①土壤密度　土壤密度是指单位体积固体土粒(不含孔隙)的干重,其单位为 g/cm^3 或 t/m^3。

土壤密度数值的大小,受土壤中的矿物组成和腐殖质含量影响。对密度值影响最大的是矿物质,大多数构成土粒的矿物的密度数值在 $2.6 \sim 2.7\ g/cm^3$,所以在有机质较少时可以用平均值 $2.65\ g/cm^3$ 来代表土壤密度,通常称它为土壤密度常数。

②土壤容重　在自然状态下,单位容积的干燥土壤(含孔隙)的质量,称土壤容重。单位是 g/cm^3 或 t/m^3。

土壤容重大小与土壤质地、结构、腐殖质含量等有关。沙质土壤的颗粒粗,粒间孔隙大,但孔隙占的百分数小,土壤容重就大,为 $1.4 \sim 1.7\ g/cm^3$;黏重土壤颗粒细,粒间孔隙所占容积大,

土壤容重为 $1.1 \sim 1.6$ g/cm³；腐殖质含量高的团粒结构土壤，由于孔隙占的容积大，土壤容重小，为 $1.0 \sim 1.2$ g/cm³，有的低于 1.0 g/cm³。一般土壤容重在 $1.1 \sim 1.3$ 时适合大多数作物生长。

土壤容重可用环刀法测得，测定的结果可作为判断土壤紧实度的指标。一般土壤容重小，表示土壤疏松，质地、结构良好，有机质含量多。另外，还可根据土壤容重计算单位体积土壤的质量和土壤孔隙度。

③土壤孔性　土壤是一种多孔体，其孔隙的多少、大小和孔隙的性质称为孔性。土壤孔隙的数量用孔隙度表示。

在自然状态下，土壤孔隙的体积占土体体积的百分数称为土壤总孔隙度。可由土壤密度和土壤容重的数值，按下式计算出来：

土壤总孔隙度 $=$ (1－土壤容重/土壤密度)×100%

土壤总孔隙度没有区分孔隙的大小和性质，即未能说明孔隙状况。土壤孔隙根据大小和作用，可分为3类：

a. 毛管孔隙　孔径大小为 $0.002 \sim 0.2$ mm，具毛管力，土壤水分为毛管力吸持并借毛管力而移动，并被植物吸收利用。毛管孔隙的主要作用是保水蓄水。

b. 非毛管孔隙　孔径大于 0.2 mm，无毛管力，水分上升困难，但通透性良好，是空气的贮藏空间。非毛管孔隙的主要作用是通气透水。

c. 无效孔隙　孔径<0.002 mm，孔隙极小，水分上升阻力大，运动困难，通气透水性差，影响根系生长发育。

土壤孔隙度及大小比例关系到土壤中水、肥、气、热的协调，影响土壤微生物的活动和植物的生长发育，不同质地的土壤孔隙状况如表6.3所示。

表6.3　不同质地的土壤孔隙状况

土壤质地	总孔隙度/%	大小孔隙的相对比率/%	
		毛管孔隙度	非毛管孔隙度
黏土	$50 \sim 60$	$85 \sim 90$	$15 \sim 10$
重壤土	$45 \sim 50$	$70 \sim 80$	$30 \sim 20$
中壤土	$45 \sim 50$	$60 \sim 70$	$40 \sim 30$
轻壤土	$40 \sim 45$	$50 \sim 60$	$50 \sim 40$
沙壤土	$40 \sim 45$	$40 \sim 50$	$60 \sim 50$
沙土	$30 \sim 35$	$25 \sim 35$	$75 \sim 60$

若土壤全部孔隙是大孔隙，如沙砾土和粗砂土，那么土壤水会过于自由流动，容易导致干旱，反之，若所有孔隙都是黏粒间的小的孔隙，则水的运动极慢，植物易受水涝和缺氧的影响。理想的孔隙分布应该是既能保持足够的水分，又允许充分的 O_2 和 CO_2 扩散，以满足植物、土壤动物和微生物的要求。一般而言，这种分布存在于结构优良的土壤中，它既有大量小孔隙，团粒间又有一定数量的大孔隙。生产上，要求土壤孔隙度在50%左右或稍大于50%为好，非毛管孔隙大于8%～10%，同时还要求非毛管孔隙和毛管孔隙并存，其比例为 $1:2 \sim 1:4$ 为宜。

不同植物因生物学特性不同，根系的穿透能力不同，对土壤容重和孔隙状况的适应是不相同的,如小麦为须根系,其穿透能力较强,当土壤孔隙度为38.7%,容重为1.63 g/cm³时,根系才不易透过。黄瓜的根系穿透力较弱,当土壤容重为1.45 g/cm³,孔隙度为45.5%时,即不易透过。李树对紧实的土壤有较强的忍耐力,故在土壤容重为1.55~1.65 g/cm³的坡地土壤能正常生长;苹果与梨树则要求比较疏松的土壤。另外,同一种植物在不同的地区,由于自然条件的差异,故对土壤的容重和孔隙状况的适应是有差别的,如原中国科学院土壤调查队土壤物理组在河南长葛与北京郊区研究,认为土壤容重为1.14~1.26 g/cm³,总孔隙度为52%~56%,大孔隙在10%以上,毛管孔隙43%~45%时最适于小麦生长,产量最高,当孔隙度小于50%时小麦产量即显著降低。

土壤容重较大过于紧实的黏重土壤,种子发芽与幼苗出土均较困难,出苗时间一般较疏松土壤迟1~2 d,特别是播种后遇雨,幼苗出土更为困难。耕层"坷垃"较多,土壤孔隙过大的土壤,植物根系往往不能与土壤密接,吸收水肥困难,幼苗往往因下层土壤沉陷将根拉断出现"吊死"现象。有时由于土质过松,植物扎根不稳,容易倒伏,因此在干旱季节,在过松与孔隙过大的土壤里播种,往往采取深播、浅盖和镇压措施,保墒、提墒,以利植物苗齐苗壮。

(3)土壤水分　土壤水分是园林植物生长发育的基本条件,是土壤的组成成分之一,在园林植物种植养护过程中,土壤水分管理是重要的措施之一。

①土壤水分类型　土壤水分的来源是大气降水、大气凝结水、地下水和人工浇灌水,其中以大气降水为主。液态水是土壤水分的主体,按其存在形态可分为:

a.吸湿水　土壤颗粒靠分子引力从空气中吸附水汽形成的水分子层,称吸湿水。吸湿水受土粒表面分子的吸力很大,所以吸湿水不能移动,无溶解能力。植物根系的吸水能力远小于土粒表面分子的引力,不能吸收这部分水。因此,吸湿水是无效水分。

土壤吸湿水的含量与土壤质地、空气的相对湿度、土壤有机质含量有关。

b.膜状水　当吸湿水含量达到最大后,土粒表面还有一定剩余的分子引力,可以吸附土壤孔隙中的液态水分子,在吸湿水层外形成一层水膜,称膜状水。膜状水的含量取决于土壤质地、腐殖质含量和土壤溶液浓度的高低。土壤质地越黏,腐殖质含量越高,土壤溶液浓度越大,膜状水含量就越高;反之则低。

膜状水受土壤颗粒的吸力比吸湿水小,植物根系根毛接触到膜状水时,一部分水可被吸收,但由于量小,达不到植物的需要量,使植物因缺水而萎蔫。植物出现永久萎蔫时的土壤含水量称为凋萎系数。凋萎系数为最大吸湿水量的1.5~2倍,一般把这个水量作为植物可利用土壤水量的下限。

c.毛管水　是土壤依靠毛管力保持在土壤毛管孔隙中的水分。毛管水接近于自然水,容易向各个方向移动,且能溶解溶质,易被植物吸收,属于有效水,是植物利用土壤水分的主要形态。

根据毛管水的来源和存在位置的不同,毛管水可分为毛管悬着水和毛管上升水。

● 毛管悬着水:在地下水位较深的土壤中,降水或灌溉后,由上层土壤借毛管力保持在毛管孔隙中的水分,称毛管悬着水。水分的来源主要是大气降水和灌溉,这些水分不与地下水联系,也不受地下水位升降的影响。毛管悬着水达到最大数量时的土壤含水量称为田间持水量。当悬着水被植物吸收或被蒸发,土壤含水量降至约为田间持水量的70%时,悬着水的连续状态断裂,此时植物不能及时吸收到所需要的水分,生长受到影响,此时的土壤含水量称为植物生长阻滞含水量。园林植物种植过程中的水分管理,应使土壤的水分含量高于阻滞含水量而低于田间持水量,才能使植物合理利用水分并生长良好。

● 毛管上升水：地下水随毛管上升达到一定高度并保持在土壤孔隙中的水分称毛管上升水。毛管上升水达到最大值时的土壤含水量称为毛管持水量。毛管持水量的数值大于田间持水量。

毛管上升水如能上升到根系生长的土层，则可作为植物需水的重要补充来源。但也易使地下水中的盐分运输到土壤上层或表面，引起土壤盐渍化，使植物受害。耕作土壤时，还要考虑地下水的盐分。

d. 重力水　当毛管孔隙充满水后，土壤孔隙中多余的水分不能被毛管力吸持而受重力作用沿非毛管孔隙向土壤深处渗漏，这部分多余的水称重力水。重力水运动速度快，对植物是多余的。但它是地下水的重要来源。所谓地下水，是指地下深处不透水层中的水分。重力水受重力影响，向下渗漏到不透水层，汇集而成地下水。

重力水可以被植物吸收，但是向下渗漏速度较快，实际上在旱作农田被利用的机会较少，在水稻田可以利用。各种类型的水分可以互相转化，水分类型的转化，对植物水分供给有重要的意义。

②土壤含水量的表示方法　常见土壤含水量的表示方法有：

a. 质量含水量　土壤水分质量占烘干土质量的百分比。

土壤质量含水量 =（湿土重 − 烘干土重）/烘干土重 × 100%

目前我国法定的土壤含水量计量单位是以每千克烘干土中水分所占的比例（g/kg）表示的。

b. 水层厚度（mm）　为便于比较土壤含水量与大气降水量、灌水量、排水量之间的关系，常用土壤水层厚度表示土壤贮水量。

水层厚度（mm）= 土层厚度（mm）× 质量含水量（%）× 土壤容重

c. 土壤的相对含水量　土壤质量含水量占田间持水量的百分比。

相对含水量 = 质量含水量（%）/田间持水量（%）× 100%

土壤灌溉水量可根据下式确定：

灌水量（m³）=［田间持水量（%）− 土壤含水量（%）］× 土壤容重 × 面积（m²）× 土层深度（m）

例：已知某绿地田间持水量为 20%，测得其质量含水量为 15%，土壤容重为 1.3 t/m³，要使 1 000 m²，30 cm 厚的该绿地土层有充足水分，需要浇多少水？

灌水量（m³）=（20% − 15%）× 1.3 × 1 000 × 0.3 = 19.5 m³

③土壤水分有效性　土壤水分的有效性是指水分能否被植物吸收利用及利用的难易程度。土壤水分并非全部都能被植物利用，水分含量低于凋萎系数时，植物根系不能吸收利用；超过田间持水量时，水分受重力作用向下渗漏，植物也很难吸收利用。所以旱地土壤水分的有效范围是在凋萎系数到田间持水量之间。

土壤水分有效性受土壤质地、土壤结构、有机质含量、土壤层位的影响。由于不同质地的土壤表面积与孔隙性质不同，水分的有效范围也不一样。沙土的有效水范围较小，壤土的有效水范围最大，黏土的田间持水量略大于壤土，但凋萎系数也高于壤土，有效范围比壤土小。团粒结构的土壤，总孔隙度大，毛管孔隙发达，田间持水量大，有效水范围相应也大。土壤有机质本身的持水量大，又能促进土壤团粒结构的形成，所以有机质含量高的土壤，田间持水量大，有效水范围也大。在园林植物栽培养护过程中，多增加土壤有机质，可以扩大有效水范围。在土壤层位中，表土层有可供土粒吸水膨胀的空间，且通常都有较好的结构，所以田间持水量大，有效水范围也较大。

来自大气降水、人工灌溉和地下水的土壤水分,大都不能长时间在土壤中得到保存,而是以径流、渗漏、蒸发、蒸腾等各种不同的方式逐渐消耗。在园林植物生长过程中,常常采用深耕改土、增施有机肥、中耕松土、清除杂草、适时排灌、地面覆盖等管理方法,尽量减少有效水分的损失,提高植物对水分的利用率,促进土壤水、肥、气、热的协调。

(4)土壤空气　土壤空气也是土壤肥力的重要组成因素之一,它的组成成分和数量直接影响园林植物种子的萌发、根系的生长、土壤微生物的活动以及土壤的理化性质。土壤空气和水分共同存在于土壤孔隙中,它们在数量上互为消长。土壤空气的数量取决于土壤的孔隙度和含水量。

①土壤空气的数量与组成　土壤空气主要来自于大气,存在于土壤孔隙中,其组成与大气基本相似,但由于土壤中植物根系和微生物生命活动及其他生物化学作用的影响,使得土壤空气和大气在组成和含量上存在一定的差异:土壤空气中 O_2 的浓度比大气低,而 CO_2 的浓度比大气高;土壤空气中水汽含量高于大气;土壤空气中有时含有少量的还原性气体,如 CH_4,H_2S,H_2,NH_3 等,一般是土壤渍水或有机质进行厌氧分解会产生还原性气体,它们的存在会毒害植物根系,严重影响植物的生长发育。

②土壤通气性对植物生长的影响　土壤通气性是指气体通过土壤的性能,它是土壤的重要性质。大气能透入土壤,并与土壤空气通过气体扩散(主要方式)和整体流动等方式进行交换。

土壤通气性与植物的生长发育有密切关系,一般情况下,氧的浓度低于 10% 时,根系发育受阻;低于 5% 时,植物停止生长。土壤空气和水分影响种子内营养物质的转化和能量的释放。缺氧时,有机质进行厌氧分解,抑制种子萌发。空气不足时,土壤产生的 CH_4,H_2S 等有毒气体,降低根细胞中原生质活动,使根系生长受到影响。空气不足时,也影响根系的呼吸作用,以致影响植物对水分、养分的吸收。

不同的植物对土壤通气性的要求不同。如美国椴木、岩槭、白蜡等要求土壤通气性能要好,而挪威云杉能在通气性很差的环境下生长,垂柳插条甚至能在渍水的土壤中生根。但土壤通气性也不是越强越好,通气性强意味着持水量相应地降低,不利于土壤供水和保肥。

(5)土壤的物理机械性　土壤物理机械性是多项土壤动力学性质的统称,主要包括黏结性、黏着性和可塑性等,是土壤受内外力作用后产生的性质。

①土壤黏结性　土壤黏结性是指土粒之间通过各种引力(范德华力、水膜表面张力、库伦力、氢键等)相互黏结在一起的性质,它使土壤具有抵抗外力而不被破碎的能力,是土壤耕作时产生阻力的重要因素。

土壤中总是含有一些水分,因此在土粒外面也总是吸附有一层水分子,所以土粒与土粒之间的黏结作用实质上是通过它们外围的水膜和水化离子而起的作用,即土粒—水膜—土粒之间的黏结作用。干燥的土壤黏结性主要由于土粒本身的分子引力所引起,湿润的土壤土粒间的分子引力通过粒间水膜的引力作用所形成。

影响土壤黏结性的因素主要是土壤质地、水分和土壤有机质含量。一般来说,越是黏重的土壤,黏结性越强;土壤水分含量过高则黏结性下降,而水分含量下降,黏结性提高;土壤有机质可以提高质地较粗土壤的黏结性,而降低质地黏重土壤的黏结性。

②土壤黏着性　土壤黏着性是指土壤在一定含水量情况下,土粒黏附在外物(农具等)上

的性质,是影响耕作难易程度的重要因素之一。其实质也是指土粒—水—外物之间相互吸引的能力。

影响黏着性大小的因素,主要也是活性表面及含水量。前者的影响与黏结性完全相同。就含水量而言,当含水量低时,水膜很薄,主要表现为黏结性,只有当含水量增加到一定程度时,随着水膜加厚,水分子除能为土粒吸引外,尚能被各种外物(农具、木器、人体)所吸引,即表现出黏着性。

一般来说,土壤越细,接触面越大,黏着性越强,所以黏质土壤的黏着性都很显著,耕作困难。沙质土则黏着性弱,易于耕作;土壤干燥时无黏着性,随着水分含量的增加,黏着性逐渐增强,但当超过土壤饱和持水量的80%以后,由于水膜太厚而降低了黏着性,直到土壤开始呈现流体状态时,黏着性逐渐消失;腐殖质可降低黏性土壤的黏着性。

③土壤可塑性　土壤可塑性是一定含水状态的土壤在外力作用下的形变性质,指土壤在一定含水量范围,可被外力塑成任何形状,并当外力消失或干燥后,仍能保持变化了的形状的性能。

产生塑性的原因是土壤中的片状黏粒彼此接触面很大,当有一定量水分时,黏粒表面被包上一层水膜,在外力作用下,黏粒沿外力方向滑动,使原有排列改变成平行定向排列而互相黏结固定,当失水干燥后,由于土粒间存在有黏结力,仍能保持其形变。由此可知,塑性除必须在一定含水量范围才能表现出来外,还必须具有一定的黏结性,完全不具黏结性的砂土也就不具塑性,而黏结性很弱的土壤其塑性也很小。因此,凡是影响黏结性的因素均同样影响塑性。

土壤质地明显影响土壤可塑性。一般来讲,土壤中黏粒越多,质地越细,塑性越强,在黏粒矿物类型中,蒙脱石类分散度高,吸水性强,塑性值大;高岭石类分散度低,吸水性弱,塑性值小。土壤可塑性主要影响土壤耕性,塑性指数越大的土壤,耕作阻力大、耕作质量差,适耕期短,耕性较差;反之,耕性较好。

④土壤胀缩性　土壤在含水量发生变化时其体积的变化称为土壤胀缩性,一般是吸水后体积膨胀,干燥后收缩。土壤胀缩性主要影响土壤的通透性及对根系的机械损伤。当土壤吸水膨胀后,由于体积膨大,部分底土上翻到表土,使植物根系受损;土壤干燥失水后,体积收缩,土体中产生较大的裂缝,易拉断植物根系。

(6)土壤耕性　土壤耕性是土壤在耕作时及耕作后一系列土壤物理性质及物理机械性的综合反映。它包括了两方面的特征:一方面为含水量不同时土壤所表现的结持状态(黏结性、黏着性、可塑性的综合表现);另一方面为耕作时土壤对农机具所表现的机械阻力(土壤阻力),是土壤的一项重要的生产性状,常与四大肥力因素并列来评价土壤的生产性能。耕作的难易程度(耕作阻力的大小)、耕作质量的好坏(容重、孔度、孔隙比适度与否)以及宜(适)耕期(适宜耕作的一定含水量范围)的长短是评价耕性好坏的三项标准。

凡耕作阻力小者,耕作时省工、省劲、易耕,便于作业、节约能源,俗称之为"口轻""口松""绵软",是为易耕;凡耕后土垡松散易耙碎形成小团粒结构,松紧状况适中,便于根系穿扎,利于保温、保墒、保肥、通气者,称谓之耕作质量好;"干好耕,湿好耕,不干不湿更好耕"是为适耕期的表现。反之,皆为耕性不良。

土壤经耕作后所表现出来的耕作质量是不同的,凡是耕后土垡松散,容易耙碎,不成坷垃,土壤松紧孔隙状况适中,有利于种子发芽出土及幼苗生长的,谓之耕作质量好;相反则称为耕作质量差。

宜耕期长短是指适合耕作的土壤含水量范围,塑性指数越大,则宜耕期越短,而塑性指数小,则宜耕期长。宜耕期一般选择在土壤含水量低于塑性下限或高于塑性上限,前者称为干耕,后者称为湿耕。

6.2.2　土壤的化学性质对园林植物的影响

土壤的化学性质主要是指土壤酸碱性、土壤的保肥性和供肥性、土壤有机质和矿质营养元素状况,它们的强弱和含量的多少对土壤肥力均有重大影响作用,因此与植物的营养状况有密切关系。

1) 土壤酸碱性

(1)土壤酸碱性的概念　土壤酸碱性是指土壤溶液中 H^+ 的浓度和 OH^- 的浓度不同所表现出来的酸碱性质。土壤溶液是土壤水分及其所含溶质的总称。土壤溶液中存在着一定数量的氢离子和氢氧根离子,它们的数量比例决定着土壤溶液的酸碱性。当氢离子浓度大于氢氧根离子浓度时,土壤呈酸性反应;当氢离子浓度小于氢氧根离子浓度时,土壤呈碱性反应;两者浓度相等时,土壤呈中性反应。

土壤酸碱性是土壤重要的化学性质,它对土壤养分和植物的生长有明显的影响作用。土壤酸碱性的强弱,用 pH 表示。土壤酸碱度通常分为 7 个等级,见表 6.4。

表 6.4　土壤酸碱度等级表

pH 值	<4.5	4.6~5.5	5.6~6.5	6.6~7.4	7.5~8.0	8.1~9.0	>9.0
土壤酸碱度	强酸性	酸　性	微酸性	中　性	微碱性	碱　性	强碱性

(2)土壤酸碱性的分布　我国土壤的 pH 变化在 4~9,多数在 4.5~8.5,极少低于 4 或高于 10。一般长江以北地区的土壤,多属中性至碱性,长江以南的山地土壤为酸性至强酸性,只有在石灰性母岩上发育的土壤 pH 在 7.0~8.0。"南酸北碱"反映了我国土壤 pH 值分布的基本概况。土壤酸度是土壤溶液的酸性程度,它是土壤溶液中 H^+ 浓度的表现,氢离子浓度越大,土壤酸性越强。土壤中氢离子的来源有:动植物呼吸作用产生的二氧化碳溶于水形成的碳酸电离产生的氢离子;微生物分解有机物质产生的有机酸、无机酸电离产生的氢离子;土壤溶液中活性铝离子的水解作用。层状铝硅酸盐胶体微粒上吸附性 H^+ 达到一定数目后,黏粒破坏,黏粒中的铝溶解形成铝离子,铝离子水解反应产生氢离子,当土壤胶体微粒上吸附的 H^+ 和 Al^{3+} 被代换到溶液中来,呈现酸性。

土壤的碱度是土壤碱性反应的程度。土壤溶液的碱性强弱,主要决定于土壤中碳酸钠、碳酸氢钠、碳酸钙以及交换性钠的含量。它们水解后都是碱性反应,吸附性钠也发生类似作用。

(3)土壤酸碱性对植物生长的影响　土壤的酸碱性对植物生长发育的影响主要有以下几

个方面:

①土壤酸碱性对养分有效性的影响　N 在 pH6~8 时有效态氮供应数量多;P 在 pH6.5~7.5 的中性条件下有效性最高,酸性或碱性环境都会引起 P 的固定,降低其有效性;K,Ca,Mg,S 在土壤微酸条件下,溶解度大,土壤养分有效性最高,最有利于植物生长,但易淋失。微量元素 Fe,B,Cu,Mn,Zn 等一般在酸性条件下溶解度较大,有效性高;而 Mo 的有效性则相反,有效性在酸性土壤中较低,随 pH 的升高而增加。

②土壤酸碱度影响微生物的活动　土壤酸碱性还能通过影响微生物的活动而影响养分的有效性和植物的生长。酸性土壤一般不利于细菌的活动,真菌则较耐酸。pH3.5~8.5 是大多数维管植物的生长范围,但实际上最适生长的范围要比此范围窄一些。

③土壤酸碱性对园林植物生长的影响　自然界里,一些植物对土壤酸碱条件要求严格,它们只能在某一特定的酸碱范围内生长,这些植物就可以为土壤酸碱度起指示作用,故称指示植物。如映山红、茶花、茉莉、含笑等适宜在酸性的土壤上生长,称为酸性土的指示植物;柏木、白皮松是石灰性土的指示植物,而碱蓬是碱土的指示植物。

大多数园林植物不能在 pH 低于 3.5 或高于 9 的环境下生长。因为 pH 太低,土壤溶液中易产生铝离子毒害,或由于多种有机酸浓度过量,引起植物体细胞蛋白质变性,而直接危害植物。pH 过高,则会腐蚀植物的根系和茎部,造成植物死亡。不同的栽培植物有不同的最适宜生长的酸碱度范围,了解它们各自最佳的生长范围,就可以因地制宜地根据土壤酸碱度,选择适合种植的植物;或根据植物的生长特性,调节土壤酸碱度到合适的范围。

白蜡树、榆树、槭树、杉木、苦楝、乌桕等树种,要求土壤肥力较高;有些树种比较耐瘠薄,如马尾松、樟子松、黑桦、蒙古柞等对土壤肥力要求不高;豆科树种通常需要大量的钾和钙。根系吸收养分后,通过树木的韧皮部输送到需要的部位,而当落叶时,又将大部分吸收的无机养分归还土壤。清除公园和街道上所有的枯枝落叶,将会使其土壤逐渐丧失这些养分元素。

2) 土壤的保肥性

土壤的保肥性是指土壤吸持和保存植物养分的能力。土壤保肥能力的大小受土壤中植物养分的多种作用:分子吸附作用、化学固定作用和离子交换作用的影响,其中离子交换作用是影响土壤保肥性能中最重要的因素之一。

(1)阳离子交换吸附过程　土壤的阳离子交换吸附过程是指阴性胶体扩散层所吸附的阳离子与土壤溶液中的阳离子相互交换的过程。阳离子交换吸附过程实际上就是供肥和保肥的过程,反应进行的情况对土壤的供肥、保肥性产生重要影响作用。

$$[\text{土壤胶粒}]^{Ca^{2+}}+2KCl \Longleftrightarrow [\text{土壤胶粒}]^{2K^+}+CaCl_2$$

通过阳离子交换吸附过程,阴性胶体表面所吸附的阳离子有多种离子,如 H^+,Al^{3+},NH_4^+,K^+,Ca^{2+},Mg^{2+},Fe^{3+} 等。其中 H^+ 和 Al^{3+} 会引起土壤产生酸性反应,称为酸离子,其他的称为盐基离子。

①阳离子交换吸附的特点

a. 可逆反应,迅速平衡　阳离子交换吸附是可逆的反应,并能迅速达到平衡。如土壤溶液中多施用氨肥,可达下式平衡:

$$[\text{土壤胶粒}]^{Ca^{2+}}+2NH_4^+ \Longleftrightarrow [\text{土壤胶粒}]^{2NH_4^+}+Ca^{2+}$$

b.同电量等价交换 土壤中胶体的离子交换是按等电量进行交换的,例如一个 Ca^{2+} 可和两个 NH_4^+ 交换或可和一个 Mg^{2+} 进行交换。交换时与离子的相对分子质量无关。交换平衡后,被胶体吸附的离子就保存起来,被交换出的离子进入土壤溶液,可被植物吸收利用,也可随土壤溶液产生移动。

②影响阳离子交换的因素

a.离子的交换能力 一种阳离子将其他阳离子从胶体扩散层交换出来的能力称该种阳离子的交换能力。离子交换能力的大小首先决定于离子的价数,离子的价数越高,带电量越大,交换能力越强。其次决定于离子半径和水化程度。离子半径大,单位面积上的电荷量较小,对水分子的吸引力小,即水化弱,离子水化半径小,因而越易接近胶粒,交换能力强。反之,离子半径小,离子水化程度大,水化后半径大,不易接近胶粒,所以交换能力小。离子交换能力还受离子运动速度的影响。

土壤中常见的阳离子交换能力强弱顺序为:

$$Fe^{2+}>Al^{3+}>H^+>Ca^{2+}>Mg^{2+}>NH_4^+>K^+>Na^+$$

b.溶液的浓度 阳离子交换作用受质量作用定律的支配:即溶液中交换能力小的离子,若浓度增大,也可将交换能力大的离子交换出来。若交换后形成不溶性物质或难溶性物质时,或将生成物不断除去都可使交换作用继续进行。这一规律可用来控制土壤中阳离子的交换方向,有目的地改变土壤养分状况,排除土壤有害离子,改变土壤的酸碱性。如在盐碱地施入硫酸铵,被 NH_4^+ 交换出来的 Na^+ 及时用水淋洗,可使土壤中的盐分大量减少。

③土壤的阳离子交换量和盐基饱和度

a.土壤的阳离子交换量 土壤的阳离子交换量是指土壤在一定 pH(一般为 7)时,所含有全部交换性阳离子的数量,单位是 mmol(+)/kg。土壤阳离子交换量的大小通常作为评价土壤保肥能力的指标。

>200 mmol(+)/kg　　保肥性强

100~200 mmol(+)/kg　　保肥性中等

<100 mmol(+)/kg　　保肥性弱

阳离子交换量受土壤质地、腐殖质含量、土壤 pH 和土壤胶体类型影响。

土壤质地越黏重,含黏粒数量越多,交换量越大。一般沙土交换量为 10~50 mmol(+)/kg,沙壤土为 70~80 mmol(+)/kg,壤土 150~180 mmol(+)/kg,黏土为 250~300 mmol(+)/kg。

我国土壤阳离子交换量,有自南向北、自西向东逐渐增大的趋势。

b.土壤的盐基饱和度 土壤吸附的交换性离子有两大类:一类是致酸离子,有 H^+ 和 Al^{3+};另一类是盐基离子,如 Na^+,K^+,Ca^{2+},Mg^{2+},NH_4^+ 等离子。土壤的盐基饱和度是指交换性盐基离子占全部交换性阳离子的百分比。

$$盐基饱和度=交换性盐基总量/阳离子交换量×100\%$$

盐基饱和度可以反映土壤中有效养分的供应状况。同时还影响土壤的酸碱情况,饱和度大的土壤,土壤反应呈中性偏碱性;盐基不饱和的土壤则为酸性反应。生产上土壤的盐基饱和度以 70%~90% 为最适宜。

(2)土壤阴离子的吸收代换过程 土壤中带正电荷的胶体扩散层吸附的阴离子与土壤溶液中的阴离子相互交换的过程,称为阴离子的吸收交换过程。这个过程类似于阳离子交换,不同在于阴离子吸收交换过程达到保存阴离子如磷酸根等养分的目的。

阴离子的吸收受溶液浓度的影响很大,随着浓度的增加,吸收交换量增加。

阴离子的吸收也受土壤酸度的影响,随着 pH 的增加,吸收量降低。

3)土壤有机质

土壤有机质是土壤的重要组成部分,它包括腐殖质和非腐殖质两大类。前者是土壤微生物在分解有机质时重新合成的多聚体化合物,占土壤有机质的85%～90%,对植物的营养有重要的作用。土壤有机质能改善土壤的物理和化学性质,有利于土壤团粒结构的形成,从而促进植物的生长和养分的吸收。

6.2.3　土壤生物对园林植物的影响

土壤生物包括微生物、动物和植物根系,它们对土壤有机质积累、粉碎、分解、林木生长和生态系统养分循环都有重要作用。

土壤里微生物的数量是相当庞大的,可达数千至数十亿个,在森林土壤中,细菌重量可达 1 600 kg/ hm^2。土壤微生物的种类也相当复杂,有细菌、真菌、放线菌、藻类等,其中对植物生命活动最有直接益处的是固氮菌和菌根真菌,这是因为它们能直接从大气中固定氮,供给植物所需,并能大大提高植物根系的吸收能力。

1)土壤微生物

土壤微生物中,细菌数量最多,每克土壤中约有几百万至几千万个,放线菌次之,真菌较少。这些土壤微生物除藻类外,主要能量和营养来源是植物凋落物、动物残体和排泄物以及动植物分泌物。有机质丰富的森林土壤,微生物种类和数量较多,而缺乏有机质的土壤微生物种类和数量较少。

细菌分为自养型和异养型,异养型细菌利用有机物作为碳源和能量,其中厌气细菌可在缺氧条件下分解有机物。好气的硝化细菌,要求通气良好、水分适中,活动的最适温度为25～30 ℃,低于5 ℃和高于55 ℃停止活动,pH 以中性和微碱性为宜。放线菌多为异养型,可在细菌不宜活动的干旱条件生长良好,对土温要求较高,属好气性微生物。真菌为异养型,是土壤微生物的重要组成部分,多数利用简单碳水化合物,细菌和放线菌在土壤 pH 小于4.0 时就不能生长,而真菌多生长发育良好。北方和高寒地带云冷杉林,土壤冷凉潮湿,呈酸性,真菌是有机物分解的主要土壤生物,每公顷重达 1 t 之多。

(1)固氮微生物　在各种营养元素中,氮素占有极为重要的地位,它是构成蛋白质的主要物质。土壤中的氮素一部分来自动植物残体的分解,大部分来自空气。大气中放电产生的高温高压,能将氮气(N_2)分解,与氧和氢结合形成 NO_2^- 和 NH_4^+,随降水进入土壤。每年通过大气降水进入土壤的氮为3.0～4.5 kg/hm^2。大部分氮素是由土壤微生物从空气中固定下来的,每年每公顷可达100～200 kg。能固定空气中氮的主要是根瘤菌,所有豆科植物都有根瘤菌,部分非豆科植物亦有。在表6.5 中列出了能固定氮素的乔灌木。

表6.5　能固定空气中氮素的乔灌木

豆科	紫穗槐属、锦鸡儿属、金莲花属、刺槐属、鱼镖槐属、鹰爪豆属（皂荚属、肥皂荚属和槐属没有固氮能力）
非豆科	桤木属、木麻黄属、美洲茶属、香蕨木属、水牛果属、沙枣、沙棘、香杨梅

注：引自 A. Bernatzky,1987。

　　豆科植物（如刺槐、皂角、相思树、胡枝子等属）根系能与土壤中根瘤菌共生,根瘤菌（主要是 Rhiz obiwm 属）侵入豆科植物根系,形成根瘤,并在根瘤中固氮。被固定的氮可转化成氨基酸被豆科植物利用。根瘤菌和豆科植物共生时,豆科植物供给根瘤菌糖类,根瘤菌则供给豆科植物氮素,细菌和植物根系之间的这种关系在生态学上叫做互惠共生。

　　非豆科根瘤固氮植物有桤木、木麻黄、罗汉松、胡颓子、杨梅、苏铁、银杏等。已报道非豆科共生固氮植物有8科、21属、192种。许多学者认为非豆科共生固氮植物,对自然生态系统提供氮素的经济意义超过了豆科固氮植物。桤木是最重要的非豆科固氮树种,已报道桤木作为伴生树种能促进下列树种生长：白蜡属、核桃属、美国枫香、鹅掌楸属、悬铃木属、杨树、花旗松、一些松树、云杉属及柏木等。还有一些非豆科固氮树是分布在热带、亚热带的木麻黄属,自20世纪50年代始,我国在东南沿海营造木麻黄防风固沙林,为控制流沙、防止风浪袭击起了重要作用。

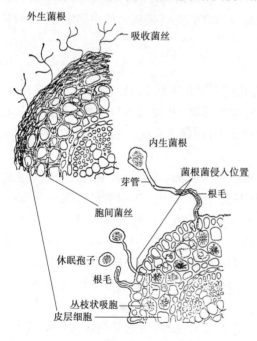

图6.2　菌根形态解剖结构
（J. P. Kimmins,1992）

　　（2）菌根真菌　菌根是指真菌菌丝侵入树木根的表层细胞壁或细胞腔内形成一种特殊结构的共生体。菌根可分为外生型菌根、内生型菌根和内外生型菌根3种类型（图6.2）。

　　外生型菌根的菌丝一般在根的表面形成一个密厚的根套,菌丝仅侵入根外层细胞之间而不伸入细胞内,大多数乔、灌木树种（如松树、冷杉、云杉、橡树、山杨、椿树、银桦、栎、木麻黄等）都具有外生菌根,外生菌根多由担子菌、子囊菌和藻状菌形成。内生型菌根不形成根套,菌丝深入到细胞腔之内,很多高等植物,如槭树、鹅掌楸、南洋杉、日本柳杉、日本扁柏等树木和兰科、禾本科、百合科草本植物,以及苔藓、蕨类、竹类等生有内生菌根。内生菌根主要由藻状菌的一些属形成,其寄主范围远比外生菌根广泛。内外生菌根是兼有外生菌根和内生菌根的某些形态学和生理学特性,在松属和桦木树上常可发现。内外生菌根多由子囊菌形成。

　　菌根的作用是从寄主获得碳水化合物、维生素、氨基酸和生长促进物质。利用 C^{14} 试验证明：高等植物光合作用产生的碳水化合物向根部输送,并且经过菌根、菌丝向子实体移动。菌根吸收的氮和无机盐能转给寄主植物,外生菌根和菌丝体中,含有大量 P,K 并能向寄主细胞中转移,因此菌根菌对植物的养分供给有重要意义。菌根扩大了根的吸收面积,这对植物和真菌的养分和水分吸收、利用都是有益或互惠的。有些菌根还能产生某些促进生长的物质,提供抗生素,抑制其他微生物(包括病原菌)的生长和繁殖,保护幼根免受侵袭。菌根极有利于树木的生长,有些树木的良好生长必须有菌根的存在,通常在荒地,特别是一些工业废物场或垃圾堆上栽植树木时,应用带有菌根的森林土或死地被植物进行土壤接种。北京北海公园对团城上有300多年历史的古树,用森林土接种菌根后,在较短时间内,古树就长出了很多细小的新根,古树长势好转。当然,菌根并不都是有益的,有的种类虽然不致使根死亡,但会夺取植物养分。菌根菌在土壤中形成的菌丝层,可降低土壤透水性,是引起更新幼苗幼树枯死的原因之一。

2)土壤动物

土壤动物区系包括在土壤中至少度过部分生命史的所有动物。

(1)土壤动物的分类

①按大小分

a.大型动物:躯体大于1.0 cm,如脊椎动物、软体动物、蚯蚓和较大的节肢动物。

b.中型动物:躯体大小在0.2~10.0 mm,如螨虫、弹尾虫、大型线虫。

c.小型动物:躯体小于0.2 mm,如小螨虫、线虫和原生动物。

②按生境关系分

a.栖居在表层死地被物上的动物:体型大,不进入土壤,如蜗牛。

b.栖居在土壤孔隙中的动物。

c.穴居动物:如蚯蚓、蚂蚁。

另外,按照食性,土壤动物还可分为肉食性动物、植食性动物、腐食性动物。按照系统分类,土壤动物还可分为脊椎动物、节肢动物、软体动物、环节动物、线形动物和原生动物。

(2)土壤动物的作用 土壤动物的综合作用是机械粉碎、纤维素和木质素的分解。尤其是蚯蚓对土壤的翻松作用早有研究。蚯蚓取食有机物和泥土,然后将排泄物排于土表或洞穴,其排泄物含有N,C,Ca,Mg,P等。我国辽宁省调查,10年生红松人工纯林每公顷有蚯蚓5 000条,50年生纯林有12万~13万条。

3)植物根系

植物根系对土壤发育有重要作用。根死亡后,增加土壤下层的有机物质、阳离子交换量并促进土壤结构的形成。根系腐烂后,留下许多孔道,改善了通气性并有利于重力水上移。根系分泌物、根周围的微生物均能促进矿物及岩石的风化。

根际是指微生物种群数量和种类组成受根系直接影响的土壤范围,一般包括从根表面向外几毫米的范围。根向周围土壤分泌碳水化合物、维生素和氨基酸等,这可使根际微生物的数量大大增加,而微生物代谢活性的增加又促进矿物质的风化。根际微生物中有大量固氮菌,它们可将大气中的氮或易水解的有机氮转化成氨态氮。有些根际微生物(如根瘤细菌和菌根真菌)还能分泌生长调节物质,改善根的生长状况。

细根有很高的周转率,森林地上部凋落积累的死地被物可能与死亡的细根量(包括真菌菌丝)相当或略高,故死亡细根每年都向死地被物层提供新的有机质。

根系的重要性,还表现在其占生物量的比例上。在极地,根占树木生物量的20%~45%,热带地区则为10%~20%。植物每年新增生物量的50%会分配在根部。贫瘠土壤上,植物地上生物量比例较少,其原因之一是保证较高的细根生产量,以获得较多的养分。

根系形态是许多因素影响的结果,除遗传特性外,根系形态随扎根环境而有明显不同。有些树种根系的可塑性很大,环境条件能明显地改变其形态,如东北的云杉,生长在环境条件冷凉的小兴安岭,多为浅根系,而在哈尔滨的黑土上根系很深。有些树种,如北美的黑云杉,根系形态的可塑性较小,它们根系的形态与土壤类型无关。

6.3　园林植物对土壤的生态适应

6.3.1　园林植物对土壤酸碱性的适应

土壤酸度与植物营养有密切的关系。首先,土壤酸度通过影响矿质盐分的溶解度而影响养分的有效性,如氮、磷、钾、硫、钙、镁、铁、锰、硼、铜、锌、钼的有效性均随土壤溶液酸碱性的强弱而不同。土壤溶液酸碱性与植物营养元素有效性的关系如图6.3所示,图中各元素带的宽度是指该元素在不同pH时对植物的相对有效性。从图可以看出土壤在pH6~7的微酸性条件下,养分的有效性最高,对植物生长最适宜。

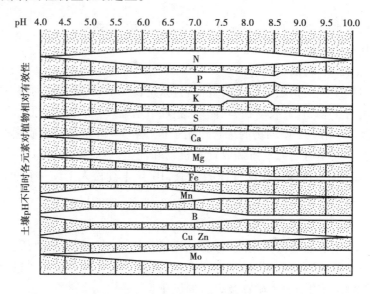

图6.3　土壤酸碱度与植物营养元素有效性的关系

(雷默特,1988)

不同种类植物对土壤酸度的要求不一样,大多数维管束植物生活的土壤pH值为3.5~8.5,但最适生长的pH值则远较此范围窄。土壤pH值低于3或高于9,多数植物生长不良,甚至死亡。表6.6列出了部分植物适宜的土壤pH值范围。

表6.6　部分园林植物适宜的土壤pH值范围

适宜pH值	植物种类
4.0~4.5	欧石楠、凤梨科植物、八仙花
4.0~5.0	紫鸭跖草、兰科植物

适宜 pH 值	植物种类
4.5~5.5	蕨类植物、锦紫苏、杜鹃花、山杨、臭冷杉、茶、柑橘
4.5~6.5	山茶花、马尾松
4.5~6.5(8.0)	杉木
4.5~7.5	结缕草属
4.5~8.0	白三叶
5.0~6.0	丝柏类、山月桂、广玉兰、铁线莲、藿香蓟、仙人掌科、百合、冷杉
5.0~6.5	云杉属、松属、棕榈科植物、椰子类、大岩桐、海棠、西府海棠
5.0~7.0	毛竹、金钱松
5.0~7.8	早熟禾
5.0~8.0	乌桕、落羽杉、水杉、黑松、香樟
5.2~7.5	羊茅、紫羊茅
5.5~6.5	樱花、蓬莱蕉、喜林芋、安祖花、仙客来、吊钟海棠、菊花、蒲包花、倒挂金钟、美人蕉
5.5~7.0	朱顶红、桂香竹、雏菊、印度橡皮树
5.5~7.5	紫罗兰、贴梗海棠
6.0~6.5	兴安落叶松、樟子松、红松、沙冷杉、蒙古栎、日本黑松
6.0~7.0	花柏类、一品红、秋海棠、灯心草、文竹
6.0~7.5	郁金香、风信子、水仙、非洲紫苣苔、牵牛花、三色堇、瓜叶菊、金鱼草、紫藤
6.0~8.0	火棘、枸子木、泡桐、榆树、杨树、大丽花、花毛茛、唐菖蒲、芍药、庭荠
6.5~7.0	四季报春、洋水仙
6.5~7.5	香豌豆、金盏花、勿忘草、紫菀
7.0~7.5	油松、杜松、辽东栎
7.0~8.0	西洋樱草、仙人掌类、石竹、香堇
7.5~8.5	毛白杨、白皮松
8.0~8.7	侧柏、刺松、白榆、刺槐、国槐、苦栎、臭椿、紫穗槐、皂荚、柏木、朴树、乌桕、红树、胡杨、沙枣、沙棘、甘草、柽柳、秋茄树、茄藤

注:引自园林生态学,冷平生,2005。

6.3.2 园林植物对盐碱土的适应

我国黄淮海平原、东北西部平原、黄河河套平原、西部内陆地区以及东部沿海地区,广泛分布着盐碱土壤(如图 6.4 所示内陆盐渍土),尤其在北方的园林绿化土壤大多属于盐碱土类型,

图6.4　内陆盐渍土

大力发掘这部分宝贵的土地资源,提高盐碱土的生产力,对于促进农、林业的发展有十分重要的意义。

1)盐碱土的概念

盐碱土是盐土和碱土以及各种盐化与碱化土的统称。盐土是指含有大量可溶性盐类而使大多数植物不能生长的土壤,其盐含量一般达0.6%~1.0%或更高。在很多情况下,土壤中虽然含有一定量的可溶性盐分,妨碍一般植物的正常生长,但盐分的积累和对植物的限制尚未达到真正盐土的程度,这样的土壤就称为盐化土壤。碱土含盐量往往并不很高,但由于土壤胶体上吸附有大量的代换性Na^+,Na^+水解使土壤呈强碱性;另外,土壤中盐分以碱性钠盐(如碳酸钠、碳酸氢钠)为主,也使土壤呈碱性。一般认为代换性钠占阳离子代换量的百分率(ESP)超过20%、pH在9以上的土壤才能称为碱土。盐土与碱土常混合存在,盐土中也含有一定的碱,习惯上均称之为盐碱土。

2)盐碱土对园林植物的危害

盐土对植物生长发育的不利影响是多方面的,主要表现在以下几个方面:

(1)引起植物生理干旱　盐土中含有的大量可溶性盐类提高了土壤溶液的渗透压,从而引起植物的生理干旱,使植物根系及种子萌发时不能从土壤中吸收足够的水分,甚至还会导致水分从根细胞外渗,使植物枯萎,严重时甚至死亡。

(2)伤害植物组织　土壤含盐分太高时,会伤害植物组织,尤其在干旱季节,盐类积聚在表土,常伤害根、茎交界处的组织。以碳酸钠、碳酸钾产生的伤害最大。在高pH下,OH^-对植物也有直接毒害作用。

(3)引起植物代谢紊乱　由于土壤盐分浓度过大,植物体内常积聚多量的盐类。过多的盐分积累影响植物的代谢过程,如过量的Cl^-进入植物体内,降低一些水解酶(如β-淀粉酶、果胶酶、蔗糖酶等)的活性,搅乱植物碳水化合物的代谢进程。也常使蛋白质的合成受到严重阻碍,从而导致含氮的中间代谢产物的积累,使细胞中毒。当叶绿蛋白的合成受到阻碍时,叶绿体趋于分解。过多的盐分积累也可使原生质受害,且导致细胞发生质壁分离现象。重金属盐类更会破坏原生质中的酶系。

(4)影响植物的正常营养　如由于Na^+和Cl^-的竞争,植物对钾、磷和其他元素的吸收减少,磷的转移也会受到抑制,从而影响植物的营养状况。

另外,在高浓度盐类的作用下,气孔保卫细胞内的淀粉形成过程受到妨碍,气孔不能关闭,即使在干旱时期也是如此,因此,植物容易干旱枯萎。在市区和交通干道使用氯化钠盐作为融雪剂,融化的盐水会对土壤造成污染,从而会使植物受害。一般对于落叶树,当土壤中含盐量达0.3%时会引起伤害,对于针叶树,含盐量为0.18%~0.2%时即可引起伤害。城市树木受害后,一般阔叶树表现为叶片变小,叶缘和叶片有枯斑,呈棕色,受害严重的叶片干枯脱落。有的树木表现为多次萌发新梢并开花、芽干枯。针叶树针叶枯黄,严重时全枝或全株枯死。

碱土危害植物生长的主要原因:一是土壤的强碱性毒害植物根系;二是土壤物理性质恶化,土壤结构被破坏,质地变得很坏,尤其是形成了一个透水性极差的碱化层次,湿时膨胀黏重,干时坚硬板结,使翻耕困难,且水分不能渗滤进去,根系不能透过,种子不易出土,即使出土后也不能很好生长。

3)园林植物对盐碱土的适应

一般植物不能在盐碱土上生长,但是有一类植物却能在含盐量高或碱性强的土壤中生长,具有许多适应盐、碱生境的形态和生理特征,这类植物统称为盐碱土植物,包括盐土植物和碱土植物两类。我国盐土面积很大,碱土分布不多,研究重点也集中在盐土植物上。

盐土植物在形态上常表现为植物体干而硬;叶子不发达,蒸腾表面强烈缩小,气孔下陷;表皮具有厚的外壁,常具灰色茸毛。在内部结构上,细胞间隙强烈缩小,栅栏组织发达。有一些盐土植物枝叶具有肉质性,叶肉中有特殊的贮水细胞,使同化细胞不致受高浓度盐分的伤害,贮水细胞的大小还能随叶子的年龄和植物体内盐分绝对含量的增加而增大。

在生理上,盐土植物具有一系列的抗盐特性,根据它们对过量盐类的适应特点不同,可分为3类:

(1)聚盐性植物 这类植物适宜在强盐渍化土壤上生长,能从土壤里吸收大量可溶性盐类,并把这些盐类积聚在体内而不受害。这类植物的原生质对盐类的抗性特别强,能忍受6%甚至更浓的氯化钠溶液,所以,聚盐性植物也称为真盐生植物。它们的细胞液浓度也特别高,并有极高的渗透压,特别是根部细胞的渗透压一般都在 4.053×10^6 Pa 以上,有的甚至高达 $(7.093 \sim 10.133) \times 10^6$ Pa,大大高于盐土溶液的渗透压,所以能吸收高浓度土壤溶液中的水分。

聚盐性植物的种类不同,积累的盐分种类也不一样,如盐角草、碱蓬能吸收并积累较多的氯化钠或硫酸钠,滨藜吸收并积累较多的硝酸盐。属于这类聚盐性植物的还有海蓬子、盐节木、盐穗木、梭梭草、西伯利亚白刺、黑果枸杞等。

(2)泌盐性植物 这类植物的根细胞对于盐类的透过性与聚盐性植物一样是很大的,但是它们吸进体内的盐分并不积累在体内,而是通过茎、叶表面密布的分泌腺(盐腺)把所吸收的过多的盐分排出体外,这种作用称为泌盐作用。排出在叶、茎表面上的氯化钠或硫酸钠等结晶和硬壳逐渐被风吹或雨露淋洗掉。

泌盐性植物虽能在含盐多的土壤上生长,但它们在非盐渍化的土壤上生长得更好,所以常把这类植物看作是耐盐植物,柽柳、瓣鳞花、红砂、生于海边盐碱滩上的大米草、滨海的各种红树植物以及常生于草原盐碱滩上的药用植物补血草等都属于这类植物。

(3)不透盐性植物 这类植物一般只生长在盐渍化程度较轻的土壤上。它们的根细胞对盐类的透过性非常小,所以它们虽然生长在轻度盐碱土中,却几乎不吸收或很少吸收土壤中的盐类。这类植物的细胞渗透压也很高,但是不同于聚盐性植物,其细胞的高渗透压不是由于体内高浓度的盐类所引起,而是由于体内大量的可溶性有机物(如有机酸、糖类、氨基酸等)所引起。细胞的高渗透压同样提高了根系从盐碱土中吸收水分的能力,所以,常把这类植物看作是抗盐植物。蒿属、盐地紫菀、盐地凤毛菊、碱地凤毛菊、獐茅、田菁等都属于这一类。

上述盐土植物的各种生态适应特性,都是适应土壤中易溶性盐类离子增加,并由此而引起土壤生理性干旱的综合结果,因此,盐生植物的适应特性常和旱生植物的适应特性结合在一起。可用作观赏的耐盐植物有:补血草属、沙枣、柽柳属、碱菀、芦荟、凤毛菊属、马蔺属、罗布麻、肾叶打碗花、芨芨草、单叶蔓荆、海滨锦葵、胡杨、地肤等。

4)盐碱土的改良

盐碱土的改良主要是排除土壤中过多的可溶性盐,改善土壤理化性质,并提高土壤肥力。

改良盐碱土的措施,概括起来有水利、农业、生物3个方面,且综合应用效果最好。

利用水利工程措施淋洗和排除土壤中的盐分是盐碱土改良的有效措施之一。排水是盐碱地脱盐的关键,排水沟越深(1~3 m),土壤脱盐作用越明显。一般泡田10 d,换水5次,土壤耕作层能脱盐9成以上。

农业措施主要是种植水稻。只要有水源,各种类型的盐碱地都可开沟、排水、洗盐,并结合种稻进行改良。一般在种植水稻2~3年后,盐分大部分被洗去,这样在改土过程中同时可得收益。也可以在盐碱地上选种一些耐盐性强的作物,如棉花、甜菜、向日葵、糜子、碱谷、高粱、大麦等。

生物措施是通过种树种草(绿肥)改良盐碱土,是改良盐碱地的重要措施。植物有茂密的茎叶覆盖地面,使土温及地面气温降低,土壤水分蒸发减少,能有效地抑制盐分上升,防止土壤反盐。由于根系大量吸收水分,经叶面蒸腾可使地下水位下降,又能有效地防止土壤盐分向地表积累。种植的绿肥耕翻入土后,又能增加土壤有机质含量,改善土壤结构,增加土壤通气性,提高土壤肥力。根系分泌出的有机酸以及经微生物分解植物残体所产生的各种有机酸,对土壤碱性还能起一定的中和作用。所以,种植绿肥既能改善土壤理化性质,巩固和提高脱盐效果,又能培肥土壤,是快速改良盐碱地的重要措施。田菁、紫花苜蓿、紫花苕子等都是耐盐碱、耐瘠薄的优良绿肥。

在盐碱地区植树造林也是防止土壤返盐的一项措施,因为树木根系能大量吸收地下水分,可以降低地下水位。同时通过大量枝叶的蒸腾,增加了周围的空气湿度,这可使土壤水分蒸发减少,起到抑制盐分上升的作用。林冠还能削弱风力,降低风速,因而也可以减少土壤水分蒸发。紫穗槐、杨树、白榆、沙枣、杞柳、白刺、滨藜属植物等具有耐盐碱、耐涝等特点,可作为盐碱地的园林绿化与造林树种。

6.4　城市土壤的人为干扰和改良

6.4.1　土壤污染及其防治

土壤污染是指当土壤中有害物质含量超出了土壤的自净能力,破坏了土壤的理化性质,使土壤肥力下降,植物生长不良,或污染物在植物体内积累,并通过食物链影响人体健康的现象。污染土壤的有害物质可分为两大类:无机污染物和有机污染物。无机污染物主要是各种重金属、氟化物等,有机污染物主要是化学农药、石油类、酚等。这些污染物一般来自工厂的三废(废气、废水、废渣)、生活垃圾、农药、化肥等,大气污染和水污染也会导致土壤污染。

1)土壤污染源

按农田土壤被污染的途径来分,可有5个方面的来源:

(1)污水灌溉　由污水灌溉引起的土壤污染最为普遍,如日本在1958年因污灌引起污染的土壤为9.9万hm^2,1970年扩大到19万hm^2。在日本已遭受污染的耕地中,约有80%是由于污水造成的。由于土壤污染,使水稻减产30%,生产的大米含汞高达0.07 mg/kg,其中10%为甲基汞。日本富山县神通川流域,由于利用含镉的工业废水灌溉稻田,污染了土壤和稻米,使几千人因镉中毒而得骨痛病。

目前,我国的污水灌溉区已有30多个,污灌面积约53万hm^2,污水年排放量为300多

亿 m³,有 85% 以上的污水未经处理,含有多种重金属离子,超出农田灌溉水质标准。北方省区灌溉面积大,污染比较重。

(2)施肥 肥料对我国的农业生产作出了很大贡献,在农业生产上施肥是提高产量的主要措施,但各种肥料中的有害物质亦不容忽视。北京、天津、上海等地,常年无限制地施用超标准污泥而导致污染。天津市污水的年排放量约 3.1 亿 m³,经过自然沉积和污水厂处理后,每年都有大量的污泥需要进行妥善的处理。据分析,这些污泥中含有比较丰富的有机质和氮、磷等植物营养成分,同时含有多种有害物质。在施肥时过量使用带硝酸根的肥料就会造成农产品的污染。

(3)施用农药 由于我国长期大量施用有机氯和有机磷农药,土壤污染比较严重。据黑龙江省的调查表明:黑土类土壤普遍受到六六六的污染,所有样品均有检出,平均残留量 0.121 5 mg/kg。据河南新乡地区通过 14 个县 152 个采样点的调查结果表明:六六六的检出率为 0.025 0 ~ 5.400 0 mg/kg,平均值为 0.332 1 mg/kg,DDT 的检出率为 72%,残留范围为 0.008 2 ~ 8.140 0 mg/kg,平均值为 0.379 0 mg/kg。人们食用了带农药残留的产品,在人体内就会发生生物富集作用,对人体造成危害。

(4)工业废气 据估计,工业和家庭烧煤所产生的烟尘年排放量约为 1 400 万 t,国家卫生质量标准规定每月的降尘量为 6 ~ 8 t/km²,工业排放标准每月为 18 t/km²,但几乎所有城市都超过了以上标准,一般都在 30 ~ 40 t,有的高达数百吨至上千吨。株洲冶炼厂、沈阳冶炼厂、葫芦岛锌厂等大型冶炼企业可使重金属镉、铅随烟尘扩散达数百平方公里。焦化厂气态污染物主要有环芳烃,SO_2,NO_x 和 CO。大冶冶炼厂烟尘中 Cu,Zn,Pb,Cd 的含量分别为 16 160,39 740,780,312 mg/kg。

(5)工业废渣 据不完全统计,全国 75 个城市历年积累的工业废渣和尾矿达 715.7 亿 t,1980年统计 28 个省市工业废渣共 4.8 亿 t。这些废渣不仅占用大片土地,而且造成更多的土壤污染。

2)土壤污染的特点

重金属是最主要的土壤污染物,一般不易随水淋滤,不能被土壤微生物所降解,但能被土壤胶体所吸附,被土壤微生物所富集或被植物吸收,有时甚至可能转化为毒性更强的物质。有的通过食物链以有害浓度在人体内蓄积,严重危害人体健康。重金属在土壤中的积累初期,不易被人们觉察,属于潜在危害,但土壤一旦被重金属污染,就很难彻底消除。常见的重金属有汞、镉、砷、铬、铅等。

土壤中的重金属污染对植物生长发育造成的危害主要使植株矮小,生长缓慢,叶面积下降,叶片失绿,叶片、茎、花瓣等变成褐色或黑色,严重时会使叶片和花蕾脱落。不同植物对重金属污染的耐性有很大差异。有试验表明,当土壤中镉含量为 10 μg/g 时,加杨、旱柳能正常生长,而白榆、桑树则表现受害症状,叶退绿或出现褐斑,生物量下降,当镉含量达 50 μg/g 时,加杨生长明显受害,三年生加杨生长量下降 17%。

3)土壤污染的治理

土壤污染与大气污染和水污染不同,由于大气和水体在不停地运动,可使污染物较快地扩散或稀释,而土壤中的污染物一般都被土壤胶体吸附,运动速度缓慢,特别是一些化学性质稳定的污染物(如重金属)可在土壤中不断积累,而达到很高的浓度。因此,对污染土壤治理很困难,目前国内外采用的主要治理措施有:

(1)生物改良 种植对重金属元素有较强富集能力的植物,使土壤中的重金属转移到植物体内,然后对植物进行集中处理。如一些蕨类植物对许多重金属有极强的富集能力,植株内的重金属含量可达土壤中的几倍甚至十几倍,一些木本植物,如加杨也对重金属有较强的抗性和富集能力。

植物提取技术是指将特定的植物(超累积植物)种植在重金属污染的土壤中,植物(特别是地上部)吸收、富集土壤中的重金属元素后,将植物进行收获和妥善处理,达到治理土壤重金属污染的目的。目前常用植物包括各种野生的超累积植物及某些高产的农作物,如芸薹属植物(印度芥菜等)、油菜、杨、苎麻等。重金属超累积植物的特点是:植物可收割部位必须能忍耐和积累高含量的污染物;植物在野外条件下生长速度快、生长周期短、生物量高、个体大、向上垂直生长以利于机械化作业等。

植物提取技术的生物改良是改良环境很有效的科学方法,近年来已经受到人们的重视。

(2)化学改良剂改良　施用化学改良剂,使重金属变为难溶性的化学物质,如在沈阳张士灌区,对镉污染土壤每 666.7 m² 施用石灰 120~140 kg,以中和土壤的酸性,使镉沉淀下来而不易被植物吸收,使大米中镉的含量减少 50% 以上,获得了较好效果。一些重金属元素如镉、铜、铅等在土壤嫌气条件下易生成硫化物沉淀,灌水并施用适量硫化钠可获得较好效果。磷酸盐对抑制镉、铅、铜和锌也有良好效果。

(3)通过施肥治理污染　增施有机肥料既能改善土壤理化性状,还能增大土壤环境容量,提高土壤净化能力,对治理土壤污染效果良好。特别是受重金属污染的土壤,增施农家肥,可提高土壤的还原能力,使重金属呈固定状态,减弱其对作物的污染。据中国科学院南京土壤研究所在天津市滨海新区的试验,在含汞超过 150 μg/kg 的土壤上,施用有机肥和磷肥,有利于土壤对汞的固定,能在不同程度上降低糙米的含汞量。据云南大学生物系的试验表明,用腐殖酸类肥料,钙镁磷肥和熟石灰改良被铅污染的土壤,效果明显。原中国科学院林业土壤研究所在沈阳张士灌区进行 7 年田间试验的结果表明:以适量石灰和钙镁磷肥施用后,土壤交换态镉减少率最大(−77.5%);石灰加胡敏酸次之(−69%);单施石灰又次之(−30%),米镉也随之下降。

(4)排土与客土改良　这是对被重金属污染土壤最彻底的改良方法,即挖去污染土层,用清洁土壤改造污染土壤,此法效果好,但大面积换土,投入大,目前在生产上应用较少。据原中国科学院林业土壤研究所在张士灌区的试验,铲除表土 5~10 cm,可使米镉下降 25%~30%;铲土 15~30 cm,米镉下降 50% 左右。

6.4.2　土壤固体侵入及其改良

在城市建设过程中,有大量的城市建筑、生产、生活等固体废弃物被就地填埋,这种土壤固体的侵入,极大地改变了原有自然土壤的性质。城市固体废弃物来源种类不同,决定了形成土壤的性质。据陈自新等对北京城区进行广泛调查研究的结果表明:按照城市土壤固体侵入的种类分为砖渣类、煤灰渣、煤焦渣类、石灰渣类、混凝土块及砾石类。

砖渣类来源于建筑渣土。容重较大,质地较硬,以固体形式侵入土壤,常使土中大孔隙增加,透气、排水性增强,土壤持水能力下降,养分减少,土壤的贫瘠程度加剧。

煤灰渣以煤球灰渣为主。煤球灰具有通气性和吸水性。含量适当时,可改善土壤的通气性,也具有一定的保水作用,且由于容重较小易碎而有利于植物根系的穿透;含量过高时,由于球粒间空隙过多,从而使土壤持水能力下降,能为土壤提供养分,也有一定的保肥作用。

煤焦渣类为大型锅炉燃烧后的残余物,粒径大小不等。容重差异较大,不易破碎;大孔隙多,细孔隙少,土壤透气及排水性增强;但保水性极差;在土壤中含量过多时,土壤持水能力下降。

石灰渣由石灰石煅烧而成。石灰可使土壤增加碱性。石灰土的吸水性强,而且具胶结性,易使土壤固结;一般还原成碳酸钙后,不易破碎;以固体存在于土壤时,可加大土壤孔隙。石灰对植物根系有危害作用。

混凝土块及砾石来源于道路、建筑的废弃物。持水孔隙及通气孔隙均较低,在土壤中含量适当时增加大孔隙,改善透气排水状况,没有持水作用;含量多时,会使土壤持水力显著下降。

以上各种类型的固体废弃物,对植物生存条件的有利或不利影响,依渣土类型、侵入土壤的方式和数量,侵入地原有土壤的机械组成等因素不同而异。在城区外力作用频繁的地区以及土壤黏重的地段,填埋适量的固体废弃物,尤其是和土壤相间均匀混合时,有利于改善土壤的通气状况,是促进树木局部根系伸长,增加根量,改善树木生长状况。但当渣土混入过多或过分集中时,使树木根系生长发育不良,同时也影响到地上枝叶的生长。因为植物生长地生部分和地下部分具有相关性。

土壤中固体废弃物含量适当时,能在一定程度上提高土壤(尤其是黏重土壤)的排水能力,但含量过多时会使土壤持水力下降。渣粒本身占有一定体积,使土壤体积相对减少,从而降低了土壤水分的绝对含量,造成城市植物水分亏缺严重,尤其是冬春季节供水不足,常成为植物越冬的最大威胁。

对城市人工渣土的利用和改良可采取如下措施:

①对由于细粒太少而持水能力差的土壤,应将大粒径的渣块挑出,使固体废弃物占土壤总容积的比例不超过1/3,并可渗入部分细粒进行调整。

②对由于粗粒太少,透气、渗水、排水能力差的土壤,可掺入部分粗粒加以改良。

③对难以用于植物生长的土壤进行更换,同时针对土壤情况选择适宜的城市树种进行种植。

6.4.3　土壤的其他人为干扰和改良

城市土壤的侵入物很多是建筑垃圾,含有大量建筑后留下的砖瓦块、砂石、煤屑、碎木、灰渣和灰槽等杂物,会使植物的根系发育不良。城市排放的工业废水、燃煤和冶炼厂飘尘中的污染物、玻璃、塑料、石灰、水泥、沥青以及地下构筑物(如热力、煤气、排污管道等),严重地破坏了土壤的物理性状,同时由于人为翻动,富含有机质的表土在城市土壤中大都不复存在,取而代之的往往是混杂的底土或母质,其中的有机质含量偏低,不利于园林植物的生长发育。

在现实生活中,土壤污染的发生往往是多源性的。对于同一区域受污染的土壤,其污染源可能同时来自污灌、大气酸沉降和工业飘尘、垃圾或污泥堆肥以及农药、化肥等。因此,土壤污染往往是综合型的,接受的污染物也多种多样。这就要求我们在土壤污染防治工作中抓住主要问题对症下药,或采取相应的技术措施改良土壤。

复习思考题

1. 简述组成土壤因素的类型。

2. 与自然土壤相比,城市土壤有何特点?

3. 土壤的质地类型有哪些? 不同的质地类型对园林植物有何影响?

4. 什么是土壤容重、孔隙度? 土壤容重、孔隙度对园林植物的生长有何影响?

5. 土壤酸碱性与养分有效性对植物生长有何影响?

6. 简述土壤有机质的作用。

7. 土壤微生物对土壤养分有什么作用? 土壤动物、植物根系对土壤发育有什么作用?

8. 土壤结构的类型有哪些? 为什么说团粒结构是有利于植物生长的理想土壤类型?

9. 举例说明园林植物对土壤养分生态适应的表现。

10. 举例说明园林植物对土壤酸碱性的生态适应。

11. 举例说明园林植物对盐渍土的生态适应。

12. 什么是盐碱土? 盐碱土对园林植物有何危害? 简述盐土植物抗盐性的特点。

13. 简述对盐碱土的改良措施。

14. 城市土壤污染的途径有哪些? 城市土壤污染的特点是什么? 目前国内外采用的主要治理措施有哪些?

15. 土壤固体侵入的种类有哪些? 如何对城市固体侵入的污染土壤进行改良?

知识链接——滥用化肥农药致土壤污染

就世界范围而言,土壤污染尚是一个"新的问题"。

如何做到环境保护与经济发展的平衡统一,是全世界面临的复杂课题。土壤科研人员发现,即使是在南极上空或喜马拉雅山脉之巅,仍然会有 DDT 或六六六的残留。中国受污染的土壤到底有多少? 污染范围和程度究竟如何? 土壤对污染的承受力在何时会达到极限? 中国科学院院士、土壤地理学家赵其国告诉记者,虽然 2006 年中国开始了全国土壤污染状况与防治专项调查工作,但是到目前为止,人们还无法准确地回答上述问题。这些暂时不能解答的疑问,从一个侧面折射了中国土壤污染预防与治理的现状。而城市土壤污染问题近几年才受到关注,以前搞的土壤调查,仅是从农产品安全与生态安全的角度。城市土壤污染问题,实际上是随着污染企业搬迁刚刚进入我们的视野。

北京市土壤污染的一个案例令人震惊。2004 年 4 月 28 日中午,北京市宋家庄地铁工程建筑工地的探井工人正在挖掘施工,当 31 号坑的 3 位工人挖掘到地表以下 3 m 处时,他们闻到一股强烈刺鼻的味道。由于施工方早有预先准备,3 位工人戴上了防毒面具。当土坑被掘至 5 m 深处时,3 人均出现不适症状,其中一人开始呕吐。3 名工人被及时送到医院抢救,其中症状最重的一人接受了高压氧舱治疗,至当日下午 6 时出院。另两人症状较轻,简单治疗后回到工地。

经过调查,出事地点原是北京在 20 世纪 70 年代末 80 年代初期一家农药厂的厂址,从这一案例可以看出农药对土壤的危害不但渗透较深,而且持续时间长。

我国的广大农村近几年为了提高粮食产量,防治病虫害使用大量农药导致土壤污染日益严重,土壤污染使大量农产品农药残留超标,危害人们的身体健康。

最近从国务院常务会议上传出信息,有关部门历时6年开展了全国土壤污染状况调查。结果表明,全国土壤污染严重,其中工矿业、农业等人为活动是造成土壤污染的主要原因。

我国粮食产量年年增长,可是在表面光鲜的外表下,隐藏的危险更值得我们重视。现在农民普遍感到土壤板结(图6.5),庄稼越来越难种。城市居民普遍感到果不香、瓜不甜、菜无味,蔬菜虽然数量多了,但是品质有所下降。不仅如此,蔬菜中含的有毒、有害物质也相应增多。是什么原因导致农作物品质严重下降的呢?

事实上,由于我们片面追求粮食产量的增加,使得土壤环境受到了严重的破坏,不少地区农田中有机质的含量已经从以前的30%下降到1%(图6.6),所谓土壤中的有机质就是各种动植物残体与微生物及其分解合成的含碳有机化合物。土壤中有机质含量太低,如果不施用化肥的话,地里什么都长不出来。但是长期使用化肥会造成重金属污染,这些污染物一旦进入土壤后,不仅不能被微生物降解,而且可以通过食物链不断在生物体内富集,甚至可以转化为毒性更大的甲基化合物,最终在人体内积累危害健康。土壤环境一旦遭受重金属污染就难以彻底消除。还有人说,城里的企业污染农村,那农民就把受污染的菜给城里人吃,最终的结果就是互相污染,形成了城乡互动的恶性循环。

图6.5　滥用化肥农药造成的土壤板结　　　图6.6　严重缺乏有机质的土壤

20世纪50年代,我们去东北开发北大荒的时候,那里的生态环境很好,植物繁茂,碧水蓝天,"棒打豹子瓢咬鱼,野鸡飞到饭锅里,掘地三尺有清泉",是北大荒生态环境的真实写照。那里的黑土层厚度有80~100 cm。所谓黑土层是富含有机质的肥沃土壤。但是目前黑土层已经下降到了20~40 cm,黑土层的侵蚀速率每年达0.3~1 cm,如不及时治理,40~50年后大部分黑土层将流失殆尽。形成1 cm厚的黑土需要400年,那么形成1 m厚的黑土需要多少年?大约需要4万年。如果以每年1 cm的速度流失,那么1 m厚的黑土100年就会流失殆尽。

我们现在的农业生产方式简单地说就是"吃子孙饭",把子子孙孙的饭都预先吃光了。就以秸秆为例,如果一年种一季,那么秸秆就可以还田,相当于将有机质重新返还田里,但我们为了追求产量一年种两季,为了及时播种,只有烧一条路,这一方面将宝贵的有机质都焚烧殆尽,另一方面还污染大气。由于土壤中丧失了有机质,要想高产唯一的出路是大量使用化肥。

中国化肥的使用量全球第一,过量的化肥导致农业生产的生态要素品质下降,这就是症结所在。我国农药使用量达130万t,是世界平均水平的2.5倍。在中国,农药和化肥的实际利用率不到30%,其余70%以上都残留土壤,使土壤受到不同程度的污染,尤其是使用硝酸类肥料,如硝酸铵,土壤污染更加严重。污染的加剧导致土壤中的有益微生物大量减少,土壤质量下降,

自净能力减弱,影响农作物的产量与品质,危害人体健康。

既然有机肥比化肥好,为什么农民都喜欢用化肥呢? 有机肥和化肥的区别,就好比是中药和西药的区别一样,中药讲究的是慢慢调理体质,西药讲究的是又准又猛地解决问题,但副作用也不小。由于我们只关心作物高产,忽视了农产品的质量,产品的销售和市场价格就会大打折扣。西瓜使用化肥影响到果实的含糖量,用饼肥和腐熟的鸡粪效果好。

在这种情况下,政府就必须起到财政扶持的作用,比如针对有机肥进行财政补贴。给农作物施用有机肥,是一个向土壤增加有机质的过程,腐殖酸含量直接影响着土壤团粒的形成和发育;影响着土壤肥力的保持与提高、影响着植物质量的稳定和提高。腐殖酸是自然界中广泛存在的大分子有机物质,可以直接从风化煤中提取,风化煤就是露天的煤炭,不能用来燃烧,以前都直接遗弃了,现在却可以发挥它巨大的作用。

7 生物种群

本章从种群生态学的角度,讲述了生物种群的概念和基本特征;种群增长模型及生态对策;种群的数量动态变化,季节增长,周期性波动和种群爆发,生物种群的调节;生物入侵的特点及危害,防止生物种群生态入侵的措施。通过本章的学习,让学生在种群层次上了解生物与环境之间的相互关系,掌握生物种群数量变化的规律及调节措施,服务于农林生产实践。

[理论教学目标]

1.了解生物种群的概念和基本特征。
2.明确生物种群增长模型及生态对策。
3.掌握生物种群数量动态变化规律与生物种群的调节。
4.生物入侵的形式、危害,以及防止生物入侵的途径。

[技能实训目标]

1.掌握生物种群的调查研究方法。
2.能运用生物种群间的相互作用,合理配置园林植物。

在自然界,生物很少是以个体形式单独存在的,而常由很多同物种个体组成种群(population),以种群形式生存和繁衍,因而种群是生物存在的基本单位,具有自己独立的特征、结构和功能。同时任何种群都不是单独存在的,而是与生态系统中的其他生物有着密切关系,与环境发生各种关系,因而种群又是群落和生态系统的基本成分。种群是生态学研究的重要的内容,掌握种群的基本理论对研究园林植物群落具有重要的指导意义。

7.1 种群概念及基本特征

7.1.1 种群的概念

种群是指在一定空间中同种生物个体的组合。在自然界中,每一个植物种群都是由许多个体组成,这些个体在一定时间内占据着一定的空间,其空间内既有适宜其生存的环境,又有不适于生物生存的环境。物种在其中分散的、不连续的环境里形成大大小小的个体群,这些个体群就是种群。所以,种群是物种在自然界存在的基本单位。例如,一个池塘的鲤鱼、黄山的马尾松等都是一个种群。

从生态学的观点来看,种群也是植物群落基本组成单位。因为植物群落实质上也就是特定空间中植物种群的组合,自然界中任何一个种群都是和其他物种的种群相互作用、相互联系的,种群的边界往往与包括该种群在内的生物群落界限一致。

种群是由个体组成,但不等于个体的叠加,而是有自身的特性的。种群除了与组成种群的个体具有共同生物学特征外,还有独特的群体特征,如出生率、死亡率、年龄结构、种群行为、生态对策等。这说明种群个体之间相互作用和影响,从而在整体上呈现有组织、有结构的特性。

7.1.2　种群的基本特征

种群的基本特征是指各类生物种群在正常的生长发育条件下所具有的共同特征,即种群的共性,一般认为,种群的基本特征包括空间特征、数量特征、遗传特征这3个方面。

1)种群的空间特征

种群的空间分布特征是指种群个体在水平空间的配置状况或在水平空间的分布状况,或者在水平空间内种群个体彼此之间的关系。种群的空间分布特征在一定程度上反映了环境因素对种群个体生存、生长的影响作用,对园林植物群落配置具有重要意义。

由于自然环境的多样性以及种内、种间的竞争,每一个种群在一定空间中都会呈现出特有的分布形式,即种群有一定的分布区域和分布方式。大型生物所需的生存空间较大,如东北虎活动范围需 $300 \sim 600\ km^2$。体型较小的生物,所需要生存空间较小。种群的分布区域就是指种群的边界。实际上,除了像岛屿、池塘等有一定的自然边界以外,一个种群的边界并无严格划分,而是人为确定的。在这个人为确定的边界之内,种群内的个体都有一定的分布方式。种群的空间分布方式包括均匀型、随机型、成群型3种基本类型(图7.1)。

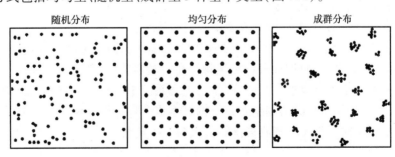

图7.1　种群的个体分布格局
(农业生态与环境保护)

(1)均匀型　即种群内的个体分布是等距离的,或个体间保持一定的均匀间距。均匀分布是由于种群个体间进行种内竞争引起的。例如森林中植物为竞争阳光,沙漠中植物为竞争土壤、水分等。人工栽植的植物种群多呈均匀分布,自然状况下较少分布。

（2）随机型　即每个个体在种群内分布完全是随机的。随机分布很罕见，只有当环境资源分布均匀、某一主导因子呈随机分布、种群内个体之间没有彼此吸引或排斥时才能出现随机分布。一般仅能从森林中的一些无脊椎动物，如蜘蛛类和海岸潮带间的一些蚌类中见到。

（3）成群型　是指种群内个体在空间的分布极不均匀，常成群、成簇、斑点状密集分布。各种群的大小、群间距离、群内个体的密度等都不相同，是最常见的一种分布格局。成群分布的形成原因主要有环境资源分布不均匀、繁殖特性或传播方式、种间相互作用这3个方面。

种群实际空间分布类型是由生物本身特性与环境条件相互作用而决定的。在大尺度范围内，种群分布类型主要受到温度、水分等气候因素和生物本身遗传特性的作用，例如全球植被分布有寒温带针叶林区、亚热带常绿阔叶林、温带针叶阔叶混交林区、暖温带落叶阔叶林区、亚热带常绿阔叶林区、热带季雨林、雨林区、温带草原区等；而在小尺度范围内，种群内个体之间相互作用对其空间分布影响较大。

2）种群的数量特征

（1）种群的大小和密度　一个种群的全部个体数目的多少称为种群大小或种群数量。如某个池塘中草鱼的尾数。单位面积或空间内某种群的个体数目或数量称为种群密度。例如，每公顷土地有多少株树苗，每平方千米居住的人数，每立方米水体中含有多少水蚤等。

种群密度有粗密度和生态密度之分。粗密度是指单位空间内的个体数（或生物量）。生态密度是指单位栖息空间（种群实际所占据的有用面积或空间）内的个体数（或生物量）。如调查的某个取样地块上仅有一半面积有某树种更新苗，若按整个取样地块计算的密度是粗密度，按一半面积计算的是生态密度。因此，生态密度常大于粗密度，两者的关系可用 Kahl（1964）等在佛罗里达州研究鱼的密度（林鹳的食物）实例来说明。如图7.2所示：在干旱的季节，由于水位下降小鱼密度从整体上来说是下降的，使鱼集中在越来越小的水体中，所以这种鱼的生态密度又是上升的。

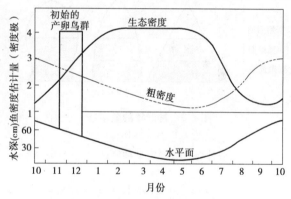

图7.2　生态密度和粗密度的关系
（农业生态与环境保护）

种群密度的高低在多数情况下取决于环境中可利用的物质和能量的多少，种群对物质和能量利用效率的高低，生物种群营养级的高低及种群本身的生物学特性。当环境中拥有可利用的物质和能量最丰富、环境条件最适时，某种群可达到该环境下的最大密度，称为"饱和点"。维持种群最佳状况的密度，称为最适密度。最大密度和最适密度是栽培各种植物、饲养动物、养殖鱼类等应首先加以考虑的问题，也是人类自身生存所必须考虑的问题。种群密度也有一个最低限度，种群密度过低时，使种群的异性个体不能正常相遇和繁殖，会引起种群灭绝。

（2）种群的出生率与死亡率　出生率是指种群产生新个体的能力，常以单位时间内产生的新个体数表示。出生是一个广义的概念，包括分裂、出芽（低等植物、微生物）、结籽、孵化、产仔等多种方式。

出生率有生理出生率和生态出生率两种。生理出生率又称最大出生率，指种群在最理想的条件下,不受任何环境因子限制,生殖只受生理因素的制约,每种生物的最大出生率。生态出生率也称实际出生率,是指在一定时期内,种群在特定条件下实际繁殖的个体数。

死亡率是指种群死亡的速度,即单位时间内种群的死亡个体数。有生理死亡率(或最小死亡率)和生态死亡率(实际死亡率)两种。生理死亡率是指在最适条件下所有个体都因衰老而死亡,即每个个体都能活到该物种的生理寿命。它是种群的最低死亡率,实际上由于受环境条件、种群本身大小和年龄组成的影响以及种间的捕食、竞争等,实际死亡率远远大于理想死亡率。单位时间内观测到的种群实际死亡个体数称实际死亡率。受人类干扰的生态系统中,种群死亡率不仅受自然因素的影响,还受人为因素(如人的调控、输入、输出等)的影响。

(3)种群的年龄结构和性别比例　种群的年龄结构是指种群内各个体的年龄分布状况,即各个年龄或年龄组的个体数占整个种群个体总数的百分比结构。年龄结构直接关系到一个种群当前的生育力、死亡率和繁殖特点,对种群的未来发展有重要影响,若种群处于生育年龄的个体越多,这个种群的增长率会越高。而种群增长率的高低,又影响这一种群的年龄结构。年龄结构越复杂,种群的适应能力越强。了解种群的年龄结构,可以预测未来种群的发展趋势。

一般用年龄金字塔来表示种群的年龄结构,它是从幼到老将各年龄级的比例用图表示。图7.3是几种年龄金字塔表明:虽然种群大小相同,但由于年龄结构不同,种群的繁殖力有很大差异。根据种群的发展趋势,种群的年龄结构可以分为3种类型:增长型种群、稳定型种群和衰退型种群。

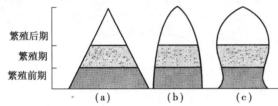

图7.3　种群年龄金字塔

(农业生态与环境保护)

(a)增长型种群;(b)稳定型种群;(c)衰退型种群

增长型种群的年龄结构含有大量幼体和较少的老年个体,幼年、中年个体除了补充死亡的老年个体外还有剩余,所以这类种群的数量呈上升趋势。稳定型种群各个年龄级的个体比例适中,在每个年龄级上,死亡数与新生个体数接近相等,所以种群的大小趋于稳定。衰退型种群含有大量的老年个体,死亡数大于出生数,种群数量趋于减少。

性别比例是指种群雌性个体数量与雄性个体数量的比例。种群的性别比例同样关系到种群当前的生育力、死亡率和繁殖特点。在高等动物中性别比多为1:1,一般昆虫雌性较多。植物多属雌雄同株,没有性比问题,但某些雌雄异株植物,其性别比可能变异较大。农业生态系统是在人的控制下运行的,可以通过调节生物的年龄结构、性别比例来增加产品的输出,提高产品质量。例如,鱼塘捕捞中捞大留小;嫁接银杏可增加雌性比例,调节生理年龄,使之开花早,结果多。

3)种群的遗传特征

组成种群的个体,在某些形态特征或生理特征方面有一定的差异。种群内的这种变异和个体遗传有关。一个种群中的生物具有一个共同的基因库,以区别其他物种,但并非每个个体都具有种群中贮存的所有信息。这种特征在进化中表现出生存者更适应变化的环境,即适者存,不适者亡。而绝不能轻易地说优者存,非优者亡,要说优也能说适应环境者优。

7.2 种群增长模型及生态对策

7.2.1 种群增长的基本模型

种群增长模型是在一定空间内种群随时间序列所表现出的数量变化形式。为了更好地理解各种生物与非生物因素对种群的影响,通常使用数学模型,即种群增长模型来描述种群的增长状况。种群增长模型一般有 3 种类型:几何级数增长、指数型增长和逻辑斯谛增长。

1) 种群几何级数增长

种群几何级数增长是指种群在无限的环境中生长,不受食物、空间等条件的限制,种群的寿命只有一年,且一年只有一个繁殖季节,同时种群无年龄结构,彼此隔离的一种增长方式。其数学模型可用数学公式表示为:

$$N_t = N_{t-1} \times \lambda \text{ 或 } N_t = N_0 \times \lambda$$

式中 N_0——初始种群大小;

N_t——时间 t 时的种群大小;

λ——种群的周期增长率。

当 $\lambda > 1$ 时,表示种群增长;$\lambda = 1$ 时,表示种群稳定;$\lambda < 1$ 时,种群下降;$\lambda = 0$ 时,表示种群无繁殖现象,并在下一代灭亡。

2) 种群指数型增长

在无限的环境条件下,除了种群的离散增长外,有些生物可以连续进行繁殖,没有特定的繁殖期,在这种情况下,种群的增长表现为指数形式,其数学模型可以用微分方程表示为:

$$dN / dt = r \cdot N$$

式中 N——种群数量;

r——种群的相对增长率,理论上称为内禀增长。

其解为:

$$N_t = N_0 e^{rt}$$

内禀增长率是指在环境条件无限制作用时,由种群内在因素决定的最大相对增殖速度,其单位为时间的倒数。对某一种群来说,内禀增长率是当种群建立了稳定的年龄分布时,某稳定的相对增长率。它反映的是一种理想状态,可用来与实际条件下的增长率进行比较,其差值可视为环境对生物增殖阻力的量度,称为环境阻力。以观测的种群数量与时间 t 图,种群增长曲线呈"J"字形,故指数增长又称 J 增长。

具有指数增长特点的种群,其数量变化与 r 值关系密切。当 $r > 0$ 时,种群数量呈指数上升;$r = 0$ 时,种群数量不变;$r < 0$ 时,种群数量呈指数下降。图 7.4 给出了 4 个不同 r 值的种群增长曲线,其中有两个 r 值大于零,一个 r 值小于零。

3) 种群的逻辑斯谛增长

自然条件下种群通常在有限的环境资源下增长。因此,种群的增长除了取决于种群本身的特性外,大多数情况下,还取决于环境中空间、物质、能量等资源的可利用程度以及生物对这些资源的利用效率。

　　种群在有限的资源条件下,随着种群内个体数量的增多,环境阻力渐大。当种群的个体数目接近环境所能支持的最大值即环境容量 K 时,种群内个体数量将不再继续增加,而是保持在该水平。这种有限资源条件下的种群增长曲线呈 S 形,称之为逻辑斯谛增长曲线(图7.5)。其数学模型可用方程描述为:

$$\mathrm{d}N / \mathrm{d}t = r \cdot N[(K - N)/K]$$

其中,K 代表环境容量,$(K-N)/K$ 代表环境阻力,其他同指数增长方程。当 $K-N>0$,种群数量增长;当 $K-N=0$,种群处于稳定的平衡状态;当 $K-N<0$,种群数量减少。

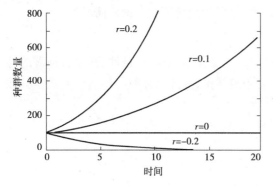

图7.4　4个不同 r 值的种群增长曲线
（初始种群数量为 100）
（Hedrick,1984）

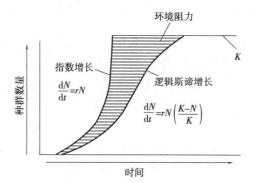

图7.5　种群逻辑斯谛增长曲线
（仿 Kendeigh,1974）
（农业生态学,陈阜,2001）

上述方程积分为:

$$N = K / 1 + \mathrm{e}^{a-rt} \quad （其中 a = r/K）$$

　　逻辑斯谛曲线常划分为 5 个时期:①开始期,又叫潜伏期,由于种群个体数量少,密度增长缓慢;②加速期,随个体数的增加,密度增长逐渐加快;③转折期,当个体数达到饱和密度一半(即 $K/2$)时,密度增长最快;④减速期,即个体数超过 $K/2$ 以后,密度增长逐渐变慢;⑤饱和期,种群个体数达到 K 值而饱和。

7.2.2　生态对策

　　生态对策是指生物经进化而形成的适应环境的对策或策略,它可概括说明生物是以何种形态和功能特征来适应环境而完成其生活史的。在长期进化过程中,每种生物都有自己独特的生态特征。如有的个体小,寿命短,存活率低,但增殖率(r)高,具有较大的扩散能力,适应于多种栖息环境,种群数量常出现大起大落的突发性波动,如农田中的昆虫、杂草等。另一类生物个体较大,寿命长,存活率高,适应于稳定的栖息生境,不具较大扩散能力,但具有较强的竞争能力,种群密度较稳定,常保持在 K 水平,如乔木,大型肉食动物。这些相关联的生态特征,构成了不同的种群动态类型,形成了两类不相同的适应策略,即 r 对策(或 r 选择)和 K 对策(或 K 选择)。

　　属于 r 对策的生物称为 r 对策者,属于 K 对策的生物称为 K 对策者。r 对策生物与 K 对策生物是两个进化方向不同的类型。通常脊椎动物和种子植物属于 K 对策生物,昆虫、细菌、藻类等属于 r 对策生物。属于 K 对策的生物虽然种间竞争的能力较强,但 r 值低,遭受激烈变动或死亡后,返回平衡水平的自然反应时间($1/r$)较长,容易走向灭绝,如大象、鲸鱼、恐龙等。因此,对属于 K 对策生物的资源,应重视其积极保护工作。属于 r 对策的生物,虽然竞争能力弱,但 r 值高,返回平衡水平的反应时间较短,灭绝的危险性较小。同时由于具有较强的扩散迁移能力,当种群密度大或生活环境恶化时,可以离开原有环境,在别的地方建立新的种群。这种高死亡率、广运动性和连续面临新的局面的特征,使新的基因获得较多的发展机会。两种对策生物的对比关系见表7.1。

表7.1   r 对策与 K 对策生物主要特征的比较

特 征	r 对策者	K 对策者
环境条件	多变,不可预测,不确定	较稳定,可预测,比较确定
死亡率	高,为随机的非密度制约	低,为较有选择性的密度制约
群体密度	随时间变化大,无平衡点,通常处在环境的 K 值以下,属未饱和的生态系统,有生态真空,每年需生物重新定居	随时间变化不大,接近于环境的 K 值上下,属于饱和的生态系统,无须生物重新定居
种内和种间竞争	强弱不一,一般较弱	通常较激烈,较强
选择结果	种群迅速发展;提高最大增长率 r_{max};繁殖早;体重轻	种群缓慢发展;增强竞争能力;降低资源阈值;繁殖晚;体重大
寿命	短,通常不到 1 年	长,通常多于 1 年
对子代投资	小,常缺乏抚育和保护机制	大,具有完善的抚育和保护机制
稳定移能力	强,适于占领新的生境	弱,不易占领新的生境
能量分配	较多地分配给繁殖器官	较多用于逃避死亡和提高竞争能力

K 对策者和 r 对策者种群数量的波动性与稳定性有着明显区别(图7.6)。K 对策者种群的增长表现出一个稳定的平衡点(S),并逐渐趋于环境容纳量 K 的水平。遭到扰动后,一般可返回平衡点。当扰动过大,种群大小将至灭绝点(x),则很难返回 x 处,而趋于消亡。如大熊猫、东北虎等珍稀动物以及银杉等珍稀植物的种群数目稀少而难以维持,这是进行保护的重要依据之一。r 对策者种群的增长也有一个平衡点(S'),但它不能在平衡点维持稳定,而是围绕此点上下波动,种群大小变动剧烈。杂草中如狗尾草、马唐、飞蓬和豚草,害虫如蚜虫、飞蝗等的种群数量变化就表现出这种特点。r 对策者物种在一定条件下有可能出现种群大发生或暴发现象。最闻名的种群大发生见于害虫和害鼠,

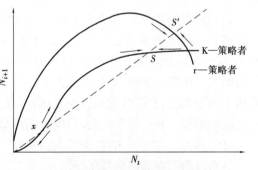

图7.6 K 和 r 对策者的种群增长曲线
(S 表示稳定的平衡点,x 为灭绝点)

植物种群暴发也有许多例子,如贯叶金丝桃(一种有毒的多年生杂草)、凤眼莲、槐叶萍等。

7.3 种群的数量动态

一种生物进入和占领新栖息地,首先经过种群增长和建立种群,以后可出现不规则或规则(即周期性)的波动,亦可能较长期地保持相对稳定;许多种群有时还会出现骤然的数量猛增,即大发生,随后又是大崩溃;有时种群数量会出现长期的下降,称为衰退,甚至死亡。

7.3.1 种群增长

自然种群数量变动中,"J"形和"S"形增长均可以见到,但曲线不像数学模型所预测的那样光滑典型,常常还表现为两增长型之间的中间过渡型。例如,澳大利亚昆虫学家 Andrewartha 曾对果园中蓟马种群进行过长达 14 年的研究,他发现,在环境条件较 好的年份,蓟马种群数量增加迅速,直到繁殖结束时才突然停止,其增长形式表现为"J"形增长;但在环境条件不好的年份则表现出"S"形增长(图 7.7),对比各年增长曲线,可见到许多中间过渡型。因此,"J"形增长可以视为是一种不完全的"S"形增长,即环境限制作用是突然发生的,在此之前,种群增长不受限制。

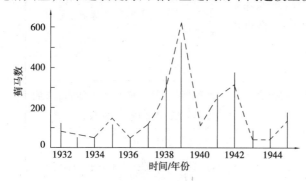

图 7.7 蓟马种群的数量变化

(农业生态学,陈阜,2001)

7.3.2 季节消长

自然种群的数量变动存在着年内(季节消长)和年间的差异。如一年生草本植物点地梅种群个体数有明显的季节消长,其籽苗数为 500 ~ 1 000 株/m²,每年死亡 30% ~ 70%,但至少有 50 株以上存活到开花结实,生产出次年的种子。因此,各年间的成株数变化较少。为害棉花的棉盲蝽是一年多次繁殖,世代彼此重叠,根据丁岩钦在陕西关中棉区 8 年的调查,各年的季节消长有不同的表现,它随气候条件而变化,可分为 4 种类型(图 7.8):

①中峰型 在干旱年份出现,蕾铃两期危害均较轻;

②双峰型 在涝年出现,蕾铃两期都受严重危害;

③前峰型 在先涝后旱年份出现,蕾铃期危害严重;

④后峰型 先旱后涝年份出现,蕾铃期危害严重,因此,掌握气象数据是预报棉盲蝽季节消长和防治的关键。

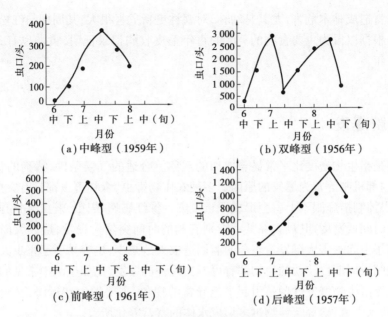

图7.8　陕西关中棉区棉盲蝽种群数量的季节消长

（农业生态学,陈阜,2001）

7.3.3　不规则波动

此类波动无周期性,原因是这类种群的生活环境极不稳定,大多数昆虫种群则属此类。马世骏(1965)对约50年有关东亚飞蝗危害和气象资料的关系进行了研究(图7.9),认为东亚飞蝗在我国的大发生没有周期性现象,过去人们认为该种群是有周期性的,同时还指出干旱的气候条件是东亚飞蝗大发生的原因。

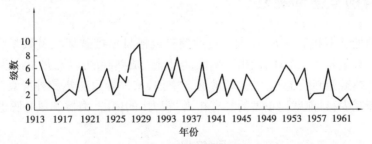

图7.9　东亚飞蝗洪泽湖蝗区种群动态

（农业生态学,陈阜,2001）

7.3.4　周期性波动

经典的例子是旅鼠、北极狐的3～4年周期和美洲兔、加拿大猞猁的9～10年周期。根据近30年的资料研究证明:我国黑龙江伊春地区的小型鼠类种群,也具有明显的3～4年周期,每遇高峰年的冬季就造成林木危害,尤其是幼林,对森林更新危害很大,其周期与红松结实的周期性丰收相一致。根据以鼠为主要食物的黄鼬的每年毛皮收购记录证明,黄鼬也有 3 年周期性,但高峰比鼠晚一年。

7.3.5　种群爆发

种群爆发是指生物密度比平常显著增加的现象。合适的气候条件、猪狗的食物、天敌控制的解除、种群内部机制等常为爆发的原因。多种农作物害虫、森林害虫都具有突然爆发的特征,一旦发生,如果控制措施跟不上就会形成严重虫灾。像红蜘蛛、蝗虫、蚜虫、白粉虱、松毛虫等都可能经过相当时间低密度期以后,在某一特别有利的时间突然大爆发,造成大面积虫害。大面积单一种植易于引起虫害大爆发。农药的滥用造成天敌减少,也容易引起害虫大爆发。

具有不规则或周期性波动的生物都有可能出现种群爆发,比如生活中常见的赤潮。赤潮是指水中的一些浮游生物爆发性增殖引起水色异常的现象,主要发生在近海,又叫红潮。它是由于有机污染,即水中氮、磷等营养物过多形成水体的富营养化所致。

7.3.6　种群平衡

种群较长期地维持在同一个水平上,称为种群平衡。大型有蹄类、食肉类、蝙蝠类动物,多数一年只产 1 胎,寿命长,种群数量一般很稳定。但在昆虫中,如一些蜻蜓成虫和具有良好内调节机制的红蚁等昆虫,其数量也是十分稳定的。

7.3.7　种群的衰落和死亡

当种群长期处于不利条件下(如人类过度捕猎或栖息地被破坏),其数量会出现持久性下降,即种群衰落,甚至死亡。个体大、出生率低、生长慢、成熟晚的生物,最早出现此情况。例如,第二次世界大战捕鲸船吨位上升,鲸捕获量逐渐增加,结果导致蓝鳁鲸种群衰落,并濒临灭绝,继而长须鲸日渐减少;目前就连小型的具有相当"智力"的白鲸、海豚和鼠海豚也难逃厄运。

7.4　生态入侵

生态入侵是指外来物种通过人类的活动或者其他途径被引入到新的生态环境后,依靠其自身的强大生存竞争力,种群不断增加,分布区逐步稳定地扩展,造成当地生物多样性的削弱或丧失。欧洲的穴兔是 1859 年由英国引入澳大利亚西南部的,由于环境适宜和没有天敌,它们以112.6 km/年的速度向北扩展,16 年时间推进了 1 770 km。它们对牧场造成了巨大的危害,直到后来引入黏液瘤病毒,才制止了穴兔的危害。

7.4.1　入侵生物的特点

1）涉及面广

中国从北到南，从东到西，跨越 50 个纬度，5 个气候带：寒温带、温带、暖温带、亚热带和热带。使中国容易遭受入侵物种的侵害。全国 34 个省、自治区、直辖市均发现入侵物种。到2002 年 5 月，中国共建立了 1 500 个自然保护区，覆盖全国总面积的大约 9%，除少数偏僻的保护区外，或多或少都能找到入侵种。

2）涉及的生态系统多

几乎所有的生态系统，从森林、农业区、水域、湿地、草地、城市居民区等都可见到，其中以低海拔地区及热带岛屿水生生态系统最严重。

3）涉及的物种类型多

从脊椎动物（哺乳类、鸟类、两栖爬行类、鱼类），无脊椎动物（昆虫、甲壳类、软体动物），高、低等植物，小到细菌、病毒都能够找到例证。据初步统计，目前我国已知的外来入侵物种至少包括 300 种入侵植物，40 种入侵动物，11 种入侵微生物。其中水葫芦、水花生、紫茎泽兰、大米草、薇甘菊等 8 种入侵植物给农林业带来了严重危害，而危害最严重的害虫则有 14 种，包括美国白蛾、松材线虫、马铃薯甲虫等。中华人民共和国生态环境部公布的 16 种有害外来物种分别为：紫茎泽兰、薇甘菊、空心莲子草、豚草、毒麦、互花米草、飞机草、凤眼莲（水葫芦）、假高粱、蔗扁蛾、湿地松粉蚧、强大小蠹、美国白蛾、非洲大蜗牛、福寿螺、牛蛙。

4）生态入侵的危害

在我国许多地方停止原始森林砍伐，严禁人为进一步生态破坏的情况下，外来入侵种已经成为当前生态退化和生物多样性丧失等的重要原因，特别是对于水域生态系统和南方热带、亚热带地区，已经上升成为第一位重要的影响因素。

7.4.2　生态入侵的主要方式

生态入侵不仅会带来巨大的经济损失和生物多样性的丧失，同时它对生态系统的干扰会产生深刻的影响，从而成为全球变化的一个重要影响因素。生态入侵的途径主要有 4 种：

1）自然传播

种子或病毒通过风、水流或禽鸟飞行等相关方式传播，如随风、雨、河流等自然现象的引入。

2）贸易渠道传播

物种通过附着或夹带在国际贸易的货物、包装、运输工具上，借货物在世界范围内的广泛发散性的流转而广为传播。

3）旅客携带物传播

旅客从境外带回的水果、食品、种子、花卉、苗木等，因带有病虫、杂草等造成外来物种在境内的定植与传播。

4)人为引种传播

人类由于对被引种地的生态系统缺乏足够的认识,致使所引物种导致被引种地生态系统失衡,造成物种灭绝和巨大的经济损失。如起初引入水葫芦为了净化污染的水。中国引种历史悠久,中国从外地或国外引入优良品种更有悠久的历史。早期的引入常通过民族的迁移和地区之间的贸易实现。随着经济的发展和改革开放,几乎与养殖、饲养、种植有关的单位都存在大量的外地或外国物种的引进项目。

7.4.3　生态入侵的危害

我国地域辽阔,生态类型多样,涉及的外来入侵物种数量多,范围广,造成的危害也很严重。

1)对生态环境的危害

外来入侵物种通过竞争或占据本地物种的生态位,排挤本地物种;或与当地种竞争食物、空间;或直接扼杀当地物种;或抑制本地物种生长,减少当地物种的数量和种类,甚至导致物种濒危或灭迹。由于直接减少了当地物种种类和数量,形成单优势群落,间接地使依赖于这种物种生存的当地其他物种种类和数量的减少,最后导致生态系统单一和退化,改变了当地的自然环境。外来入侵种对生态系统的另外一个更难察觉的危害是污染当地的遗传多样性。外来物种通过与本地种杂交使自己基因渗入到本地种基因库中,形成杂种优势,导致生长更快,入侵性更强。

2)对人类健康的危害

随着全球经济一体化的快速发展,越来越多的物种将被引入。许多的外来入侵种直接或间接携带疾病或病毒,这些病毒可能寄宿与某些动物(禽类、哺乳类)身上,在适当条件下借助载体传播感染而流行。而全球化会使那些对人类有害的影响范围进一步扩大。

3)对社会经济的影响

外来入侵物种通过改变入侵地的自然生态系统,降低物种多样性,从而严重危害当地的社会和文化。如凤眼莲大面积覆盖河道、湖泊等水体,阻挡了阳光,破坏了食物链,致使沉水植物及水生动物死亡。此外还影响周围居民和牲畜生活用水,影响水上交通运输。

外来入侵物种给人类带来的危害是巨大的,造成的损失不可估量。入侵种已成为我国经济发展、生物多样性及环境保护的一个重要制约因素。入侵种给我国造成的危害尚未作出全面的评估,保守估计,外来种每年给我国的经济造成数千亿元的经济损失,其经济代价是农、林、牧渔业产量与质量的惨重损失与高额的防治费用。

7.4.4　生态入侵的控制

1)机械防治

机械防治包括人工防治,依靠人力捕捉外来害虫或拔除外来植物。人工防治适宜于那些刚刚引入,处于停滞时期,还没有大面积扩散的入侵物种。我国人力资源丰富,人工防治可以在短时间内迅速清除有害生物。这种方法已经被用于凤眼莲、空心莲子草、互花米草等外来入侵植物的防治。美国佛罗里达州手工除蜗牛就是根除非洲大蜗牛时采取的有效方法。还可以用火烧控制有害植物,黑光灯诱捕有害昆虫。

2) 化学防治

化学防治具有效果迅速、使用方便、易于大面积推广等特点。但对外入侵种使用化学防治(驱赶剂、毒杀)通常认为是不可取的或不明智的,因为任何化学品基本都是广谱性杀虫剂和除草剂,在根除入侵种的同时,也对其他生物、生态环境和人类健康造成广泛而深远的影响。一般选择具有良好选择性和较高专属性的杀虫剂和除草剂,只对一种或几种害虫起作用,不影响人类健康,对环境无污染。如利用农达、草甘膦防除凤眼莲、空心莲子草都有一定的作用,用克芜踪控制紫茎泽兰也取得了一些效果。

3) 生物防治

生物防治就是指从外来有害生物的原产地引进它的天敌,将有害生物的种群密度控制在生态和经济危害水平之下。它的基本原理是依据有害生物—天敌的平衡理论,通过两者之间的相互调节,相互制约机制,恢复和保持这种平衡。所以生物防治具有控效持久、防治成本相对低廉的优点。但是在引进天敌的同时也具有一定的风险性,释放天敌之前要经过谨慎的科学试验,在总结经验的基础上才能大面积推广。

4) 综合防治

综合防治就是将生物、化学、人工、机械等单项技术融合起来,发挥各自优势,弥补各自不足,达到综合控制生物入侵的目的。综合治理技术不是各单项技术的简单相加,而是使其有机融合,优势互补,彼此协调,相互促进,真正成为系统工程,从而发挥综合治理的强大功能。

7.4.5 生态入侵的预防

1) 加强宣传

把入侵物种的概念、危害、国内外重要经验教训编辑成深入浅出的科普材料,采用多种方式(包括书本、刊物、小册子、网络、广播、电视等)进行宣传、教育,达到家喻户晓,人人明白,增强全国人民的环保意识。

2) 建立有害入侵物种的数据库和信息系统

收集有害或潜在有害的入侵物种的分类、原产地、入侵分布地、生理、生态、传播途径、防治方法等相关详细内容,并录入到数据库中,建立相应信息的查询工具,以网络的形式提供给所有可能的使用和查询者。

3) 加强有关入侵物种的国际交流和合作研究

共享、连接或共建入侵物种数据库和信息系统。入侵物种的问题总是涉及原产国问题,原产国相应物种的防治方法、生态特点、天敌生物等信息对入侵国的防治有着重要作用。从松突圆蚧的原产国日本引进松突圆蚧花角蚜小蜂,防治松突圆蚧获得成功(陈永革等,1998),即是从原产国寻找天敌防治物种的例证。一个国家入侵物种的经验和教训,对其他国家在引入或防治同样物种时,有重要的参考价值。例如,我国台湾地区从美国加利福尼亚和夏威夷引进澳大利亚瓢虫防治吹绵蚧壳虫,获得成功(陆庆光,1997),即是学习了美国从澳大利亚引进澳洲瓢虫控制吹绵蚧壳虫成功的经验。有些物种不仅入侵到一个国家或地区,而且入侵到多个国家。如凤眼莲不仅危害中国,也危害北美、亚洲、大洋洲和非洲的许多国家,各国互相学习,交流防治经验十分必要。入侵种在一个国家出现的信息也可为周边国家提供早期预报,为防治生物入侵做好思想上和物质上的准备。

4)建立法律制度,控制生物入侵

中国已经有与检疫有关的法律和条例,如1992生效的《中华人民共和国国境卫生检疫法》和1997年生效的《中华人民共和国卫生检疫法实施细则》,其中我国国内森林植物检疫对象计有20种。然而所有的这些法律和条例都是病虫害和杂草的检疫,应当制定防止入侵种对当地生态系统造成危害的法律和条例。例如建立法律规定在大规模使用非当地物种之前,必须要进行5个世代的小规模实验来证明对当地生态系统不会造成威胁,在保护区中禁止使用外来物种,法律应鼓励使用当地物种进行森林恢复。

7.5　种群的调节

种群调节是指种群自身及其所处环境对种群数量的影响,使种群数量表现有一定的动态变化和稳定性。任何种群的数量在变化时,既有波动,又有相对的稳定性,即种群的变化有上、下限,总是围绕或趋向于某一平衡水平,把波动减少到最小限度,种群数量的波动正是种群调节功能的体现。种群调节对于避免物种灭绝具有非常重要的意义。

7.5.1　密度调节

密度调节是指通过密度因子对种群大小的调节过程。尼科尔森认为,种群是一个自我管理的系统,它"按自身的性质及其环境的状况调节它们的密度"。支持这一观点的主要有种间调节和食物调节。

1)种间调节

种间调节是指捕食、寄生和种间竞争等因子对种群密度的制约过程。调节种群密度的因素只能是密度制约因素,且调节种群密度的因素始终是竞争,包括竞争食物、竞争生存空间及捕食者和寄生者的竞争。史密斯(1935)认为,种群的特征既有稳定性,又有连续变化。种群密度虽然不断变化,但始终围绕着一个"特征密度"而变化,特征密度本身也是可以改变的。因此,不同种群具有不同的平衡密度,同一种群的平衡密度也随不同环境而改变。因为当种群离开平衡密度时,就有返回平衡密度的倾向(种群很少出现完全灭亡或无限制地增长),故围绕平衡密度的变化就是"自然平衡"。

2)食物调节

捕食和被食、寄生生物和宿主、食草动物和植物都与食物有密切的联系。英国鸟类学家拉克通过对鸟类种群数量动态的研究,发现幼鸟的死亡率始终高于成鸟,雀形目小鸟的死亡率高达82%~92%,以后保持在40%~60%。因此,鸟类很少活到生理寿命。他认为鸟类密度制约死亡的原因有三:食物短缺、捕食和疾病。其中食物为主要因素。

7.5.2 非密度调节

非密度调节主要指非生物因子对种群大小的调节。气候因子、化学限制因子、污染物等常常是(但不是始终)按非密度制约方式发挥作用。例如棉盲蝽的动态变化与降水状况关系密切。如果年降水是先涝后旱,则棉花蕾期盲蝽发生多,受害率高;如果年降水是先旱后涝,则铃期盲蝽发生多,受害率高;如果全年为涝年,棉盲蝽种群数量则出现两个高峰,称为双峰型,棉蕾期受害率均高。

7.5.3 种内自动调节

种内调节是指种内成员间,因行为、生理和遗传上的差异而产生的一种内源性调节方式,根据种群内源性调节的理论特征,把种内自动调节又分为行为调节、生理调节和遗传调节。

1) 行为调节

行为调节是指种群内个体间通过行为相容关系调节其种群动态结构的一种种内调节方式。种群等级、领域性等种群行为极可能是一种传递有关种群数量的信息,尤其是关于资源与种群数量关系的信息,通过这种种群行为,限制生境中有机体的数量,使食物供应和繁殖场所在种内得到合理的分配,把剩余个体从适宜生境中排挤出去,使种群密度不至于升得太高。植物种群内各成员也均有一定的地位。地位高的(个体居住地的资源丰富,无疾病,无寄生者,生活力强,较其他个体高大等)个体往往成为该群体的支配者(即建群者),居上层林冠,控制着其他个体对光资源的获取量,尤其对喜光植物更为突出;而对于那些地位低的弱者,位于林冠下层,其生长发育受到抑制,使种群生殖率下降,从而调节了种群的密度,不至于使个体数量无限地增长,如分蘖型植物的自疏现象就是一个很好的例子。值得注意的是,植物的行为调节不像动物行为调节那样快,它是一种缓慢的种内调节。

2) 生理调节

生理调节是指种内个体间因生理功能的差异,致使生理功能强的个体在种内斗争中取胜,淘汰弱者,在动物方面表现为内分泌调节。如克里斯琴认为,当种群数量上升时,种内个体间的种群压力增加,加强了对中枢神经系统的刺激,主要影响脑下垂体和肾上腺的功能,一方面使生长素分泌减少,其生长和代谢受阻,使个体死亡率增加;另一方面肾上腺皮质增生和皮质激素分泌增加,即使有机体抵抗力降低、死亡率增大,又使其生殖受阻,出生率降低,整个种群的增长率和种群压力也降低,从而调节了种群的密度。在植物方面,若种群密度过大时,生活力强的个体获得的资源数量远多于生活力弱的个体,而那些弱小的个体只能占据剩余的不利于生存的空间和不易利用的资源。

3) 遗传调节

遗传调节是指种群数量可通过自然选择压力和遗传组成的改变而加以调节的过程。Chitty（1960）认为在种群数量升降过程中，种群的遗传质量也不断变化。他指出，种群中具有的遗传多型是遗传调节的基础。最简单的是遗传两型现象，其中一型更适于低密度的种群，在种群数量低时占优势。它具有较低的进攻行为，繁殖力高，有留居的倾向；另一型更适于高密度的种群，在种群数量高时占优势。其特点是具有高的进攻性行为，繁殖力较低，可能有外迁的倾向。当种群数量较低并处于上升期时，自然选择对适合低密度的基因型有利。此时，其种群繁殖力高，个体间较能相互容忍，种群数量升高。当种群数量上升到很高时，自然选择转而对适于高密度的基因型有利。这时个体间进攻性加强，死亡率增加，繁殖率下降，有的个体可能外迁，这些变化会促使种群密度降低。遗传调节学说认为种群密度的改变是其种群的遗传素质改变的结果（图7.10）。

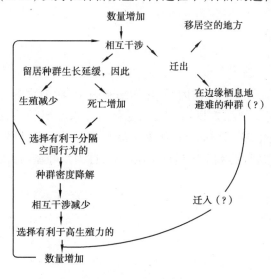

图7.10　Chitty 的遗传学说模式图
（仿 Smith，1974）

复习思考题

1. 自然条件下，均匀分布是极少的，植物大多数呈现集聚分布格局，想一想，为什么？
2. 简述种群的概念和基本特征。
3. 种群增长模型有哪些类型？其特点是什么？
4. 分析生物种群爆发的原因及其危害。
5. 种群调节有哪些类型？各有什么区别？
6. 生态对策中 K 选择者和 r 选择者的主要区别是什么？
7. 何为生态入侵？如何防止和控制生态入侵？

知识链接——水母大爆发

种群大爆发是指生物密度比平常显著增加的现象。合适的气候条件和食物条件、天敌控制的解除、种群内部机制等常为爆发的原因。水母大爆发就是一个典型的案例。水母，是一种很古老的生物，据说在距今5亿5千万年前的寒武时代，就是海洋的霸主了，只不过，后来鱼类成为了海洋的霸主，面对全世界这来势汹汹的水母大爆发，有人惊呼，难道水母又要再次统治地球的海洋了吗？

从2000年开始，原来是40年一次的水母大爆发，变成年年在世界各地发生，只是今年6月以来，这种情况更加恶化。

2011年6月，苏格兰通尼斯核电厂附近的海域，突然出现了大量水母，这些水母堵塞海水过滤池,液体无法进入制冷系统,两座核反应堆只好紧急关闭。经当地渔民出动3艘拖捞船对水母连续打捞,两天后,危机才算有所缓解。

同年7月,美国的一个海滩上,也在一夜之间,铺满了一块块白色的半透明状的水母。紧接着,日本、以色列都出现了类似的情况。水母大爆发,实际上是一种生态灾害,也是一个世界性难题。

据美国科学基金会研究小组宣称,全球至少有14片海域常常发生水母大爆发,其中包括黑海、地中海、美国夏威夷沿岸、墨西哥湾、日本海等。

每当哪个海域水母大爆发,海里和海滩上满是水母,对当地的渔业、旅游业、沿海电厂和核电站的安全构成了极大威胁。

日本是一个岛国,自从2002年几个渔民在捕鱼时发现捕上来的不是鱼,而是水母之后,接下来的每一年,人们都会发现数十亿只巨型水母——越前水母在日本海域活动。

在黑海海域,每当水母大爆发,每立方米海水甚至聚集着千只以上拳头大小的水母,对当地旅游业和渔业造成的经济损失往往高达数亿美元。

此外,全球有1.5亿海水浴爱好者和渔民深受水母困扰,美国佛罗里达州每年有20万人被水母蜇伤。

我国近海也是水母灾害的重灾区。2009年7月,青岛某电厂就发生了一次水母灾害事件,由于海水泵房取水口涌入大量水母,工人们全天候不断清理,最终,3天一共清出了10 t水母。这次水母入侵事件,导致青岛居民和工业用电受到很大影响。

亿万年来,水母一直潜藏在深海,现在它们大量繁殖,侵入各国近海,背后隐藏着什么可怕的动机呢?

为了找到水母爆发的真正原因和控制的办法,国家973项目"水母计划"2010年底正式启动,由中国科学院海洋研究所牵头,全国6个单位40位的科学家组成研究团队进行研究。

中国科学院首席科学家孙松说:"我们是把水母作为一种载体,通过对它的研究,看看整个中国近海的生态系统发生了什么变化,未来会怎么变,这是我们的真正目的。"

全世界有1 400种水母,已知的大型水母就有250多种,而影响我国近海生态安全都有哪些水母?这是课题研究首先要弄清的问题。

但是,对野生环境下的水母进行跟踪观测并不容易。现在,仪器能探测4 000 m深海的鱼,但对水下的水母却无计可施。这是因为水母整个身体95%是水,加上它是半透明的,用光学很难看到,用声学,如探鱼仪、声呐也很难探测得到。

因此,研究人员只能乘坐船只,每两个月出海一次,用肉眼观察以及渔网捕捞等原始手段对水母进行研究。

2011年7月21日,研究人员又出航了。这次考察地是胶州湾,它位于山东半岛的南部,是一个面积为390 km² 的扇形海湾,这次考察计划要在3个点投放渔网。

船一路前进,每行进1 min,就有四五只水母悄无声息地出现在海里,其中有霞水母和巨大的沙海蜇。

每当大家用简单的捞网去捕捞时,网往往还没靠近,它就溜掉。别看水母没有大脑,但每个水母的扇部边缘,都分布着它们最灵敏的感觉器官,这些感觉器官,兼具耳朵和眼睛的功能,每当外界有风暴来袭,它便通过海水里的次声波,感觉威胁逼近,提早逃之夭夭。

3个小时后,研究人员先拉起了两张渔网,见到的都是零星水母,人们奇怪了,现在是休渔期,为什么打不上一条活鱼。

对于水母越来越多的原因,孙松解释说:一是人类对鱼类的过度捕捞,使原本是鱼类摄食对象的水母幼体逃过了劫难,大量存活并长为成体;再有一个就是鱼类减少,和水母进行食物竞争的天敌也少了,这就为水母爆发提供了机会。

当第三张渔网起获时,研究人员发现网里仍是水母,6个果冻状的大东西。渔民们都说,他们几辈子,在近海都没见过这么大的水母,令人吃惊。而10年前,大型渔业考察船在黄海和东海作业,起获的都是鱼。

调查发现,我国水母大爆发中,最常见的是3种:海月水母、沙海蜇、霞水母。

水母的爆发,有些地方可能是过度捕捞令水母天敌减少所致,但从全世界范围来说,一些地区并没有过度捕捞,如白令海地区,气候很冷,并不是渔业资源发达的地区,也存在着水母爆发的迹象。

为了弄清水母爆发还有哪些因素,课题组建立了一个可以控制和模拟海洋环境的实验室,并挑选出在全球海洋分布最广的水母——海月水母作为第一批样本进行饲养和观察。

水月水母拥有4个环状的胃,在伞部下面和胃对应的地方,就是生殖腺,通常,一对雄水母和雌水母可以排出10万个精子和卵子,在水中受精后,受精卵便沉到海底,找坚硬的东西附着下来,发育成水螅体。水螅体只有2 mm大小,虽然是幼体,但在显微镜下,发现水螅体的捕食能力很强,它可以把一个卤虫直接抓到它的嘴里去。据有关调查显示,整个水域中70%的浮游动物都被它消耗掉。这样对鱼类的饵料,对海洋整体生态平衡影响很大。

水母没有大脑,不知饥饱,一生都在进食,这些食物通常都是以浮游生物为主,还有小鱼小虾甚至还有同类。

研究人员还拍到白色霞水母捕食海月水母的情形:在摄食时,美丽温柔的霞水母就像白发魔女,它最厉害的武器就是触手,抓到猎物时,每条触手里成百上千的刺细胞会迅速击穿对方的皮肉,释放毒液,麻痹猎物。所以水母看似温柔,但它是世界上最凶猛的食肉动物之一,被刺中的海月水母早已不能动弹,瞬间就被霞水母一口吞下。

孙松说:水母摄食,会先用刺细胞把其他生物刺死,一部分食掉,而更多的是沉入海底,浪费掉了。

霞水母的触手最长可以长到50 m,所以它的杀伤力在50 m以外,依然强大。

近年在日本海域出现的巨型水母——越前水母就更具有令人生厌的贪婪。越前水母最大可以长到伞径2 m、体重200 kg,一天之内,它可以吃光一个大型游泳池里的浮游生物,所以水母出现的地方,就没有鱼类生存之地。

在偌大的海洋,鱼类生存在食物链的上层,亿万年来,鱼类从来没有输给水母,为什么现在出现大逆转?

越前水母在我国被称为沙海蜇,由于它在我国海域也频繁出现,所以课题组将它作为第二种水母样本进行饲养和观察。在沙海蜇的水螅体上,除了观察到同样惊人的捕食能力外,研究人员还看到它惊人的繁殖能力。

不同的水母,有不同的生殖方式,有些还可以以足囊生殖,像沙海蜇的水螅体沉入海底后,可以在附着物上移动,移动的同时,它们可留下一些组织,研究人员称为足囊。而这些足囊可以繁殖出更多的水螅体,这种自我复制,无性繁殖的方式,足以让最初的10万个受精卵,最后演变成几十亿个水螅体。当水螅体进一步长大,一摞叠状的小水母,就会一个个分裂出来,最终的数量会达到数百亿。水母有如此变态的繁殖方式,会是这些年来水母爆发的一个原因吗?

孙松说:水螅体阶段,长得和它成体阶段完全不一样。只有一两个毫米大小的水螅体在海底到底积累了多少,我们并不清楚。

在中科院的研究所,研究人员还饲养着一种灯塔水母,这种水母个头非常小,只有 5 mm 大小。这些家伙从小长到大,长到成熟交配之后,它立即返老还童,变成幼体,然后再次生长,令人很不可思议。世界很多科学家都在研究这种水母,它的生命为什么长生不死,生生息息。

水母的生殖能力那么强,为什么全球大爆发的情形在以前却很少呢?

经过分析,研究人员发现,水母的水螅体不仅数量庞大,它们还有一个特点,就是休眠。当外界条件不适合,它们可以休眠 40～60 年,一旦时机成熟,它们就开始活动。

研究人员分析和整理多年来取得的海水样本,发现我国近海的海水温度存在逐年升高的趋势,同时还有一些微妙的变化已经持续了多年。从 1960 年开始,研究人员就开始记录胶州湾海水富营养化的变化情况,可以看出,从 1980 年开始,海水的富营养化程度是以前的 3 倍。

研究人员说,过去 60 年当中,我们从海洋中获得 30 亿 t 鱼类,这都是野生动物,不是人类养殖的,同时我们把超过 30 亿 t 垃圾排到海洋中去,所以,整个海洋发生了很大变化。

人类社会急速发展,产生大量的工业和生活垃圾,排污导致海洋过剩的营养越来越多,如此一来,藻类植物泛滥,赤潮、浒苔爆发,于是,藻类植物为浮游生物提供了充足的食物,浮游生物大量繁殖,以浮游生物为食的水母泛滥成灾。海洋食物链一直呈现金字塔结构,从最底层的硅藻类、单细胞植物到最顶层的大型鱼类和海洋哺乳类动物,这个结构已经稳定了亿万年。但是水母种群的爆发,使它们大肆抢夺浮游生物,使鱼类缺乏食物来源,从而中断了海洋食物链被打破了。

不管水母爆发是由全球变暖还是过度捕捞以及海洋富营养化造成的,人类对大自然的破坏有目共睹,人类的活动是造成生态危机的主要原因之一。

目前,只有地球有液态的水,所以地球有生命。对海洋生态健康的关注,不仅仅是资源问题和眼前利益问题,它对整个人类的生存都非常重要。

8 植物群落

[本章导读]

本章主要讲授植物群落的概念及基本特征。植物群落的水平结构、垂直结构、年龄结构及植物群落的外貌特征,重点分析群落复杂结构成因和干扰对群落结构的影响。植物群落演替的概念、类型、原因及演替过程。城市植被的环境和区系成分的变化,城市植被的演替及城市植被的恢复与重建的方法。

[理论教学目标]

1. 了解植物群落的概念及基本特征。
2. 掌握植物群落的结构及其类型。
3. 植物群落的演替类型及演替系列。
4. 掌握分析城市植被变化的特点。
5. 植被恢复重建过程中植物的选择与群落设计方法。

[技能实训目标]

1. 学会林区农田小气候的观测技能。
2. 掌握校园园林植物种类的调查和群落分析方法。
3. 学会苗圃、草坪杂草群落的调查分析。

8.1 植物群落的概念及基本特征

群落(community),也称生物群落(biological community),其概念来源于植物生态学研究。组成群落的各种生物种群不是任意地拼凑在一起,而是有规律地组合在一起才能形成一个稳定的群落。亦即居住在一个地区的一切生物所组成的共同体,它们彼此通过各种途径相互作用和相互影响。

生物群落可以从植物群落、动物群落和微生物群落这3个不同角度来研究。其中以植物群落研究得最多、最深入,群落学的一些基本原理多半是在植物群落研究中获得的。

8.1.1 植物群落的概念

正如种群是个体的集合体一样,群落是种群的集合体。简而言之,一个自然群落就是在一定空间内生活在一起的各种动物、植物和微生物种群的集合体。这样许多种群集合在一起,彼此相互作用,具有独特的成分、结构和功能,一片树林、一片草原、一片荒漠,都可以看作是一个群落。群落内的各种生物由于彼此间的相互影响、紧密联系和对环境的共同反应,而使群落构成一个具有内在联系和共同规律的有机整体。

在长期的发展演变过程中,群居在一起的各种生物,一方面受环境的影响,另一方面又作为一个整体影响并改造着环境,形成了生物群落与环境的统一体。群落内部这种生物种群之间发生的相互作用,就形成了一种相互协调的关系,使群落中各生物个体及种群成为一种有规律的组合。群落不是生物种群随意的散布和拼凑,而是群居在特定空间区域或生境中的若干生物种群彼此影响和相互作用有规律地组合在一起的有序结构单元。

因此,植物群落可定义为特定空间或特定生境下植物种群有规律的组合。它们具有一定的植物种类组成,物种之间以及其与环境之间彼此影响,相互作用,具有一定的外貌及结构,执行一定的功能。换言之,即是指在一定地段上,群居在一起的各种植物种群所构成的一种有规律的集合体。

8.1.2 植物群落的基本特征

任何植物群落都是由生长在一定地区内,并适应该地区环境条件的植物个体所组成,有着其固有的结构特征,并随着时间的推移而变化发展。在环境条件不同的地区,植物群落的组成成分、结构关系、外貌及其发展过程都随之不同。可以说,一定的环境条件对应着一定的植物群落,例如亚热带多分布常绿阔叶林,而温带主要分布针阔混交林。从上述定义中,可知一个植物群落具有下列基本特征:

1) 具有一定的种类组成、物种数和个体数

每个植物群落都是由一定的植物种群组成的,因此物种组成是区别不同植物群落的首要特征。一个植物群落中种类成分的多少及每个物种个体的数量是度量群落多样性的基础。

2) 具有一定的外貌

一个群落中的植物个体,分别处于不同高度和密度,从而决定了群落的外部形态。在植物群落中,通常由其生长类型决定其高级分类单位的特征,如森灌丛或草丛的类型。

3) 形成群落环境

植物群落具有自己的内部环境,并形成群落环境,是定居植物对生活环境的改造结果。植物群落对其占有的环境具有改造作用,并能形成群落环境。如草原环境与沙漠环境有很大区别。其生态因子都经过了植物与其他生物的改造。即使生物非常稀疏的荒漠群落,对土壤等环境条件也有明显改变。

4）具有一定的动态特征

任何一个植物群落都有它的形成、发展、成熟和衰败与灭亡阶段。因此植物群落就像一个生物个体一样，表现出动态的特征。其运动形式包括季节变化、年际动态、演替与演化等。

5）不同物种之间的相互影响

植物群落中的物种有规律地共处，即在有序状态下生存。尽管植物群落是植物种群的集合体，但并不能说一些种群的任意组合就构成了一个群落。一个群落的形成和发展必须经过植物对环境的适应和植物种群之间的相互适应。植物群落并非植物种群的简单集合，哪些种群能够组合在一起构成群落，取决于两个条件：第一，必须共同适应它们所处的无机环境；第二，它们内部的相互关系必须取得协调、平衡。因此，研究植物群落中不同种群之间的关系是阐明群落形成机制的重要内容。

6）具有一定的分布范围

每一植物群落都分布在特定的地段或特定生境上，不同群落的生境和分布范围不同。无论从全球范围来看还是从区域角度讲，不同的植物群落都是按照一定的规律分布的。

7）具有一定的群落结构

每一个植物群落都具有自己的结构，其结构表现在空间上的成层性（包括地上和地下）、物种之间的营养结构、生态结构以及时间上的季相变化等。群落类型不同，其结构也不同。如热带雨林群落的结构最复杂，极地冻原群落的结构最简单。

8）具有明显的边界

不同的植物群落有不同的边界特征。在自然条件下，如果环境梯度变化较陡，或者环境梯度突然中断（如地势变化较陡的山地的垂直带，断崖上下的植被，陆地环境和水生环境的交界处如池塘、湖泊、岛屿等），那么分布在这样环境条件下的植物群落就具有明显的边界，可以清晰地加以区分；而处于环境梯度连续缓慢变化（如草甸草原和典型草原的过渡带等）地段上的群落，则不具有明显边界。但在多数情况下，不同植物群落之间都存在过渡带，被称为群落交错区，在此其余有明显的边缘效应。

8.2　植物群落的结构

植物群落和生物个体一样，其任何组织水平都有其特定的结构，并与功能相联系。植物群落结构是群落中相互作用的植物种群在协同进化中形成的，其中生态适应和自然选择起了重要作用。因此，群落外貌及其结构特征包含了重要的生态学信息。

8.2.1　植物群落的水平结构

群落的水平结构是指群落的配置状况或水平格局，有人称之为群落的二维结构，其形成与构成群落的各个成分的分布状况有关。

1) 镶嵌性

植物群落中某个物种或不同物种的水平配置不一致。多数群落中的各个物种常形成斑块状镶嵌,也可能均匀分布。

群落中层片在二维空间上的不均匀配置,使群落在外表上表现为斑块相间排列的现象,我们称之为镶嵌性,具有这种特征的植物群落叫作镶嵌群落。每一个斑块就是一个小群落,它们彼此组合,形成了群落镶嵌性。

群落镶嵌性的产生(小群落形成的原因)主要是由于植物群落内部小环境的不均匀造成的(图8.1)。如光照条件的不同,小地形和微地形的变化,土壤湿度和盐渍化程度的不同等。另外,植物种类本身的生态生物学特点也是原因之一。

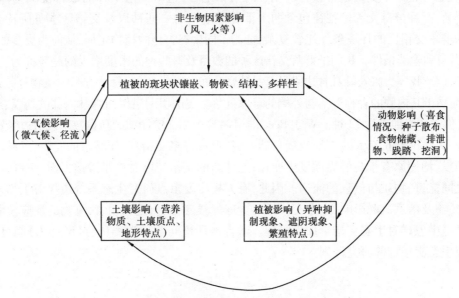

图8.1 陆地植物群落中水平格局的主要决定因素
(景观生态学,余新晓,2006)

需要指出的是,小群落是一个群落内部水平结构分化的最小部分,构成镶嵌的每个小群落和整个大群落一样,具有成层现象。导致水平结构的复杂性主要有3个方面的原因:

(1)亲代的扩散分布习性 风播植物(wind dispersal)、动物传播植物(animal dispersal)、水播植物(water dispersal)分布可能广泛,而种子较重或无性繁殖的植物,往往在母株周围呈群聚状。同样是风播植物,在单株、疏林、密林的情况下扩散能力也各不相同。动物传播植物受昆虫、两栖类动物产卵的选择性的影响,幼体经常集中在一些适宜于生长的生境。

(2)环境异质性 由于成土母质、土壤质地和结构、水分条件的异质性(heterogeneity),导致动植物形成各自的水平分布格局(distribution pattern)。内蒙古草原上锦鸡儿(caragana)灌丛化草原是镶嵌群落的典型例子。在这些群落中往往形成1~5 m的锦鸡儿灌丛,呈圆形或半圆形的丘阜。这些锦鸡儿丘阜群落具有重要的生态意义和生产意义,它们可以聚积细土、枯枝落叶和雪,因而使其内部具有较好的水分和养分条件,形成一个局部优越的小环境。小群落内的植物较周围环境中返青早,生长发育好,有时还可以遇到一系列越带分布的植物。

(3)种间相互作用的结果 植食动物明显地依赖于它所取食的植物的分布。还有竞争、化感作用、互利共生、偏利共生等的结果。

自然界中群落的镶嵌性是绝对的,而均匀性是相对的。

2)群落交错区

群落交错区(ecotone)又称生态交错区或生态过渡带,是两个或多个群落之间(或生态地带之间)的过渡区域。如森林和草原之间有森林草原地带,软海底与硬海底的两个海洋群落之间也存在过渡带,两个不同森林类型之间或两个草本群落之间也都存在交错区。因此,这种过渡带有的宽、有的窄,有的是逐渐过渡、有的是变化突然。群落的边缘有的是持久性的,有的在不断变化。1987年1月,在巴黎召开的一次国际会议上对群落交错区的定义是:"相邻生态系统之间的过渡带,其特征是由相邻生态系统之间相互作用的空间、时间及强度所决定的。"可以认为,群落交错区是一个交叉地带或种群竞争的紧张地带,这里群落中种的数目及一些种群密度比相邻群落大,在群落交错区往往包含两个重叠群落中的一些种以及交错区本身所特有的种,这是因为群落交错区的环境条件比较复杂,能为不同生态类型的植物定居,从而为更多的动物提供食物、营巢和隐蔽条件。我们把群落交错区种的数目及一些种的密度增大的趋势称为边缘效应(edge effect)。我国大兴安岭森林边缘具有呈狭带分布的林缘草甸,每平方米的植物种数达30种以上,明显高于其内侧的森林群落与外侧的草原群落。美国伊利诺伊州森林内部的鸟仅登记的就有14种,但在林缘地带达22种。W. J. Beecher(1942)曾用一定面积的鸟巢数来说明边缘效应。

目前,人类活动正在大范围地改变自然环境,形成许多交错带,如城市的发展、工矿的建设、土地的开发,均使原有景观的界面发生变化;这些新的交错带可看成半渗透界面,它可以控制不同系统之间能量、物质与信息的流通。因此,有人提出要重点研究生态系统边界对生物多样性、能流、物质流及信息流的影响,生态交错带对全球气候变化、土地利用、污染物的反应及敏感性,变化的环境中怎样对生态交错带加以管理。联合国环境问题科学委员会(SCOPE)制订了一项专门研究生态交错带的研究计划。

8.2.2　植物群落的垂直结构

1)成层

群落的垂直结构主要指群落分层结构,陆地群落的分层与光的利用有密切的关系。森林群落的林冠层吸收了大部分光辐射,随着光照强度递减,依次发展为林冠层、下木层、灌木层、草本层和地被层等层次。群落中各生物间为充分利用营养空间而形成的一种垂直上的分层结构称为成层现象。一般来说,温带夏绿阔叶林的地上成层现象最为明显,寒温带针叶林的成层结构简单,而热带森林的成层结构最为复杂。

群落的成层性包括地上成层现象与地下成层现象,层(layer)的分化主要决定于植物的生活型,因生活型决定了该种处于地面以上不同的高度和地面以下不同的深度,即陆生群落的成层结构是不同高度的植物或不同生活型(一级生活型)的植物在空间上垂直排列的结果,水生群落则在水面以下不同深度分层排列。植物群落的地下成层性是由不同植物的根系在土壤中达到的深度不同而形成的。植物的根系集中在土壤表层,土层越深,根量就越少。

在层次划分时,将不同高度的乔木幼苗划入实际所逗留的层中,其他生活型的植物也是如此。另外,生活在乔木不同部位的地衣、藻类、藤本及攀缘植物等层间植物(包叫层外植物)通常也归入相应的层中。

成层结构是自然选择的结果,它显著提高了植物利用环境资源的能力,缓解了生物间对营养空间的竞争。如在发育成熟的森林中,上层乔木可以充分利用阳光,而林冠下为那些能有效地利用弱光的下木所占据。穿过乔木层的光,有时仅仅达到树冠的全光照的1/10,但林下灌木层却能利用这些微弱的光谱组成已被改变了的光。在灌木层下的草本层能够利用更微弱的光,草本层往下还有更耐阴的苔藓层。因而,成层现象扩大了生物利用环境空间的范围,提高了生物群落的同化功能与效率。群落的分层结构越复杂,对环境利用越充分,提供的有机物质也越多,群落分层结构的复杂程度也是生态环境优劣的标志。

2) 层片

层片(synusia)一词系瑞典植物学家 H. Gams(1918)首创。他将层片划分为3级:第一级层片是同种个体的组合,第二级层片是同一生活型的不同植物的组合,第三级层片是不同生活型的不同种类植物的组合。很明显,H. Gams 的第一级层片指的是种群,第三级层片指的是植物群落。现在群落学研究中一般使用的层片概念,相当于 H. Gams 的第二级层片,即它们均由同一生活型的不同植物所构成。因此,通常把植物群落中相同生活型和相似生态要求的植物种的组合称为层片。

层片作为群落的结构单元,是在群落产生和发展过程中逐步形成的。苏联著名植物群落学家 B. H. Cykaqeb(1957)指出:"层片具有一定的种类组成,这些种具有一定的生态生物学一致性,而且特别重要的是它具有一定的小环境,这种小环境构成植物群落环境的一部分。"层片与德国学者提出的生态种组有相似之处,但层片强调的是群落结构组分,而生态种组则强调其生态性质的指示作用。

8.2.3 植物群落的外貌

群落的外貌(physiognomy)是认识植物群落的基础,也是区分不同植被类型的主要标志,如森林、草原和荒漠等,首先是根据外貌进行区别。而就森林而言,针叶林、夏绿阔叶林、常绿阔叶林和热带雨林等,也是根据外貌来区别。

群落的外貌决定于群落优势的生活型和层片结构。

1) 生活型和生长型

(1)生活型 生活型是生物对外界环境适应所形成的外貌形态。它是不同生物在同一环境条件下的趋同适应,同一生活型的物种,不但体态相似,而且其适应特点也是相似的。植物生活型的研究工作较多,最著名的是丹麦生态学家 C. Raunkiaer 的生活型系统,他选择休眠芽在不良季节的着生位置及保护方式作为划分生活型的标准。因为这一标准既反映了植物对环境(主要是气候)的适应特点,而且简单明确,所以该系统被广为应用。根据这一标准,C. Raunkiaer 把陆生植物划分为5类生活型。

①高位芽植物(phanerophyte) 休眠芽位于距地面25 cm以上,依高度又分为4个亚类,即大高位芽植物(高度>30 m)、中高位芽植物(8～30 m)、小高位芽植物(2～8 m)与矮高位芽植物(25 cm～2 m)。如乔木、灌木和一些生长在热带潮湿气候条件下的草本植物等。

②地上芽植物(chamaephyte)　更新芽位于土壤表面之上、25 cm 之下,多为半灌木或草本植物。受土表的残落物保护,在冬季地表积雪地区也受积雪的保护。

③地面芽植物(hemicryptophyte)　又称浅地下芽植物或半隐芽植物,更新芽位于近地面土层内,冬季地上部分全部枯死,即为多年生草本植物。

④隐芽植物(cryptophyte)　又称地下芽植物,更新芽位于较深土层中或水中,多为鳞茎类、块茎类和根茎类多年生草本植物或水生植物。

⑤一年生植物(therophyte)　以种子越冬的一年生草本植物。

上述 C. Raunkiaer 生活型被认为是植物在其进化过程中对气候条件适应的结果。因此,它们可作为某地区生物气候的标志。

C. Raunkiaer 从全球植物中任意选择 1 000 种种子植物,分别计算上述 5 类生活型的百分比,其结果为高位芽植物 46%、地上芽植物 9%、地面芽植物 26%、隐芽植物 6%、一年生植物 13%。按上述方法统计一个群落或地区不同生活型物种数的相对比例称为生活型谱。

我国自然环境复杂多样,在不同气候区域的主要群落类型中生活型组成各有其特点(表 8.1)。可见在天然状况下,每一类植物群落都是由几种生活型的植物组成,但其中有一类生活型占优势。一般凡高位芽植物占优势的群落,反映了群落所在地区植物生长季节中温热多湿的特征;地面芽植物占优势的群落,反映了该地具有较长的严寒季节;地下芽植物占优势的,环境比较冷、湿;一年生植物最丰富的地区,则气候干旱。如表 8.1 中的暖温带落叶阔叶林,高位芽植物占优势,地面芽植物次之,就反映了该群落所在地的气候夏季炎热多雨,但有一个较长的严寒季节。至于寒温带针叶林,地面芽植物占优势,地下芽植物次之,高位芽植物又次之,反映了当地有一个较短的夏季,但冬季漫长,严寒而潮湿。

表 8.1　中国几种群落类型的生活型谱

群落(地点)	生活型				
	高位芽植物/%	地上芽植物/%	地面芽植物/%	隐芽植物/%	一年生植物/%
热带雨林 (海南岛)	96.88 (11.1)	0.77	0.42	0.98	0
热带山地雨林 (海南岛)	87.63 (6.87)	5.99	3.42	2.44	0
南亚热带季风常绿阔叶林 (福建和溪)	63.0 (19)	5.0	12.0	6.0	14.0
中亚热带常绿阔叶林 (浙江)	76.1	1.0	13.1	7.8	2.0
暖温带落叶阔叶林 (秦岭北坡)	52.0	5.0	38.0	3.7	1.3
寒温带针叶林 (长白山)	25.4	4.4	39.6	26.4	3.2
温带草原 (东北)	3.6	2.0	41.1	19.0	33.4

注:括号内数字是指其中藤本的百分数。

(2)生长型　另外一些学者按植物体态划分生活型或生长型,如 A. Kerner(1863)、A. Grisebach(1872)、Drude(1887)和 Du Rietz(1931)等。我国在《中国植被》一书中即按植物体态划分出下列生长型类群:

①木本植物

a. 乔木:具有明显主干,又分出针叶乔木、阔叶乔木,并进一步分出常绿的、落叶的、簇生叶的、叶退化的。

b. 灌木:无明显主干,植物基部一般多分枝。

c. 竹类。

d. 藤本植物。

e. 附生木本植物。

f. 寄生木本植物。

②半木本植物　半灌木与小半灌木。

③草本植物

a. 多年生草本植物:又可分出蕨类、芭蕉型、丛生草、根茎草、杂类草、莲座植物、垫状植物、肉质植物、类短命植物等。

b. 一年生植物:又分冬性的、春性的与短命植物。

c. 寄生草本植物。

d. 腐生草本植物。

e. 水生草本植物:又分为挺水的、浮叶的、漂浮的、沉水的。

④叶状体植物

a. 苔藓及地衣。

b. 藻菌。

生长型也反映植物生活的环境条件,相同的环境条件具有相似的生长型。世界各大洲环境相似地区(如草原或荒漠),由于趋同进化而具有相同生长型的植物,可以称为生态等值种。如生活于亚洲、北美洲、大洋洲和亚洲的许多荒漠植物,都有叶片细小等特征,虽然它们可能属于不同的科。细叶是一种减少热负荷和蒸腾失水的适应。Shimper 在 1903 年发现了植物地理规律,即在世界不同地区的相似环境区域重复地出现相似的生长型植物。生活型与生长型决定群落的外貌,而外貌是群落分类的重要指标之一。

2)群落的季相

群落外貌常随时间的推移而发生周期性的变化,这是群落结构的另一重要特征。随着气候季节性交替,群落呈现不同外貌的现象就是季相。

温带地区四季分明,群落的季相变化十分显著,如在温带草原群落中,一年可有四或五个季相。早春气温回升,植物开始发芽、生长,草原出现春季返青季相;盛夏初秋,水热充沛,植物繁茂生长,百花盛开,色彩丰富,出现华丽的夏季季相;秋末植物开始干枯休眠,呈红黄相间的秋季季相;冬季季相则是一片枯黄。

8.2.4　干扰对群落结构的影响

1)干扰

干扰是自然界的普遍现象,是指平静的中断,正常过程的打扰或妨碍。生物群落不断经受各种随机变化的事件,正如 F. E. Clements 指出的"即使是最稳定的群丛也不完全处于平衡状态,凡是发生次生演替的地方都受到干扰的影响"。有些学者认为干扰扰乱了顶极群落的稳定性,使演替离开了正常轨道。而近代多数生态学家认为干扰是一种有意义的生态现象,它引起群落的非平衡特性,强调了干扰在群落结构形成和动态中的作用。

连续的群落中出现缺口(gaps)是非常普遍的现象,而缺口经常由于干扰造成。森林中的缺口可能由大风、雷电、砍伐、火烧等引起,草地群落的干扰包括放牧、动物挖掘、践踏等。干扰造成群落的缺口以后,有的在没有继续干扰的条件下会逐渐恢复,但缺口也可能被周围群落的任何一个种侵入和占有,并发展为优势者,哪一种是优胜者完全取决于随机因素。这种现象可称为对缺口的抽彩式竞争。

但是,有些群落所形成的缺口,其物种更替是有规律的。新打开的缺口常被扩散能力强的一个或几个先锋种所入侵。由于它们的活动改变了条件,促进了演替中期种入侵,最后为顶极种所替代。在这种情况下,多样性开始较低,演替中期增加,但到顶极期往往稍有降低。

2)干扰理论与生态管理

研究干扰理论对应用领域有重要意义。要保护自然界生物的多样性,就不要简单地排除干扰,因为中度干扰能增加多样性。实际上,干扰可能是产生多样性的最有力的手段之一。冰河期的反复多次"干扰",大陆的多次断开和岛屿的形成,看来都是物种形成和多样性增加的重要动力。同样,群落中不断地出现断层、新的演替、斑块状的镶嵌等,都可能是维持和产生生态多样性的有力手段。这样的思想应在自然保护、农业、林业和野生动物管理等方面起重要作用。如斑块状的砍伐森林可能增加物种多样性,但斑块的最佳面积还要进一步研究探索。

8.3　植物群落的演替

8.3.1　植物群落演替的概念

生物群落作为一个有机整体与生物个体一样,也有其形成、发展、成熟直至衰老消亡的过程。一个群落经过发育的不同阶段,成熟以后,就进入了消亡过程。消亡的同时,伴随着一个更适合当时当地环境条件的新群落的诞生。一定地域的植物群落发生变化,而形成其他植物群落,被其他植物群落所取代的过程,就称为植物群落的演替(community succession)。如一块农田被废弃后,最初 1~2 年内会出现大量的一年生和二年生杂草,随后多年生植物开始侵入并逐渐定居下来,杂草的生长和繁殖开始受到抑制。随着时间的推移,多年生植物逐渐取得优势地位,一个具备特定结构和功能的植物群落就形成了。同时,适宜于这个植物群落的动物区系和微生物区系也逐渐确定下来。整个生物群落仍向前发展,当它达到与当地的环境条件,特别是气候和土壤条件都比较适应的时候,即成为一个稳定的群落。

对于群落演替,可以用以下 3 个特征来描述:

(1)演替是群落发展的有序过程　包括物种组成结构及群落中各种过程随时间的变化,这种变化是有规律地向一定方向发展的,因此在一定程度上是可以预测的。

(2)演替是生物与物理环境作用的结果　它同时还是群落内种群之间竞争和共存的结果。物理环境决定演替类型、变化的速度和演替发展的最后限度。同时演替也受群落本身所控制,群落演替可引起物理环境的极大改变。

(3)演替以稳定的生态系统为发展顶点　由顶级群落所形成的生态系统为发展顶点,发展为顶级群落是它获得的每单位有效能流可维持最大的生物量,并可在生物之间保持最佳共生功能。

在一定区域内,群落由一种类型转变为另一种类型的有顺序的取代过程,称为演替系列。演替系列中的每一个明显的步骤,称为演替阶段或演替时期。生物群落从演替初期到形成稳定的成熟群落,一般要经历先锋期、过渡期和顶级期 3 个阶段。在先锋期出现的群落叫先锋群落,亦即在一个地点最早出现的群落。在过渡期出现的物种叫过渡种。至演替后期,演替的速度越来越慢,逐渐趋于平衡,最终形成物种较为丰富多样、结构复杂、生态稳定性高的植物群落类型,称为顶级群落。群落由先锋阶段开始,直至演替为顶级群落的这一过程,即是顶级演替。

8.3.2　植物群落演替的类型

植物群落的演替过程总是始于裸地形成,具有群落发生演替过程,而且群落演替各阶段的每一植物群落类型都要经历相似的发育过程。按照不同的原则,可划分不同的植物群落演替类型以分析植物群落的动态演替特点,如可分别根据演替的原因、持续时间、涉及范围、发展方向以及裸地类型、基质的性质等来划分植物群落的演替类型。

1)按演替的起始条件划分

可分为原生演替与次生演替。原生演替是指在原生裸地上发生的演替过程,也称为初生演替,是生物在从前从未定居过的裸地上定居并导致顶极群落对该生境的首次占有。如在乱石窟上开始的演替就是初生演替(图 8.2),此外在沙丘上、火山岩上、冰川泥上以及在大河下游的三角洲上所发生的演替都是原生演替。原生演替的基质条件恶劣严酷,演替的时间很长。

次生演替是指在次生裸地上发生的演替过程,演替地点曾被其他生物定居过。不受人类或外界因素干扰,在自然条件下形成的各类植物群落,统称原生植被。原生植被遭外力破坏即发生次生演替。顺序发生的各类次生群落共同形成次生演替系列。引起次生演替系列的外力有火灾、病虫害、水涝、冰雹等自然因素及人类的活动,人类的破坏是主要因素,如森林采伐、放牧、垦荒、开矿、水利建筑、修路、城市建设等。

各类原生群落如热带雨林、亚热带常绿林、温带针叶林、羊草草原等,遭破坏后都会引起次生演替,因而次生演替的方式和趋向是多种多样的。如浙江天童的亚热带常绿阔叶林森林遭受砍伐后的次生演替过程(图 8.3)。

原生植被遭破坏后所出现的次生裸地与原生裸地差异极大。大多数次生裸地多少还保存着原有群落的土壤条件,甚至还保留了原来群落中某些植物的繁殖体。裸地附近通常是受破坏的群落,有丰富的外来资源,并且距离很近。由于次生演替的基质条件较好,如有机质丰富、土壤层深厚并遗留少量的生物残体、种子或孢子等,所以演替所经历的时间短,次生演替系列的进程一般较快。至于实际演替的速度和所经历的阶段,取决于原生植被受破坏的程度和持续时间。

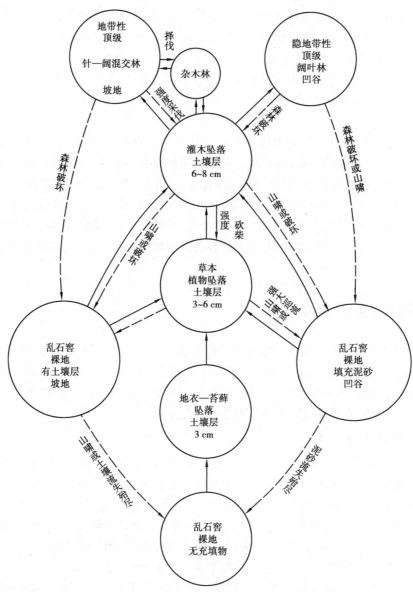

图 8.2　乱石窖植被原生演替综合图式
(园林生态学,冷平生,2003)

2) 按基质的性质划分

C. F. Cooper(1913)按演替发生的基质的性质类别,将植物群落演替划分为水生演替(hydrarch succession)和旱生演替(xerarch succession)。

在水体或湿地中发生的植物群落演替称为水生演替,演替开始于水生环境中,但一般都发展到陆地群落,如淡水或池塘中水生群落向中生群落的转变过程。以裸岩等陆生生境为基础发生的演替叫旱生演替,演替从干旱缺水的基质上开始,如裸露的岩石表面上生物群落的形成过程。在水生基质和旱生基质上所形成的系列演替过程,分别称为水生演替系列和旱生演替系列。

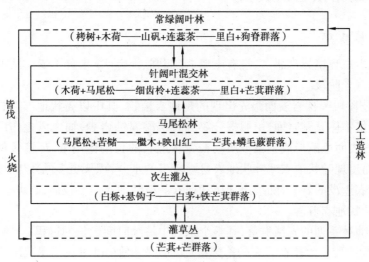

图8.3 浙江天童常绿阔叶林的次生演替图式
(植被生态学,宋永昌,2001)

3)按时间划分

按时间划分,可分为快速演替,一般在几年或几十年间发生的演替;长期演替,是延续几十年,甚至几百年的演替;世纪演替,持续的时间是以地质年代来计算的,是与大陆和植物区系进化相联系的演替。

4)按演替的主导成因划分

引起群落的原因可以概括为内因和外因两个方面。V. N. Sukachev 在 1942 年按植物群落演替的主导因素划分为内因性演替和外因性演替。内因性演替是群落中生物生命活动的结果使它的生境发生改变,改变了的环境又反过来作用群落本身,如此相互促进和影响,使演替不断向前发展。外因演替是外部因素的改变导致生物群落发生的演替,如水涝、冰雹、人为因素的建设和破坏等。

5)按演替的方向划分

可以分为进展演替、逆行演替和循环演替 3 种类型。一般沿着顺序阶段向着顶级群落演替的过程叫进展性演替;由顶级群落向先锋群落演替称为逆行演替;群落由一个类型转变为另一种类型,而后又回到原来类型的演替过程称为循环演替。

6)按群落代谢特征划分

(1)自养性演替 自养性演替中,光合作用所固定的生物量积累越来越多,如由裸岩—地衣—草本—灌木—乔木的演替过程。

(2)异养性演替 异养性演替如出现在有机污染的水体,由于细菌和真菌分解作用特强,有机物质是随演替而减少的。对于群落生产(P)与群落呼吸(R),P>R 属自养性演替,P<R 属

异养性演替。因此,P/R 是表示群落演替方向的良好指标,也是表示污染程度的指标。

8.3.3 植物群落演替的类型

1)旱生原生演替系列

裸岩表现的生态环境异常恶劣,没有土壤、光照强、温差大、十分干燥。从裸岩开始的演替系列大致可分为五个阶段。

(1)地衣植物阶段 裸岩表面最先出现的是地衣植物,其中以壳状地衣首先定居。壳状地衣将极薄的一层植物体紧贴岩面,由假根分泌的有机酸腐蚀岩表,加之风化作用及壳状地衣的一些残体,在岩石表面逐渐形成土壤母质。在壳状地衣的长期作用下,环境条件首先是土壤条件有了改善,继而出现叶状地衣。叶状地衣可蓄较多的水分,积聚更多的残体,因而使土壤增加加快。在叶状地衣遮没的岩表,陆续出现枝状地衣。枝状地衣是多枝体,高可达几厘米,生长能力强,逐渐取代叶状地衣群落。

地衣群落是演替系列的先锋群落,是整个系列中持续时间最长的过程。

(2)苔藓植物阶段 生长在岩表的苔藓植物与地衣相似,可以在干旱状况下停止生长而休眠,等到温和多雨时又大量生长。这类植物能生长在十分贫瘠的土壤里,仅需要 2～3 cm 的土层就能生长良好。苔类常常生长在山区林下岩石的表面,藓类常常生长在农村用砖砌的水井的井壁上,瓦房墙根砖的表面,或在郁闭的农田,尤其是在地膜覆盖的地表。苔藓植物阶段出现的动物与地衣群落相似,以螨类等腐食性或植食性的小型无脊椎动物为主。

上述群落演替的两个最初阶段与环境的关系主要表现在土壤的形成和积累,对岩面小气候的形成作用不明显。

(3)草本植物阶段 苔藓群落的后期,一些蕨类和被子植物中一年生或两年生草本植物会逐渐出现。这些草本植物大多数矮小耐旱,开始是个别植株出现,以后大量增加而取代了苔藓植物。随着土壤厚度的逐年增加,小气候开始形成,就出现了多年生草本植物。初期草本植物植株高度在 35 cm 以下,随着生态条件的逐渐改善,高约 70 cm 的中草和 1 m 以上的高草相继出现,形成群落。

草本群落阶段岩面的环境条件有了明显的改变,由于郁闭度增加,土壤增厚,蒸发减少,调节了温湿度的变化。不仅土壤微生物和小型土壤动物的活动大为增强,土表动物也大量出现。增加最多的昆虫等植食性节肢动物,捕食性昆虫、蜘蛛等肉食性动物也大量出现。在低草覆盖地面时,蜗牛、啮齿类等小型哺乳动物逐渐入侵。到中高草出现,尤其是后期阳性灌木出现后,环境更加郁闭,为动物创造了更多更复杂的栖息场所,此时植食性、食虫性鸟类及野兔等中型哺乳动物数量不断增加。这使群落内物种多样化增加,食物链变长,食物网等营养结构更加复杂。

(4)灌木阶段 草本植物群落形成的过程中,为木本植物创造了适宜的生活环境。首先是一些喜光的阳性灌木出现,它们常与高草混生形成高草—灌木群落。以后灌木大量增加,成为优势的灌木群落。在这一阶段,草本植物上取食的昆虫逐渐减少,吃浆果、栖灌丛的鸟类会明显增加。林下中小型哺乳动物数量增多,活动更趋活跃,一些大型动物也会时而出没其间。

(5)乔木阶段 在灌木逐渐成为优势的演替发展中,阳性的乔木树种开始单株出现,继而会不断排挤无力争夺阳光的矮小灌木,灌木林开始连成一片,逐渐形成森林。至此,林下形成荫蔽环境,使耐阴的树种得以定居。使耐阴性树种增加,而阳性树种因在林内不能更新,以后逐渐从群落中消失。林下那些阳性的草本和灌木物种同时消失,仅留下一些耐阴的种类,就初步形成了森林植物群落。在这一阶段,动物群落也变得极为复杂,大型动物开始定居繁殖,各个营养级的动物数量明显增加,互相竞争,互相取食,互相制约,使整个生物群落的结构变得更加复杂、稳定。

2)水生原生演替系列

一个湖泊经历一系列的原生演替阶段以后,可以变为一个森林群落,只是需要的时间相对长一些而已。演替过程大体要经历以下几个阶段(图8.4):

(1)裸地阶段 演替的第一个阶段是裸地阶段。这时湖底类似于陆地的裸岩,几乎没有什么植物生长。一个人工池塘和人工湖在初建的时候,大致就是处于这个演替阶段。最早出现在湖泊里的生物只能是浮游生物,主要是微小的浮游藻类和浮游动物。这些浮游生物死亡后,就沉到湖底形成很薄的一层有机物质。随着浮游生物的生长和繁殖,其数量不断增加,当数量达到一定程度时,就出现了其他生物,如栖息在湖底的石蚕,它们以微生物为食并用小沙粒营造自己的居室,此外还有蓝鳃太阳鱼和大嘴鲈鱼等。

(2)沉水植物阶段 陆地上的泥沙不断冲入湖中,这些泥沙有机物质混合在池底铺垫出一层疏松的软泥,这就为有根的沉水植物的定居创造了条件,于是像轮藻、眼子菜和金鱼藻之类的沉水植物就开始在湖底扎根生长。这些植物的定居生长使湖底软泥变得更加坚实和富含有机质,此时演替已逐渐进入了第二个阶段,即沉水植物阶段。

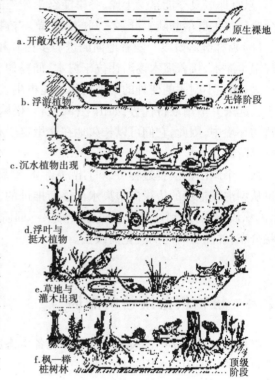

图8.4 水生演替至列
(园林生态学,姚方,2010)

(3)浮叶根生植物阶段 湖底有机物质和沉积物的迅速增加使湖底逐渐垫高,湖水变浅。于是有些植物就可以把根扎在湖底,使叶浮在水面,这就是浮叶根生植物,如睡莲和荇菜等。这些植物的出现标志着演替已经进入第三个阶段,即浮叶根生植物阶段。由于漂浮在水面的叶子阻挡了射入水中的阳光,使沉水植物的生长受到影响。演替进行到这个阶段,动物的生存空间也逐渐增加,于是动物的种类逐渐变得多样化起来。水螅、青蛙、潜水甲虫和以浮叶根生植物的叶为食的各种水生昆虫纷纷出现。

(4)挺水植物阶段 湖水的季节波动使湖边潜水地带的湖底时而露出水面,时而又被水淹没。在这些地带,柔弱的浮叶根生植物就失去了水对它们的浮力和保护,因此无法再生存下去,就出现了挺水植物,它们把纤维状的根伸向四面八方牢牢地扎在湖底,挺水植物的叶片伸向水面以上的空间,能最大限度地吸收阳光,进行光合作用。这一类高等植物最常见的有芦苇、香蒲、白菖和泽泻等。它们的定居标志着演替已发展到了第四个阶段——挺水植物阶段。

在挺水植物阶段,浮叶根生植物阶段的动物逐渐减少或消失,一个新的动物群开始出现。各种蜉蝣和蜻蜓稚虫生活在水下植物的茎秆上,当它们准备羽化时,就沿着茎秆爬到水面。红翅乌鸫、野鸭和麝也成了这里常见的动物。

(5)湿生草本植物阶段　挺水植物出现以后,由于湖底密集聚集着植物庞大的根系,每年大量的植物枯叶沉入水底,就增加了湖底的有机质含量,湖泊边缘的沉积物质也开始变实变硬,很快就形成了坚实的土壤。这时大部分的湖面因长满了苔草、香蒲和莎草科植物,加上植物的蒸腾作用和水分的自然蒸发,使湖泊逐渐演变成沼泽。当湖底抬升到地下水位以上时,湖泊残存的水分到夏季就会逐渐干涸。这时的湖泊实际上已变成了临时性的积水塘。在这种环境条件下,只有那些夏季能忍受干燥、冬季能忍受冰冻的生物才能生存。同时,湖泊也已经演替成了一个介于水生群落和陆生群落之间的湿生草本植物群落。

(6)森林群落阶段　随着地面的进一步抬升和排水条件的不断改善,在沼泽植物群落中会出现湿生灌木,接着灌木逐渐让位于树木,如杨树、榆树、槭树和白皮松等。随着森林的密闭度的加大,这些不耐阴的树种的实生苗就不能再生长,而适应于在弱光下发育的树木的实生苗就会生长起来并渐渐取得优势,如山毛榉、铁杉、松树和雪松等。这些树种适于生长在它们自己所创造的环境中,因此,它们可以长久地在这里定居和繁衍。这是湖泊演替的最后一个阶段,即森林群落阶段。

从一个湖泊的演替过程可以看出,水生演替系列实际上就是湖泊池塘的填平过程,这个过程是从湖泊或池塘的边缘向中央水面逐渐推进的,因此,有时我们可以在离岸不同距离的地方(水的深浅不同)看到处于同一演替系列中不同阶段的几个群落,这些群落都围绕着湖中心呈环状分布,并随着时间的变化而改变。

8.3.4　植物群落演替的原因

群落演替是群落内部关系与外界环境各生态因子综合作用的结果。生物群落演替的主要原因可归纳为外因和内因两类。

1)内因

在植物群落中,群落成员改变着群落内部环境,而内部环境反过来又改变着群落成员。在一个植物群落内,由于各群落成员之间的矛盾,即使群落的外部、内部环境没有发生显著的改变,群落仍进行着演替,也称为内因演替。在一个植物群落中,由于各群落成员之间的矛盾,主要指种间关系,植物之间的竞争、克生、互惠共生,动物之间的相互取食等,即使在外部环境没有发生改变的情况下,群落仍能进行着演替,这种演替称为内因演替。

2)外因

外因演替是由于外部环境条件的变化而造成的。气候学家认为环境条件是群落演替的主要原因,这种观点被人们称为气候学派,他们的理论依据是"旱生蚂蚱涝生鱼"。对于群落的外部环境条件的变化可划分为以下几种:

(1)气候条件的变化　如风暴、干旱、洪涝和严寒等恶劣气候能够引起生物群落的演替。

(2)土壤条件的改变　如水文变化、火山、风沙入侵、土壤侵蚀、地面升降等能够引起生物的群落演替。

（3）生物入侵　某些生物的入侵、定居及繁殖会引起的演替。

（4）地貌变化　如地震、地壳运动也会引起群落的演替。

（5）人为演替　人类的社会经济活动是有意识、有目的地进行的，所以对群落中生物和环境的影响最大。如砍伐森林、开垦土地可使原有的群落改变面貌；抚育森林、修筑道路、治理沙漠、城市建设等，使群落演替按照人们的设计进行；人类甚至还可以建立人工群落，将演替的方向和速度置于人为控制之下。

内因演替与外因演替是两个相对的过程，一般来讲，两者是同时存在的。自然界有许多成熟的生物群落，由于周期性干旱、水灾等影响，而出现周期性演替现象。

8.4　城市植被的变化

植被是地面上生长着的植物总称，它使地球表面披上一层绿色的覆盖。城市地表人口密集，由于土地资源紧张，城市高楼林立，硬化道路四通八达，这就改变了植被的本来面貌，并形成具有特色的城市植被。城市植被包括城市内一切自然生长的和人工栽培的植被类型。

城市化过程对植被的影响起决定作用的因素是城市的人类活动。一方面，将植被生存空间改造成建筑区，使植物受到人为干扰以及城市环境污染等不利因素的影响，从而处于动荡状态；另一方面，还在城市里出现了各类城市植物群落，如半自然植物群落和人工植物群落等。日本千叶市在1952—1981年，森林覆盖率从50.5%下降到8%，土地利用格局也发生了巨大变化，耕地和森林变成了居住区，山丘上的森林变成了城市公共设施。我国承德市1703—1949年森林覆盖率从85%下降到6%，中华人民共和国成立后对沟谷及部分河滩地进行了改造，连避暑山庄内也建造了大量房屋。人口增加造成植被退化，由原来的森林退化成非常脆弱的灌草丛或裸岩，用于绿化的土地越来越少。河南郑州市人口2020年1 100万，2020年改造建设公园100多个，投资600多亿元。10年建成郑东新区，向东扩展30多km，入住人口近百万。郑开大道70 km，双向10车道，我们在扩大绿化面积的同时，人类生存所依赖的土地也越来越少。

城市植被是在不断的人为干扰作用下形成的，干扰因素主要包括城市地区土地利用结构改变所决定的人类生产活动、城市居民的日常生活活动以及各种人类活动所带来的城市环境污染或环境变化。城市地区特定的干扰因素的存在，使城市植被具备一些完全不同于自然植被的特点，其植物区系成分和植物群落类型变化很大，多呈孤岛状分布，总的特征是自然群落比例小，人工、半人工群落的比例增加。同时出现一些城市中特有的群落类型，如耐践踏的植物群落、一年生宅旁杂草群落、多年生宅旁高秆杂草群落、草坪群落以及屋面屋顶群落等。

8.4.1　城市植被的环境变化

城市化的进程改变了城市环境，也改变了城市植被的生境。由于受城市废弃物、建筑、城市气候条件及人为活动等的影响，城市土壤的物理、化学性状与自然状况下形成的土壤有很大的差异。一般表现为城市土壤的自然剖面被严重破坏，并伴有大量的建筑垃圾；土壤板结，并有较多的地面铺装和地下设施,通气透水性差;土壤腐殖质缺乏,有效养分含量低,pH 值较高;土壤污染严重等。因此,城市土壤限制了土壤微生物活动,影响植物根系分布和植物对土壤养分、水分的吸收,并直接影响城市植物的生长发育。而城市内部由于建筑物、大气污染及地面铺装等,改变了光、温、湿、气、风等条件。特别是不同走向及狭窄度的街道两侧、建筑物的不同朝向以及地面铺装造成的不同下垫面的性质,均导致这些地段的光照、温度、湿度等气候因子明显改变,城市植被和自然植被有很大的区别。

　　管东生等研究了旅游和环境污染对广州城市公园森林群落土壤物理性质、植物种类多样性、群落结构和演替以及环境质量的影响。由于旅游干扰,城市公园森林土壤的容重较高,有机质和总氮含量降低(表 8.2)。此外环境污染也影响城市公园植被,公园植物叶中的硫和重金属含量明显高于远离污染源的中山大学校园树叶中的含量,植物种类多样性也随旅游而降低,由于人为干扰,群落的结构变得简单,群落演替缓慢或停止。

表 8.2　广州城市公园森林群落土壤剖面的若干理化性质

群落干扰等级	剖面层次	容重/(g·m³)	<0.01 mm 黏粒/%	有机质/%	全氮/%	全磷/%	碳/氮	pH
严重	A	1.61	25	3.01	0.129	0.029	13.2	4.23
	B	1.60	38	0.83	0.062	0.025	11.3	4.81
	C	1.58	40	0.62	0.063	0.012	8.8	4.45
中度	A	1.48	39	2.53	0.101	0.009	14.5	4.44
	B	1.59	38	0.40	0.050	0.007	4.6	4.59
	C	1.52	55	0.48	0.052	0.006	4.5	4.52
轻度	A	1.32	38	4.78	0.181	0.016	15.6	3.88
	B	1.57	33	1.47	0.072	0.012	13.2	4.79
	C	1.56	36	0.72	0.067	0.006	11.1	4.72

注:城市园林生态学,许绍惠,1994。

8.4.2　城市植被区系成分的变化

　　城市植被的区系成分与原生植被具有较大的相似性,尤其是残存或受保护的原生植被片断,建于森林带、草原带甚至荒漠带的城市,其行道树及其他人工绿地多少具有相似性,但其灌木、草本和藤本植物远较原生植被少(表 8.3)。另外,人类引进伴人植物的比例明显增多,而对当地种或地带性优势种不予重视,这就混淆了城市植被的本来面目。在我国北方城市中,常可见到雪松、油松、云杉、悬铃木、银杏、冬青、丁香、美人蕉等来自不同气候带和地理环境的植物栽植在一起,在城市中受到驯化。外来种对原植物区系成分的比率越来越大,并已成为城市化程度的标志之一,或被看作是城市环境恶化的标志之一。Ohsawa 和 Da(1987)报道,日本千叶市郊区森林破坏造成靠重力传播种子的种类如鹅耳枥等数量下降,而那些靠动物传播种子的种类如朴树、糙叶树等数量上升。那些顶极群落的建群种如凸尖栲、短尖栲等靠重力传播种子的树木也被那些靠动物传播的树种如红楠、红稠树等取代。所以城市化过程导致城市植被区系成分的改变。

表 8.3 广州市绿地植物种群的调查

调查地点	样地面积/m²	植物种数/种		
		乔 木	灌 木	草、藤本
黄花岗公园	100	9	4	10
广东省科学院机关大院	100	7	5	9
东郊低丘台地人工林	100	4	5	5
罗岗水西村低丘台地黄桐猴耳环亮叶肉实群落	100	18	58	25

注:城市园林生态学,许绍惠,1994。

城市化对植物区系的影响,一方面是乡土植物种类的减少,另一方面是人布植物(anthropochore)的增多。人布植物是指随着人类活动而散播的植物,如农作物和杂草等,早期人类活动范围有限,人布植物分布也很有限,自从工业革命以来,世界范围内的交通和商业活动迅速增长,城市化迅速发展促使人布植物分布范围也不断扩大。一般认为城市化程度越高,人布植物在植物区系总数中所占的比例越大,因此,可以把人布植物所占百分率(归化率)作为评判城市化程度的一个指标。Falinski(1971)曾以波兰为例,提出一个划分的标准(表 8.4)。

表 8.4 Falinski(1971)评判城市化程度的归化率指标

环 境	乡土植物/%	人布植物/%
森林中的居民点	70 ~ 80	20 ~ 30
乡 村	70	30
小 镇	60 ~ 65	35 ~ 40
中等城镇	50 ~ 60	40 ~ 50
城 市	30 ~ 50	50 ~ 70

注:城市植物生态学,冷平生,1995。

日本全国高等植物有 4 000 余种,归化植物约 600 种,归化率为 15%(沼田真,1987)。仅统计观赏树木、行道树木、花卉及蔬菜 4 类,上海市的人布植物已占总区系的 60.7%,如果再加上由于人类活动而散布的杂草,人布植物的百分率还要高。

Sukopp 等人在研究西柏林植物区系时发现,就城市总体而言,它的植物种类较乡村地区还要多些。其原因可能是城市景观多样性高,存在着不同结构的居民点,不同用途的开敞空间和许多面积虽小但环境不相同的生境,可以从湿生到旱生、从阴生到阳生、从嫌氮到喜氮、从喜酸到喜碱等不同生态习性的植物提供生长地点,但人布植物种类百分数明显呈现出从郊区向城市增多的趋势(表 8.5)。

表 8.5　西柏林不同地区植物区系特征

项　目	城　市		郊　区	
	建筑物密集区	建筑物稀疏区	近郊区	远郊区
植被覆盖面积/%	32	55	75	95
维管束植物/(种·km^{-2})	380	424	451	357
人布植物/%	49.8	46.9	43.4	28.5
老植物/%	15.2	14.1	14.5	10.2
新植物/%	23.7	23.0	21.5	15.6
一年生植物比例/%	33.6	30.0	33.4	18.9
每平方千米稀有种树	17	23	35	58

注:景观生态学,余新晓,2006。

8.4.3　城市植被的演替

　　城市中呈小面积孤岛状分布的残存自然植被,其维持机理和演替过程具有与地带性自然植被不同的特点。达良俊等人(1992)以日本千叶市面积为 3.2 hm^2 孤立分布在靠近居民住宅区残存的日本赤松林为对象,对日本赤松大面积枯死后,主要组成种群的动态变化及演替过程进行了长期的定点研究,发现在日本赤松林演替的各个阶段中,除了人工种植的树种以外,植物种能否侵入以及侵入林内的顺序,主要决定于种源母树的存在与否以及种子的扩散能力。在演替的中后期阶段,群落主要是由鸟类散布的种类所组成,特别是在顶极群落的种类组成中,大量出现鸟类散布型人布植物,而缺乏那些重力散布以及其他动物散布的种类,与地带性自然植被顶极群落的种类组成有较大的差别。因此,种子的散布能力和种源母树的存在,直接影响到孤岛状分布的群落内的种群动态变化,并左右着演替的进程。特别是那些具有种子产量高、散布能力强、初期生长速度快等典型先锋种特征的榆科树种,如糙叶树、日本朴树等,因其能够较容易地侵入林内,并迅速生长至林冠层,同时又由于它们个体寿命较长,可在顶极群落内与其他顶极树种共同构成林冠,处于长期支配群落的地位,此类植物被称为顶极性先锋种。具有顶极性先锋种的群落,是城市孤岛状自然植被的另一个特征。

　　沼田真等人曾于 1950—1971 年对日本东京自然教育园内天然植物群落的变化过程做过研究。该园面积为 20 hm^2,原是东京自然植被保存较好的地段,其中有该地区常见的各种植物群落,如日本米槠林、日本赤松林、椿树—糙叶树林、灯台树林等,此外还有草地、池塘、湿地等。经21 年间的观察发现树木生存率发生了变化(图 8.5),树木演替过程中日本赤松、日本栗、黑松等树木首先受到严重的伤害并枯死,日本米槠虽然枯死较少,但生长势衰退,日本冷杉和柳杉等早在 1950 年以前就已受害。这主要由于城市内各种树木对大气污染敏感性不同,受害程度各异。如赤松、黑松受二氧化硫污染影响较大。赤松-黑松林向着山桐子林演替,黑松-赤松林向着黑松-灰叶稠李林演替。

　　由于环境条件的恶化,日本米槠生长衰退,日本米槠林群落内落叶树种也发生变化,正常的日本米槠林是由日本米槠、日本桃叶珊瑚、紫金牛、女贞、八角金盘、阔叶麦冬、常春藤、冬青等30种左右的常绿植物所组成。由于环境变化,立木层树冠变小、高层树木衰退,其中生长了很多紫珠、荚莲等林缘植物以及木兰、糙叶树、灯台树等次生林成分。城市自然植物群落中种类组成的变化,使一些树种长势下降、提前落叶,一些树种(如灯台树、珊瑚树)生长不良,这与城市空气污染、鸟类减少、害虫增加、气候变化等综合影响有关。

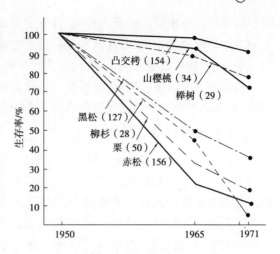

图8.5　东京中心自然教育园内主要树种的生存率(1950—1971)

[以1950年作为100%,( )内为采样数]

8.5　城市植被的恢复与重建

建设生态城市,实现城市的可持续发展,要有良好的生态环境,就必须大幅度提高城市植被覆盖率,营建城市森林、隔离林带、休闲公园、大面积绿地。由于城市环境与自然环境存在着很大的差异,因此,城市植被的恢复与重建有规律可循,这在园林城市建设中显得十分重要。

8.5.1　城市植被恢复重建的生态学原理

城市植被恢复重建必须以生态学理论为指导,其主要原则有以下几个方面:

1)以群落为基本单位的原则

自然界中生长的植物,无论是天然的还是栽培的,都不是孤立存在的。因此,在城市植被建设中应以群落为单位,将乔木、灌木、草本以及藤本植物进行合理配置,达到种群间相互协调,生物群落与环境之间的相互协调。在城市植被建设中,应充分考虑物种的生态位特征,合理选配植物种类,避免种间相互竞争,形成结构合理、功能健全、种群稳定的复层群落结构,既充分利用环境资源,又能形成优美的自然观景。

2)地带性原则

任何一个群落的存在都需要一定的环境条件,因而每个群落都有一定的分布区域。如红松林只能分布在东北长白山、小兴安岭一带,蒙古栎林和辽东栎林只分布在华北地区。换言之,每一个气候带都有其独特的植物群落类型:高温、潮湿的热带是热带雨林,季风亚热带是常绿阔叶林,四季分明的湿润温带是落叶阔叶林,气候寒冷的寒温带则是针叶林等,这就是地带性原则。因此,城市植被建设应根据城市所处气候带选择当家树种和主要群落类型,即把乡土植物作为城市植被建设的主选种。地处温带地区的城市不可能选择分布在亚热带地区的常绿植物,同样,地处亚热带地区的城市不可能建造以落叶树为主的绿地系统。

3)生态演替原则

生态演替是指一定的时间内,一定地域的群落被另一个群落所代替的过程,这一过程在城市中很常见。在废弃的建筑工地上，首先定居的是一年生杂草，然后是多年生草本和小灌木，接下来乔木幼苗开始出现，若任其发展则可能会成为当地普遍分布的"杂木林"。同样，一块草坪和一块湿地，如果没有人工管理，也会照此过程进行演替，并最终形成与当地气候条件相适应的相对稳定的顶级群落。因此，根据这一规律，我们可以通过改善生态环境条件，改变植被的种类组成，直接建立顶级群落或顶级群落的前期阶段，以缩短演替的过程。

4) 以潜在植被理论为指导的原则

城市是一个被人类改变了环境因子的生境，特别是在人口密集、历史悠久的大城市中，地带性的自然植被已不复存在，广泛分布的大都是衍生的或人工的临时性的植被类型。如果以这些植被类型为主体构成城市植被，既不经济又不稳定，更不能充分发挥绿地的生态效益。在这种情况下要进行城市植被建设，就需要找出在这个地区的气候和土壤等自然条件下可能发展的自然植被类型，即所谓的"自然潜在植被"，亦即在所有的演替系列中没有人为干扰，在现有的气候与土壤条件(包括人为创造的条件)下能够建立起来的植被类型，它可以是这个地区的气候顶级，也可以是这个地区的土壤顶级和地形顶级。由于潜在植被是在人们研究了这个地区的植被现状和历史以及自然条件的基础上确定的，它反映了该地区现状植被的发展趋势，因此，按照潜在植被类型进行城市植被建设更能适应该地的自然条件，能获得比较稳定、更加理想的植被类型。

5) 保护生物多样性原则

生物多样性一般被理解为遗传的多样性、物种多样性以及生态系统多样性。物种多样性是生物多样性的基础，生态系统多样性是生物多样性存在的条件，而遗传多样性则是生物多样性的关键。在城市植被建设中要保护生物多样性，对城市里留下来的自然植被、池塘以及动植物区系都应加以保护，以维持已经建立的稳定的植物区系，尽可能保存下来的不同的生境条件可为特殊的种类提供栖息地。即使是杂草，只要它们不是生长在不该生长的地点(如草坪)，都不需要铲除，可以通过适当管理，不仅保护了城市生物多样性，且可以发挥绿化功能。在城市绿地建设中应尽量模拟自然群落结构，形成有丰富的植物、动物和有益的微生物在内的物种多样性。在物种多样性高的绿地群落中，不仅有丰富的植物和鸟类，而且群落的稳定性也高，生物群落与自然环境条件相适应，在群落的时空条件、资源利用方面趋向于互补和协调，而不是直接竞争。因此，在城市绿地建设中应尽可能多建针阔叶混交林，少建单纯林，同时对引进外来植物应持慎重态度，以避免它们造成基因混交或变成有害种类。

6) 景观多样性原则

此处的景观是指一定地面上的无机自然条件和生物群落相互作用的综合体。一定地域的景观是由相互作用的斑块所组成的，在空间上形成了一定的分布格局。城市景观既包括自然形成的，也包括经过人工改造的或人工建造的。自然界中景观的稳定性与景观的多样性相联系，即多样性可以导致稳定性，城市植被的建设也必须强调景观的多样性，不仅涉及城市的美化，并且还涉及绿地系统的稳定。

7) 整体性和系统性原则

生态学强调生态系统的整体性和系统性，把自然界的一切都看成是相互联系、相互影响的。同样，在绿地建设中也要注意植物之间的相互联系、植物与动物之间的关系以及植物与人类之间的关系，以期把绿地建设成为绿色空间网络。

8.5.2　植物种类选择与群落设计

1）植物种类选择

　　绿化植物种类的选择应根据当地的自然条件,因地制宜地选择适生的植物种类。选择植物,一般以当地的乡土植物为主,也可适当采用一些引种驯化成功的外来优良种。在充分考虑当地的土壤条件、小气候条件及环境污染状况等境况下确定群落种类。

2）植物群落设计

　　对于植物群落设计,首先应强调结构、功能和生态学特性的相互结合;其次,还要注意绿化地点的特点及环境条件,使植物群落不仅具有景观价值,而且要具有生态环境的保护效应。如工厂区绿地群落实际是以改善和净化环境为主,应根据工厂的性质、环境污染状况、自然条件设计组成群落的植物种类,确定合理的植物种植方式。一般而言,以耐粗放管理、抗污吸污、滞尘、防噪的植物为主,在此基础上,针对不同的功能分区进行群落设计和布局。

　　防护林带的群落要起到防风或防噪、滞尘或作绿色背景、分隔绿地空间、屏蔽杂乱景物等的作用,因此林带的群落应由乔、灌、草组成群落复层结构,充分发挥其生态效益。

　　居民区绿化的设计,由于建筑物密度高、可绿化面积小、土质和自然条件差,要选择易生长、耐贫瘠、树冠高大、枝叶茂密、易管理的乡土植物种类,避免有毒、有刺、有刺激性气味的植物。如在暖温带、亚热带地区可选择香樟和银杏、广玉兰混合种植,在这些树种的下面要选用桂花、金叶女贞、大叶黄杨、八角金盘、紫叶小檗、海桐、紫酢浆草、麦冬等组成复合型群落,如槭树-杜鹃,以及水杉-八角金盘群落。槭树、水杉树干高大直立,可以吸收群落上层较强直射光和土壤深层的养分;杜鹃和八角金盘是林下灌木,可以吸收林下较弱的散射光和土壤浅层的养分,能够较好地利用林下阴生环境。两类植物在个体大小、根系深浅、养分需求和季相色彩上差异较大,既可避免种间竞争,又可充分利用空间资源和地下资源,从而保证了群落的稳定性。

8.5.3　城市植被恢复重建的方法

1）城市植被恢复重建的理论基础

　　城市植被恢复重建是以生态演替理论为基础,通过人工措施提供组成顶级群落优势种所需的条件,在较短时间内建立适应当地气候、稳定的顶级群落类型,从而缩短演替时间。

2）城市恢复植被重建的方法

　　(1)潜在植被类型调查　在城市局部地区,如寺庙、村落附近经常保存有较好的自然植被。根据这些残存的植被以及气候、地形等条件,可以判断出潜在的植被类型。如果无残存植被,可以通过对城市相邻地区的自然植被进行调查,结合地形、土壤和气候等条件,确定潜在自然植被的类型。

　　(2)优势种的选择和群落重建　潜在自然植被确定后,即可选择待建群落优势种,准备种苗重建。优势种是指在整个群落中对环境的影响主要作用的植物种。建立优势种群落,还要对该区域的地形、土壤等条件进行人工改良。

(3)养护阶段　幼苗移栽后,需在幼苗间覆盖植物的秸秆,以防止水土流失及土壤水分过度蒸发。移栽后一段时间,一般在 1~3 年内,由于树苗幼小,需要加强管理,及时浇水、除草。移栽 3 年后,植株的高度一般可达 2 m 左右,林冠基本上郁闭,林下光照减弱,杂草的生长受到抑制,精细管理阶段结束,可进行粗放式管理,注意修前整形和防治病虫害。

复习思考题

1. 简述植物群落的基本特征有哪些。

2. 何谓单优群落、混交群落? 混交群落包括哪些种类?

3. 何谓多度、密度、盖度和频度? 重要值是如何计算的。

4. 简述生物多样性的研究层次及物种多样性梯度变化规律。

5. 什么是生活型? 瑙基耶尔(Raunkiaer)的生活型包括哪 5 大类群?

6. 何谓群落季相、群落镶嵌性、群落交错区? 群落交错区有何特点?

7. 简述岛屿生态在自然保护区规划上的指导意义。

8. 简述自然保护区的类型,建立自然保护区的重要意义。

9. 什么是植物群落演替? 试分析群落演替的原因。

10. 举例说明原生演替与次生演替,并分析两者的主要区别。

11. 城市植被与自然植被相比较有哪些变化?

12. 城市植被恢复重建的基本原则有哪些?

知识链接——植物的化感作用

近年来,被列入中国重要外来有害植物名录的加拿大一枝黄花已导致 30 多种中国乡土植物物种消亡。目前国内治理加拿大一枝黄花主要是运用人工防治,常用焚烧和化学防治的方法,效果却不十分理想。由华东师大生命科学院专家、教授组成的科研小组经过多次试验研究发现,芦苇与加拿大一枝黄花间存在竞争,且芦苇相对竞争力大于加拿大一枝黄花。同时发现由于两物种间适宜生存环境有较大重叠,两物种的起源区域气候又十分相似,且对多种环境普遍适应。在生态位重叠值的计算中,芦苇对加拿大一枝黄花的生态位重叠呈上升态势,而加拿大一枝黄花对芦苇的生态位重叠呈下降趋势,因此,推测芦苇能够把加拿大一枝黄花排除在其生态位范围外。使用替代控制法治理加拿大一枝黄花,相比人工和机械控制方法,其治理成本要少得多,而且控制效果稳定,对环境没有破坏影响。研究小组计划进一步深入研究,尝试完善替代控制法的运用及寻找两物种间化感作用的机理,把这种方法运用到生产实践中。

无论是自然生态系统还是人工生态系统,生物和生物,生物和环境之间都存在着通过化学物质为媒介的相互作用关系,探讨发现并充分利用这些自然的化学作用规律对实现 21 世纪的持续发展具有重要价值。20 世纪 70 年代兴起的以研究探讨生物和生物,生物和环境间化学作用关系的新兴领域——植物化感作用的研究,正是科学对这一困扰的反思。

1) 化感作用的发现

植物化感作用(allelopathy)的概念是 Molisch 在 1937 年首先提出的,认为是所有类型植物(含微生物)之间生物化学物质的相互作用,这种相互作用包括有害和有益两个方面。除此之外,Molisch 对植物化感作用研究的具体内容未能做进一步的阐明。20 世纪 70 年代中期,Rice 根据 Molisch 的原始定义和植物化感作用近 40 年的研究成果,将植物化感作用定义为:植物(含微生物)通过释放化学物质到环境中而产生对其他植物直接或间接的有害作用。这一定义首次阐明植物化感作用的本质是植物通过向体外释放化学物质而影响邻近植物。随后,植物化感作用的研究十分活跃,取得了许多成果。发现植物释放的化学物质对植物是有害的,但在许多情况下也是有益的。同时,在农林业生产实践和研究中,陆续发现许多作物的连作障碍和人工林的衰退是因为作物或林木释放的化学物质对自身毒害的结果,从而揭示了植物化感作用可在种间进行,也可以在种内进行。20 世纪 80 年代中期,Rice 将有益的作用和自毒作用补充到植物化感作用的定义中。从此,Rice 关于植物化感作用的定义被普遍接受。

2) 化感物质的种类及产生途径

(1)化感物质　植物化感作用的媒体是化学物质,被称为"化感物质"。孔垂华提到的 Allelochemical 是指植物所产生的影响其他生物生长、行为和种群生物学的化学物质,不仅包括植物间的化学作用物质,也包括植物和动物间的化学作用物质,而且这些化学物质并没有被要求必须进入环境,也可以在体内进行。现已发现,许多化感物质不仅对植物,而且对微生物、动物特别是昆虫都有作用。

化感物质一般为初级代谢产物和次级代谢产物,但在植物的相互作用中起主要作用的是次级代谢物。这些次生代谢物质分子量较小,结构较简单,大体上分为 14 类:水溶性有机酸,直链醇,脂肪族醛和酮;简单不饱和内酯;长链脂肪族和多炔;萘醌、蒽醌和复合醌;简单酚,苯甲酸及其衍生物;肉桂酸及其衍生物;香豆素类;类黄酮;单宁;萜类化合物;氨基酸和多肽;生物碱和氰醇;硫化物和芥子油苷;嘌呤和核苷。其中低分子量有机酸、酚类和类萜化合物较为常见。

(2)化感物质的产生途径　化感物质在根、茎、叶等器官中产生后,通过不同途径进入周围环境中,通过对植物生长各个方面产生影响而发挥作用。在自然状态下化感物质进入环境主要有 4 种途径:

①根系分泌物:代谢产生的根系分泌物可为初生代谢和次生代谢产物。次生代谢产物的根系分泌物中很大一部分是化感物质。例如,水稻根际可分泌一些非酚酸类物质,对稗草和异型莎草的生长有抑制作用。

②植物体内由茎、叶等部位产生的挥发性化学物质:如柠檬桉树叶中挥发出蒎烯等化感物质能强烈抑制萝卜种子的萌发。

③植物地上部受雨、雾水淋洗的化学物质:如从赤桉叶片滴下的雾滴,能抑制赤桉树下草本植物硬雀麦的生长。

④微生物分解植物残体并释放到土壤里的化学物质:如小麦根区微生物分解小麦残体产生的物质对玉米的生长有抑制作用。

3) 化感作用的机理

14 大类化感物质对植物生长的影响是多方面的,几乎影响到植物生长发育的各个方面。就其影响的机理来讲,主要有以下几个方面:

(1)影响植物代谢和酶活性和叶水势　化感物质对植物水分的吸收,膨压和叶水势具有明显的影响。三裂叶蟛蜞菊各器官水提液浸种显著降低了萌发花生种子中过氧化物酶活性和脂肪酶活性,提高了质膜透性,进而使萌发花生种子的活力和呼吸速率显著降低。

(2)影响植物的光合作用及有关生理过程　化感物质使叶绿素含量下降,降低植物的光合速率。研究表明,胡桃醌在浓度上的变化,对玉米和大豆生理特性的影响主要反映在降低处理植株的蒸腾速率和气孔导度,同时,在茎和根的相对生长率,净光合速率,气孔导性,叶片及根的呼吸速率,净光合速率受化感物质的影响最大。

(3)影响呼吸代谢　化感物质影响呼吸作用的主要原因是影响了氧气的吸收,如从鼠尾草的一个种 Salcia leycophylla 中分离的挥发性单萜是线粒体收 O_2 的强烈抑制剂,抑制部位是有氧呼吸代谢途径中三羧酸循环中琥珀酸形成的后一步,还抑制氧化磷酸化作用。

(4)影响细胞的分裂增殖　化感物质对细胞的分裂增殖具有明显的干扰作用。

(5)影响细胞渗透性　用苯甲酸和肉桂酸分别处理蚕豆根系,12 h 后根系细胞间的巯基数目下降。导致脂类物质的过氧化反应,其原因是原生质膜中产生的自由基对过氧化氢酶和过氧化物酶具有抑制作用,并使得巯基耗竭,破坏膜的完整性,降低了对养分的吸收功能。

(6)影响根系生长和矿质营养的吸收利用　有关化感物质抑制根系生长的报道很多,从机制来看,大多数学者认为,化感物质是通过抑制细胞分裂和扰乱正常的新陈代谢而阻碍了根系生长。在有关化感物质与根系吸收养分的相关性研究中,酚酸是最常见的参试化感物质,这种物质对氮、磷的吸收有抑制作用。

(7)对蛋白质合成和基因表达的影响　Baziramakenga 等在研究大豆根对磷酸盐和甲硫氨酸吸收时指出,苯甲酸、肉桂酸、香草酸以及阿魏酸降低了大豆根对甲硫氨酸的吸收,而香豆酸和羟基苯甲酸增加了对甲硫氨酸的吸收。

4)植物化感作用在园林植物上的表现形式

(1)植物之间的化感作用　园林植物之间普遍存在着化感作用。它们通过植物器官挥发、淋溶、残株腐解等途径向周围环境释放化感物质来影响周围植物的生长。有的化感物质能促进植物的生长,有的能抑制植物的生长。如胡桃与松树、苹果、西红柿为相克植物,茄科植物与十字花科植物相克;石榴与太阳花相生,百合与玫瑰相生,芍药与牡丹相生。

(2)植物与杂草之间的化感作用　人们栽培的植物在生长过程中,会和杂草存在竞争关系,具体表现为对水、肥和光的竞争,竞争关系必然会影响植物的生长。通常情况下,杂草对植物的影响比较多。比如,胜红蓟、三叶鬼针草和蟛蜞菊是我国华南地区的优势杂草,对作物的危害极大。但有些植物能够抑制杂草的生长,如墨西哥的万寿菊对根部含淀粉的杂草有很强的毒害作用,直立接骨木的根随着褐变而变成空壳形似被酸腐蚀,甚至在距万寿菊很远的地方也能看到这种现象。

(3)植物的自毒作用　自毒作用是植物通过分泌与释放有毒化学物质对同种植物种子萌发和生长起抑制作用的现象。1967 年,Webb,Tracey 和 Haydock 做了一项十分重要的研究。他们发现,在乔木树种棕榈科的银桦种植地见不到它的幼苗,而在邻近的南洋杉种植地内却有大量的银桦幼苗。在排除了光照、水分供应、土壤中矿质营养的竞争等因子的影响之后,他们得出的结论是:银桦的自毒作用使得它的幼苗在银桦林内不能生存。银桦的根分泌一种有毒物质,有毒分泌物随水输送至幼苗而致其死亡。McNaughton (1968) 指出,当用宽叶香蒲叶子的浸出液处理同种植物的种子后,这些种子因被完全抑制而难以萌发。原产于墨西哥的一种产橡胶的草本植物——银胶菊,根系如分泌出反肉桂酸,抑制其他植物与自身的生长发育。

5)化感作用的应用

化感作用在作物增产、森林培育、病虫害防治、生物复合群落等方面有重要的应用价值。利用植物间存在的化感作用,进行合理的作物轮作和套作,达到有效抑制杂草的发生和危害。如黑麦、高粱、小麦、大麦、燕麦的残体能有效抑制一些杂草的生长,在作物田套种向日葵,对曼陀罗、马齿苋等许多农田杂草有控制作用。化感作用的化合物对植物的生物活性,可以被用作研制和开发新除草剂品种。现正在使用的激素类除草剂就是模拟植物的天然产物而人工合成的。最近发现的激光除草剂(或称作光敏除草剂)便是人类利用植物天然产物的例子,其活性成分为5-氨基酮戊酸,是叶绿素合成过程中卟啉的中间产物,它在暗期与二乙烯基四吡咯结合,造成其后在光下单态氧与游离基过剩,对杂草造成毒害,利用化感化合物发展除草剂,可以节省时间和开发成本,这样的除草剂不易在环境中造成积累和污染。在杂草治理中,化感作用可概括为如下几个方面:

①利用具有化感作用的植物作为覆盖物;

②在作物行间种植其他化感植物;

③直接种植对杂草有化感作用的作物;

④利用化感化合物作为模板,合成新的除草剂,直接用于农业生产。

生态系统

[本章导读]

　　大气是指包围在地球外围的空气层,亦即大气圈。本章主要讲述大气成分及其生态作用,大气污染物的种类及污染源分析。详细阐述了影响城市大气污染的因素,以及大气污染对园林植物的危害,提出了切实可行的防治城市大气污染的技术措施。介绍了园林植物的抗性,园林植物对环境的监测作用及其对大气的净化作用。

[理论教学目标]

　　1. 了解大气的成分及其生态作用。
　　2. 掌握大气污染的概念及大气污染物的种类。
　　3. 掌握园林植物对空气的净化作用。
　　4. 了解常见的抗污染植物种类及常见指示植物。

[技能实训目标]

　　能够利用常见指示植物检测大气环境是否污染及污染程度的大小。

9.1　生态系统的组成及类型

9.1.1　生态系统的概念

　　生态系统是生态学最重要的一个概念,也是自然界最重要的功能单位。生态系统就是在一定空间中共同栖居着的所有生物(即生物群落)与其环境之间由于不断地进行物质循环和能量流动过程而形成的统一整体。换句话说,生态系统就是在一定地区内,生物和它们的非生物环境(物理环境)之间进行着连续的能量和物质交换所形成的一个生态学功能单位。地球上的森林、草原、荒漠、湿地、海洋、湖泊、河流等,不仅它们的外貌有区别,生物组成也各有其特点,其中生物和非生物构成了一个相互作用、物质不断地循环、能量不停地流动的生态系统。

早在 1942 年,美国学者林德曼(R. L. Lindemafl)和能量学专家奥德姆(E. P. odum)等生态学家的研究,使生态学理论得到了迅速发展,范围扩展到生态系统的组成与结构、能量流动与物质循环、生态因子及其作用和生态系统平衡等方面。因此,生态系统这个概念的产生,主要在于强调一定地域中各种生物相互之间、它们与环境之间功能上的统一性。生态系统主要是功能上的单位,而不是生物学中分类学的单位。从狭义角度理解生态系统时,生态系统着重生物与环境间的能量和物质交换关系;从广义角度理解生态系统时,生态系统还包括生物与环境的位置或地理关系。

奥德姆(E. P. odum)认为生态系统就是包括特定地段中的全部生物和物理环境相互作用的任何统一体,并且在系统内部,能量的流动导致一定的营养结构、生物多样性和物质循环,现在被学术界普遍接受的"生态系统"的概念是:在一定的时间和空间范围内,生物与生物之间、生物与非生物之间,通过物质循环和能量流动而相互作用、相互依存所形成的一个生态学功能单位。简单地说,生态系统包括生命物质和非生命物质。另外,学者们认为生态系统的共同特征有:它是生态学上的一个结构和功能单位,其内部具有自调节、自组织、自更新能力,任何一个生态系统都具有能量流动、物质循环和信息传递三大功能,它的营养级数目有限,它是一个动态系统,也就是说生态系统是在不断发展变化的。生态系统是生态领域的一个结构和功能单位,属于生态学的最高层次。

生态系统的范围可大可小,相互交错,小至动物有机体内消化管中的微生态系统,大至各大洲的森林、荒漠等生物群落型,甚至整个地球上的生物圈或生态圈,其范围和边界随研究问题的特征而定。例如,池塘的能流、核降尘、杀虫剂残留、酸雨、全球气候变化对生态系统的影响等,其空间尺度的变化很大,相差若干数量级。地球上最大的生态系统是生物圈,最为复杂的生态系统是热带雨林,人类生活主要依赖以城市和农田为主的人工生态系统。

9.1.2 生态系统的组成

生态系统是由生物组分和非生物组分组成,即生命系统和环境系统。生物组分是指生态系统中的动物、植物、微生物等,按功能分为生产者、消费者和分解者 3 部分(图 9.1);非生物组分是指生命以外的环境部分,包括太阳辐射、大气、水、土壤及一些有机物质。

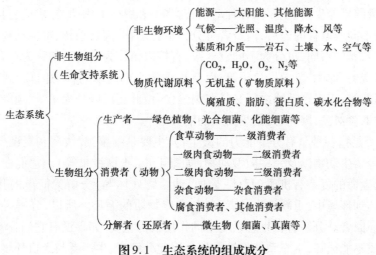

图 9.1 生态系统的组成成分

(普通生态学,蔡晓明等,1999)

1) 非生物组分

生态系统中的非生物组分,又称生命支持系统,是生物生存栖息的场所、物质和能量的源泉,也是物质交换的地方。它包括气候因子、无机物质和有机物质等,其功能主要是为生物组分的生存与发展提供生命支持。

(1)太阳辐射   是指来自太阳的直射辐射和散射辐射,是生态系统的主要能源。太阳辐射能通过自养生物的光合作用被转化为有机物中的化学潜能;同时太阳辐射也为生态系统中的生物提供生存的温热条件。

(2)大气   空气是最重要的气体,其中的二氧化碳和氧气与生物的光合作用和呼吸作用关系密切,氮气与生物固氮有关。此外,空气中还有来自各种生命活动和非生命活动引起的组分如氨、二氧化硫、氮的氧化物等。土壤间隙中的气体和水中溶解的气体也属生物的气体环境。土壤氧气含量与植物根系呼吸和土壤生物的活动有密切的关系。水中溶解氧与水生生物的呼吸作用有关,水溶二氧化碳则与浮游植物光合作用有关。

(3)水   环境中的水可以湖泊、溪流、海洋、地下水和降水等显而易见的形式存在,也可以在空气中的水蒸气和渗透在土壤中的土壤水等形式存在。

(4)土壤   土壤作为生态系统的特殊环境组分,不仅是无机物和有机物的储藏库,同时也是支持陆生植物最重要的基质和众多微生物、动物的栖息地。

(5)有机物质   主要是来源于生物残体、排泄物及植物根系分泌物,它们是连接生物与非生物部分的物质,如蛋白质、糖类、脂类和腐殖质等。

2) 生物组分

(1)生产者   生产者是指能从简单的无机物合成有机物的绿色植物和藻类,以及光合细菌和化能细菌,又称自养者。它们可以在阳光的作用下进行光合作用,将无机环境中的二氧化碳、水和矿物元素合成有机物质,同时,把太阳能转变成为化学能并贮存在有机物质中。这些有机物质是生态系统中其他生物生命活动的食物和能源。可以说,生产者是生态系统中营养结构的基础,决定着生态系统中生产力的高低,是生态系统中最主要的组成部分。

(2)消费者   消费者是指不能进行光合作用制造食物,仅能直接或间接地依赖生产者为食,从中获得能量的异养生物,主要指各种动物、营寄生和腐生的细菌类,也应包括人类本身。

根据食性的不同或取食的先后,消费者可分为草食动物、肉食动物、寄生动物、杂食动物、腐食动植物。按其营养的不同,可分为不同营养级,直接以植物为食的动物称为草食动物,是初级消费者或一级消费者,如牛、羊、马、兔子等;以草食动物为食的动物称为肉食动物,是二级消费者,如黄鼠狼、狐狸等;而肉食动物之间又是弱肉强食,由此还可以分为三级、顶级消费者。许多动植物都是人的取食对象,因此,人是最高级的消费者。

(3)分解者   是指各种具有分解能力的微生物,主要是细菌、放线菌和真菌等微生物,也包括屎壳郎、蚯蚓等腐生动物以及一些微型动物(如鞭毛虫、土壤线虫等)。它们在生态系统中的作用是把各种无生命的复杂有机质(尸体、粪便、动植物残体等)分解为简单的化合物,最终分解为无机物,归还到环境中,重新被生产者利用,完成物质的循环。所以,分解者的功能是还原作用,故又称为还原者。分解者在生态系统中的作用极为重要,如果没有它们,动植物的尸体将会堆积如山,物质不能循环,生态系统将被毁坏。因此分解者、生产者与无机环境就可以构成一个简单的生态系统。分解者是生态系统的必要成分。利用分解者的作用而建立的废水生化处理设施,对防止水体污染起到了重要作用。

生态系统中的环境、生产者、消费者和分解者构成生态系统的组成要素(图9.2),它们之间通过能量转化和物质循环相联系,构成了一个具有复杂关系和执行一定功能的系统。

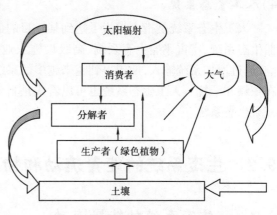

图9.2　生态系统组分结构示意图

9.1.3　生态系统的类型

在地球上,生物生存于地壳表面的水、陆地和大气中,形成一个厚度约为 20 km 的生物圈。在这个生物圈中,生物连同它周围的环境形成了形形色色的生态系统。生态系统根据不同的分类依据可以划分为以下几种类型:

1)按环境性质划分

按环境性质来划分,可以划分为陆地生态系统、海洋生态系统、淡水生态系统等。陆地生态系统可以分为森林生态系统、草原生态系统、荒漠生态系统等。这些系统还可以往下细分。

生态系统按人为影响可分为自然生态系统、人工生态系统、生态经济系统等。

2)自然生态系统

在该系统中无人类的干预,系统边界不很明显,但生物种群丰富、结构多样,系统的稳定性靠自然调控机制进行维持,系统的生产力较低。主要有水域生态系统和陆地生态系统,如原始森林生态系统、珊瑚礁生态系统、高山冻原生态系统等。

水域生态系统又可分为淡水生态系统和海洋生态系统。淡水生态系统由河流、溪流、水渠以及淡水湖泊、水库、池塘等组成;海洋生态系统则由河口生态系统、浅海生态系统组成。河口生态系统是指地球上陆海两类生态系统之间的交替区。浅海生态系统介于海滨低潮带以下的潮下带至深度 200 m 左右大陆架边缘之间,属海滨浅水地区。陆地与水生环境的过渡是湿地。湿地是指不论其为天然或人工、长久或暂时的沼泽地、泥炭地或水域地带,带有或静止或流动,或淡水、半咸水或咸水水体者,包括低潮时水深不超过 6 m 的水域(1971 年《湿地公约》)。湿地具有调节水循环和作为栖息地养育丰富生物多样性的基本生态功能。

陆地生态系统可分为森林生态系统、草地生态系统,主要包括热带雨林、草原。热带雨林分布在赤道南北纬5°~10°以内的热带气候地区,热带雨林拥有全球40%~75%的物种。由常绿、喜温、耐高温、耐阴的高达30 m以上的乔木组成,并有藤本植物附生。其生产力在陆地生态系统中是最高的。草原是内陆干旱到半湿润气候条件的产物,以旱生多年生禾草占绝对优势,多年生杂类草及半灌木也或多或少起到显著作用。

3)半自然生态系统

该系统介于人工生态系统与自然生态系统之间,既有人类的干预,同时又受自然规律的支配,是人工驯化生态系统,其典型代表是农业生态系统、人工森林生态系统、人工草地生态系统、鱼塘生态系统等。它们有明显的边界,有大量的人工辅助能的投入,属于开放性系统,并具有较高的净生产力。

4）人工生态系统

人工生态系统是指人类为了达到某一目的而人为建造的生态系统。如城市生态系统、远洋船生态系统、宇宙飞船生态系统、高级设施农业生态系统。在该系统中，人类不断对其施加影响，通过增加系统输入，期望得到越来越多的系统输出。人的作用十分明显，对自然生态系统存在依赖和干扰。人工生态系统也可以看成是自然生态系统与人类社会的经济系统复合而成的复杂生态系统。

9.2　生态系统的能量流动和物质循环

9.2.1　生态系统的能量流动

1）能量的概念、形式及转化

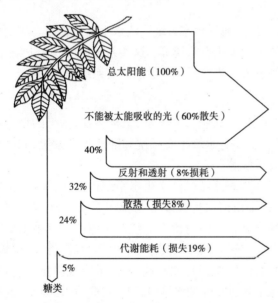

图9.3　太阳辐射能被绿色植物叶片截获利用的过程
在所有的运输能量中只有5%的能量转化为糖类
（植物与植物生理，陈忠辉 等，2007）

能量是生态系统的原动力，生态系统中各种生物的生理状况、生长发育行为、分布和生态作用，主要由能量需求状况的满足程度所决定。对生物体而言，能量的主要形式为辐射能、生物化学能、机械能和热能。

辐射能是来自太阳的光量子以波状运动形式传播的能量。进入地球大气层以后大部分转化为热能，温暖了地球环境，其中只有一小部分被绿色植物截获利用（图9.3），在植物光化学反应中转变为生物体内的化学能。生物化学能还包括长期埋藏在地壳中的动植物体经长期地质作用而形成的化石能源。当生物进行生命活动和化石能源被开采用于生产与生活时，生物化学能就被用于做功转化成动能和热能。机械能是指运动着的物质所含有的能量，动物能够独立活动就是基于其肌肉所释放的机械能。此外，热能是众所周知的能量形式。热能在同一温度下是不能做功的。不同温度下，由高热区向低热区流动，称为热流。以上所述各种形式的能，最终都要转化为热这一形式。

生态系统中这些不同形式的能量可以贮存和相互转化，如辐射能量可以转变成其他的运动形式能。

2）能量的来源

地球上一切生命都离不开能量，生物要生存和繁衍，均需要能量补充。没有能量的持续供给，生物的生命就将终止。生物所利用的能源最终皆来自太阳的辐射能。绿色植物通过光合作用将太阳能转化成化学能,动物再把植物体内的化学能转化为机械能和热能。这样的能量转化、贮存和传递是生态系统能量流动的基础。

太阳辐射能是生态系统中能量的最主要来源。太阳辐射中红外线的主要作用是产生热效应,形成生物的热环境;紫外线具有消毒灭菌和促进维生素 D 生成的生物学效应;可见光为植物光合作用提供能源。除太阳辐射外,对生态系统发生作用的一切其他形式的能量统称为辅助能。辅助能不能直接转换为生物化学潜能,但可以促进辐射能的转化,对生态系统中光合产物的形成、物质循环、生物的生存和繁殖起着极大的辅助作用。辅助能分为自然辅助能(如潮汐作用、风力作用、降水和蒸发作用)和人工辅助能(如施肥、灌溉等)。

3)能量流动

(1)能量流动 能量流动是指生态系统的能量输入、传递、转化和丧失的过程。能量流动是生态系统的重要功能。在生态系统中,生物与环境、生物与生物之间的密切联系,可以通过能量流动来实现(图9.4)。食物链构成了生态系统能量流动的渠道。能量流动有两大特点:能量流动是单向的,能量沿着传递方向(食物链营养级)逐级递减。两个营养层次间的能量利用率只有 10% ~20% 。

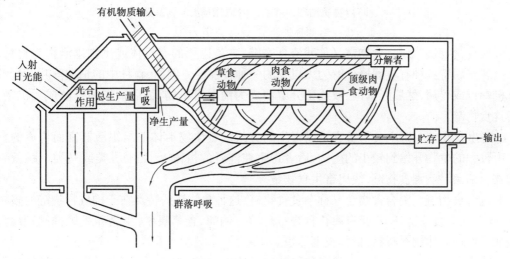

图9.4 生态系统的能量流动

(基础生态学,孙永儒等,2004)

(2)食物链与食物网 生态系统中由生产者、消费者和分解者三大功能类群以食物营养关系所组成的食物链、食物网是生态系统的营养结构,其一般结构模式可用图9.5表示,表明了生态系统的生物组分在能量和营养物质上的依存关系,它是生态系统中物质循环、能量流动和信息传递的主要途径。

①食物链 食物链即是生态系统中生物成员间通过吃与被吃方式而彼此联系起来的食物营养供求序列。例如,在草原生态系统中,野兔吃青草、狐狸吃野兔、野狼吃狐狸,就构成了青草→野兔→狐狸→野狼的食物链。食物链作为生态系统营养结构的基本单元,是系统内物质循环利用、能量转化和信息传递的主要渠道。因食性不同,食物链常被划分成下列几种类型:

a.捕食性食物链 捕食性食物链又称活食食物链,它是以直接消费活的有机体,或其组织和器官为特点的食物链。例如,湖泊中存在的藻类→甲壳类→小鱼→大鱼食物链,又如,小麦→蚜虫→瓢虫→小鸟→猛禽等形成的食物链,便属捕食食物链类型。

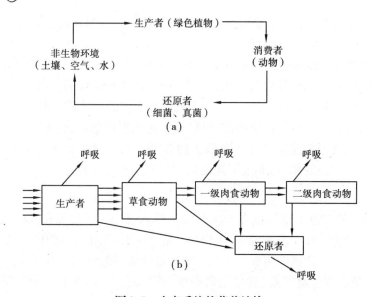

图9.5　生态系统的营养结构

(a)以物质循环为基础;(b)以能量流动为基础

(园林生态学,谷茂,2007)

b.腐食食物链　腐食食物链又称残渣食物链,它是以死的有机体或生物排泄物为食物,通过其分解作用将各种有机残屑分解为无机物的一种食物链。例如,森林中的枯枝落叶经蚯蚓变成有机颗粒或碎屑,然后经真菌、放线菌分解而成为简单有机物,最后被细菌分解成无机物,便是腐食食物链。

c.寄生食物链　寄生食物链它是以寄生的方式取食生物活体的组织活器官而构成的食物链。由较大的生物开始到较小的生物,后者寄生在前者的机体上,如哺乳类或鸟类→跳蚤→原生动物→细菌→病毒食物链,便属寄生食物链。

d.混合食物链　混合食物链又称杂食食物链,这种食物链的特点在于构成食物链的多个环节中,既有活食食物链环节,又有腐食食物链环节。例如,青草喂牛,牛粪养蚯蚓,蚯蚓喂鸡,鸡粪经加工处理后作饲料喂猪,猪粪投塘养鱼。

e.特殊食物链　自然界还有很多种能捕食动物的植物,如瓶子草、猪笼草、捕蝇草等,它们能捕捉小甲虫、蛾、蜂甚至青蛙。这些植物将诱捕到的动物进行分解,产生氨基酸后再吸收利用。这是一类非常特殊的食物链。

②营养级　生物群落中的各种生物之间进行物质和能量传递的级次叫营养级。食物链中每一个环节上的物种,都是一个营养级,每一个生物种群都处于一定的营养级上,生产者为第一营养级,二级消费者为第三营养级等,以此类推,而杂食性消费者却兼几个营养级(图9.6)。

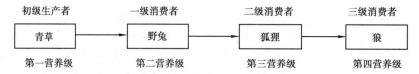

图9.6　一个简单食物链的营养级划分

(园林生态学,刘常富,2003)

当营养级由低到高时,其个体数目、生物现存量和所含能量一般呈现基部宽、顶部尖的立体金字塔形,用数量表示的称为数量金字塔,用生物量表示的称为生物量金字塔,用能量表示的称为能量金字塔。在生态系统中,根据营养级由低到高的顺序,各个营养级的数量、生物量和能量比例通常是底部宽、顶部尖,类似金字塔形状,所以形象地称为生态金字塔,又叫生态锥体(图9.7)。

③食物网　在生态系统中,各种生物成员之间的取食与被取食关系,往往不是单一的,多数情况是交织在一起的,一种生物常常以多种食物为食,而同一食物又往往被多种消费者取食,于是就形成了生态系统内多条食物链相互交织彼此联结的"网络",这种食物网络称为"食物网"(图9.8)。

食物网在生态系统中具有重要意义:

a.食物网在自然界普遍存在,它使生态系统中的生物成分之间产生直接和间接的联系。

图9.7　简化的生态金字塔
(生态学概论,曹凑贵等,2002)

b.食物网中的生物种类多、成分复杂食物网的组成和结构具有多样性和复杂性,这对生态系统的稳定性和持续性具有重要意义。一般食物网越复杂,越有利于生态系统的稳定。

c.食物网在本质上是生态系统有机体之间一系列吃与被吃的相互关系,它可以维持生态系统的平衡,推动生物进化。

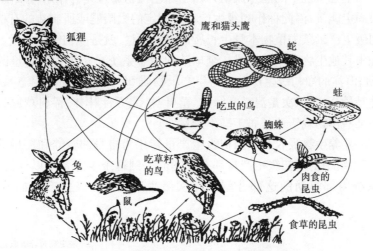

图9.8　一个简化的草原生态系统的食物网
(农业生态学,骆世明,2001)

4) 生态系统的能流规律

生态系统的能量流动和转化遵循着热力学第一定律(能量守恒定律)、热力学第二定律(能量效率与能流方向定律)。

(1)热力学第一定律　热力学第一定律又称为能量守恒与转化原理,它指热(Q)与机械功(W)之间是可以转化的,即 $W=JQ$,其中,J 为热功当量,$J=4.188\ 5$ J/cal。

在生态系统中,能量的形式不断转换,如太阳辐射能,通过绿色植物的光合作用转变为存在于有机物质化学键中的化学潜能;动物通过消耗自身体内贮存的化学潜能变成爬、跳、飞、游的机械能。在这些过程中,能量既不能创生,也不会消灭,只能按严格的当量比例由一种形式转变为另一种形式。因此,对于生态系统中的能量转换和传递过程,都可以根据热力学第一定律进行定量。

(2)热力学第二定律　任何孤立系统中,系统的熵的总和永远不会减少,或者说自然界的自发过程是朝着熵增加的方向进行的。这就是"熵增加原理",它是利用熵的概念所表述的热力学第二定律。

熵是系统热量被温度除后得到的商,在一个等温过程中,系统的熵值变化(ΔS)为:

$$\Delta S = \Delta Q / T$$

式中　ΔQ——系统中热量变化,J;

　　　　T——系统的温度,K。

若用熵概念表示热力学第二定律,则:

①在一个内能不变的封闭系统中,其熵值只朝一个方向变化,常增不减;

②开放系统从一个平衡态的一切过程使系统熵值与环境熵值之和增加。

生态系统是一个开放系统,它们不断地与周围的环境进行着各种形式能量的交换,通过光合作用和同化作用,引入负熵;通过呼吸,把正熵值转出环境。

(3)生态系统中能量的实现过程　生态系统中能量的转化和流动符合热力学的两个规律:热力学第一定律——能量守恒定律和热力学第二定律——熵定律,并且通过3个过程来实现:

①初级生产　生态系统中的能量流动开始于绿色植物通过光合作用对太阳能的固定,这是生态系统第一次固定能量,因此称作初级生产。所固定的太阳能或所制造的有机物质称为初级生产量。总的初级生产量减去植物本身生长所需要的能量,就是净初级生产量。净初级生产量是可供生态系统中其他生物利用的能量。全球陆地生态系统净初级生产总量的估计值为年产$115×10^9$ t 干物质,海洋的净初级生产总量为年产干物质$55×10^9$ t。陆地生态系统中,净初级生产量在热带雨林是最高的,依次是温带常绿林、落叶林、北方针叶林、稀树草原、温带草原、寒漠和荒漠。沼泽和某些作物栽培地是属于高生产量的。

②次级生产　异养生物吸收和利用初级生产量转化为自身的营养和能量的过程。在实际中,任何一个生态系统中的净初级生产量都有可能流失到这个生态系统以外的地方,被吸收和转化后在生态系统内部流动的这部分就叫作次级生产量。次级生产量的一般生产过程如图9.9所示。

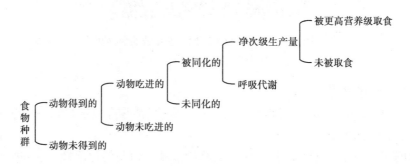

图9.9　次级生产量的一般生产过程

③分解　生态系统的分解过程是死亡有机体的逐步降解。分解者将无机元素从有机物之中释放出来,称为矿化,它是与光合作用无机营养元素的固定正好是相反的过程,是一个能量释放的过程,是通过细菌、真菌以及一些动物来实现的。

9.2.2　生态系统的物质循环

生态系统的物质循环伴随着能量流动,两者紧密联系共同进行,维持着生态系统的消长变化。能量流通过生态系统,沿着食物链营养级传递,最终消失在系统中。能量的流动是单向的,携带能量的物质一旦与能量解脱结合,就会回到生态系统的非生物环境中,重新被植物吸收利用。此外,物质可以在不同层次的生态系统中迁移或长期贮存。

1) 物质循环的概念及特点

(1)物质循环的概念　生态系统从大气、水体和土壤等环境中得到营养物质,通过绿色植物吸收,进入生命系统,被组成食物链和食物网的生物重复利用,最后回到环境,该过程就是物质循环。生态系统的物质循环伴随着能量流动而不断进行,物质循环与能量流动这两个生态系统的基本过程合二为一,将生态系统的各种物质成分和各个营养级串联起来,组成一个完整的功能单位。

(2)物质循环的特点

①物质不灭,循环往复　物质循环不同于能量流动,物质在生态系统内外的数量是有限的,而且也是不均匀的,它在生态系统中长期循环,可以被反复利用。

②物质循环和能量流动相辅相成　在生态系统中,能量是物质循环的动力,物质是能量流动的载体,能量在生态系统中的固定、转化和耗散的过程,同时又是物质由简单变为复杂物质的过程,而后再回到简单有机物质的再生过程。因此,一个生态系统的存在和发展,都是物质循环和能量流动共同作用的结果。

③物质循环的生物富集　能量在生态系统中随着营养级的上升而逐渐递减。但物质在食物链流动中与能量不同,一些化学性质比较稳定的物质,它们被生物体吸收固定后可沿食物链积累,随着营养级的上升浓度不断扩大,如 DDT、六六六等。

④各物质循环过程相互联系　如局部碳循环的失衡就会导致大气中二氧化碳浓度升高引起城市温室效应,从而影响水循环过程。

2) 物质循环的类型

(1)按循环的营养成分　生态系统营养元素的循环十分复杂,一些元素在生物和大气之间循环,一些元素在生物和土壤之间循环,另一些元素则包含了这两种途径。此外,还有元素在植物体内部循环。这样,可以把生态系统营养成分的循环分成地球化学循环、生物地球化学循环、生物化学循环 3 个主要类型。

①地球化学循环　是指不同生态系统之间元素的交换,是与人类生存密切相关的各种元素的全球性循环,是地球物质运动的一种形式。研究表明,地球上的各种元素都处在循环运动中。以局部范围的地球化学循环为例,大气中的二氧化碳通过植物的光合作用转变为碳水化合物贮存在植物体内;动物消费植物,碳水化合物进入动物体内;动植物呼吸排出二氧化碳,生物死后经微生物分解释放出的二氧化碳又回到大气中。人类的生产活动推动着地球化学循环,在地球化学循环中具有非常重要的作用。它加速化学循环的进程,扩大化学循环的规模。人类活动创

造出的人为地球化学循环将破坏大气圈二氧化碳平衡、氧平衡和水平衡,造成酸雨现象、地球"温室效应"现象,使地球臭氧屏障受到破坏。人类生活排放的废弃物也不断增加,仅美国一个国家每年排放废弃物约 $180×10^8$ t,其中各种化学物质达 60 万种以上。所有这些物质都进入地球化学循环,改变了原有的元素循环平衡,加速了化学循环,形成新的地球化学循环,地球化学循环可分为水循环、气体型循环和沉积型循环。

②生物地球化学循环　地球上的各种化学元素(包括原生质的所有的各种元素)在生物圈里沿着特定途径从环境到生物体,再从生物体回到环境,不间断地运动着,这些层次不同的循环称为生物地球化学循环,是生物圈中生物有机体与非生物环境之间物质交换的过程,是生态系统内部化学元素的交换。包括地质大循环和生物小循环。地质大循环指环境中的元素被生物吸收进入体内并贮存,通过新陈代谢,生物以死体、残体、排泄物等形式将元素返回环境,进入和参与生物圈内的循环,循环范围大、时间长,属闭合式循环。而生物小循环则是环境中的元素被生物吸收,在生态系统中被层层利用,经过分解者的分解作用,为生产者吸收、利用,循环的范围小、时间短,属开放式循环。

③生物化学循环　是指养分在生物体内的再分配。所有生物在其生命活动中,都存在着合成、分解的代谢过程,该过程循环往复,直至生命终止。植物体除了已经构成植物骨架的细胞壁等成分外,其他的各种细胞内含物在该器官或组织衰老时都有可能被再度利用,即被转移到另外一些器官或组织中去。许多植物的器官衰老时,大量的糖以及可再度利用的矿质元素如氮、磷、钾都要转移到就近新生器官中去。植物体内养分的这种再分配,也是植物保存养分的重要途径。据芬兰研究,欧洲松 4 年生针叶脱落之前比它的原重量减少 17%,N 损失 69%,P 损失 81%,K 损失 80%。这些养分从针叶输出,先是贮存在靠近老叶的树皮和新枝里。树木通过这一途径每年可以满足相当多的养分需求量。据研究,20 生的火炬松,通过转移老龄针叶的养分,可满足 N 年需求量的 45%。据芬兰研究,欧洲松新叶生长量有 23% ~30% 的 N 和 K 是由老叶供给的。如表 9.1 所示,20 年生的火炬松,生物化学循环提供了所需氮的 39%、磷的 60% 和钾的 20%。

表 9.1　不同循环类型和养分来源对 20 年生火炬松人工林年养分需要量的贡献

循环类型	养分来源	对养分需要量贡献的百分比/%				
		氮	磷	钾	钙	镁
地球化学大循环	降水	16	6	12	31	16
	矿质土	0	2	0	0	0
生物地球化学循环	森林死地被物	40	23	16	47	38
	林冠淋洗和淋溶	5	9	50	22	16
生物化学循环	内部传递	39	60	20	0	24

养分的再分配对植物有多方面的作用,储存在植物体内的养分在土壤养分不足或年内养分难以利用期间也能供给养分保持生长,如落叶树在初春萌发、长叶、开花所消耗的养分大部分来自树体内的贮存;当土壤养分充足而植物体不需要更多的养分时,植物体仍然能继续吸收养分并贮存,以供不足时利用。

(2)按循环途径分　地球化学循环的变化范围很大,从几公里到全球范围,按循环途径可分为水循环、气体型循环和沉积型循环。

①水循环　生态系统中的水循环是水的循环途径,生态系统中的水循环包括截取、渗透、蒸发、蒸腾和地表径流。在循环中植物吸收的水分大部分通过叶片蒸腾返回大气参与再循环。

在循环中水的自然更新不断地进行着,据估计,每循环一次大气中的全部水量约需9 d;河流需10~20 d一次;土壤水约需280 d;淡水湖需1~100年;地下水约需300年。盐湖和内陆海水10~1 000年更新一次,因规模不同而不同。高山冰川需几十到几百年,极地冰盖则需16 000年,海洋中的水全部更新要37 000年。

②气体型循环　元素以气态的形式在大气中循环即为气体型循环,又称"气态循环",气态循环把大气和海洋紧密连接起来,具有全球性。比如氧、二氧化碳、氮、氯、溴和氟等常以气体形式参与循环,以碳循环和氮循环这样的气态循环最为重要。

③沉积型循环　沉积型循环发生在岩石圈,元素以沉积物的形式通过岩石的风化作用和沉积物本身的分解作用转变成生态系统可用的物质,沉积循环是缓慢的、非全球性的、不显著的循环。沉积型循环以硫、磷、碘为代表,还包括硅以及碱金属元素。保存在岩石圈中的这些元素只有当地壳抬升变为陆地后,才有可能因岩石风化、侵蚀和人工采矿等形式释放出来被植物所利用。因此,循环周期很长,常常还会造成局部性的匮乏。

（3）按循环中常见元素分

①碳循环　整个地球碳的储存数量约为$26×10^{15}$ t。其中有90%以上以碳酸盐形式禁锢在岩石圈中,而只有$7 500×10^9$ t是以有机态埋藏在地下(如煤、石油)。这些成为碳循环中的储存库,只有极少量碳参与经常性流动和圈层间的交换。其中大气圈中(二氧化碳状态)约$700×10^9$ t,水圈中(多为碳酸盐态或二氧化碳状态)约为$35 250×10^9$ t。而构成现有生物量的有机碳仅为$1 120×10^9$ t。水圈、大气圈和生物圈扮演着碳循环中活动库的作用(图9.10)。

碳循环从大气中二氧化碳存库开始,通过绿色植物的光合作用,将大气中的碳,转移到植物体中形成碳水化合物,然后被各级消费者利用,其生物残体经过微生物分解还原以及生物的呼吸作用,再把碳回归到大气中(图9.11)。

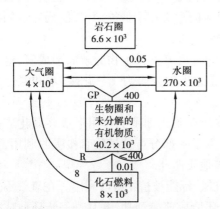

图9.10　碳的全球循环及主要碳库[库大小单位:g/m²;流通量单位:g/(m²·年)]

（自MacNaughton等,1973）

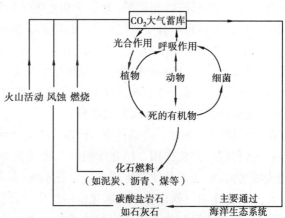

图9.11　生态系统中的碳循环

（基础生态学,孙儒泳等,2002）

碳的生物小循环有3条途径。

a. 细胞水平上的循环:光合作用和呼吸作用;

b. 个体水平的循环:大气二氧化碳与植物之间的循环;

c. 食物链水平上的循环。

碳循环在漫长的地质演变过程中,并不是以一个固定的规律进行,有时会出现堵塞、循环停滞现象,在循环的某一环节出现碳的大量堆积并相当长时间的保持不动。比如成煤期就有大量的碳被深埋在地下煤层中;石油里的碳长期被锁定在地壳中,造成了碳循环的部分堵塞。在地质历史时期,碳的循环较为缓慢,而且沉积一直在进行。在岩石中积存的碳约有 1×10^{16} t,在煤和石油中积存碳约 1×10^{13} t,这些碳长期被封存于地下,从来没有在短期内大量释放。大气中的碳是一个恒量或接近恒量,维持了碳的相对稳定和平衡。

但根据 100 多年的观测统计表明,近 100 年来,大气中的二氧化碳含量在不断上升,在大气环节上出现了碳的堆积和循环堵塞。这次堵塞出现在地球人口大量增加、经济发达的阶段,堵塞时间短、强度较大,危害显现更加严重。当前及今后相当长一段时间内,大气中二氧化碳含量的持续增长将会给地球的生态环境带来什么后果,是科学家研究和最关心的热点问题之一。

②氮循环　氮是构成生物蛋白质和核酸的主要元素,因此它与碳、氢、氧一样在生物学上具有重要的意义。氮含量在大气中为 79%,总贮量约为 38×10^{6} 亿 t。全球陆地生态系统中,氮素总流量的 95% 在植物—微生物—土壤系统进行,5% 在该系统与大气圈和水圈之间流动。据 Rosswall(1975)估计,全球陆地生态系统各组分的氮素平均周转率,植物为 4.9 年;枯枝落叶为 1.1 年;土壤微生物为 0.09 年;土壤有机质为 177 年;土壤无机氮为 0.53 年。

氮循环是一个复杂的过程,在许多环节上都有特定的微生物参与(图 9.12)。生物体内有机氮的合成、固氮作用、氨化作用、硝化作用和反硝化作用是陆地生态系统氮循环主要的几个环节。

a. 有机氮合成　植物吸收土壤中的铵盐和硝酸盐,进而将这些无机氮同化成植物体内的蛋白质等有机氮。动物直接或间接以植物为食物,将植物体内的有机氮同化成动物体内的有机氮。这一过程为生物体内有机氮的合成。

b. 固氮作用　大气中的氮只有被固定为无机氮化合物(主要是硝酸盐和氨)以后,才能被生物所利用。据统计,物理化学(电化学和光化学)的固氮量平均 7.6×10^{6} t/年,生物固氮量为 54×10^{6} t/年。人类每年合成氮肥约 30×10^{6} t。生物固氮的意义在于低能源消耗,而工业固氮需要极高的温度和极大的压力(即 400 ℃ 高温和 200 个大气压)。

c. 氨化作用　动植物的遗体、排出物和残落物中的有机氮被微生物分解后形成氨,这一过程是氨化作用。动植物排泄物或残体等含氮有机物经微生物分解为二氧化碳、水和氨返回环境,氨可被植物再次利用,进入新的循环。

d. 硝化作用　在有氧的条件下,土壤中的氨或铵盐在硝化细菌的作用下最终氧化成硝酸盐,这一过程叫作硝化作用。硝化作用的产物硝酸根离子一部分可被植物直接吸收利用,大部分随土壤水流动,迁入其他陆生或水生生态系统,参与地质循环。

e. 反硝化作用　氨化作用和硝化作用产生的无机氮,都能被植物吸收利用。在氧气不足的条件下,土壤中的硝酸盐被反硝化细菌等多种微生物还原成亚硝酸盐,并且进一步还原成分子态氮,分子态氮则返回到大气中,这一过程被称作反硝化作用。该作用可使氮从氮循环中消失。施用氮肥 2～4 d 后,在适宜条件下,反硝化作用可使氮的损失达到 50% 以上。

③磷循环　磷是地壳中含量最丰富的 20 种元素之一,据 Van Wazer(1961)估计,地球磷的总量为 10^{19} t,地壳中的磷占地球总磷量的 0.5%。磷元素是生命体细胞生物化学反应之间的能

量来源,同时它还是核酸、核糖核酸、脱氧核糖核酸的主要组成部分。磷循环(图9.13)是不完全的循环,有很多磷在海洋中沉积起来。全球磷循环的最主要途径是磷从陆地土壤库通过河流运输到海洋,达到21×10^{12} gP/a。磷从海洋再返回陆地是十分困难的,海洋中的磷大部分以钙盐的形式而沉淀。

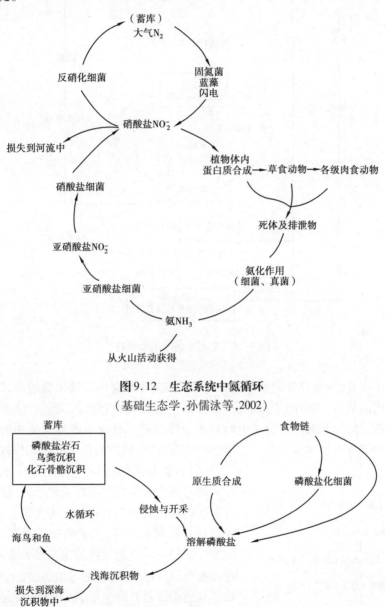

图9.12 生态系统中氮循环

(基础生态学,孙儒泳等,2002)

图9.13 生态系统中的磷循环

(基础生态学,孙儒泳等,2002)

岩石经土壤风化释放的磷酸盐和农田中施用的磷肥,被植物吸收进入植物体内,含磷有机物沿两条循环支路:一是沿食物链传递,并以粪便、残体归还土壤;二是以枯枝落叶、秸秆归还土壤。各种含磷有机化合物经土壤微生物的分解,转变为可溶性的磷酸盐,可再次供给植物吸收利用,这是磷的生物小循环。在这一循环过程中,一部分磷脱离生物小循环进入地质大循环,其支路也有两条:一是动植物遗体在陆地表面的磷矿化;二是磷受水的冲蚀进入江河,流入海洋。

④硫循环　硫是动植物生长所必需的元素,为地壳中的第十大元素。硫循环包括长期的沉积阶段(有机或无机沉积物中)和短期的气体阶段(图9.14)。

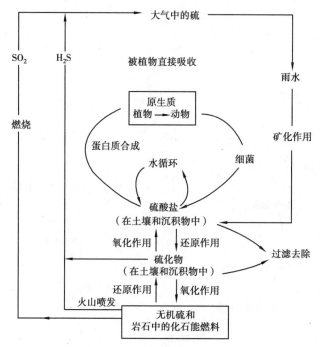

图9.14　生态系统中的硫循环

(基础生态学,孙儒泳等,2002)

陆地上火山爆发,使地壳和岩浆中的硫以硫化氢、硫酸盐和二氧化硫的形式排入大气。海底火山爆发排出的硫,一部分溶于海水,一部分以气态硫化物释放入大气。陆地植物可从大气中吸收二氧化硫。陆地和海洋植物从土壤和水中吸收硫。吸收的硫构成植物的躯体。植物残体经微生物分解,硫以硫化氢的形式释放到大气中。

(4)有毒物质的污染　某种物质进入生态系统后在一定时间内直接或间接地有害于人或生物时,就称为有毒物质或污染物。有毒物质种类繁多,包括有机的如酚类和有机氯农药等、无机的如重金属、氟化物和氰化物等。它们进入生态系统的途径多种多样,有些被人们直接抛弃到环境中,有的通过冶炼、加工制造、化学品的储存与运输以及日常生活、农事操作等过程而进入生态系统。有毒物质生物循环是指毒物质通过大气、水体、土壤等环境介质,进入植物、动物、人体等生物领域,通过食物链富集与转移(图9.15),最后经微生物分解回到土壤、水体、大气中,如此周而复始的过程,称为有毒物质生物循环,物体吸收的有毒物质沿着食物链逐级富集、浓缩。食物链的浓缩作用又叫生物放大作用,指

水体中的DTT浓度约为0.000 05 μL/L

浮游生物 0.04 μL/L

刚毛藻 0.08 μL/L

网茅 0.33 μL/L

螺 0.26 μL/L 蛤 0.42 μL/L 鱼 1.24 μL/L

燕鸥 3.42 μL/L

河鸥幼体 55.3 μL/L 成体18.5 μL/L

秋沙鸭 22.8 μL/L

鹭鸟 26.4 μL/L

银鸥 75.5 μL/L

图9.15　DDT在食物链中的生物放大

有毒有害物质沿着食物链营养级逐级传递时,营养级越高,生物体内残留浓度越高(图9.16)。

　　有毒物质生物循环的研究不仅具有理论意义,而且具有实践意义,可以了解生态系统平衡和破坏的规律;可以据此设法切断循环链,阻止有毒物质继续为害。

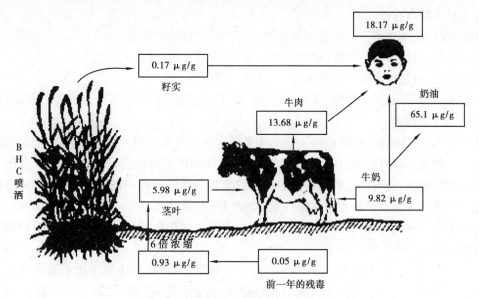

图9.16　农药残留在食物链上的转移和富集
（中国家禽,廖新俤,2009）

9.3　生态系统的信息传递

　　信息传递是生态系统的基本功能之一,在传递过程中伴随着一定的物质和能量消耗,但信息传递不像物质流那样是循环的,也不像能量流那样是单向的,而往往是双向的,有从输入到输出的信息传递,也有从输出到输入的信息反馈。

　　生态系统中包含着多种多样的信息,主要可以分为物理信息、化学信息两大类。

9.3.1　物理信息

　　物理信息是指生态系统中的光、声、电、磁、温度和湿度、颜色等,通过物理过程传递的信息。鸟鸣、兽吼、颜色、光等构成了生态系统的物理信息。植物像动物一样也会运动。随着夜幕降临,酢浆草、合欢、落花生、羊角豆等植物的小叶会合拢;第二天早晨的第一缕阳光让它们再伸展枝叶。郁金香和睡莲的花瓣在夕阳西下之际也会合拢进入"梦乡",待到旭日东升之时再从酣睡中清醒过来,慢慢展示它们的容颜;而夜来香、晚香玉和月见草的花则正好相反。植物之所以对光暗有反应,是因为光敏色素在起作用,这种昼夜内在节奏的变化是由生物钟控制的。

1）声信息

　　在生态系统中,声信息的作用更大一些,尤其是对动物而言。动物更多是靠声信息来确定食物的位置或发现敌害的存在的。我们最为熟悉的以声信息进行通信的当属鸟类,鸟类的叫声婉转多变,除了能够发出报警鸣叫外,还有许多其他叫声。植物同样可以接收声信息,例如当含羞草在强烈的声音刺激下,就会有小叶合拢、叶柄下垂等反应。

声信息的特点有:

①多方位性,接受者不一定要面向信源,声音可以绕过障碍物;

②同步性,发出声音信号时,动物的四肢躯干亦可发出信息;

③瞬时性,声信息可在一瞬间发出,也可在一瞬间停止;

④多变量,声音有许多变量,包括强度、频率、音质等,每个变量都可以提供一些信息,因此声音信息的容量很大。

虫鸣鱼喋,猿啼狮吼,虎啸狼嚎……动物借助这些五花八门的声信息,向人们表达它们的喜怒哀乐。动物在不同时期发出的声信息各不相同,其中繁殖时传递的是"情歌"。古巴牛蛙的情歌像公牛的吼叫,美国的一种癞蛤蟆的情歌就像是为男低音伴奏的笛声,还有一种雨蛙的情歌则很像猫咪的呼噜声。澳大利亚蝉可发出 800 Hz 的低频声,其声音强度在 80 dB 以上,由于雌蝉的感受器对 800 Hz 的低频声最为敏感和具有最大的指向性,所以常常被吸引到鸣叫着的雄蝉群体中来。

一位加拿大学者每天对莴苣作 10 min 超声波处理,结果其长势明显比未受处理的莴苣要长得"帅"。美国路易斯安那州的学者对大豆播放"蓝色狂想曲"音乐,20 d 后受音乐"熏陶"的大豆苗重量高出未听音乐的 1/4。

2)电信息

在自然界中存在许多生物发电现象,因此许多生物可以利用电信息在生态系统中活动。大约有 300 种鱼类能产生 0.2～2 V 的微弱电压,可以放出少量的电能,并且鱼类的皮肤有很强的导电力,在组织内部的电感器灵敏度也很高。鱼群在洄游过程中的定位,就是利用鱼群本身的生物电场与地球磁场间的相互作用而完成的。由于植物中的组织与细胞间存在着放电现象,因此植物同样可以感受电信息。日本学者研究证明,给西红柿每天定时播放轻音乐,能促进西红柿果实的膨大。

在 1976 年 7 月 28 日唐山大地震之前,唐山地区和天津郊区发现竹子大面积开花、柳树枝梢枯死等异常现象。资料表明:用高灵敏度的电位记录仪对合欢树进行生物电位测定,发现合欢树能感觉火山活动和地震前伴随而来的物理信息,其中包括地球内部温度、地下水、地球电位、地球磁场的变化,从而导致植物也产生各种相应的奇特变化。

3)磁信息

地球是一个大磁场,生物生活在其中,必然要受到磁力的影响。候鸟的长途迁徙、信鸽的千里传书,这些行为都是依赖于自己身上的电磁场与地球磁场的作用,从而确定方向和方位。植物对磁信息也有一定的反应,若在磁场异常的地方播种,产量就会降低。不同生物对磁的感受力是不同的。

许多动物是靠感受地球的磁场信息来辨别方向的,如候鸟的迁移能准确地到达目的地,工蜂将花蜜运回蜂巢。植物对磁场也有反应,据研究,在磁场异常地区播种的小麦、黑麦、玉米、向日葵及一年生牧草,其产量比磁场正常地区低。蒲公英即使在很弱的磁场中,开花也要晚得多,在磁场中长期生长会死亡。

4) 光信息

生态系统的维持和发展离不开光,同样,光信息在生态系统中占有重要的地位。萤火虫的闪光、蝴蝶的飞舞、花朵艳丽的色彩等都属于光信息。在光信息传递的过程中,信源可以是初级信源也可以是次级信源。例如,夏夜中雌雄萤火虫的相互识别,雄虫就是初级信源。萤火虫在夜晚是依据发光器官所发出的闪光来寻找配偶的。雄萤到处飞来飞去,但严格地每隔 5.8 s 发光一次,雌萤则停歇在草叶上以发光相应答,每次发光间隔时间与雄萤相同,但总是在雄萤发光 2 s 后才发光。据研究,每一种萤火虫的发光频率都不相同,这极好地避免了种间信号混淆和种间杂交。而老鹰在高空中通过视觉发现地面上的兔子,由于兔子本身不会发光,它是反射太阳的光,所以它是次级信源。太阳是生态系统中光信息的主要初级信源。

动物的视觉和人类的视觉不同,有些动物几乎是单色的。蚊子偏爱暗黑色,爱栖息在阴暗的水沟和不见光的角落,所以,蚊子喜欢叮咬穿黑衣服的人。黄色对蜜蜂有特殊的吸引力,暮春三月,田野上的大片油菜是蜜蜂采蜜流连的场所。蝴蝶还是唯一能够辨别红色的昆虫,山野上有许多植物的花朵都具有红色或绛红色的色彩,所以传授这些植物花粉的不是蜜蜂,而是彩蝶。还有些动物对某些颜色特别忌讳和恐惧。牛很讨厌红色,因此西班牙斗牛士总是用红布激怒公牛;大海里的鲨鱼特惧怕黄色,为此轮船上的救生圈和救生衣常常涂上黄色,借以驱赶鲨鱼,保证落水者的生命安全;危害蔬菜生长的蚜虫特害怕银灰色,所以蔬菜园里盖上银灰色的塑料薄膜可以减少虫害,提高产量。在保护地种植花卉或蔬菜,经常受到白粉虱的危害,白粉虱喜欢黄色,我们常采用黄板进行诱杀,就是在木板上刷上广告色,再涂上机油,就能有效地诱杀白粉虱。苍蝇特别厌恶淡青色,因而家庭纱窗使用这种颜色有利于防蝇,而跳蚤特惧怕白色,如果使用白色的床单则具有抑制和驱赶的功能。狼对白光很不适应,我国北方一些狼群经常出没的村庄和牧区,居民们常常在自家的墙壁上画上白圈圈,以驱狼避祸。

9.3.2 化学信息

凤眼莲根部的分泌物可以明显地抑制由于水体富营养化而大量繁殖的藻类的生长。昆虫学家发现,一只雄飞蛾能够接收到几公里外雌飞蛾发出的某种信号,从而赶去相会。它们敏锐的触角能捕捉空气中不足 1/3 盎司的信息素(一种无色无味的特殊化学物质)。生物分解出某些特殊的化学物质,这些分泌物在生物的个体或种群之间起着各种信息的传递作用。生态系统的各个层次都有生物代谢产生的化学物质参与传递信息、协调各种功能,这种传递信息的化学物质通称为信息素。信息素尽管量不多,但却涉及从个体到群体的一系列活动。化学信息是生态系统中信息流的重要组成部分。在个体内,通过激素或神经体液系统调节各器官的活动;在种群内,通过种内信息素协调个体间的活动,以调节受纳动物的发育、繁殖、行为,并提供某些情报储存在记忆中;在群落内,通过种间信息素调节种间的活动。种间信息素类物质,已知分子结构的约 0.3×10^4 种,主要是各类次生代谢物,如生物碱、萜类、黄酮类、苷类和芳香族化合物等。

生长在南美洲热带森林里的马勃菌,如果人不小心碰着它,它就会像炸弹一样爆炸,冒出一股浓烟,使人和其他高等脊椎动物咳嗽、流泪、奇痒,从而保护了自己。据说,当地印第安人很早就利用此菌作"催泪弹"抵抗来犯之敌。

在美国南部干燥平原上有一种树叫山艾树,在其生长的地盘内"不许可"任何外来植物的生存。有些学者曾人为地在其地盘内种植一些杂草,就连这些小草都不能与它共存,原因是山艾树能分泌一种置其他植物于死地的化学物质。

猎豹、犬科和猫科动物有着高度特化的尿标志的信息,它们总是仔细观察前兽留下的痕迹,并由此传达时间信息,避免与栖居在此的对手遭遇;还能够识别同类雌性尿中的化学信息,决不放过求爱的机会;更能够判定自己的尿味,以防迷路而有家难归。

在昆虫纲,蛾家族中的许多雌性蛾采用释放性外激素来引诱雄性昆虫。而犀牛在求偶时,雄犀牛会释放出麝香味,雌犀牛闻到后即刻如痴如醉。人们总认为老鼠怕猫,其实,不能一概而论。有一种非洲鼠,与一般的家鼠样子差不多,只是嘴巴坚硬,一旦被猫追逐时,它的绝招就是立即释放出一股很浓烈的类似化学毒气的臭味。猫闻到后,就会全身发抖,瘫痪在地,不能动弹。于是老鼠就跳上去咬断猫的喉管,吸取猫血,最后把死猫拖到洞中撕食。

物种在进化过程中,逐渐形成释放化学信号于体外的特性,这些信号或对释放者本身有利,或有益于信号接受者,从而影响着生物的生长和繁殖。健康或物种的生物特征。黄鼬(黄鼠狼)有一种嗅腺,释放出来的臭液气味难闻,它既有防止敌害追捕的作用,也有助于获取食物。

有些金丝桃属的植物,能分泌一种能引起光敏性和刺激皮肤的化学物质——海棠素,使误食的动物变盲或致死,故多数动物避开这种植物,但叶甲却利用这种海棠素作为引诱剂以找到食物之所在。再如,烟草中的尼古丁和其他植物碱可使烟草上的蚜虫麻痹;成熟橡树叶子含有的单宁不仅抑制细菌和病毒,同时它还使蛋白质形成不能消化的复杂物质,限制脊椎动物和蛾类幼虫的取食;胡桃树的叶表面可产生一种物质,被雨水冲洗落到土壤中,可抑制土壤中其他灌木和草本植物的生长。这些都是植物为了自我保护向其他生物所发出的化学信息。

9.4　城市生态系统

9.4.1　城市生态系统的概念

城市生态系统是人类生态系统经过漫长的发展时期才产生的,也就是说城市生态系统是经人类生态系统的演变进化,在人类社会的发展过程中,经过了由自然生态系统到农村生态系统,在城市出现后逐渐演变为城市生态系统的发展过程。人类生态系统从此划分为农村生态系统和城市生态系统两大类型。虽然城市生态系统的发展历史在整个人类生态系统的发展史中只占很小的两部分,但城市生态系统的发展却对整个人类生态系统的发展起着举足轻重的作用,伴随着城市化进程,城市生态系统已逐渐成为人类生态系统的主体,与人类社会有着最为密切的关系。而城市生态系统是人类生态系统的主要组成部分,它既是自然生态系统发展到一定阶段的结果,也是人类生态系统发展到一定阶段的结果。

城市生态系统就是以人为中心的一种特殊人工生态系统,是由城市自然、经济和社会等子系统相互联系、互相影响、互相交织而成的有机复合体。其中自然子系统包括城市居民赖以生存的基本物质环境;经济子系统涉及生产、分配、交换与消费的各个环节,包括工业、农业、交通、运输贸易、金融、建筑、通信、科技等;社会子系统涉及城市居民及其物质生活与精神生活诸方面,如居住、就业、教育、服务、供应、医疗、旅游、文化和娱乐等,还涉及文化、艺术、宗教、法律等上层建筑范畴。

9.4.2　城市生态系统的组成

　　城市生态系统是由居住在城市的人类与生物,包括大气、水、土壤等非生物性的自然界组成的系统,城市具有高密度的人口与资金、物质、信息,而且能源也集中于此,并且会重新向城市外扩散。也就是说:一方面,城市内的人们进行生产和消费的结果是生产出产品,发出信息;另一方面,产业以及生活废弃物之类的城市代谢产物,不能返回到生态系统,通过江河被排放到海洋,不能再次循环。城市是地球表层人口集中的地区,由城市居民和城市环境系统组成的,是有一定结构和功能的有机整体。因此,城市生态系统可分成自然生态子系统、经济生态子系统和社会生态子系统(图9.17),城市居民具有社会与自然两种属性。

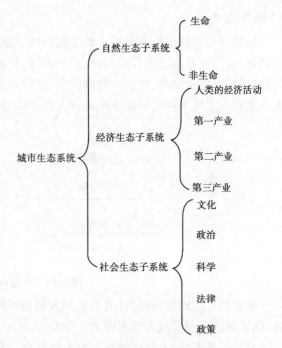

图9.17　城市生态系统组成
(华中师大硕士论文,严芷清,2007)

　　图9.18揭示了城市生态系统中人与自然的相互作用,即自然子系统和经济子系统的相互作用,主要发生在社会物质产品的生产和消费的过程中。这个过程也就是城市生态系统的运行过程。它包括4个环节:

　　①从自然系统获取自然资源;
　　②将自然资源转化或加工成社会产品;
　　③社会产品的消费;
　　④向自然环境排放废弃物。

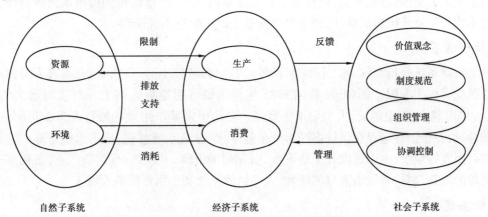

图9.18　城市生态系统各子系统关系图
(华中师大硕士论文,严芷清,2007)

9.4.3 城市生态系统的结构

1)城市居民

城市居民是城市生态系统中最主要的构成部分。城市人口的生物量甚至超过绿色植物的生物量,自然生态系统能自给自足、自我维持,呈现植物多、动物少的营养金字塔,而城市生态系统则呈现人口多,动物、植物少的倒营养金字塔(图9.19),它必须通过系统外补充物质和能量,由人工物质系统和环境资源系统提供人类所需的生活物质。

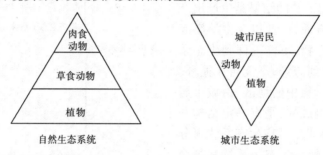

图9.19 生态系统结构组成

城市是人类的聚居地,目前全世界人口的50%居住在城市。许多大城市市区人口密度极高,如东京的中心市区人口密度为13 652人/km²,北京市的中心市区人口高达34 177人/km²。尽管城市规模不同,人口密度会有很大的差异,但一般来讲,市区人口密度在10 000人/km²是被公认的适宜水平。这种人口密度水平意味着城市生态系统是地球最高效的土地利用类型。

2)人工物质系统

在城市中,人工物质系统极度发达,高楼林立,混凝土、沥青覆盖地面,燃料、原材料和食品大量消耗,交通、通信设施齐备,这些为城市居民提供了丰富的物质和精神生活条件,也因而使城市成为人类社会政治、经济、科学文化的中心。人工物质系统在为城市居民带来物质文明的同时,也产生了大量的污染物质,使环境受到污染。这些污染物质,一部分扩散到系统外,大部分在城市生态系统内流动、积聚,使城市生态环境不断恶化,严重危害到城市居民的健康,对环境资源系统和生物系统造成破坏,严重时会使整个城市生态系统崩溃。

3)环境资源系统

环境资源系统是指空气、水、土壤、矿产等。城市区域较小,人口密集,充满着人工物质,使环境资源变得极为有限。据调查,我国1985年全国城市用地为人均73 m²,上海市人均仅为26 m²。城市越大,历史越长,人均用地越紧张。发达国家城市用地一般每人为200 m²。城市水资源缺乏,在全国普遍存在。许多城市开采地下水,导致水质恶化、地下水位下降。上海、天津、北京、西安等城市,由于过度开采地下水,引起地面沉降。城市空气污染严重,负氧离子少。环境资源的缺乏,制约着城市人口的增加、人工物质系统和生物系统的发展。

4)生物系统

城市生物系统主要由绿色植物组成,绿化用的树木、花卉、草坪占有最大比例。动物较少,主要是一些鸟类,它们的存在,有益于减少植物病虫害和增加城市的自然气息。土壤中有微生物存在,但由于土壤板结和污染,数量较少。生物系统以环境资源系统为生存的基本物质条件。但是,城市环境资源有限,特别是城市用地多被人工物质和居民占据,绿地极少,植物、动物生存空间窄小,导致城市生物数量少、种类少、生物系统极不发达。

生物系统是由植物、动物、微生物等生物体构成的有机整体,它有一定的自我调节能力,趋向于使整个城市生态系统处于平衡稳定之中。按照耗散结构理论,人工物质系统和自然意义上的城市居民,都趋向于增加整个城市生态系统的熵值,即增加混乱度,如城市热岛效应和污染物聚积;而生物系统则能减少系统的熵值,增加系统的有序性,即增加系统的稳定度,改善系统的生态环境。生物系统增加负熵的作用,主要是通过绿色植物降温增湿、吸收有毒气体、降尘杀菌、吸收二氧化碳、释放氧气、净化空气、防风防噪、涵养水源等生态功能来实现的。因此,在城市生态系统中,生物系统的存在是至关重要的,对维持整个系统的平衡起着重要作用。

9.4.4　城市生态系统的特点与功能

1)城市生态系统的主要特点

城市生态系统在结构、格局、过程和功能上是自然和人类因素的综合(表9.2)。

表9.2　城市生态系统的基本组分、格局、过程和功能

因　素	组　分	格　局	过　程	功　能
自然	空气、水体、土壤、生物	气象场、地形、水系、土壤分布、绿地分布	空气流动、河流、土壤形成、生物生长	空气质量、水资源、水体质量、生产力、能量流动、养分循环
人类	道路、建筑物、管道	建筑物分布、交通网	建设、运输	产值、生活质量、文化

注:引自王效科,地球科学进展,2009(8)。

(1)城市生态系统具有整体性　中国生态学家马世骏教授指出:城市生态系统是一个以人为中心的自然界、经济与社会的复合人工生态系统。这就是说,城市生态系统包括自然、经济与社会3个子系统,是一个以人为中心的复合生态系统。组成城市生态系统的各部分相互联系、相互制约,形成一个不可分割的有机整体。任何一个要素发生变化都会影响整个系统的平衡,导致系统的发展变化,以达到新的平衡。

(2)城市生态系统高度人工化　城市生态系统是大量建筑物等城市基础设施构成的人工环境,城市自然环境受到人工环境因素和人的活动的影响,使城市生态系统变得更加复杂和多样化。城市生态系统的生命系统主体是人,而不是各种植物、动物和微生物。次级生产者与消费者都是人,城市生态系统具有消费者比生产者更多的特色,作为生产者的绿色植物生存量远远小于以人类为主的消费者的生存量。所以,城市形成了植物生存量 < 动物生存量 < 人类生存量的与自然生态系统和生态学金字塔不同的倒金字塔形的生物量结构。因此,决定城市生态系统要维持稳定和有序,必须有外部生态系统物质和能量的输入。

(3)城市是一个新陈代谢系统　城市生态系统的物质、能量的流动过程是原材料、食物、人、资金、信息等被输入到城市中,满足城市消费需求。输入的物质参与城市内部循环,经过生

产加工后,信息、资金、人向城市外输出,其中,一部分变成产品,另一部分以废弃物的方式流失到环境中,造成环境污染;或者以成品、半成品的形式滞留、积压在城市中,造成城市生态的不平衡,称为生态滞留现象。像这样城市所有的输入、输出都利用传输和通信等手段,从城市周边地区集中到城市地区。生物活动的基本过程是摄取营养物质,由此维持个体生命的生长,随之排出废弃物质形成能量流,这种生物代谢作用与城市活动极其类似。因此可以说,城市是不断新陈代谢循环的有机体。

(4)城市生态系统具有开放性、依赖性　自然生态系统一般拥有独立性,但城市生态系统不是独立的。由于城市生态系统大大改变了自然生态系统的组成状况,城市生态系统内为美化、绿化城市生态环境而种植的花草树木,不能作为城市生态系统的营养物质为消费者使用。因此,维持城市生态系统持续发展,需要大量的物质和能量,必须依赖其他生态系统生产的物质、能量、资金。例如,为了维持城市内众多人口的生存,必须从农业生态系统输入产品。同时,农村也要依靠城市生产的产品输入,维持农业生态系统。另外,城市生态系统所产生的各种废弃物,也不能靠城市生态系统的分解者有机体完全分解,而要靠人类通过各种环境保护措施来加以分解,所以城市生态系统是一个不完全的、开放的生态系统。

(5)城市生态系统是功能不完善的生态系统　城市生态系统的物质与能量的外部依赖性极大,主要依靠外部生态系统的物质与能量输入来维持正常的新陈代谢,这就构成了城市与其他生态系统的依赖关系。图9.20显示了城市生态系统与其他生态系统之间的关系。

(6)城市的能量流动　城市生态系统中能量流动具有明显特征。大部分能量是在非生物之间变换和流动,并且随着城市的发展,它的能量、物质供应地区越来越大,从城市邻近地区到整个国家,直到世界各地。

如图9.21所示,城市从国内的农村和外国输入石油、电力、燃气等能源,在城市内通过消费及生产活动转换成热能,之后向大气、河流及海洋排放热量,不能被重新利用。城市地区石油、天然气、电力是能源主体。城市使能量代谢消费量显著增加,尤其是电能使用量逐年增大。城市也依赖于风、水、太阳等能量,尽管这些能源能持续地补给,但在总体能量消费中只占少量。城市能源消费量的增大,反映城市经济增长与居民经济收入水准的提高。能源消费量每个城市不同,例如东京23个区的能源消费量的结构为:工业用42.7%,家庭用33.8%,商业用11.0%,运输用8.0%,其他用4.5%,工业用能源消费量居多。伴随城市增长,能源消费量增大导致城市生态系统变化。城市工业废水排放到江河湖海,破坏水域及沿岸的生态系统。水的热污染与早已提出的大气热污染一样(城市地区的大气温度比周边高),导致城市街道附近地下热污染明显。

2)城市生态系统的基本功能

城市生态系统的基本功能是指系统及其内部各子系统或各组成成分所具有的作用,"城市生态系统是一个开放性的人工生态系统,它具有两个功能,即外部功能和内部功能"。外部功能是联系其他生态系统,根据系统内部的需求,不断从外系统输入与输出物质和能量,以保证系统内部的能量流动和物质流动的正常运转与平衡;内部功能是维持系统内部的物流和能流的循环和通畅,并将各种流的信息不断反馈,以调节外部功能,同时把系统内部剩余的或不需要的物质与能量输出到其他外部生态系统去。外部功能是依靠内部功能的协调运转来维持的。因此,城市生态系统的功能表现为系统内外的物质、能量、信息及人口流的输入、转换和输出。

(1)生产功能　城市生态系统的生产功能是以靠城市内外系统提供物质和能量的资源进

行,主要包括生物生产与非生物生产。城市生态系统的生物生产功能是指城市生态系统所具有的,包括人类在内的各类生物交换、生长、发育和繁殖的过程。城市生态系统的生物初级生产主要由农田、森林、草地、果园和苗圃等人工或自然植被完成,但由于城市主要以第二、第三产业为主导,所以绿色植物的物质生产和能量储存不占主导,但其景观作用功能和环境保护功能却对整个城市生态系统十分重要。

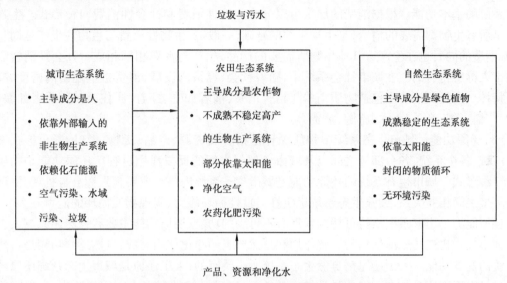

图9.20　城市生态系统与其他生态系统的关系
(园林生态学,冷平生,2001)

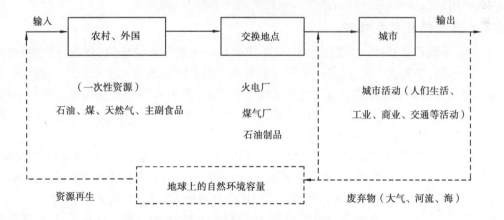

图9.21　城市能量的输入与输出
(论城市生态系统特征及平衡的调节,姜乃力,2005)

城市生物的次级生产主要是人类行为,但城市生态系统内本身的生物初级生产并不能满足其需要,因此满足次级生产的相当部分物质必须从城市外部输入,表现出明显的依赖性。此外,由于城市生物次级生产主要是人,所以该过程表现出了极大的人为可调性与社会性,在其速度、强度和分布上与城市生态系统的初级生产和物质、能量的输入、分配等过程取得一致,以维持一定的生存质量。非生物生产建立在生物生产之上,是人类生态系统所独有的生产功能,包括物质生产与非物质生产,以满足城市内外人类的物质消费与精神需求。城市生态系统的物质生产量是巨大的,所消耗的资源与能量也是惊人的,且对城市内部与外部自然环境的压力不容忽视。城市生态系统的非物质生产主要是文化功能的体现,是文化知识的生产基地,同时也是其发挥作用的舞台与市场。

(2)消费功能　消费是城市生态系统内生物消耗营养物质、产品物质和能量以满足生理代谢与精神生活需要并释放能量的功能。消费是生物体生存和发展所必需的,消费功能也是城市生态系统的基本功能。根据消费的层次可以分为生物性消费和社会性消费两种形式。生物性消费是所有生物都需要的消费,是生物生存的基础,一般地,生物性消费与生物性生产是同步进行的,消费的同时也在生产着其他生物所需要的产品,生产与消费相辅相成。社会性消费需求是城市人群所特有的。在城市社会系统中,随着社会、经济的发展,消费也呈现出高密度、高强度等特性。人类的消费也包括物质消费与精神消费,前者如吃、穿着、居住、行等;后者如教育、文学、广播影视、音乐、美术、旅游、消费等。

(3)还原功能　城市生态系统中物质循环是指各项资源、产品、货物、人口、资金等在城市各个区域、各个系统、各个部分之间以及城市各部门之间的反复作用过程。还原功能是物质循环的一种形式。城市生态系统的还原功能是城市生态系统内各组成要素发挥自身机理,协调生命与环境之间相互关系,增强生态系统稳定性与良性循环能力、实现物质循环的能力。

还原能力是生态系统维持可持续发展必不可少的功能,还原功能主要有自然还原与人工还原两种形式。自然还原由生物的分解作用和自然要素的净化作用完成,自然还原功能是自然生态系统的基本功能。人工还原是自然生态系统所不具有的,人工还原是城市生态系统还原功能的主导。人工还原是指在一定的科学技术条件下,通过机械设备完成物质的转化、实现物质的还原。人在发挥还原功能的同时,应注意不断调整生态系统的各种结构关系,要不断完善生命、环境相互作用结构和要素空间组合结构,顺利实现城市的还原功能。

3)城市生态系统的服务功能

(1)生态系统服务功能　生态系统的服务功能是指在生态系统能流、物流过程中,对外部显示的重要作用,如提供产品、改善环境等。生态系统服务可以划分为生态系统产品和生命系统支持功能。生态系统产品是指自然生态系统所产生的,能为人类带来直接利益的因子,它包括食品、医用药品、加工原料、动力工具、欣赏景观、娱乐材料等,它们有的本来就是现实市场交易的对象,其他的则容易通过市场手段来对应地补偿。

生命系统支持功能主要包括固定二氧化碳、稳定大气、调节气候、对干扰的缓冲、水文调节、水资源供应、水土保持、土壤熟化、营养元素循环、废弃物处理、传授花粉、生物控制、提供生境、食物生产、原材料供应、遗传资源库、休闲娱乐场所以及科研、教育、美学、艺术等。

①气体调节　是指大气化学成分的调节,如保持 CO_2 和 O_2 的平衡。保持 O_3 具有防紫外线的功能。

②气候调节　在大的生态系统中,如大面积的森林和草原,都具有调节区域气候的功能。

③干扰调节　生态系统对环境波动和衰竭具有干扰调节功能,如干旱恢复、洪水控制、防止风暴等。

④水调节　调节水文循环过程,包括农业、工业、交通运输的水分供给。

⑤水供给　通过供水为人类生产、生活服务,并储存和保持大量水源,如水库、含水层和集水区等。

⑥侵蚀控制和沉积物保持　指保持生态系统中的土壤养分,防止土壤遭受侵蚀的功能。

⑦土壤形成　有利于土壤的形成,岩石风化和有机物质的积累。

⑧养分循环　有利于养分的获取、形成、内部循环和存储。

⑨废物处理　生态系统对于排入的污染物质具有分解、处理和解除毒性的功能。

⑩传粉受精　有利于植物配子的移动,植物和动物种群的繁殖,保持物种的稳定性。

⑪生物控制　对种群的营养级动态调节,关键种捕食者对猎物种类的控制、顶级捕食者对食草动物的消减。

⑫提供生境　生态系统通过生物控制自动调节物种数量,并为各种生物提供栖息地。

⑬食品生产　通过初级生产和次级生产,生态系统可提供大量的食物,作物、果实、肉、蛋、奶,来满足人们日常生活的需求。

⑭原材料　初级生产提供的原料,满足人类生产生活需要,如木材、燃料和饲料的生产。

⑮遗传资源库　特有的生物材料和产品的来源,药物、抵抗植物病源和作物害虫的基因,为人类健康和发展提供宝贵的动植物基因资源。

⑯休闲娱乐　提供休闲娱乐,生态旅游、体育、钓鱼和其他户外娱乐活动。

⑰文化　提供非商业用途,具有美学、艺术性的如仿古建筑、雕塑、人物等,提供具有教育意义的教学、科研基地。

根据我国 1∶400 万的植被图,陈仲新、张新时等(2000)把我国植被类型合并成为若干个陆地生态系统类型,具体是把中国划分为热带/亚热带森林、温带森林/泰加林、草地、红树林、沼泽/湿地、湖泊/河流、荒漠、冻原、冰川/裸岩、耕地共 10 类陆地生态系统类型。在估算过程中,采用了 Costanza 等人的参数,得到我国生态系统服务功能的总价值为 77 834.48×10^8 元人民币/年。

研究人员根据各个省区的生态系统面积,对各个省区的生态系统服务功能价值大小进行排列,得出生态系统服务功能最大的地区是新疆地区,最小的是上海、天津和北京,由此可见,自然生态系统面积越大的地区,生态系统服务功能越大。单位面积生态系统服务功能价值以黑龙江省为首,约为 17 399 元/hm^2·a,最小的为上海,约为 793 元/hm^2·a。

(2)城市生态系统服务功能　城市生态系统的服务功能直接影响到城市居民的生活质量和社会经济可持续发展能力。表9.3 揭示了城市生态系统的功能单元。

表9.3　城市生态系统的功能单元

功能单元	自　然		社会经济	
	主体	活动	主体	活动
生产者	植物	光合作用	人类	能源生产、食物生产、工业、文化产业、服务业
消费者	动物	捕食	人类	饮食、取暖和制冷、交通、娱乐
分解者	微生物	分解	人类	垃圾焚烧、废气净化、污水处理

注:城市生态系统服务功能价值的研究与实践,白瑜等,2011。

国内外学者对城市生态系统服务功能的分类及其价值估算等至今尚未达成共识。据研究,城市生态系统服务功能可划分为 3 大类:①提供生活和生产物质的功能,包括食物生产、原材料生产。②与人类日常生活和身心健康相关的生命支持的功能,包括:气候调节、水源涵养、固碳释氧、土壤形成与保护、净化空气、生物多样性保护、减轻噪声。③满足人类精神生活需求的功能,包括娱乐文化。

城市生态系统在平均状态下的单位面积生态服务功能价值如表9.4所示。

表9.4　城市生态系统中单位面积生态服务功能价值单价　　　　元/hm²

服务项目	森林/林地	草　地	农田/耕地	园地①	湿　地	水　体	荒　漠
气候调节	2 389.1	796.4	787.5	1 588.3	15 130.9	407.0	0.0
水源涵养	2 831.5	707.9	530.9	1 681.2	13 715.2	18 033.2	26.5
土壤形成与保护	3 450.9	1 725.5	1 291.9	2 371.4	1 531.1	8.8	17.7
固碳释氧	336 821.5	85.5	67 346.3②	202 092.9	0.0	0.0	0.0
净化空气	10 216.7	0.0	2 043.3③	6 130.0	0.0	0.0	0.0
生物多样性	2 884.6	964.5	628.2	1 756.4	2 212.2	2 203.3	300.8
食物生产	88.5	265.5	884.9	486.7	265.5	88.5	8.8
减轻噪声	2 880.4	0.0	576.1④	1 728.2	0.0	0.0	0.0
原材料	2 300.6	44.2	88.5	1 194.5	61.9	8.8	0.0
娱乐文化	1 132.6	35.4	8.8	570.7	4 910.9	3 840.0	8.8
合计	364 996.4	4 624.9	74 204.4	219 600.3	37 827.7	24 589.6	362.6

注:城市生态系统服务功能价值的研究与实践,白瑜等,2011。

①荒漠在城市系统中可对应其他类型用地。

②根据耕地所发挥生态服务功能的实际效果,在进行固碳释氧、净化空气、减轻噪声三项价值计算时,将耕地单位面　积价值折算成有效林地价值,折算系数为0.2。

③园地生态系统服务功能价值取林地与耕地价值的均值。

④城市建设用地(包括城镇及工矿用地、交通运输用地等),参考 Coslanza 等的思路,不估算其生态服务功能价值。

9.5　生物的多样性

9.5.1　生物多样性的意义

1)生物多样性概念

简单地说,生物多样性系指一个生态系统、一个区域乃至整个地球物种的丰富和均匀程度。最初,人们大多着重分析整个生物多样性中的某些重要部分,例如,大型的哺乳类动物、热带森林植物等。随着对生物相互关系研究的不断深入,就越来越注意到生态系统中生物多样性问题,生物多样性的保护也集中在这些关键环节上。不同学科的学者对生物多样性的理解和兴趣不同,但都把它看成一种不可缺少的原始材料、资源和自然遗产。

地球上出现生命至今经历了大约35亿年的漫长进化过程,在此过程中大约形成了10亿个物种。物种的形成、灭绝原本是一种周而复始的自然规律,但由于人类社会无序、无度的发展加剧了物种的灭绝。据世界《红皮书》统计,20世纪有110个种和亚种的哺乳动物和139个种和亚种的鸟类在地球上消失。越来越多的物种灭绝,从而使生物多样性受到全球学者的关注。

"生物多样性"概念20世纪80年代首先出现于自然保护刊物上(Wilson E D,1985)。1987年,联合国环境规划署(UNEP)正式引用了"生物多样性"这一概念,1992年6月在巴西里约热内卢召开的联合国环境与发展大会上,通过了国际自然与自然资源保护联盟在1984—1989年起草的《生物多样性公约》。该公约是生物多样性保护和持续利用进程中具有划时代意义的文件,此公约的颁布标志着世界范围内的自然保护工作进入到一个新的阶段。公约对生物多样性解释为:地球上所有来源的生物体,包括陆地、海洋和其他水生生态系统及其所构成的生态综合体。

1995年,联合国环境规划署(UNEP)发表的关于全球生物多样性的巨著《全球生物多样性评估》(GBA)给出了一个定义:生物多样性是所有生物种类、种内遗传变异和它们与生存环境构成的生态系统的总称。Bush M B(2003)认为,"生物多样性是指自然界生命体的多样性,这种概念通常指不同物种,也包括生态系统和特定物种内的基因多样性"。据《中华人民共和国生物多样性保护行动计划》中生物多样性被定义为:地球上所有的生物(植物、动物和微生物)及其所构成的综合体。

生物多样性是指生物及其与环境形成的生态复合体以及与此相关的各种生态过程的总和。它包括数以百万种的动物、植物、微生物和它们所拥有的基因以及它们与生存环境形成的复杂的生态系统。生物多样性是一个内涵十分广泛的重要概念。关于"生物多样性"的内涵,根据联合国环境与发展大会报告,通常有3个层次:遗传(基因)多样性、物种多样性和生态系统多样性;其中物种多样性则应是生物多样性的基础和关键层次,生态系统多样性则是物种多样性和遗传多样性的基础与生存保证。傅伯杰等(2001)提出了把景观多样性作为生物多样性的第四个层次。

(1)遗传多样性 刘红梅(2001)认为,遗传多样性是指种内基因的变化,包括种内显著不同的种群间和同一种群内的遗传变异,也称为基因多样性。宋丁全(2004)指出,遗传多样性是地球上生物个体中包含的遗传信息之总和。遗传多样性主要包括3个方面,即染色体多态性、蛋白质多态性和DNA多态性。

(2)物种多样性 物种是生物分类的基本单位,是生态系统中的物质循环、能量流动及信息传递的基本环节。物种多样性是指地球上动物、植物、微生物等生物类的丰富程度。物种多样性包括两个方面:一是指一定区域内的物种丰富程度,主要从分类学、系统学和生物地理学角度对一定区域内物种的状况进行研究;二是指生态学方面的物种分布的均匀程度,可称为生态多样性或群落物种多样性。物种多样性也是衡量一定地区生物资源丰富程度的一个客观指标。在阐述一个国家或地区生物多样性丰富程度时,最常用的指标是区域物种多样性。

(3)生态系统多样性 生态系统的多样性主要是指地球上生态系统组成、功能的多样性以及各种生态过程的多样性,包括生境的多样性、生物群落和生态过程的多样化等多个方面。生境主要是指无机环境,如地貌、气候、土壤、水文等。生境的多样性是生物群落多样性甚至是整个生物多样性形成的基本条件。生物群落的多样化可以反映生态系统类型的多样性,主要指群落的组成、结构和动态(包括演替和波动)方面的多样化。生态过程主要是指生态系统的组成、结构与功能随时间的变化以及生态系统的生物组分之间及其与环境之间的相互作用或相互关系。

(4)景观多样性 马克平(1993)认为,景观多样性是指由不同类型的景观要素或生态系统构成的景观,在空间结构、功能机制和时间动态方面的多样性或变异性。肖笃宁等(2004)则认为,景观多样性是反映景观的复杂程度的景观单元结构和功能方面的多样性。景观多样性的内容包含斑块多样性、类型多样性和格局多样性 3 个方面。斑块多样性是指景观中斑块的数量、大小和斑块形状的多样性和复杂性,斑块内部是均匀的,它构成景观的组成部分,是物种聚集地,景观中物质和能量迁移与交换的场所,多指景观中斑块的总数、面积的大小和形状;类型多样性是景观中类型的丰富度和复杂度,多指景观中不同景观类型的数目以及它们所占面积的比例;格局多样性是景观类型空间分布的多样性及各类型之间以及斑块与斑块之间的空间关系和功能关系,多指不同类型的空间分布,同一类型的连接度和连通性,相邻斑块间的聚集与分散程度。景观多样性主要是"组成景观的斑块在数量、大小、形状和景观的类型分布及其斑块之间的连接度、连通性等结构和功能上的多样性"。

2)生物多样性的意义

迄今为止,我们已经识别了 175 万个物种,但是科学家们认为,实际上地球上存在有 1 300 万或 1 亿种物种。重要的是所有的这些物种是与其他物种相互联系的,正如同我们依赖植物和动物为食一样。如果其中一个特定的物种失去了它的栖息地,或者找不到它常吃的食物,就会灭绝。整个食物网(不仅仅是食物链)就会破碎。

(1)生物多样性为人类提供了基本食物　世界上 90% 的食物来源于 20 个物种,人类 50% 以上的粮食来自于小麦、水稻、玉米。各种动物提供的蛋白质,各种蔬菜、水果、菌类均是人类生活必需的。据研究,在 8 万种陆生植物中,仅 150 种被广泛种植作为食品。另外,随着人口增长,人民生活水平的改善,改良品种和开发新资源已势在必行。而无论是品种改良还是新资源的开发,都需要优良的野生种种质资源。

(2)生物多样性为人类提供了药物的宝库　如从黄花蒿中提取出了抗疟疾良药青蒿素;从薯蓣植物中分离出来了用于计划生育药品的关键物质甾体皂贰;抗生素的出现更是救活了无数个生命。而中药几乎全部以生物为原料。人类利用动物、植物、微生物入药从远古时代就已经开始,并且一直沿用至今。仅在植物中有药用价值的就有 1 200 多种,很多动物已被用于提取重要的药物,如穿山甲、鸡内金、白花蛇,以及用于抗凝剂的水蛭素等。

(3)生物多样性还为人类提供了种类繁多的工业原料和能源物质　如木材、橡胶、油脂、化石燃料等。

(4)生物多样性价值还表现在与生态系统的功能有关　它是生物多样性直接价值,表现在固定太阳能,调节气候,稳定水文,保护土壤,促进元素循环,维特进化过程,吸收分解污染物等诸多方面。

(5)生物多样性在自然环境的娱乐、美学方面,在社会文化、科教、历史方面更是有着难以用金钱来估量的重要价值。

9.5.2　我国生物多样性的特点

1990 年生物多样性专家把中国生物多样性排在 12 个全球最丰富国家的第八位。在北半球,中国是生物多样性最为丰富的国家。中国生物多样性的特点如下:

1)物种高度丰富

中国高等植物的丰富度仅次于世界高等植物最丰富的巴西和哥伦比亚,居世界第三位。其中苔藓植物 2 200 种,占世界总种数的 9.1%,隶属 106 科,占世界科数的 70%;蕨类植物 2 200 ~ 2 600 种,52 科,分别占世界种数的 22% 和科数的 80%;裸子植物全世界共 15 科,79 属,约 850 种,中国就有 10 科,34 属,约 250 种,是世界上裸子植物最多的国家;中国被子植物约有 328 科, 3 123 属,30 000 种,分别占世界科、属、种数的 75%,30% 和 10%。

中国的脊椎动物共有 6 347 种,占世界总种数(45 417 种)的 13.97%。中国是世界上鸟类种类最多的国家之一,共有鸟类 1 244 种,占世界总种数(9 932 种)的 13.1%;中国有鱼类 3 863 种,占世界总种数(19 056 种)的 20.3%。

2)特有属种繁多

中国的地貌、气候和土壤多样性的特点,使得中国野生生物复杂多样,为特有属、种的发展和保存创造了条件。高等植物中特有种最多,约 17 300 种,占中国高等植物的 57% 以上。种子植物有 5 个特有科,247 个特有属;已知脊椎动物中有 667 个特有种,为中国脊椎动物总种数的 10.5%。其他还拥有"活化石"之称的珍稀动植物,如大熊猫、白鳍豚、文昌鱼、鹦鹉螺、水杉、银杏、银杉和攀枝花苏铁等。

3)栽培植物、家养动物及其野生亲缘的种质资源丰富

中国是水稻的原产地之一,大豆的种植已经有 7 000 多年的历史。仅水稻就有地方品种 50 000 个,大豆有地方品种 20 000 多个。中国境内发现的经济树种有 1 000 种以上,中国的果树种类居世界第一位,是野生和栽培果树的主要起源和分布中心,苹果、梨、李属种类繁多。中国的牧草有 4 215 种,原产中国的观赏花卉有 2 000 多种。

据有关资料报道,中国有家养动物品种和类群 1 938 个,有很多种已经成为世界上特有的种质资源。

4)生态系统类型丰富

据初步统计,中国陆地生态系统类型有森林 212 类,竹林 36 类,灌丛 113 类,草甸 77 类,草原 55 类,荒漠 52 类,沼泽 37 类,高山冻原、高山垫状植被和高山流石滩植被 17 类,总共 599 类。淡水生态系统和海洋生态系统也有很多不同的类型。

9.5.3　生物多样性的保护

生物多样性是实现人类可持续发展的物质基础。从 20 世纪 70 年代初,国际生物多样性保护已从单纯的物种保护转到全面系统的保护;从区域性保护转向到全球性保护。生物多样性保护不仅仅是生态问题,而是关系到全球可持续发展的问题。

据专家分析:由于人类活动的日益加剧和全球气候变化,目前地球上的生物种类正在以相当于正常水平 1 000 倍的速度消失;全球已知 21% 的哺乳动物、12% 的鸟类、28% 的爬行动物、30% 的两栖动物、37% 的淡水鱼类、35% 的无脊椎动物,以及 70% 的植物处于濒危境地;2009 年 11 月 3 日,国际自然保护联盟(IUCN)再次更新了"受胁物种红色名录",在 47 677 个被评估物种中,17 291 个物种有濒临灭绝的危险,比例约为 36.3%;据有关资料报道,目前约有 3.4 万种植物和 5 200 种动物濒临灭绝。

随着我国进入经济全球化和贸易国际化时代,生物多样性保护和可持续利用越发重要。

一个国家生物多样性丰富程度和保护水平,已成为综合国力和国家可持续发展能力的重要体现。生物多样性保护是环境保护主要内容之一,也是我国政府长期坚持基本国策的重要组成部分。

在全球环境基金和联合国开发署的支持下,我国于1993年完成制定并实施《中国生物多样性行动计划》,为国家制定生物多样性政策、法律、法规和部门行动计划、优先项目及开展国际合作起到重要的指导作用。我国生物多样性保护实行国家统一监管和部门分工负责相结合的机制,成立了由国家环境保护总局牵头,有国务院20个部门参加的中国履行《生物多样性公约》工作协调组,建立了国家履约联络点、国家履约信息交换所和国家生物安全联络点,初步形成了生物多样性保护和履约国家工作机制。

中国政府于1994年在世界上率先制定了《中国生物多样性保护行动计划》。还发布了中国21世纪议程——《中国21世纪人口、环境与发展白皮书》,从中国国情和人口、环境与发展的总体联系出发,提出促进经济、社会、资源与环境相互协调和可持续发展的总体战略。

我国政府长期以来十分重视自然保护区的建设,经过50多年不懈的努力,初步形成布局基本合理、类型较为齐全的自然保护区体系。截至2007年底,我国(不含港澳台地区)共建立自然保护区2 531个,保护区总面积15 188万 hm^2,陆地自然保护区面积约占国土面积的15%,保护区占国土面积比例已超过世界发达国家和地区的水平。目前,这些保护区保护了我国70%的陆地生态系统、80%的野生动物和60%的高等植物,使绝大多数国家重点保护的珍稀濒危野生动植物得到了保护。

1)自然保护区的概念

根据《中华人民共和国自然保护区条例》,我国对自然保护区的定义为:对代表性的生态系统、珍稀濒危动植物种的天然集中分布区、有特殊意义的自然遗迹等保护对象所在地、陆地水体或者海域依法划出一定面积予以特殊保护和管理的区域。这是一种狭义的保护区概念,它强调和注重的是保护区自然特征。第4届国家公园和保护区大会保护区分类专题研讨会对保护区给出如下定义:保护区是指致力于生物多样性、自然及其相关文化资源的保护和维持,并通过立法或其他有效手段进行管理的陆地和海域。这是一种广义的概念。

关于自然保护区,国内外学者有不同的理解。属于自然保护区范围的有以下区域:

(1)自然保护区　是指对有代表性的自然生态系统、珍稀濒危野生动植物物种的天然集中分布区、有特殊意义的自然遗迹等保护对象所在的陆地、陆地水体或者海域,依法划出一定面积予以特殊保护和管理的区域。

(2)生物圈保护区　是UNESCO系统的保护区,强调保护、发展与后勤支持三大功能,提出著名的核心区、缓冲区与过渡区三区模式,该模式作为中国自然保护区立法的依据。目前中国有22个生物圈保护区。

(3)森林公园　强调通过保护森林生态系统及其景观为人类提供休憩与旅游的地区。

(4)风景名胜区　具有观赏、文化或科学价值,自然景物、人文景物比较集中,环境优美、具有一定规模和范围,可供人们游览、休息或进行科学、文化活动的地区。

(5)传统文化森林保护地　中国道、佛寺庙通常位于深山密林,并有长期保护培育周围森林的传统,为保存不同地域的典型生态系统与物种多样性起了十分重要的作用。我国农村有数千年保育风水林的传统,风水林在文化上赋予了一些宗教色彩,但从生态角度看它实际上是保护农村聚居点生态环境条件,保护关键集水区,保存了生物资源。这一优良传统对我国自然保护还将起到重要的作用。

（6）天然林保护地　1998 年以来，国家正式启动天然林保护计划，这一类保护地，主要关注森林生态服务功能，尤其强调其涵养水源及水土保持功能。

（7）自然遗产　UNESCO 系统的保护区，以保护著名的自然遗产地为主，保护对象有生态系统、地质遗迹等。

（8）国际湿地　以保护湿地为主的自然保护区，又称为拉姆萨（Ramser）国际湿地，如扎龙、向海、鄱阳湖、东洞庭湖、东寨港、青海湖、香港米浦等。

（9）地质公园　是以保护地质遗迹为主要目的的保护区，如冰川遗迹、火山遗迹、丹霞地貌、溶洞等。

2）自然保护区的分类

为了保护独特的自然景观、生态系统和濒危野生动植物，美国于 1864 年开始设立保护区，并在 1872 年建立了世界上第一个国家公园——黄石公园，环境保护理念深入人心，随后世界各国相继建立保护区。保护区分类系统是保护区进行管理与信息交流的基础，是保护区管理体制的核心，一直受到世界各国保护区工作者的关注。在过去几十年里，世界自然保护联盟（IUCN）一直致力于保护区国际分类系统的研究和应用，并在 1994 年出版的 IUCN《保护区管理类型指南》中将保护区划为 6 个类型（表 9.5）。一些国家还将此分类系统纳入国家的法规之中。联合国国家公园和保护区名录（UN List）也将此分类系统作为统计世界各国保护区数据的标准结构。

表 9.5　1994 年世界自然保护联盟（IUCN）保护区分类系统（王智等，2004）

类　型	名　称	类　型	名　称
类型 I	严格自然保护区/荒野地保护区	类型 III	自然纪念物保护区
类型 I$_a$	严格自然保护区	类型 IV	生境和物种管理保护区
类型 I$_b$	荒野地保护区	类型 V	陆地和海洋景观保护区
类型 II	国家公园	类型 VI	资源管理保护区

注：IUCN 保护区分类系统与中国自然保护的分类标准比较，王智等，2004。

20 世纪 80 年代初期，随着中国自然保护区的发展，自然保护区的分类工作逐步得到有关学者的重视，施光孚、马乃喜、白效明、王献溥等先后研究并提出一些分类方法。薛达元、蒋明康和王献溥（1993）起草了"中国自然保护区类型与级别划分原则"，并被采用作为国家标准（GB/T 14529—93），由国家环境保护总局和国家技术监督局联合发布。该标准根据自然保护区的主要保护对象将自然保护区划分为 3 个类别 9 个类型（表 9.6）。标准对我国自然保护区的发展、规划以及信息统计起到了重要作用。

表 9.6　中国自然保护区类型（GB）划分

类　别	类　型
自然生态系统类	森林生态系统类型 草原与草甸生态系统类型 荒漠生态系统类型 内陆湿地和水域生态系统类型 海洋和海岸生态系统类型
野生生物类	野生动物类型 野生植物类型
自然遗迹类	地质遗迹类型 古生物遗迹类型

注：我国自然保护区数量特征分拆，杨亮亮等，2009。

我国的自然保护区（表 9.7）分布在各个省、自治区、直辖市境内，涵盖了我国需要保护的大部分自然生态区域,代表了我国主要的森林植被类型、湿地类型、野生动植物栖息地类型和自然遗迹,反映了我国自然生态环境的保护现状和野生动植物的生存状况,为我国的自然资源和生态环境以及濒危野生动植物的保护提供了坚实的地域基础。

表9.7 我国不同类型自然保护区数量面积统计表(2007年)

类型	数量		面积		
	总数量/个	占总数比例/%	总面积/万 hm²	占自然保护区总面积比例/%	占国土总面积比例/%
自然生态系统类	1 717	67.84	10 529.18	69.32	10.97
森林生态系统类型	1 314	51.92	3 372.76	22.21	3.51
草原与草甸生态系统类型	45	1.78	316.05	28.0	0.33
荒漠生态系统类型	29	1.15	4 027.45	26.52	4.20
内陆湿地和水域生态系统	261	10.31	2 713.02	17.86	2.83
海洋与海岸生态系统类型	68	2.69	99.91	0.66	0.10
野生生物类	683	26.99	4 483.38	29.52	4.67
野生动物类型	523	20.66	4 220.86	27.79	4.40
野生植物类型	160	6.32	262.52	1.73	0.27
自然遗迹类	131	5.18	175.62	1.16	0.18
古生物遗迹类型	32	1.26	52.58	0.35	0.05
地质遗迹类型	99	3.91	123.04	0.81	0.13
合 计	2 531	100	15 188.18	100	15.82

注:引自杨亮亮等,2009。

3)建立自然保护区的重要意义

自然保护区不仅仅是一个保护生态环境和维系良性生态平衡的主体,而且是一个集多种功能的自然、经济实体。生态学专家一致认为,在我国建立自然保护区有以下几方面的重要意义:

(1)保护生态环境与自然资源 保护生态环境和自然资源是发挥自然保护区多种功能、实现其可持续发展的根本前提和基础,是自然保护区的根本性任务,同时也是衡量自然保护区工作成败的关键性标志。

(2)自然保护区是生物物种的天然贮藏库 在自然保护区内,生物资源丰富,种类齐全,保护好这些区域,对保护好生物物种种源有十分重要的价值。

(3)自然保护区是科学研究的天然实验室 在自然保护区内开展科学的观测和研究,可以解决自然生态资源的有效保护、合理开发和利用等问题。保护区有丰富的动植物资源,为生态学研究及其珍奇物种的繁殖驯化,提供了有利条件。在自然保护区的建设和发展中起到参谋和决策作用。

(4)长期监测生态环境的变化 长期以来,人类的生产活动,大大地改变了生态环境。自然保护区是监测生态环境变化的最佳场所,监测生态环境的变化应是自然保护区的一项重要工作。

（5）开展环境保护意识的教育基地　开展环境保护意识的宣传教育工作的对象不仅包括自然保护区的职工，也包括广大群众。宣传的内容主要包括国家有关政策、法令、条例和自然保护区有关规章制度，以及关于保护各种稀有动植物资源的科普知识等。

（6）合理开发利用自然资源　建立自然保护区的目的并不是为了封闭式的保护，而是在实现有效保护的前提下，合理开发和利用自然资源，实现其可持续发展的最终目标。

（7）自然保护区是观光旅游的理想场所　我国好多自然保护区已经成为广大市民观光旅游的重要场所，有一部分已经成为国家 5A 和 4A 风景区，如河南的天地之中（嵩山少林寺）、洛阳龙门石窟、云台山国家地质公园（焦作）、白云山（洛阳）、鸡冠洞（洛阳）、石人山（鲁山）、开封的清明上河园、宝天曼自然保护区（南阳内乡、西峡）、鸡公山自然保护区（信阳）等。有的是地质地貌类，如鸡冠洞、石人山和云台山；有的是保护生态系统的自然保护区，如宝天曼自然保护区、鸡公山自然保护区；有的是名胜古迹类，如洛阳龙门石窟、天地之中（嵩山少林寺）、开封的清明上河园等。这些旅游景点，每逢节假日，游人如织，一般门票在 100 ~ 120 元，为开发第三产业，促进当地经济的发展起到了重要作用。

9.6　生态平衡

9.6.1　生态平衡的概念

生态平衡问题是整个生物学科所研究的主要问题，生态平衡科学概念的建立是在现代生态学发展过程中提出的。从生态学角度看，平衡就是某个主体与其环境的综合协调。从这种意义上说，生命的各个层次都涉及生态平衡的问题。如种群的稳定不但受自身调节机制所制约，而且也与不同种群及其他因素有关，这是对生态平衡的广义理解。狭义的生态平衡就是指生态系统的平衡，本节所讨论的就是生态系统的平衡。

生态平衡是指生态系统的结构和功能的相对稳定状态。根据中国生态学会 1981 年 11 月召开的关于生态平衡问题学术讨论会的意见：生态平衡是生态系统在一定时间内，结构和功能的相对稳定状态，其物质和能量的输入输出接近相等。在外来干扰下，能通过自我调节（或人为控制）恢复到原初的稳定状态。当外来干扰超越生态系统的自我调节能力，而不能恢复到原初状态时谓之生态失调或生态平衡的破坏。多数学者把生态平衡的概念概括为：在一定时间内，生态系统中生物与环境之间，生物各种群之间，通过能量流动、物质循环、信息传递，达到互相适应、相互协调和统一的状态，处在动态的平衡之中，这种动态的平衡称为生态平衡。

生态平衡是动态的，维持生态平衡不只是保持其原初稳定状态。生态系统在人为的有益影响下，可以建立新的平衡，达到更合理的结构，更高的效能和更好的生态效益。

9.6.2　生态平衡失调的原因

生态系统之所以能够保持动态平衡，关键在于生态系统具有自动调节的能力，这种能力在一定范围内能够保持生态系统自身的稳定性,它有赖于生态系统内部生物种类的多寡以及食物链、食物网、能量流动和物质循环的复杂程度。但是,生态系统内部的这种调节能力也是有一定限度的,如果外来干扰超过了这个限度,生态系统内的营养结构就会遭到破坏,生态系统内部的这种调节能力就会降低乃至消失。

导致生态平衡失调的因素有很多,这些因素按其属性来分,可分为两大类:自然因素和人为因素。自然因素主要是指自然界发生的异常变化或者自然界本来就存在的、对人类对生物有害的因素,如火山爆发、地震、台风、山崩海啸、水旱灾害、流行病等自然灾害。但这类因素常是局部的,出现的频率并不高。

生态平衡失调往往是自然因素和人为因素共同作用的结果,而且通常是人为因素的作用强化了自然因素的作用。人类是生态系统中最活跃、最积极的一个因素。尽管人类常常获得征服自然的胜利,但是在生态平衡遭到破坏的情况下,"对于每一次这样的胜利,自然界都报复了我们。每一次胜利,在第一步都确实取得了我们预期的结果,但是在第二步和第三步都有了完全不同的、出乎预料的影响,常常把第一个结果又取消了"(恩格斯:《自然辩证法》)。在人类改造自然界能力不断提高的当今时代,人为因素对生态平衡的破坏而导致的生态平衡失调是最常见、最主要的。这些影响通常是伴随着人类生产和社会活动产生的。

1)植被的破坏

以黄河中下游的黄土高原为例,历史时期曾是森林茂盛、草原肥美、山清水秀、气候宜人的地方,但是经过几百年的掠夺式的开发,人为的干扰超过了生态系统自动调节能力的极限,因而破坏了该地域生态系统的生态平衡,使得森林被毁,草原缩小,气候反常,成为一片荒山秃岭。由于植被的破坏,这里的水土流失非常严重,大量泥沙被冲进黄河,造成下流河床逐年增高,形成了世界罕见的"悬河"。这是人类活动破坏生态平衡的一个严重教训。

2)食物链的破坏

食物链的破坏往往会导致生态平衡失调。例如,青蛙能消灭大量的农作物害虫,有利于小麦等农作物的正常生长。但是前几年,某些地区由于大肆捕捉青蛙,用来喂养肉鸡,甚至人食青蛙,使得该地区的青蛙几乎濒于灭绝。结果黏虫在麦田里大量繁殖,造成小麦严重减产。这说明大肆捕食青蛙破坏了小麦—黏虫—青蛙这一食物链,引起该地区农田生态平衡失调。

3)环境的污染

工厂排放的废水、废气、废渣等物质,农业上大量使用化肥和有机农药等都会造成环境的污染。这些污染物中往往含有有毒或有害的物质,进入生态系统后,会使动植物中毒,影响动植物的正常发育,甚至使某些动植物死亡,从而使生态系统平衡遭到破坏。例如,很多工厂排放的废气中含有二氧化硫等物质,使得雨水中含有硫酸等酸性物质。当雨中含酸量较高时,便会形成酸雨。酸雨能够影响动植物的生长发育,甚至造成动植物死亡,进而使生态平衡遭到破坏。酸雨进入水体可使湖泊、河流的水体酸化,造成鱼类等水生动物的大量死亡。

在城市生产生活中,生活污水、工业污水的排放,使城市内以及周边的河流受到了较大程度的污染,河流和水域的生态平衡被打破,污染严重的地区甚至出现了水域生态系统的崩溃和毁灭。另外,城市的汽车尾气、烟尘排放、工业废气污染都给大气环境带来了沉重的负担和污染,使大气生态系统遭到了破坏,并且这种现象随着汽车的增多有越演越烈的趋势,因此我们必须高度重视。

4）不顾原有生态系统的平衡盲目引进新物种

在有些地方人们对生态系统的平衡虽然引起了重视,在破坏的同时通过引进新物种方式进行弥补。但是殊不知对于生态系统而言,新引进的物种与原生态系统是否能够共生是一个未知数。通过近些年的研究发现,新引进物种如果选择不当,不但对原生态系统无益,有甚者还会对原有生态系统造成较大的破坏,严重破坏生态平衡。所以,我们要在引进新物种的时候慎之又慎。

9.6.3　生态平衡失调的标志

作用于生态系统的外部压力,可从两个方面来干扰和破坏生态平衡:一是损坏生态系统的结构,导致系统功能降低;二是引起生态系统的功能衰退,导致系统的结构解体。因此,生态平衡失调的标志,可以从结构和功能这两个方面来观察。

1）生态平衡失调的结构标志

(1)结构缺损　结构缺损是指生态系统缺损一个或几个组成成分,使生态平衡破坏,系统崩溃。系统承受巨大的外界压力,导致系统内部变化剧烈。例如大面积的毁林开荒,草原超强度开垦,使原有的生产者从生态系统中消逝;各级消费者也由于栖息地被破坏,食物来源枯竭而被迫转移或消逝;分解者和腐殖质也因水土流失而被雨水或山洪冲走。最后,导致岩石或母质裸露和沙化,生态系统随之崩溃。

(2)结构变化　结构变化是指生态系统某一组成成分的结构发生变化。如生物种类减少,种群数量下降,层片结构变化等,引起生态平衡的失调。

2）生态平衡功能失调的标志

生态系统的基本功能是能量的单向流动和物质的反复循环。当生态平衡失调时,和结构相对应,系统的功能也将衰退。表现在:

(1)能量流动受阻　当外界压力不断强烈干扰生态系统时,例如砍伐森林、过度放牧、频繁割草、污染水域,就会使绿色植物个体数减少,叶面积指数下降,同化面积缩小,进而影响各级消费者获得的能量,使第一性生产力下降,生态平衡失调。

外界压力从两个方面来干扰和破坏生态系统中的食物链:一是改变生态环境,使食物链遭到破坏。例如,水体缩小引起鱼类减少。二是直接捕杀或毒害某一级消费者,使食物链关系消失,生态平衡失调。

(2)物质循环中断　如果物质循环在生产者、消费者和分解者之中的某一环节中断,或者输出量与输入量之间的比例失调,就会破坏生态平衡。例如,在草原生态系统中,植物残落物和家畜排泄物是草原土壤有机质的两大来源。但草原把植物枯枝落叶和家畜粪便作为燃料的现象十分严重。这样长期下去,将导致营养物质循环中断,使土壤肥力下降,植被萎缩,出现生态平衡失调。

9.6.4　生态平衡失调的调节

生态系统平衡失调的调节主要通过系统的反馈机制、抵抗力和恢复力实现。

1) 反馈机制

对于一个开放系统而言,它存在着与外部环境的输入与输出,如果输入一旦停止,系统就会失去其功能。开放系统如果具有调节其功能的反馈机制,该系统就成为控制系统。所谓反馈就是系统的输出变成了决定系统未来功能的输入。一个系统如果其状态能够决定输入,就说明它有反馈机制的存在。生态系统是一个开放系统,它存在着反馈调节的功能。反馈可分为正反馈和负反馈,两者的作用是相反的。正反馈可使系统偏离加剧,因此它不能维持系统的稳定。生物的生长过程中个体越来越大,种群数量的持续增长过程中种群数量不断上升等均属正反馈。正反馈是有机体生长和存活所必需的,但是正反馈不能维持系统的稳定,要使系统维持稳定,只有通过负反馈机制。种群数量的调节中,密度制约作用(如树木的自然稀疏)是负反馈机制的体现。负反馈调节作用的意义就在于通过自身的功能减缓系统的压力以维持系统的稳定。有人把生态系统比作弹簧,它能忍受一定的外来压力,压力一旦解除就能恢复原初的稳定状态。生态系统正是由于具备了这种反馈调节功能,才能在很大程度上克服和消除外来的干扰,保持自身的稳定性。

后备力也与生态系统平衡的调节有关,它是指同一生物群落中具有同样生态功能的物种的数量。在正常情况下,这些物种中只有一个执行着同一功能的主要职能,其他的则显然并不重要或作用不明显,但它们是系统内储存的备件,一旦环境条件发生变化,它们可起到替代作用,从而保证系统结构的相对稳定和功能的正常进行,这些备件的存在实际上是系统反馈环的增加,因此后备力可看作系统反馈机制完善与否的一种结构上的标志。

2) 抵抗力

抵抗力是生态系统抵抗外干扰并维持系统结构和功能原状的能力,是维持生态平衡的重要途径之一。抵抗力与系统发育阶段相关,生态系统发育越成熟,结构越复杂,抵抗外界干扰的能力就越强。如森林生态系统,生物群落垂直层次明显,结构复杂,系统自身储存了大量的物质和能量,因此抵抗干旱和病虫害的能力远远超过单一的农田生态系统。环境容量、自净作用都是系统抵抗力的表现形式。

3) 恢复力

恢复力是指生态系统遭受干扰破坏后,系统恢复到原状的能力。生态系统恢复能力是由生命成分的基本属性决定的,是由生物顽强的生命力和种群世代延续的基本特征所决定的,所以恢复力强的生态系统,生物的生活世代短,结构比较简单,如草原生态系统遭受破坏后恢复速度比森林生态系统快得多。生物成分(主要是初级生产者层次)生活世代长,结构越复杂的生态系统,一旦遭到破坏则长期难以恢复。但就抵抗力而言,两者的情况却完全相反,恢复力越强的生态系统,抵抗力一般比较低,反之亦然。

4) 生物多样性调节机制

生物多样性是生态系统的主要内容,并日益被人们所重视。其中物种多样性和生态系统多样性对生态系统的生存具有重要的作用:可以使生态系统对变化的环境有更多的适应方式;可以保证物种对环境的变化具有连续的适应性;有利于丰富生态系统的资源库;有利于增加生态系统的稳定性。一般说来,具有较多物种的群落,当物种间联结较少时,群落更加趋于稳定;具有较少物种的群落,当物种间联结较多时,群落更加趋于稳定,有利于提高生态系统的可持续性。

生态系统对外界干扰具有调节能力才使之保持了相对的稳定,但是这种自我调节的能力不是无限的,当外来干扰因素(如地震、泥石流、火灾、修建大型工程、排放有毒物质、喷洒大量农药、人为引入并消灭某些生物等)超过一定限度时,生态系统的调节功能本身就会受到损害,从而导致生态平衡失调。显然生态平衡失调就是外来干扰大于生态系统自身调节能力的结果。不使生态系统丧失调节能力或不超过恢复力的外来干扰的最大强度称为生态平衡阈值。阈值的大小与生态系统的类型有关,另外还与外来干扰因素的性质、方式及作用持续时间等因素密切相关。生态平衡的确定是自然生态系统资源开放利用的重要参量,也是人工生态系统规划与管理的理论依据之一。

9.6.5　生态平衡的标志

1)在生态系统中物质与能量输入、输出的相对稳定

生态系统是一个开放的系统,既有物质和能量的输入,也有物质和能量的输出,能量和物质在生态系统中不断进行着开放式交流。生物圈是一个很大的生态系统,对于物质循环来讲是一个相对的封闭系统,如全球水分循环是平衡的;营养元素的循环也是平衡的。人们从不同生态系统中获取能量和物质,增加了系统的输出,应该及时对生态系统给予补偿,只有这样才能使环境资源保持可持续再生产。

2)在生态系统中,生产者、消费者、还原者应构成完整的营养结构

对于一个处于平衡状态下的生态系统来说,生产者、消费者、还原者三者缺一不可,否则食物链就会中断,最后导致生态系统的衰退和破坏。生产者较少或消失,消费者和分解者就没有赖以生存的食物来源,系统就会崩溃。消费者与生产者在长期发展过程中,形成了一种相互依存的关系,如生产者依靠消费者传播种子、果实,没有消费者的生态系统也是一个不稳定的生态系统。分解者完成归还和物质再循环的任务,也是任何生态系统所不可缺少的。

3)生物种类和数量上的相对稳定

生物之间是依靠生物链来维持着自然的协调关系,控制物种间的数量和比例。如果破坏了这种协调关系和比例,就会使某种物种减少,而另外的物种增加,破坏系统的稳定和平衡,就会带来生态灾难。人们大量使用农药,在杀死害虫的同时,也杀死了害虫的天敌,就会使害虫再度猖獗;大量捕杀以鼠类为食的动物,就导致鼠害日趋严重。

4)生态系统之间的相互协调

在一定区域内,一般有多种类型的生态系统,如森林、草地、农田、水域等。在一个区域内能根据自然条件合理配置如森林、草地、农田等生态系统的比例,它们之间就会相互促进;相反,就会对彼此造成不利影响。例如在一个流域内,毁林开荒,就会造成水土流失,肥力减退,并且淤

塞河道,在河道中下游容易形成涝灾。

9.6.6　生态学的基本规律

美国科学家小米勒在研究园林生态学时总结出了生态学的3个基本定律,其内容如下:

生态学第一定律:我们的任何行动都不是孤立的,对自然界的任何侵犯都具有无数的效应,其中许多是不可预料的。这一定律是 G. Hardin 提出来的,可称为多效应原理。生态学第二定律:每一事物无不与其他事物相互联系和相互交融。此定律又称相互联系原理。生态学第三定律:我们所生产的任何物质均不应对地球上自然的生物地球化学循环有任何干扰。此定律可称为勿干扰原理。

认识和掌握生态学的规律,对于维持生态平衡,解决全球所面临的重大资源与环境问题具有重要作用,在工农业生产、工程建设和环境保护等工作中都有重要的指导意义。我国学者把生态学的基本规律归纳为以下几个方面:

1)相互依存与相互制约规律

相互依存与相互制约规律,反映了生物间的协调关系,是构成生物群落的基础。生物间的这种协调关系,主要分为两类:

①普遍的依存与制约关系。普遍的依存与制约亦称"物物相关"规律。有相同生理、生态特性的生物,占据与之相适宜的小生境,构成生物群落或生态系统。系统中同种的生物相互依存、相互制约,异种生物间也存在相互依存与制约的关系;不同群落或系统之间,也同样存在依存与制约关系。这种影响有些是直接的,有些是间接的,如植物间的化感作用等。有些是立即表现出来,有些是经过一段时间才显现出来。例如,在黄土高原上砍伐树木营造梯田,就会造成水土流失,水土流失通过地表径流使大量泥沙进入河流,使河水变黄,导致河流淤塞,造成洪水泛滥,给人类带来灾难。砍伐树木造成水患,填湖造田使环境破坏,湿地和水生生物种类减少,这就是物物相关规律的具体体现。因此,在自然开发、工程建设中必须遵循生态学的基本规律,统筹兼顾,作出全面合理的安排。

②通过"食物"而相互联系与制约的协调关系,亦称"相生相克"规律。具体形式就是食物链与食物网。即每一种生物在食物链或食物网中,都占据一定的位置,并具有特定的作用。各生物种之间相互依赖、彼此制约、协同进化。被食者为捕食者提供生存条件,同时又为捕食者控制;反过来,捕食者又受制于被食者,彼此相生相克,使整个体系(或群落)成为协调的整体。亦即体系中各种生物个体都建立在一定数量的基础上,它们的大小和数量都存在一定的比例关系。生物体间的这种相生相克作用,使生物保持数量上的相对稳定,这是生态平衡的一个重要方面。当人们向一个生物群落(或生态系统)引进其他群落的生物种时,往往会由于该群落缺乏能控制它的物种(天敌)存在,使该种种群暴发起来,从而造成灾害。

2)物质循环转化与再生规律

生态系统中,植物、动物、微生物和非生物成分,借助能量的不停流动,一方面不断地从自然界摄取物质并合成新的物质,另一方面又随时分解为简单的物质,即所谓"再生",这些简单的物质重新被植物所吸收,由此形成永不休止的物质循环。因此要严格防止有毒物质进入生态系统,以免有毒物质经过多次循环后富集到危及人类的程度。至于流经自然生态系统中的能量,通常只能通过系统一次,它沿着食物链转移时,每经过一个营养级,就有大部分能量转化为热散失掉,无法加以回收利用。因此,为了充分利用能量,必须设计出能量利用率高的系统。如在农业生产中,为防止食物链过早中断、过早转入细菌分解,使能量以热的形式散失掉,应该经过适当处理(例如秸秆先作为饲料),使系统能更有效地利用能量。

3)物质输入输出的动态平衡规律

物质输入输出的平衡规律,又称为协调稳定规律。当一个自然生态系统不受人类活动干扰时,生物与环境之间的输入与输出,是相互对立的关系,对生物体进行输入时,环境必然进行输出,反之亦然。生物体一方面从周围环境摄取物质,另一方面又向环境排放物质,以补偿环境的损失。也就是说,对于一个稳定的生态系统,无论对生物、对环境,还是对整个生态系统,物质的输入与输出总是相平衡的。当生物体的输入不足时,例如农田肥料不足,或虽然肥料(营养分)充足,但未能分解植物不能利用,或施肥的时间不当而不能很好地利用,结果作物必然生长不好,产量下降。同样,也存在输入大于输出的情况。例如人工合成的难降解的农药和塑料或重金属元素,生物体吸收的量即使很少,也会产生中毒现象;即使数量极微,暂时看不出影响,但它也会积累并逐渐造成危害。

另外,对环境系统而言,如果营养物质输入过多,环境自身吸收不了,打破了原来的输入输出平衡,就会出现富营养化现象,如果这种情况继续下去,势必毁掉原来的生态系统。

4)相互适应与补偿的协同进化规律

生物与环境之间,存在着作用与反作用的过程。或者说,生物给环境以影响,反过来环境也会影响生物。植物从环境吸收水和营养元素与环境的特点,如土壤的性质、可溶性营养元素的量以及环境可以提供的水量等紧密相关。同时生物以其排泄物和尸体的方式把相当数量的水和营养元素归还给环境,最后获得协同进化的结果。例如最初生长在岩石表面的地衣,由于没有多少土壤可供着"根",当然所得的水和营养元素很少。但是,地衣生长过程中的分泌物和尸体的分解,不但把等量的水和营养元素归还给环境,而且还生成能促进岩石风化的物质,逐渐形成土壤母质,这样,就增加了环境的保水能力,可提供的营养元素也就随之增加,从而为高一级的植物苔藓创造了生长条件。如此下去,以后便逐步出现草本植物、灌木和乔木。生物与环境就是如此反复地相互适应和相互补偿。生物从无到有,从低级向高级发展,而环境也在演变。如果因为某种原因损害了生物与环境相互补偿与适应的关系,例如某种生物过度繁殖,就会因物质供应不足而造成其他生物的饥饿死亡。

5)环境资源的有效极限规律

任何生态系统中作为生物赖以生存的各种环境资源,在质量、数量、空间、时间等方面,都有其一定的限度,不能无限制地供给,因而其生物生产力通常都有一个大致的上限。也正因为如此,每一个生态系统对任何外来干扰都有一定的忍耐极限。当外来干扰超过此极限时,生态系统就会被损伤、破坏,以致瓦解。所以,放牧强度不应超过草场的允许承载量。采伐森林、捕鱼、狩猎和采集药材时不应超过能使各种资源永续利用的产量。保护某一物种时,必须要有它生存、繁殖的充足空间。

6)反馈调节规律

自然生态系统是一个开放的系统,开放系统必须依赖于外界环境的输入,如果输入停止,系统就失去功能。开放系统如果本身具有调节其功能的反馈机制,该系统就成为控制系统。反馈就是指系统的输出可以决定系统的输入;一个系统,如果其状态能够决定输入,就说明它有反馈机制的存在。反馈调节可以分为正反馈和负反馈。负反馈控制可以使系统保持稳定,正反馈可以使偏离加剧。例如,小麦的生长就有一定的规律,在年前有一个分蘖高峰期,一个主茎能产生2～3个分蘖,在越冬期达到每亩40万～60万群体,过了年清明前后是第二次分蘖高峰,每亩可以达到120万群体,到抽穗前大分蘖生长快,能抽穗开花结果,而出现较晚的小分蘖在竞争中处于弱势状态,逐渐死亡,最后每亩成36万穗。从20万基本苗到年前60万,年后120万群体,这种个体的增长叫正反馈,从120万群体到36万穗叫负反馈。正反馈虽然能加剧个体增加,但是不能保持稳定状态,要使系统保持稳定,只有通过负反馈调节。因为生物圈是一个有限的系统,其空间和资源都很有限,所以我们要考虑用负反馈来管理生物圈和资源,使其持久地为人类谋福利。

由于生态系统具有较强的自我调节能力,在一般情况下,生态系统就会保持自身的生态平衡。但是,生态系统的这种调节是有一定限度的,当外来干扰超过一定限度时,如火山爆发、地震、修建大型工程、排放有毒物质、喷洒大量农药、人为引进或消灭大量的生物等,生态系统的自我调节功能就受到破坏,从而引起生态失调,严重时就会发生生态危机。所以我们必须认识到自然界和生物圈是一个高度复杂的具有自动调节能力的生态系统,保持这个系统的结构和功能的相对稳定是人类生存和发展的基础。我们在搞农业生态规划和城市生态园林建设时,必须按照生态学的基本原理进行合理规划,力求做到既有经济效益,又有社会效益和生态效益。在发展城乡经济时,以不污染环境为代价,既要金山银山,又要碧水蓝天。

9.6.7　生态平衡的保持

保持生态平衡,促进人与自然协调,已经成为当代亟待解决的重要课题。人类与自然生态系统的关系是一种平衡和协调发展的关系。人类是受自然约束的生物种,它的生存和繁衍也同样受到自然环境和生物量的限制,受环境的约束。要使人类与自然协调发展,保持生态平衡,人类的一切活动必须遵照生态规律办事,反之,就会受到大自然的惩罚。大量事实证明,人类只有在保持生态平衡的条件下,才能求得更好的生存和发展。

人们对环境的认识和处理,必须用生态学的理论和观点进行分析。环境的保持与改善以及生态平衡的恢复和重建,都要依靠人们对于生态系统的结构和功能的了解,及生态学原理在环境保护中的应用。要做到人与自然协调发展,人类应该努力做到以下几点:

1)大力开展综合利用,实现自然生态平衡

运用生态系统中物质循环的基本规律,在综合开发自然资源时,将生产过程中的废物资源进一步利用。例如,铅厂生产1 t氧化铅便排出0.6～2.0 t赤泥,赤泥不仅占有农田,也污染水体和大气。可以在生产铅的同时兴建水泥厂,利用废物赤泥生产水泥,既防止了环境污染,又充分利用了资源。如河南省平顶山煤矿的煤矸石堆积如山,煤矿开展废物利用,用煤矸石生产水泥和空心砖,把堆积如山的废物重新利用,为建筑业作出了巨大贡献。

2)合理开发利用自然资源,保持生态平衡

人们在开发自然资源时,要遵照生态系统结构与功能相协调的原则,既要保持生态平衡,又

要合理开发自然资源和改造环境,例如,草原要有合理的载畜量,超过了最大的载畜量,草原就会退化;森林要有计划地合理采伐,必须保持森林生态系统平衡的条件下进行,不能滥伐森林,否则就会造成水土流失和环境破坏。在我国福建渔民居住的海域,一般有几个月法定的禁捕时间,就是给鱼类一些产卵和小鱼苗生长的时间,总是大鱼被捕捞,小鱼继续成长,保持鱼类种群在数量上的相对稳定。污染物的排放不能超过环境的自净能力,否则就会造成环境污染,危害生物的生长发育,影响人类的身体健康。

3) 兴建大的工程项目时,必须考虑生态利益

我国在兴建大型工程项目时,必须从全局出发,既要考虑眼前利益,又要考虑长远影响;既要考虑经济效益,又要考虑生态效益,必须维持生态平衡。因为生态平衡是全局性的、长期的、短时间很难消除的。因此,对一些重大工程项目要全面考虑,谨慎行事。在重大项目规划时就要考虑能否造成生态平衡的破坏,尽可能制订相应的预防保护措施。例如,我国葛洲坝长江水利工程,在开始设计时没有考虑到鱼蟹的洄游生殖规律,后经专家建议,采取了人工投放鱼苗、蟹苗,并辅以其他相应措施,才保证了长江流域的渔业生产。我国修建青藏铁路,它是世界上海拔最高的铁路,在藏羚羊经常活动的区域,专门在铁路下设计了长达几公里的弧形通道,有利于藏羚羊横穿铁路取食和繁殖,保证了藏羚羊这个特殊种群的繁殖和发展。

4) 可持续发展中的生态平衡

保持良好的生态平衡,才可能实现人类社会、经济等的可持续发展。可持续发展中的生态平衡,主要应认识和处理好以下几组关系:

(1)个体生态与群体生态协调平衡　群体生态形成良性循环,保持优化有序的群体生态。种群、群落、生态系统和生物圈处于良性互动的平衡状态。

(2)人类生态关系平衡　人口种群动态控制在一个有效的极限值之内,人口数量与质量优化平衡;环境人口容量保持在一定的合理限度之内。

(3)人类生态系统有序、系统结构优化　自然环境、人工环境、社会经济环境能够形成良性系统结构,"社会—经济—自然复合生态系统"以人的行为为主导,自然环境为依托,资源流动为命脉,社会体制为经络。

(4)人类生态系统与自然资源生态关系　处理好人类与矿产资源、能源、土地资源、淡水资源、森林资源等的关系。

(5)科学合理地利用自然资源中的自然物质　利用并保护好不可枯竭的自然资源(恒定的自然资源),科学计划、合理用好可枯竭的自然资源。注意可更新自然资源的不断更新,维持一定的储量;尽可能多地回收、重新利用可回收的不可更新自然资源。

(6)生态农业成为现代农业的主体,使农业生产长期、持续、稳定、协调发展　运用生态工程学,发挥自然生态系统的优点,发展生态农业工程,合理利用各种资源,农、林、牧、副、渔各业都更加有效地生产,为社会的持续发展奠定坚实的基础。

(7)加强环境生物监测,治理环境污染　由于人类的产生与发展所引起的环境变化,也许远远超过了自然规律所允许的范围。因此,十分需要加强生物监测,利用指示生物对环境污染的反应而产生的各种信息,包括群落的变化、种群的变化以及对生物的"三致"(致畸、致变、致癌)危害等信息,及时判断环境污染状况,有效地加以调整与纠正,改善环境质量。

复习思考题

1. 生态系统由哪几个部分构成？
2. 生态系统分为哪些类型？
3. 简述生态系统能量流动规律和物质循环基本规律。
4. 简述城市生态系统的概念、组成与结构。
5. 根据和运用城市生态系统原理分析所在城市生态系统的特点与功能。
6. 结合本地区或学校等区域特征阐述生物多样性的特点。
7. 什么是生物多样性与生物多样性保护？
8. 怎样保护生物多样性？
9. 生物多样性保护对环境保护有何意义？
10. 什么是自然保护区？为什么要设立自然保护区？自然保护区有何作用？怎样保护自然保护区？
11. 简述生态平衡的意义。
12. 简述生态平衡的基本规律。

知识链接——生物圈 2 号与城市生态系统

生物圈一词是 1875 年由奥地利地质学家 EduardSue 提出来的，指地球表面生物及其生存环境的总和。科学家们把生命休养生息的地球称为"生物圈 1 号"。美国一些自称为"太空生物圈冒险家"的学者，出于对太空旅行和人类是否能移居到月球上生活的极大兴趣，于 1984 年始设计并建造了模拟地球情形的"生物圈 2 号"，使它作为一个实验基地去研究地球生态系统；研究生态系统中各因素的相互作用；研究植物、动物，特别是人能否长期生活在里面。还可以获取一些有价值的资料，以便更清楚地了解"生物圈 1 号"——地球。

1）人工模拟的"生物圈 2 号"工程

20 世纪 80 年代末，亚利桑那州的沙漠中出现了一座奇特的建筑。这是一座有 8 层楼高的圆顶密封钢架结构玻璃建筑物，大小相当于 3 个足球场，远远望去像一个巨大的温室。这就是举世闻名的"生物圈 2 号"工程——一个人工建造的模拟地球生态环境的全封闭的实验。

它占地面积 12 000 m^2，高 26 m，容积 141 600 m^3，是一个钢和玻璃结构的巨型建筑，里面有 3 万 t 泥土、700 万立方英尺空气、100 万加仑海水和 20 万加仑淡水。整座建筑划分为 7 个区：人造海洋、沼泽、带瀑布的热带雨林、草原、沙漠、居住和养殖区。有 5 种不同的自然生态环境：热带雨林、海洋、沼泽地、草原和沙漠。

小地球内有 3 800 种动植物，里面设计了不同的生态系统，它们分别由不同的生物群落构成，其中有几个区域大致模仿了几百万年前的地球和现在火星上的一些条件。阳光透过玻璃钢罩，可以使里面的绿色植物进行光合作用，把周围的无机物变成有机物，满足在生物圈里生活的动物和 8 个人的需要，而人和动物的排泄物和植物呼出的二氧化碳，又可以满足植物光合作用的需要。整个系统有 120 台水泵、200 台电动机和 25 台空气处理机，空气、水和垃圾处于循环运动之中，动力来自外面的 3 台发电机。与外面的通信是通过附近一个控制中心相连的电话和计算机进行。里面还装有 2 500 个传感器和一些控制系统,以监测和调节"生物圈 2 号"。

"生物圈 2 号"能源中心有一个很大的天然气发生器,它能产生所需电能 3 倍的能量,来驱动所有系统的工作。另外,还有一个能量紧急恢复系统,以确保能量供应。这个能量中心也通过控制密闭管道中水的冷热来调节"生物圈 2 号"内部的温度。还有 750 个电子探测器,每 3 min 监测一次土壤、大气。

"生物圈 2 号"里的海洋是世界上最大的人工海洋,海水最深处达 25 英尺(1 英尺=0.304 8 米),容量大约有 100 万加仑。它是一个通过技术控制的自我助益的系统,自动调节海水的含盐量、温度和 pH 值,驱动泵使海水持续围绕着珊瑚礁流动而形成海浪。海藻控制着养分和含氧量,一些稀有的海鱼在水中游来游去。

"生物圈 2 号"里 2 000 m² 的热带雨林为生物圈居民提供氧气、食物、纤维和药品。它呈立体布局。有高层的大树、中层的木本植物、低层的灌木和地表的草本植物,植物种类有 300 余种。还通过控制降雨量来保持热带雨林的温度在 23~34 ℃。

1993 年 1 月,经过严格挑选,4 名男科学家和 4 名女科学家进入"生物圈 2 号"。按照预定的计划,他们将在生活两年,为今后人类登陆其他星球建立居住基地进行科学探索,除非身体发生严重意外,否则,在实验结束之前是不能出来的。8 名科学家在里面一边从事科学研究,一边养鸡养鸭,耕种收获,过着完全自给自足的生活。两年中除了提供第一批包括种子在内的物品外,其余的一切都需要他们自己解决。能源,取自太阳能;氧气,由他们种植的植物制造;粮食,靠他们自己在里面种地获得;肉类和蛋白质,取自他们养的鸡、鸭、猪、羊,甚至包括里面的气温和气候,也是由他们来设法控制,并尽可能模拟地球气候。

两年以后的"生物圈 2 号"发生了一些变化,变化内容有以下几个方面:

①上层的温度远远高于预计的数字,而下层的温度又远远低于预计的数字。

②空气中二氧化碳量猛增(340~571 mg/L),氧气量减少(14%~21%),不足以维持人的生存。

③过高的湿度把沙漠变成了绿油油的草地。

④用来吸收二氧化碳的牵牛花疯狂蔓延,覆盖了农田,由于大气变酸不能种植农作物。

⑤25 种脊椎动物有 19 种全部死亡,除了蟑螂、蟋蟀和疯蚁外,其余昆虫全部死亡。

⑥那些靠昆虫传粉延续后代的植物也先后消失,大树摇摇欲坠。

⑦一氧化碳量猛增到 79%,足以减弱人体合成某种维生素的能力,危害大脑健康。

⑧生物圈居民普遍体质减弱,两年来体重从 190 磅降到 150 磅,而且出现多疑症状。

1993 年 9 月 26 日 8 位生物圈居民从"生物圈 2 号"里出来。经过 6 个月过渡期,第二批 5 男 2 女科学家又进入"生物圈 2 号",他们在里面仅居住了 6 个半月就不得不于 1994 年 9 月 17 日出来。自那以后,再也没有人类在"生物圈 2 号"里面居住。

1996 年 1 月 1 日,哥伦比亚大学接管了"生物圈 2 号",哥伦比亚大学专设了"生物圈 2 号"园地,那里有学生公寓、教室、实验室和开放性的试验场所,还设置了"生物圈 2 号"课程。每年都有来自世界各地的大学生在这里接受"生物圈 2 号"专家组的指导,来研究地球整体无限的潜在力。

"生物圈 2 号"也从另一方面告诉人们:在目前现有条件下,人类还无法模拟出类似地球可供人类长期生存的生态环境,地球是人类唯一的家园!

2)杭州市生态系统

(1)地理位置 杭州位于我国东南沿海,地处长江三角洲南翼,浙江省的西北部,钱塘江下游,京杭大运河南端,北距长江三角洲中心城市上海150 km,东临杭州湾,南接绍兴、金华、衢州三市,北邻湖州,是长江三角洲重要的中心城市和中国东南部的交通枢纽,杭州市区中心地理坐标为北纬30°16′,东经120°12′。

(2)生态资源 杭州市地处中北亚热带过渡区,属亚热带季风性气候,四季分明,温和湿润,光照充足,雨量充沛。一年中,随着冬、夏季风逆向转换,天气系统、控制气团和天气状况均会发生明显的季节性变化,形成春多雨、夏湿热、秋气爽、冬干冷的气候特征。杭州市由于地貌类型复杂,地势高低悬殊,光、热、水的地域分配不均,局部地区小气候特色明显。杭州市年平均气温16.2 ℃,夏季平均气温28.6 ℃,冬季平均气温3.8 ℃。无霜期230~260 d。年平均降雨量1 435 mm,平均相对湿度为76%。

(3)水资源 杭州市河流纵横,湖荡密布。水资源量和水力资源丰富,具有航运、发电、灌溉、排水、旅游、淡水养殖。工业生产和生活用水之利,对杭州市经济和社会发展起着重要的作用。古代杭州城内河道纵横交错。由于历史久远及人为因素,市区河道多次变迁,原来的市河、茅山河、里横河等今已湮废,浣纱河、横河等河道在1969—1970年被改建为防空坑道。现存的市区主要河道有中河、东河、贴沙河、古新河、上塘河、备塘河、新开河、沿山河、余杭塘河、西塘河等。杭州市主要水系有钱塘江、东菩溪、京杭运河等,它们分属于钱塘江、太湖两大水系。

(4)植被资源 根据《中国植被》(吴征缢,1980),杭州处于中亚热带常绿阔叶林北部亚地带的浙、皖山丘,是青冈、苦储林、栽培植被区,其东半部属钱塘江下游、太湖平原植被片,西半部属天目山、古田山丘陵山地植被片,平均森林覆盖率为62.8%。植物区系的温带、亚热带东亚区系成分的特征显著。杭州市区有维管束植物1 369种,有184科739属。目前杭州市区共有在册的古树名木2 078株,其中珍稀、濒危树种较多。其中樟树1 062株、南方红豆杉30株、浙江楠14株、金钱松7株、榉树4株、框树两株、浙江润楠两株。杭州市管辖区内有古树名木两万余株。

(5)森林资源 杭州市区植被覆盖良好,最具代表性的是在环绕西湖的山地丘陵区。根据《浙江森林》(《浙江森林》编委会,1993)其森林植被有7个主要类型。

①亚热带针叶林 以马尾松林为主,约占丘陵面积的3/5。

②常绿阔叶林 以马鞍山、大头山坡麓的苦储林为典型,伴有香樟等树种。木荷林、青冈林、米储林、杜英林等也比较常见。

③常绿落叶阔叶混交林 青栲、紫楠、大叶锥粟为主的混交林,青冈为主的混交林,紫楠、枫香混交林,青冈、苦储、麻栎、白栎混交林等比较常见。

④落叶阔叶林 化香、黄连木、麻栎林比较常见,枫香、大叶白纸扇林比较少见。

⑤针阔叶混交林 含常绿阔叶树种的针阔叶混交林中,第一乔木层以马尾松、杉木为主,伴有石栎、木荷等;在落叶阔叶树种的针阔叶混交林中,上层由马尾松、白栎、朴树、化香、梧桐等构成。

⑥竹林 以毛竹为主,分布较普遍。

⑦栽培植物群落 双季稻一年三熟大田广泛分布于水网平原。览桥、彭埠、四季青乡(镇)是杭州市区主要的蔬菜基地。桑园成片集中之地在丁桥与袁浦乡,丁桥、石桥、彭埠、半山等乡

(镇)有种植黄麻的麻地。竹园主要在龙坞、转塘、留下等乡(镇)。

3)中长期生态建设目标

杭州市生态环境质量以"蓝天、碧水、绿色、清静"为要求。杭州对生态城市建设的目标是：2003—2005年为生态市建设启动期;2006—2015年为生态市建设达标期;2016—2020年为生态城市建设深化期;到2025年,把杭州市全面建成生态城市。

4)生态建设

杭州市的生态建设始于2003年2月。杭州市根据各地农业发展的区域条件和比较优势,形成以观光休闲农业为主的城市生态农业圈,以优质高效农业为主的平原生态农业圈,以名、优、特、新农产品为主的山区生态农业圈。依靠科技进步,大力推进设施农业、节水农业、无公害农业和规模型农业、复合型农业。同时,杭州坚持科技创新和机制创新相结合的原则,以信息化促进工业化,用高新技术和先进适用技术改造提升化工、食品和纺织服装等传统产业;推进清洁生产工艺和ISO 14000环境管理体系,发展与生态环境相协调的环保型、都市型工业;实行工业园区生态化改造,建设生态工业示范园区和可持续发展实验区;促进工业布局与自然环境和谐一致。

在产业发展方面,杭州坚持"旅游西进"战略和"生态优先、保护第一"原则,以旅游为龙头,发展现代金融、电子商务、现代物流和商贸、文化教育、生态人居、休闲旅游和信息技术服务等现代服务业。

为改善大气环境质量,保持天空的湛蓝,杭州市实施以天然气、太阳能、水能等为主的多元化清洁能源战略,发展民用和公用燃气事业,改善城市能源结构,降低煤炭消耗比例。大力发展集中供热,加强工业废气和机动车尾气污染防治,全面改善大气环境质量。

杭州市通过截污、引水、生态修复等综合措施,全面改善地表水环境。开展节水工作,推行节水技术,实施中水回用示范工程,提高工业用水效率和重复利用率,实现水资源的优化配置、合理利用、有效保护与安全供给。同时,大力推进生态公益林和水土保持林建设,增强林业生态屏障功能。加强自然保护区、风景名胜区、饮用水源保护区、重要生态功能区和森林公园的保护和建设,同时优化土地利用结构,挖掘土地资源潜力,提高土地生产力,实现土地资源的可持续利用。

5)建设成就

素有人间天堂之称的杭州市,实施"绿色大都市、生态新天堂"战略,在发展生态经济的同时,注重改善生态环境。

1999年末,杭州市城区绿地面积5 711 hm²,绿地率为30.2%,人均公共绿地面积6.02 m²。

2004年末,杭州市城区绿地面积9 855 hm²,城区绿地率32.6%,绿化覆盖率35.9%,人均公共绿地面积8.01 m²。

2008年末,杭州市城区绿地面积129.7 hm²,城区绿地率35.3%,绿化覆盖率38.6%;人均公共绿地面积13.9 m²。

2009年末,杭州市城区绿地面积达137.7 hm²,城区绿地率35.82%,绿化覆盖率39.14%;人均公共绿地面积15 m²(杭州市绿化委员会城区绿化办公室2009年统计数据)。

杭州连续4年荣获美国《福布斯》杂志"中国大陆最佳商业城市排行榜"第一名,连续3年荣获"中国(大陆)最具幸福感城市"第一名,被世界旅游组织和中华人民共和国文化和旅游部授予首届"中国最佳旅游城市"称号,世界银行城市投资环境排行榜"金牌城市",被世界休闲组织评为"东方休闲之都",被国际公园协会授予"国际花园城市"称号。杭州先后获得了"全国绿化先进单位""国家园林城市""中国优秀旅游城市""国家环保模范城市""联合国人居奖"等系列荣誉称号,并于2006年获得"全国绿化模范城市"称号,2009年获得"国家森林城市"称号。

6)杭州城市绿地生态服务功能

由图9.22可见,"十一五"期间杭州市城市绿地生态服务功能的价值量分别为:调节小气候(31.07%)、景观游憩(29.54%)、社会效益(21.70%)、净化大气环境(5.56%)、固土保肥(5.51%)、涵养水源(2.67%)、固碳释氧(2.16%)、保护生物多样性(1.79%)。

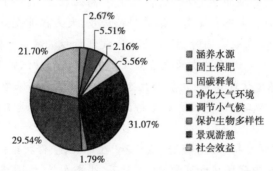

图9.22　"十一五"期间城市绿地生态服务功能价值
(引自武文婷,杭州市城市绿地生态服务功能价值评估研究,2011)

10 园林生态规划与建设

[本章导读]

本章讲述了生态园林城市的概念及特点,生态园林城市与生态城市的关系,生态园林城市的发展历程。从自然生态、经济生态和社会生态三个方面阐述了生态园林城市的内涵及建设生态园林城市的指导原则。生态园林城市的规划、建设的具体内容和方法步骤。我国目前建设生态园林城市存在的问题。

[理论教学目标]

1. 掌握生态园林城市的科学内涵。
2. 了解生态园林城市建设的基本要求和评估指标体系。
3. 生态园林城市建设的步骤和方法。

[技能实训目标]

学会如何运用生态学和景观生态学原理规划建设城市生态绿地。

随着社会和经济的发展,城镇化建设日新月异,城市工业化的快速发展,出现了一系列的环境问题,如空气污染、水质恶化、噪声污染、光化学污染、酸雨现象、城市热岛效应等。为了适应新时期城市发展的需要,改善人类居住环境,在我国全面建成小康社会的过程中,在创建"园林城市"的基础上,2004 年国家建设部提出了创建"生态园林城市"这一阶段性目标,并出台了《建设生态园林城市的号召和评定标准(暂行)》。创建生态园林城市,不仅是满足人民生活水平不断提高的需要,也是落实十八大提出的全面建成小康社会宏伟目标的重要措施。

10.1 园林生态规划

10.1.1 园林生态规划概述

1)园林生态规划的含义

园林生态规划是指运用园林生态学的原理,以区域园林生态系统的整体优化为基本目标,在园林生态分析、综合评价的基础上，建立区域园林生态系统的优化空间结构和模式，最终的目标是建立一个结构合理、功能完善、可持续发展的园林生态系统。与强调大、中尺度的生态要素分析和评价的城市生态规划相比，园林生态规划则以在某个区域生态特征的基础上的园林配置为主要目标，如对城市公园绿地、广场、居住区、道路系统、主题公园、生态公园等的规划。

园林生态规划注重融合生态学及相关交叉学科的研究成果，对城市绿地系统的布局进行深入的分析研究，使建成的城市园林绿地不仅外部形态符合美学规律以及居民日常生活行为的需求，同时其内部和整体结构也符合生态学原理和生物学特性的要求，使城市绿地系统在再现自然、维持生态平衡、保护生物多样性、保证城市功能良性循环等方面发挥重要作用。

2）生态园林城市的概念和功能

（1）生态园林城市的概念　生态园林城市就是要利用环境生态学原理，规划、建设和管理城市，进一步完善城市绿地系统，有效防治和减少城市大气污染、水污染、土壤污染、噪声污染和各种废弃物，实施清洁生产、绿色交通、绿色建筑，促进城市中人与自然的和谐，使环境更加清洁、安全、优美、舒适。生态园林城市不仅仅是指环境优美、洁净，园林绿化好，而且要在园林城市的基础上，利用生态学原理，通过植树造林，扩大森林面积，增加森林资源，保护生物多样性，提高城市的生态功能，突出城市的生态概念，并保证居民对本市的生态环境有较高的满意度。生态园林城市与传统城市相比，不仅具有园林的观赏、美化环境等特点，还具有诸多的生态学特点，将自然美、艺术美和社会美融合在整个生态系统中，它具有集生态、社会、美化为一体的综合功能。

（2）生态园林城市的功能　生态园林城市的功能有以下几个方面：

①调节小气候、维持碳氧平衡。城市污染日益严重，热岛效应越来越明显，建设大量的绿地和生态廊道，可以调节氧气的平衡，改善城市环境。

②衰减噪声，美化市容，提供游憩的空间。生态园林城市是一个生态的城市，体现着生态城市的特点，具备生态城市的功能；林带可以减少噪声，草坪能美化环境，公园为广大市民提供游憩的空间。

③增加经济收入和就业机会。儿童乐园和动、植物园可以增加经济收入，公园、绿地和生态廊道需要有人进行管理，灌水、施肥和修剪都需要大量的人力和物力。

④体现了生态文明和物质文明。生态园林城市是现代化城市建设的必然要求，现代的生态园林城市不仅体现了生态文明和物质文明，也是城市精神文明的体现。

总之，生态园林城市应该具有宜人的生态环境和美好的城市景观，它是一个理性与感性的完美组合，具有"生态城市"的科学因素和"园林城市"的美学感受，赋予人们健康的生活环境和审美意境。

3）生态园林城市的发展历程

为改善城市居住环境，我国在不同阶段对城市建设的要求提出过不同的建设方案和建设目标。主要有卫生城市、文明城市、森林城市、园林城市以及生态园林城市、生态城市等。

（1）国家卫生城市　国家卫生城市是比较早的提法，始于1990年，其对绿化的要求比较低，要求建成区绿化覆盖率≥30%，人均绿地面积≥5 m²，还未提到生态的概念。这一提法使各地从过去重点解决城市普遍存在的"脏、乱、差"等问题，转变到着力加强城市基础设施建设、提高城市环境质量、完善城市管理法规、强化依法治市上来。

（2）国家森林城市　国家森林城市的提法始于2004年,目标是"将森林引入城市,让城市拥抱森林",具体做法是在城市和城市周边种植大量的乔木,让森林的生态效益在城市中也得到发挥,使其达到碳氧平衡,并能起到防尘降噪、净化空气、减低城市热岛效应等诸多功能。目前评出的国家森林城市有7个,贵阳市第一个被评为国家森林城市。

（3）国家园林城市　国家森林城市的提法没有引入园林的概念,实际上人工的纯林并不能充分发挥森林的生态功能,因此,国家又提出了国家园林城市的概念。国家园林城市的提法要比森林城市的提法科学,这是因为园林城市绿化实际上不仅发挥着森林的功能,而且园林的概念更能满足人文美学的需求,满足人们对居住环境园林化的审美要求。目前我国共评出了180个国家级园林城市。

（4）生态园林城市　生态园林城市的提法是2004年在国家园林城市建设的基础上提出的,重点是在园林城市建设的过程和基础上将生态的观念引入其中,让园林城市在绿化和美化居住环境的同时,注重生态的保护以及人类活动能够与自然环境和谐共处,达到人与自然的和谐发展。生态园林城市是园林城市的更高层次。生态园林城市更加注重城市生态功能提升,更加注重物种的多样性、自然资源、人文资源的保护,更加注重城市生态安全保障及城市可持续发展能力,更加注重城市生活品质及人与自然的和谐。生态园林城市的提出是基于人类生态文明的觉醒,它已不是纯自然的生态,而是自然、经济、社会复合共生的城市生态。

（5）生态城市　生态城市是在联合国教科文组织发起的"人与生物圈"计划研究过程中提出的一个概念。生态城市就是要实现城市社会、经济、自然复合生态系统的整体协调,从而达到一种稳定有序状态的演化过程。生态城市是城市生态化发展的结果,是社会和谐、经济高效、生态良好循环的人居环境。生态城市中的"生态"不只是生物学的含义,而是蕴含自然、经济、社会复合生态的综合概念。自然生态化就是环境生态化,表现为发展以保护自然为基础,与环境的承载能力相协调,自然环境及其演进过程得到最大限度的保护,合理利用一切自然资源和保护城市生态系统。经济生态化表现为采用可持续的生产、消费、交通和住区发展模式,实现清洁生产和文明消费,提高资源的再生和综合利用水平。社会生态化表现为人们具有生态意识和环境价值观,生活质量、人口素质及健康水平与社会进步、经济发展相适应,有一个保障人人平等、自由、教育、人权和免受暴力的社会环境。

（6）生态园林城市与园林城市　生态园林城市是在园林城市的基础上建设的,它们有一个共同的目标,就是提高城市绿化水平,加强城市环境保护。但是,与国家园林城市评比中侧重城市的园林绿化指标不同,生态园林城市的评估更注重城市生态环境质量。与园林城市的评比标准相比,生态园林城市的评估增加了衡量一个地区生态保护、生态建设与恢复水平的一些评估指标,如综合物种指数、本地植物指数、建成区道路广场用地中透水面积的比重、城市热岛效应程度、公众对城市生态环境的满意度等指标。

在国家建设部《关于创建"生态园林城市"的实施意见》中明确指出,"申报城市必须是已获得'国家园林城市'称号的城市"。这是因为生态园林城市中包含很多园林城市的评选要求,建设部提出此要求,一方面精简了"国家生态园林城市标准（暂行）"中的基本指标,另一方面说明了生态园林城市是园林城市的高级阶段。

（7）生态园林城市与生态城市　生态园林城市可以看成是生态城市发展的初级阶段。生态园林城市建设的重点在现阶段应当是强调生态型绿化在城市中的应用,简单的理解就是绿色生态建设。这只是解决生态城市中的局部问题,尚不能强调人类经济活动与自然各系统中的平衡,这是由我国尚处于社会主义初级阶段的国情所决定的。随着城市化进程的加快,人类活动与自然的矛盾日益突出。由于经济发展的需要,在一定程度上牺牲了环境利益。在城乡接合部,为了片面追求 GDP 而无序的开发,破坏了原有的生态环境,各种汽车尾气污染,城市热岛效应等这些矛盾表现尤为突出,提出建设生态园林城市的目标,除了注重生态保护外,在一定程度上要对已被破坏的生态环境进行补偿性修复。

在城市园林绿化和自然环境保护方面,"生态园林城市"和"生态城市"基本一致。"生态园林城市"是在以城市园林绿化为主要目标的"园林城市"的基础上建立起来的,因此,无论是在城市建成区的绿地系统规划还是包括城市区域的环境保护规划,都能充分体现出"生态园林城市"的生态性。

在经济生态化和社会生态化方面,"生态园林城市"较"生态城市"还有一定距离。生态城市所包含的生态经济是指节约、高效的集约型循环经济。而生态园林城市只是将这种生态经济循环模式运用在城市环境保护方面,对生态城市中占主要内容的生态产业涉及甚少。生态城市所讲的生态社会,也不像生态园林城市所要求的仅仅停留在城市文化保护、社区功能多样化和居民的参与意识方面,它还包括居民的精神需求,人类健康和社会服务体系等内容。总之,"生态园林城市"已经涉及了生态经济和生态社会方面的内容,为"生态城市"的实现奠定了基础。

4)生态园林城市的科学内涵

国家建设部在发出创建生态园林城市号召的同时,向社会发布了《国家生态园林城市标准》,为全国城市的创建活动提供了理论依据和考核标准。

生态园林城市所强调的生态实际上包含了自然、经济、社会三方面的含义。

(1)生态园林城市对自然生态的要求　自然是城市生态系统中的物质基础,是发挥其生产和还原功能的重要因子,是城市生态系统自净能力的完成者,也是城市物质、能量流动的载体。城市中自然的生态化主要体现在城市绿地的生态建设上。

生态园林城市中的"自然",就是城市园林绿地建设,它包括微观的生态园林和宏观的绿地系统两部分。在《国家生态园林城市标准》中,一般性要求的第二条提到了自然地貌、植被、水系、湿地等生态敏感区域的保护,绿地系统的布局,大气环境、水系环境等。城市生态环境以及城市与区域的协调发展。可以说《国家生态园林城市标准》在自然生态方面对生态园林城市有了很全面的要求。

《国家生态园林城市标准》的基本指标要求部分,对城市生态环境指标提出了具体的量化要求。其中综合物种指数和本地植物指数是对城市生物多样性水平的考核,也是生态园林城市自然环境的具体体现。

城市建成区绿化覆盖率、建成区人均公共绿地、建成区绿地率三项指标,是衡量城市绿化的3 个重要指标,在各种有关城市评价体系中都以这些指标为标准进行评估,对于在宏观上表示一个城市或一个地区的绿化基本状况及水平有积极意义。

(2)生态园林城市对经济生态的要求　生态经济包括植物生产范围和工业生产范围,《国家生态园林城市标准》中这些对环保指标的要求:一方面是对城市绿地植物自净还原功能的考核;另一方面,由于城市的"三废"及噪声污染的主要来源是工业生产,因此这些环保指标要求又是从侧面对工业生产范围内治污能力的考核。可以说,生态园林城市对生态经济提出了要求。

生态园林城市对经济生态方面的内涵主要体现在保护并高效利用一切自然资源与能源。

注重清洁能源(如太阳能、风能、沼气等)的使用和资源的重复循环利用,实现清洁生产和文明消费,特别是要有回收和重复利用水资源。以科学发展观为指导,走新型工业化道路,坚持资源开发与节约并重、把节约放在首位的方针,以节约使用资源和提高资源利用效率为核心,以节能、节水、节材、节地、资源综合利用为重点。

此外,还要形成高效率的经济资源流转系统。该系统以现代化的城市基础设施为支撑骨架,为人流、物流、能流、信息流、资金流等各项经济资源提供高效的流转途径和条件,加速流转速度,减少经济资源在流转过程中的损耗(及因此造成的对城市生态环境的污染)。

在节约资源、保护环境、高效生产的前提下实现经济较快发展,让人民群众喝上干净的水、呼吸清洁的空气、吃上放心的食物,在良好的环境中生产和生活,这是生态园林城市对经济方面的要求。

(3)生态园林城市对社会生态的要求　《国家生态园林城市标准》对生态园林城市的社会生态也提出了一些要求。一般性要求第四条和第五条针对城市基础设施提出了"城市供水、燃气、供热、供电、通信、交通等设施完备、高效、稳定""城市公共卫生设施完善"的要求;第五条提出了"城市具有完备的公园、文化、体育等各种娱乐和休闲场所。住宅小区、社区的建设功能俱全、环境优良"。对城市文化环境方面的要求;第五条和第六条提出了"居民对本市的生态环境有较高的满意度"。"社会各界和普通市民能够积极参与涉及公共利益政策和措施的制定和实施。对城市生态建设、环保措施具有较高的参与度"。这些是体现社会风气的条款;第七条内容是对管理机构科学高效的工作成果的考核。基本指标要求部分,有公众对城市生态环境的满意度、城市基础设施系统完好率、自来水普及率、万人拥有病床数 4 个指标要求,主要是针对城市社会服务保障体系及管理机制提出的量化标准。

但是,《国家生态园林城市标准》对社会生态的要求还比较少,对于居民生态意识和精神健康的要求还不能体现出来。党的十六大明确提出了"全面建成小康社会"的目标,其中一条重要内容就是构建和谐社会。社会生态的目标就是要使社会和谐。社会的和谐包括人与人、人与自然的和谐。其中人与自然的和谐是基础和条件,人与人的和谐才是城市发展的目的和根本性所在。

和谐社会是依赖法律和道德调节社会利益冲突的社会。法律制度是通过民主政治建立的,而道德是建立在民族优秀文化长期积淀基础上的。生态园林城市应该加强对城市文化的建设和考核,把繁荣文化提到应有的高度。巴塞罗那提出:"城市即文化,文化即城市。"很多有名的城市、很多有名的国家,不是因为经济而出名,而是因为文化而出名。文化的辐射力大于经济。儿童可能不知道安徒生的出生地菲英岛,甚至还可能不知道安徒生出生的国家是丹麦,但是不可能不知道安徒生的童话。"言必称希腊",不是说希腊的钢铁、煤炭、粮食、棉花产量如何高产,而是说言必称希腊的亚里士多德、柏拉图、苏格拉底。因此,要强化文化认同,提高城市居民精神生活水平,促进社会和谐。开封在河南省是一个经济比较落后的城市,但全国人民都知道开封,因为开封是七朝古都,千年帝都,全国八大文化古城之一,是河南省的文化名片。在开封老城区包公祠、龙亭、铁塔、北宋古城墙、繁塔、延庆观、翰园碑林、大相国寺、清明上河园等名胜古迹星罗棋布,每到节假日,游人如织。

通过以上对《国家生态园林城市标准(暂行)》的解析,可以认为,生态园林城市作为生态城市的阶段性目标,其内涵是自然生态的全面深入的开展,经济生态中城市生活的环保、节约和高效,社会生态中对基础设施的完善和城市文化的繁荣。

10.1.2　园林生态规划的指导原则

园林生态规划必须按照客观规律办事,既要考虑当地自然资源的实际情况,又要兼顾生态学的原理。在进行生态园林城市规划时,必须坚持以下几个基本原则:

1) 以人为本的原则

城市是人群高度集中的地方,城市是人的生活家园,因此城市生态绿地系统规划首先要符合人性,把人的需求放在第一位,满足人的审美需求对自然生态环境的要求,把园林建成一个小的自然体,让人们在这里面感受到自然的魅力,体会到大自然和人类密不可分的关系,从而实现人与自然的和谐共处。城市建设"以人为本"不仅要求要有良好的自然环境,而且要创造和谐的人文环境,反映一定的文化品位,为广大市民提供一个富有特色的休闲环境,借着共同的自然和乡土事物,促进人和人之间的交流,使城市居民拥有良好的精神生活和融洽的社会氛围。

2) 环境优先的原则

要按照环境保护的要求,在做好城市绿地系统规划时,使城市市区与郊区甚至更大区域形成统一的市域生态体系。确定以环境建设为重点的城市发展战略,优化城市市域发展布局,形成与生态环境协调发展的综合考核指标体系。在城市工程建设、环境综合整治中,从规划、设计、建设到管理,从技术方案选择到材料使用等都要贯彻"生态"的理念,坚持"环境优先"的原则,要开发新技术,大力倡导节约能源、提高资源利用效率。

3) 系统性原则

城市是一个区域中的一部分,城市生态系统也是一个开放的系统,与城市外部其他生态系统必然进行物质、能量、信息的交换。必须用系统的观点从区域环境和区域生态系统的角度考虑城市生态环境问题,制订完整的城市生态发展战略。在规划的基础上,才能建立起环市区周边的绿色屏障和市区内的绿化系统,构筑起市区内成片的绿色园区,使其充分发挥生态效益。规划应以生态学基本原理为指导,以城市绿地系统建设为基础,坚持保护和治理城市水环境、城市市容卫生、城市污染物控制等方面的协调统一。

4) 工程带动的原则

要认真研究和制订工程行动计划,通过切实可行的工程措施,保护、恢复和再造城市的自然环境,要将城市市域范围内的自然植被、江河湖塘、湿地等生态敏感地带的保护和恢复,旧城改造、新区和住宅小区建设,城市河道等水系治理、城市污水、垃圾等污染物治理,水、风、地热等可再生性能源的利用等措施,纳入工程实施。充分扩大城市绿地总量,最大限度地减少污染物排放,以完备的工程方案,保证生态园林城市建设的需求。

5) 坚持因地制宜的原则

我国幅员辽阔,区域经济发展与生态环境状况千差万别,创建"生态园林城市"必须从实际出发,因地制宜进行规划。比如有些城市夏季温度高,需要种植耐热的植物;缺水的城市需要种植耐旱的植物;有工厂污染的城市需要种植抗污染的植物等。建设"生态园林城市"不能急功近利,要根据城市社会经济发展水平的不同阶段,制订切实可行的目标,分阶段实施,促进城经济、社会、环境协调发展。

在建设生态园林城市中要突出地域特色,我国不同城市的区域文化特色各异,比如我国东部与西部、南部与北部、汉族文化区与少数民族文化区各自呈现出多姿多彩的地域文化特色。城市建设要依据本地区特有的自然资源、历史文化,充分利用当地的自然条件,选用具有区域特色的植物品种,构建具有地方特色的生态园林城市。

6)可持续发展的原则

可持续发展的基本思想是要求发展既能满足当代人的需要,又要考虑到为子孙后代造福。这就要求我们对自然资源合理使用、重复使用、循环使用。在规划中尽量合理使用自然资源,力求减少使用能源;对废弃的土地可通过生态修复进行重复利用,对新建的园林景观,对现有的植物资源要尽量再利用,减少浪费;促进园林生态系统资源的循环使用。充分保护不可再生的资源,保护特殊的景观要素和生态系统,如保护湿地景观、自然水体等。

10.1.3　园林生态规划的内容与步骤

1)园林生态规划内容

(1)生态环境调查与资料收集　生态环境调查主要是对规划区域内的自然、社会、人口、经济与环境的资料与数据进行调查收集,充分了解规划区域的生态特征、生态过程、生态潜力与制约因素。主要的方法与手段包括历史资料收集、实地调查、社会调查和3S技术应用等。

生态调查首先要调查生态规划区域的范围。采用1:10 000(较大区域采用1:50 000)地形图为底图,按照一定的原则将规划区域划分为若干个网格,网格一般为1 km×1 km(大小视具体情况而定),每个网格即为生态调查的基本单元。

生态调查的内容包括生态系统调查、生态结构与功能调查、社会经济生态调查和区域特殊保护目标调查等。

①生态系统调查　主要调查动植物(特别是珍稀濒危物种)种类、数量、分布、生活习性、生长、繁殖及迁移行为规律和生态系统类型、特点等。

②生态结构与功能调查　包括形态结构调查、生态流与生态功能调查。形态结构调查的主要内容有景观结构调查,主要是对规划区域内的土地利用结构进行调查与分析;绿化系统结构的调查分析(以城市绿化系统为例),主要包括公区绿地、道路绿地、防护绿地、专用绿地、生产绿地等各种绿地所占的比例,绿化覆盖率及人均公区绿地等;区域内主要群落结构特点及变化趋势调查分析,即区域内重点地区(如重要林区、重要草地、重点保护区)和重点城市的生物地理群落的特点与变化趋势分析。

生态流主要是指生态系统中的物质流、能量流与信息流,目前对制订生态规划有实际意义的是物质流调查分析,特别是水循环与“碳-氧”循环的调查分析。生态系统的功能具体表现为生产功能、生活功能、调节功能和还原功能。

③社会经济生态调查　包括社会生态调查和经济生态调查。社会生态调查主要包括:人口、科技、环境意识和环境道德、环境法制和环境管理等方面的问题。经济生态调查主要有:产业结构调查与分析、能源结构调查与分析、投资结构调查与分析、经济密度及其分布等。

④区域特殊保护目标调查　需重点关注和特殊生态保护目标有:地方性敏感生态目标(如自然景观与风景名胜等)、脆弱生态系统(如热带雨林生态系统等)、生态安全区、重要生境(如受人类影响甚少的荒野地、珊瑚礁、红树林等)等。

(2)生态系统分析和评估　生态系统分析与评估包括生态过程分析、生态潜力分析、生态敏感性分析、环境容量和生态适宜度分析等内容。在具体分析过程中,除对上述调查的内容进行分析外,还要进行生态系统分析、生态环境现状分析、生态破坏的效应分析、生态环境变化趋势分析。

(3)生态功能区划　生态功能区划是进行生态规划的基础,应综合考虑生态要素的现状、问题、发展趋势及生态适宜度,提出工业、农业、生活居住、对外交通、仓储、公建、园林绿化、游乐功能区的综合划分以及大型生态工程布局方案。例如,在城市规划时,根据城市功能性质和环境条件而划分为居民区、商业区、工业区、仓储区、车站及行政中心区等。

生态功能区划应充分考虑各功能区对环境质量的要求及对环境的不同影响。具体操作时,可将土地利用评价图、工业和居住地适宜度等图纸进行叠加和综合分析。生态功能区划必须遵循有利于经济和社会发展、有利于居民生活、有利于生态环境建设3个原则,力求实现经济效益、社会效益、生态效益的统一。

(4)环境区划　环境区划是生态规划的重要组成部分,应从整体出发进行研究,分析不同发展时期环境污染对生态状况的影响,根据各功能区的不同环境目标,按功能区实行分区生态环境质量管理,逐步达到生态规划目标的要求。其主要内容包括:区域环境污染总量控制规划,如大气污染物总量控制规划、水污染物总量控制规划等;环境污染防治规划,如水污染防治规划、大气污染防治规划、环境噪声污染规划、固废物处理与处置规划、重点行业和企业污染防治规划等。

(5)人口容量规划　人类的生产和生活活动对区域及城市生态系统的发展起着决定性作用。因此,在生态规划编制过程中,必须确定近、远期的人口规模,提出人口密度意见,提高人口素质对策和实施人口规划对策。研究内容包括人口分布、规模、自然增长率、机械增长率、男女性别比、人口密度、人口组成、流动人口基本情况等。

(6)产业结构与布局规划　产业结构是指区域或城市产业系统内部各部门(各行业)之间的比例关系,是经济结构的主体,影响着区域或城市生态系统的结构和功能。产业结构的不同比例对环境质量有很大影响。目前,城市产业结构中第一、第二、第三产业的比例,发达国家为1:2:3,而我国大多数城市为1:3:2,特别是我国的一些老重工业城市的第二产业比重,尤其是重化工业比重一直偏高,对环境的压力很大。同时,城市的产业结构还存在生产工艺合理设计的问题,即在功能区(工业区)中要设计合理的"生态工业链",推行清洁生产工艺,促进城市生态系统的良性循环。

合理调整区域及城市的产业布局是改善区域及城市生态结构、防治污染的重要措施。城市的产业布局要符合生态要求,根据风向、风频等自然要素和环境条件的要求,在生态适宜度大的地区设置工业区。各工业区对环境和资源的要求不同,对环境的影响也不一样。在产业布局中,隔离工业一般布置在城市边远的独立地段;严重污染工业布置在城市边缘地带;对那些散发大量有害烟尘和毒性、腐蚀性气体的工业,如钢铁、水泥、炼铝、有色冶金等应布置在最小风频风向上风侧;对那些污水排放量大,污染严重的造纸、石油化工和印染等工业,应避免在地表水和地下水上游建厂。

（7）生态绿地系统规划　生态绿地系统是指区域内的一切人工或自然的植物群体、水体及其具有绿色潜能的空间。城市生态绿地系统对于改善生态环境质量、调节城市小气候和碳-氧平衡、净化空气、减轻污染、保持水土、丰富与美化环境等都具有重要作用。因此，城市生态规划应根据区域的功能、性质、自然环境条件与文化历史传统，制订出城市各类绿地的用地指标，选定各项绿地的用地范围，合理安排整个城市生态绿地系统的结构和布局形式，研究维持城市生态平衡的绿量（绿地覆盖率、人均公共绿地等），合理设计群落结构、选配植物，并进行绿化效益的估算。

制订区域生态绿地系统规划，首先必须了解该区域的绿化现状，对绿地系统的结构、布局和绿化指标作出定性和定量的评价。然后按以下步骤进行生态绿地系统规划：①确定绿地系统规划原则；②选择和合理布局各项绿地，确定其位置、性质、范围和面积；③拟订绿地各项定量指标；④对原绿地系统规划进行调整、充实和改造，并提出绿地分期建设及重要修建项目的实施计划，以及划出需要控制和保留的绿化用地；⑤编制绿地系统规划的图纸及文件；⑥提出重点绿地规划的示意图和规划方案，如需要可提出重点绿地的设计任务书。

（8）资源利用与保护规划　在经济和社会发展过程中，人类对自然资源的掠夺式开发和利用，导致人类面临资源枯竭的危险。因此，生态规划应根据国土规划和区域规划的要求，制订自然资源合理利用与保护的规划。其主要内容包括：水土资源保护规划（包括城镇饮用水源保护规划）；生物多样性保护与自然保护区建设规划；区域风景旅游、名胜古迹、人文景观等重点保护对象，确定其性质、类型和保护级别，提出保护要求，划定保护范围，制订保护措施。

（9）制订区域环境管理规划　主要内容有建立和健全区域环境管理组织机构的规划意见，区域范围环境质量常规监测以及重点污染源动态监测的规划意见，区域实施各项环境管理制度的规划设想，区域环境保护投资规划建议等。

2）园林生态规划步骤

有关园林生态规划步骤目前尚无统一标准。一般可概括为以下8个步骤：

（1）编制规划大纲　接受园林生态规划任务后，应首先明确园林生态规划的目的，确立科学的发展目标（包括生态还原、产业地位和社会文化发展）。为达到园林生态规划的目的，保证规划合理，规划目的和对象明确，在规划之前应做可行性分析。对于不可能实现的园林生态规划任务应主动放弃；对难以实现的任务，应在反复研究、充分论证的基础上考虑重新立项，或改变规划的目的和对象；对于能够实现的任务，要分析背景，提出问题，编制规划大纲。

（2）园林生态环境调查与资料收集　园林生态环境调查是园林生态规划的首要工作，主要是调查收集规划区域的气候、土壤、地形、水文、生物、人文等方面资料，包括对历史资料、现状资料、卫星图片、航片资料、访问当地人获得的资料、实地调查资料等的收集，然后进行初步的统计分析、因子相关分析以及现场核实与图件清绘工作，建立资料数据库。

（3）园林生态系统分析与评估　主要是分析园林生态系统结构与功能状况，辨识生态位势，评估生态系统健康度、可持续度等；提出自然—社会—经济发展的优势、劣势和制约因子。该步骤是园林生态规划的主要内容，为规划提供决策依据。

（4）园林生态环境区划和生态功能区划　主要是对区域空间在结构功能上的类聚和划分，是生态空间规划、产业布局规划、土地利用规划等规划的基础。

（5）规划设计与规划方案的建立　根据区域发展要求和生态规划的目标，在研究区域的生态环境、资源及社会条件的适宜度和承载力范围内，选择最适于区域发展方案的措施。一般分为战略规划和专项规划。

（6）规划方案的分析与决策　根据设计的规划方案，通过风险评估和损益分析等对方案进行可行性分析，同时分析规划区域的执行能力和潜力。

（7）规划的调控体系　建立生态监控系统，从时间、空间、数量、结构、机理等方面监测事、人、物的变化，并及时反馈与决策；建立规划支持保障系统，包括科技支持、资金支持和管理支持系统，从而建立规划的调控体系。

（8）方案的实施与执行　规划完成后由有关部门分别论证实施，并应由政府和市民进行管理和执行。具体的规划编制流程如图 10.1 所示。

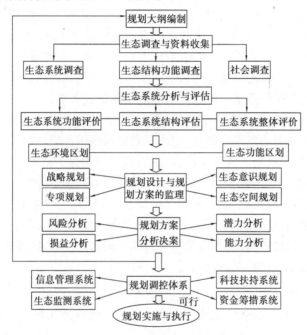

图 10.1　园林生态规划编制流程图

10.2　园林生态设计

10.2.1　现代园林生态设计思想

1）西方现代园林

西方现代园林把生态主义作为园林设计思想的主线而贯穿设计过程的始终，设计过程遵循生态的原则，遵循生命的规律。如反映生物的区域性；顺应当地的自然条件，合理利用土壤、植被和其他自然资源；依靠可再生能源，充分利用日光、自然通风和降水；选用当地的材料，特别注重乡土植物的运用；注重材料的循环使用并利用废弃的材料以减少能源的消耗，减少维护成本；注重生态系统的保护、生物多样性的保护与建立；发挥自然自身的能动性，建立和发展良性循环的生态系统；体现自然元素和自然过程，减少人工的痕迹等。美国、日本、德国是园林设计多样性中的 3 个典型代表。

（1）美国园林设计——自由的天性　美国人对自然的理解是自由活泼，现状的自然景观是其园林设计表达的一部分,自然热烈而充满活力。美国人对自然的渴求已经融入他们的生活和审美之中,他们也追求自然的那份朴实、亲切、神奇而充满活力。所以美国会有黄石国家公园、大峡谷、化石材国家公园、佩恩蒂德沙漠、佛罗里达大沼泽地等。

(2)日本园林设计——提炼的自然　日本的园林景观中对自然的体验和感悟是特殊而丰富的,阴晴雨雪,花香树影皆成风景:阴雨四月,情景模糊,形象含蓄,给观者无限联想的空间;庭院中一束青竹高度参差,疏密有致,细雨淋上,沙沙作响,青翠欲滴,与水珠有节奏的滴落声相应,院落更加宁静空灵。在有限景观的认识理解表达上,透过重重表象,挖掘和提炼了自然精髓,对于景物深刻感悟,加上文化的情结,化平淡为神奇,提炼了自然景观,创造了自然的境界。

(3)德国园林设计——理性的光芒　德国的园林景观设计充满了理性主义的色彩,按各种需求、功能以理性分析、逻辑秩序进行设计,反映出清晰的观念和思考。简洁的几何线、形、体的对比,按照既定的原则推导演绎,它不仅能产生热烈自由随意的景象,而且表现出严格的逻辑,清晰的观念,给人以深沉、内向、静穆的感觉。

2)中国现代园林

中国现代园林设计思想主要体现在城市公园上,其造园特点主要有四:一是南方公园因其得天独厚的自然条件、丰富的水源和种类多样的植物,形成小巧玲珑的自然式公园,与我国古典园林有许多相同之处;二是与历史、文化、古迹相结合,形成了各个公园不同的特色;三是有明确的功能分区;四是建筑主要作为游憩服务之用,不像古典园林那样成为公园的主题。

10.2.2　园林生态设计的原则

1)协调共生原则

协调是指保持园林生态系统中各子系统、各组分、各层次之间相互关系的有序和动态平衡,以保证系统的结构稳定和整体功能的有效发挥。如豆科和禾本科植物、松树与蕨类植物种植在一起能相互协调、促进生长,而松和云杉之间具有对抗性,相互之间产生干扰、竞争、互相排斥。

共生是指不同种生物基于互惠互利关系而共同生活在一起。如豆科植物与根瘤菌的共生,赤杨属植物与放线菌的共生等。这里主要是指园林生态系统中各组分之间的合作共存、互惠互利。园林生态系统的多样性越丰富,其共生的可能性就越大。

2)生态适应原则

生态适应包括生物对园林环境的适应和园林环境对生物的选择两个方面。因地制宜、适地适树是生态适应原则的具体表现。

环境是影响植物分布的重要因素,在环境适宜的热带和亚热带,植物种类繁多;而在寒冷干旱的北方,植物种类较少。因此,环境对植物有选择作用,从而导致植物分布具有明显的区域性。生物只有适应环境才能生存下来。如沙漠里的仙人掌、海水中的红树林、盐碱地里的碱蓬、酸性土中的杜鹃等,都是生物适应环境的典范。城市热岛、城市风、城市环境污染常改变城市园林生态环境,给园林植物的生长发育带来不利影响。因此,在进行园林生态设计时必须考虑这些问题。

对某一特定环境,通常会有一两个因子起主导作用,故考虑生物适应性时应有所侧重。如高山植物长年生活在云雾缭绕的环境中,在引种到低海拔平地时,空气湿度是存活的主导因子,种在树荫下一般较易成活。

乡土植物是经过与当地环境长期的协同进化和自然选择所保留的物种,对当地的气候、土壤等环境条件具有良好的适应性。园林生态设计时,应保护和发展乡土物种,节制引用外来物种,才能形成稳定的植物群落。

3)种群优化原则

生物种群优化包括种类的优化选择和结构的优化设计。

种类选择除了考虑环境生态适应性以外,还应考虑园林生态系统的多功能特点和对人类健康的影响。比如住宅区绿化,应尽可能选择对人体健康无害并有较好的环境生态作用的植物,适当地选用一些杀菌能力强的芳香植物,增强居住区绿地的生态保健功能。不要选择有飞絮、有毒、刺激性大的植物,儿童容易触及的区域尽量不要选择带刺的植物,如花椒、枸橘等。有针对性地选择具有抗污、耐污、滞尘、杀菌能力强的园林植物,可以降低大气环境的污染物浓度,减少空气中有害菌的含量,达到良好的空气净化效果。比如可选择樟树、松树、栾树、椴树、柑橘、榕树、海桐、九里香、大叶黄杨、米兰等作为居住区绿地的绿化树种。

乔、灌、草结合的复层混交群落结构对小气候的调节、减弱噪声、污染物的生物净化均具有最佳效果,同时也为各种鸟类、昆虫、小型哺乳动物提供栖息地。在园林生态环境中,乔木高度在 5 m 以上,林冠盖度在30%以上的类型可视为森林群落。森林具有良好的环境生态效益和经济效益,能较好地协调各种植物、动物和微生物之间的关系,能最大限度地利用各种自然资源,是结构合理、功能健全、稳定性强的复层群落结构,是改善环境的主力军。因此在园林生态系统中,如果没有其他的限制条件,应该优先发展森林群落。

4)经济高效原则

园林生态设计必须强调有效利用有限的土地资源,用最少的投入(人力、物力、财力)来建立健全园林生态系统,满足人民身心健康要求。我国是发展中大国,也是人口大国。土地资源极度紧张,人口压力巨大,人均收入居于世界落后水平。又由于 40 多年经济社会的高速发展,忽视了发展经济与保护环境的辩证关系,乱砍滥伐、侵吞耕地、破坏植被、污染水源的现象频繁出现,不少地方人们的基本生存条件都受到威胁,这样的国情不允许我们设计高投入的园林绿化系统。比如园林中大量设计喷泉、人工瀑布,大规模应用单一草坪和外来物种,大面积种植花坛植物,清除一切杂草等生态工程都有悖于经济高效的原则。

10.2.3　园林生态设计的主要内容

根据国家建设部 2018 年 6 月颁布实施的《城市绿地分类标准》(CJJ/T 85—2017),城市绿地分为 5 大类:公园绿地、防护绿地、广场用地、附属绿地、区域绿地。

1)公园绿地的生态设计

公园绿地是面向公众开放,以游憩为主要功能,兼具生态、美化、防灾等作用的绿地,包括综合公园、社区公园、专类公园、带状公园及街旁绿地。

公园绿地的植物配置要结合当地的自然地理条件、当地的文化和传统等方面进行合理的配置,尽可能使乔、灌、草、花等合理搭配,使其在保证成活的前提下能进行艺术景观的营造,既能发挥良好的生态效益,又能满足人们对景观欣赏、遮阴、防风、森林浴、日光浴等方面的需求。为此,公园绿地植物的时空配置往往要分区进行,并尽可能增加植物种类和群落结构,利用植物形态、颜色、香味的变化,达到季相变化丰富的景观效果。

2)防护绿地的生态设计

防护绿地是城市中具有卫生、隔离和安全防护功能的绿地。包括卫生隔离带、道路防护绿地、城市高压走廊绿带、防风林、城市组团隔离带等,其布局、结构、植物选择一定要有针对性。

比如卫生隔离带的生态设计,对于烟囱排放的污染源,防护林带要布置在点源污染物地面最大浓度出现的地点,而近地面无组织排放的污染源,林带可近距离布置,以把污染物限制在尽可能小的范围内。一般林带越高,过滤、净化、降噪、防尘效果越好。乔、灌、草密植的群落结构降噪效果最为显著,以防尘为目的的林带间隔地带则应大量种植草坪植物,以防降落到地面的尘粒再度被风吹到空中。卫生防护林带的植物一定要选择对有毒气体具有较强抗性和耐性的乡土植物。

3)广场用地的生态设计

广场用地是以游憩、纪念、集会和避险等功能为主的城市公共活动场地。可依据园林生态设计原则,合理选择、搭配苗木生产种类,优化群落结构,提高土地生产力,并适当进行景观营造,美化园圃地。

4)附属绿地的生态设计

附属绿地代码为G_4,是城市建设用地中除绿地之外各类用地中的附属绿化用地,包括居住用地、公共设施用地、工业用地、仓储用地、对外交通用地、道路广场用地、市政设施用地和特殊用地中的绿地,其生态设计一定要坚持因地制宜的原则,针对性要强。

比如工厂区防污绿化,树种的选择必须充分考虑植物的抗污、耐污能力与交换吸收能力以及对不良环境的适应能力。植物群落结构既不能太密集,又不能太稀疏,污染源区要留出一定空间以利于粉尘或有毒气体的扩散稀释,而在其与清洁区域的过渡地带,则应布置厂区内的防护绿地。

5)区域绿地的生态设计

区域绿地是位于城市建设用地之外,具有城乡生态环境及自然资源和文化资源保护、游憩健身、安全防护隔离、物种保护、园林苗木生产等功能的绿地。包括风景名胜区、森林公园、湿地公园、郊野公园、其他风景游憩绿地、生态保育绿地、区域设施防护绿地、生产绿地。

如风景名胜区植物种类的选择首先要与风景名胜区的风格或特色相一致,在此基础上,按照具体需求进行植物种类的选择,应尽可能选用当地的乡土植物种类,以充分发挥其效应。植物配置则要在保护的前提下,按照具体地段和位置进行,以保证自然景观的完整风貌和人文景观的历史风貌,突出自然环境为主导的景观特征。

由此可见,园林生态设计的范畴十分广泛,从公园、附属绿地的生态设计,到生产、防护绿地的生态设计,以及风景名胜区、自然保护区、城市绿化隔离带、湿地、垃圾填埋场恢复绿地的生态设计等均可纳入园林生态规划与设计的范畴。其功能用途不同,生态设计重点也应有所区别。

10.2.4　生态园林城市建设的基本要求和评估指标

1)建设生态园林城市的基本要求

(1)应用生态学与系统学原理来规划建设城市　城市性质、功能、发展目标定位准确,编制了科学的城市绿地系统规划,并纳入了城市总体规划,制订了完整的城市生态发展战略。城市功能协调,符合生态平衡要求;城市发展与布局结构合理,形成了与区域生态系统相协调的城市发展形态和城乡一体化的城镇发展体系。

(2)城市与区域协调发展　城市与区域协调发展,创造良好的市域生态环境,形成完整的城市绿地系统。自然地貌、植被、水系、湿地等生态敏感区域得到有效保护,使绿地分布合理,生物多样性趋于丰富。良好的水系环境和大气环境,有效地降低了城市的热岛效应,不利于形成雾霾天气。

(3)城市人文景观和自然景观和谐融通　继承城市传统文化,保持城市原有的历史风貌,保护历史文化和自然遗产,保持地形地貌、河流水系的自然形态,具有独特的城市人文、自然景观。

(4)城市各项基础设施完善　城市供水、燃气、供热、供电、通信、交通等设施完备、高效、稳定,市民生活工作环境清洁安全,生产、生活污染物得到有效处理。城市交通系统运行高效,开展创建绿色交通示范城市活动,落实优先发展公交政策。城市建筑(包括住宅建设)广泛采用了建筑节能、节水技术,普遍应用了低能耗环保建筑材料。

(5)具有良好的城市生活环境　城市公共卫生设施完善,达到了较高污染控制水平,建立了相应的危机处理机制。市民能够普遍享受健康服务。城市具有完备的公园、文化、体育等各种娱乐和休闲场所。住宅小区、社区的建设功能齐全,环境优良。居民对本市的生态环境有较高的满意度。

(6)社会各界人士积极参与　社会各界人士能够积极参与涉及公共利益政策和措施的制订和实施。对城市生态建设、环保措施具有较高的参与度。

(7)严格执行国家和地方的法律法规　在进行生态园林城市规划时,要严格执行国家和地方生态环境保护方面的法律法规,持续改善生态环境和生活环境。3年内无重大环境污染和生态破坏事件,无重大破坏绿化成果行为,无重大基础设施事故。

2)生态园林城市的评估指标

国家生态园林城市有多项硬指标,其中综合物种指数、本地植物指数、建成区道路、广场用地中透水面积的比重、城市热岛效应程度、环境噪声达标区覆盖率、公众对城市生态环境的满意度、城市基础设施系统完好率、再生水利用率、万人拥有病床数、主次干道平均车速等指标为新增加指标。国家生态园林城市绿化覆盖率(表10.1),绿地率和人均公共绿地指标要求分别为45%,38%和12 m²,城市污水处理率为70%;空气污染指数≤100的天数要不少于300 d(表10.2);城市生活垃圾无害化处理率为90%;自来水普及率和水质合格率都要求达到100%(表10.3)。

表 10.1　城市生态环境指标

序号	指　标	标准值			
1	综合物种指数	≥0.5			
2	本地植物指数	≥0.7			
3	建成区新建、改造的人行道路、城市广场用地中透水面积的比重	≥70%			
4	城市热岛效应程度/℃	大型城市≤3.0 中型城市≤2.5 小型城市≤2.0			
5	建成区绿化覆盖率/%	人口 地域	100 万以上	50 万~100 万	50 万以下
		秦岭淮河以南	41	43	45
		秦岭淮河以北	39	41	43
6	建成区人均公共绿地/m²	秦岭淮河以南	10.5	11	12
		秦岭淮河以北	10	10.5	11.5
7	建成区绿地率/%	秦岭淮河以南	34	36	38
		秦岭淮河以北	32	34	37

表 10.2　城市生活环境指标

序号	指　标	标　准
1	空气污染指数小于等于 100 的天数/年	≥300
2	城市水环境功能区水质达标率/%	100
3	城市管网水水质年综合合格率/%	100
4	区域环境噪声平均值/dB(A)	≤55
5	公众对城市生态园林环境的满意度/%	≥90

表 10.3　城市基础设施指标

序号	指　标	标　准
1	城市道路完好率/%	≥95
2	自来水普及率/%	100,实现 24 h 供水
3	城市污水处理率/%	≥70

续表

序号	指 标	标 准
4	北方城市再生水利用率/%	≥20
	南方城市节约用水量/城市用水总量	分地域考核
5	生活垃圾无害化处理率/%	≥90
6	主干道平峰期平均车速	≥40 km/h

10.3 生态园林城市的构建

生态园林城市是自然—经济—社会复合生态系统,其规划包含了自然、经济、社会等方面的内容,是一项综合性的生态规划。加强城市生态环境建设,为广大人民群众创造一个优美、舒适、健康、方便的生活居住环境是生态园林城市建设的目的,而城市绿地建设是基础,城市绿地建设是生态园林城市建设的必要依托。下面以城市绿地的专项规划为例,将生态学以及景观生态学原理运用到城市自然绿地规划建设中,说明生态园林城市生态绿地的规划方法。

10.3.1 生态学原理的运用

城市绿地建设应运用生态学原理,从群落学的观点出发,建设以乔木为骨架,木本植物为主体,以生物多样性为基础,以地带性植被为特征,以乔、灌、草、藤复层结构为形式,以发挥最大的生态效益为目的的生态园林。

1)依据"生态位"和"互惠共生"理论,做好植物配置

在园林绿地建设中,可以利用不同物种在空间、时间和营养生态位上的差异来合理配置园林植物,形成结构合理、种群稳定的复层群落结构,以利种间相互补充,既充分发挥植物的生态效益,又能形成优美的景观。如杭州植物园的槭树—杜鹃园就是这种配置的范例。槭树树干直立高大,根深叶茂,可吸收群落上层较强的直射光和较深层土壤中的矿物质养分;杜鹃是林下灌木,只吸收林下较弱的反射光和较浅层土壤中的矿物质养分,能够较好地利用槭树林下阴生环境。两类植物在个体大小、根系深浅、养分需求和物候期方面差异较大。按空间、时间和营养生态位分别进行配置,既可避免种间竞争,又可充分利用光和养分等环境资源,保证了群落和景观的稳定性。春天杜鹃花争奇斗艳,夏天槭树与杜鹃乔灌错落有致、绿色葱郁,秋天槭树叶片变红,整个群落配置在不同的季节里都能给人以美的享受。

2)依据"地带性植被"理论,增加乡土植物的运用

生态学中"地带性植被"理论说明每个群落都有一定的分布区,在城市绿化中要多选用分布在本地区的群落植物,即乡土树种。乡土树种是经过长期自然选择留存的植物,反映了区域植被的历史,对本地区各种自然环境条件的适应能力强,易于成活、生长良好、种源多、繁殖快,通常具有较好的适应性,还能体现地方植物特色。乡土树种是构成地方性植物景观

的主角。因此,无论从景观因素还是从生态因素上考虑,绿化树种选择都必须优先应用乡土树种。

3)依据"生态演替"理论,构建稳定的生态植物群落

以往的园林建设中存在一种急功近利的做法,较少考虑物种间的相互作用,随意搭配物种构建园林群落,而且种植密度又大。这样的植物群落经过数年后便会因物种间的相互作用而退化,丧失其特定功能。要保持群落的稳定性就要根据当地植物群落的演替规律,充分考虑群落中物种的相互作用和影响,选择生态位重叠较少的物种进行构建群落,特别是在建群种和优势种的选择上更要如此。同时还要根据物种的生物学特性确定合理的种植密度,以免因密度过大,造成同种间的相互竞争,导致部分植物生长发育不良。

4)依据"物种多样性"理论,营造丰富的园林景观

物种的多样性是植物群落多样性的基础,只有丰富的物种多样性才能形成缤纷多彩的群落景观,满足人们不同的审美要求,丰富城市居民的生活,只有丰富的物种多样性才能构建具有不同生态功能的植物群落,改善城市的生态环境。我国有高等植物 3 万余种,其中有 2 000 多种可用于园林绿化。目前我国常用的木本园林植物有近 700 多种,大多数城市常用的绿化植物只有 150 多种,与自然界成千上万的植物种类相比,绿化种类显得微不足道。近几年来许多野生植物经过驯化以后已经能用于园林绿化。

10.3.2 景观生态学原理的应用

1)景观生态的概念

景观生态是指景观在某一地段上生物群落与环境间的主要的、综合的因果关系。

景观作为视觉美学上的概念,与"风景"同义。景观作为审美对象,是风景诗、风景画及风景园林学科的对象。在地理学上的理解,是将景观作为地球表面气候、土壤、地貌、生物各种成分的综合体,这里景观的概念就很接近于生态系统或生物地理群落等术语。而景观生态学对景观的理解是空间上不同生态系统的聚合。一个景观包括空间上彼此相邻、功能上互相联系、发生上有一定特点的若干个生态系统的聚合。

城市景观指城市所有空间范围,或者说是城市布局的空间结构和外观形态,包括城市区域内各种组成要素的结构组成及外观形态。在城市景观中,人与环境的相互作用关系是核心,城市景观是由若干个以人与环境的相互作用关系为核心的生态系统组成。在城市生态系统中,不能把自然要素与社会要素决然分开,它们是融为一体的。

景观的形成除了气候、地貌、土壤、植被等自然因素外,还有"孤岛效应""生境的破碎化"和"干扰"等人为因素。

由于城市建筑物、公路等的分隔,各个被分割开的绿地就像是漂浮在城市化区域中的一座座"孤岛",生态系统被孤立开来,在景观生态学中,称为孤岛效应。

生境的破碎化是指一个连续的大面积生境变成很多总面积较小的小斑块,是产生孤岛效应的主要原因。破碎化的不利后果是有效生境面积减少、留下的斑块相互之间的距离增加。

干扰是使生态系统、群落或种群的结构遭到破坏,使资源、基质的有效性或使物理环境发生

变化的任何相对离散的事件。我们要高度重视对景观结构的干扰及干扰后的不良后果,采取相应的措施,来保持生态系统的相对稳定。

2) 城市景观要素的基本类型

景观生态理论中按照各种景观要素在景观中的地位和形状,将景观要素划分为斑块、廊道、基质 3 种类型。

(1)斑块　斑块(嵌块体)指在外貌上与周围地区(本底)有所不同的一块非线性地表区域。

城市景观中的斑块,主要指各个呈连续岛状镶嵌分布的不同功能分区。最明显的斑块就是残存的森林植被、公园等,由于植被覆盖好,外观、结构和功能明显不同于周围建筑物密集的其他区域。学校、机关单位、医院、工厂、农贸市场等,也可视为不同规模的功能斑块体。

在城市绿地系统中的斑块,即绿地结构中常说的"点",是指城市中各种景点、园苑、绿地等,具有相对独立的结构关系和相对完整的用地范围。它们相当于被大面积的城市基质包围着的斑块,或称镶嵌在城市基质中的生物岛,有残余斑块,有重新形成的干扰斑块等。

(2)廊道　廊道指与本底有所区别的一条带状土地。它既可能是一条孤立的带,也可能与属于某种植被类型的斑块相连。

城市廊道可以分为两大类:人工廊道和自然廊道。前者是以交通为目的的铁路、公路、街道等,后者包括以交通为主的河流以及以环境效益为主的城市自然植被带等。城市内有些廊道往往具有特殊的功能,如各大城市的商业街,不仅交通繁忙,而且是许多商品的重要集散地。

在城市绿地系统中的廊道,即绿地结构中常说的"线",是指城市中各种风景线、花园路、林荫道、道路绿化、水滨绿带等,具有长形带状和连接沟通的线性功能结构特征。在城市景观生态中的这些"线"作为廊道发挥着重要的生态作用。

(3)基质　基质(本底)指范围广,连接度高并且在景观功能上起着优势作用的景观要素类型。

城市景观中,占主体的组成部分是建筑群体,这是它区别于其他景观之处。人类为了工作、生活之便,建立起各种功能、性质和形状不同的建筑物。这些建筑物出现在城市的有限空间内,构成一幅城市的主体景观。廊道贯穿其间,既把它们分割开来,又把它们联系起来。因此,城市的本底是由街道和街区构成的。

在城市绿地系统中的基质,即绿地结构中常说的"面",是指城市中各单位附属绿地相连接形成的城市绿地基础。城市中的绿地基质是一个孔性较高,连通性较好的网络结构,即人们常说的城市绿网。

3) 运用景观生态学原理规划布局城市绿地系统

城市绿地系统生态功能的发挥主要取决于绿地系统的布局。城市绿地系统布局是指把多种数量、多种性能作用的风景园林绿地,以一定的秩序与规律安排在适当位置,使其自成有机系统,和城市组成一个有机整体。城市绿地系统的合理布局要求着眼于整个城市生态环境,与城市自然地理、城市形态和城市道路等其他用地分布紧密结合,使城市绿地不仅分布于城区和城市四周,而且把自然引入城市之中,以维护城市的生态平衡。要尽量避免仅从构图的美感出发进行"设计",必须充分考虑城市绿地应满足的生态要求,这样才能建造完整的城市生态绿地系统。

从景观生态学的角度来看,绿地系统中的城市公园、植物园、风景区等各类块状绿地形成绿色斑块;而各种花园路、林荫道、水滨绿带、防护林带等为绿色走廊;在一定的区域内,各单位附属绿地相连而成的孔性较高、连通性较好的绿色网络结构,就可以起到本底的作用,从而发挥动态控制能力。这些绿地以点线面的形式分布于城市中,形成科学合理的绿地布局,就能充分发挥其生态功能,还原城市绿色空间。

城市绿地布局一般有点状、环状、放射状、放射环状、网状、楔状、带状、指状(图 10.2)8 种基本形式。不同城市的自然条件、社会条件不同,在绿地布局时可取两种或两种以上基本布局形式组合出新的布局形式,如星座放射状、点网状、环网状、复环状等多种组合布局形式。

城市绿地系统布局除了从人与自然的关系来要求外,更重要的是从改善城市生态系统的功能上考虑。为此,城市绿地系统构建应结合景观生态学原理,遵循以下原则:

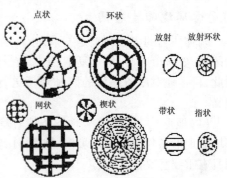

图 10.2　城市绿地布局基本模式

①确保大小斑块结合,实现绿地的均匀分布　从景观生态学角度考虑,生态绿地不仅数量要多,而且要分布均匀,大斑块与小斑块相结合。城市中大型绿地斑块,包括大型公园、大型城市广场、大型生产绿地等,小型绿地斑块包括街头绿地、小游园、居住区附属绿地、单位附属绿地等小型绿地等。建立较大面积的中心绿地可以改善高密度建筑区的热岛效应。而小型绿地斑块不利于物种的生存和物种多样性的保护;但小型绿地斑块占地面积小,分布在城市景观中,有利于提高绿地景观多样性,对物种起到临时栖息地的作用。

实现城市园林绿地的相对均匀分布,可以增加城市的园林植被数量、发挥群体效应、具有良好的生态效益,对避免或缓解局部地区生态环境恶化,改善城市生态环境有重要意义。

②连接城中残遗斑块,丰富城市的生物多样性　许多城市城区目前保留有多个山丘而成为建成环境中的自然残遗斑块,并陆续成为公园绿地。这些绿色斑块像是城市海洋中的孤岛,相互之间缺乏联系,与城外自然丘陵山地也没有结构和功能上的联系。生态系统被孤立将对生物物种和整个生态环境构成严重的威胁,而增加孤立的植被斑块间的连通性,可以大大提高生态系统保护生物多样性的能力。城市绿色通道的主要作用就是连通各个孤立的植被斑块,打破"孤岛效应"。在城市中各种建筑、公路等是造成自然生态系统被割裂的原因。因此,在城市中沿道路、水岸等应种植行道树,形成带状绿地,作为城市中连接各绿地斑块的生态廊道。这样既增加了城市的绿化量,又保护了生物的多样性。

③构建城郊绿色廊道,加强城市与区域的联系　我国许多城市外景观生态格局上缺乏连续性,城区与区域景观未能连接成有机的整体,特别在城市边缘地带。就一个城市整体而言,相对有限的城区绿化,还不能够改善城市的环境质量。城市园林绿化只有实现城郊一体化、大规模构建纵横交错的绿色廊道,才能改善城市的环境质量。因此,在绿地规划中,通过公路交通防护林带网络、湖(河)林网、楔形防护绿化带和行道树,将点、线、面生态廊道连接起来,形成绿色林网,就能充分发挥绿化网络的生态功能和美化功能。

10.3.3 园林生态系统建设的步骤

园林生态系统的建设一般可按照以下几个步骤进行：

1) 园林环境的生态调查

园林环境的生态调查是关系到园林生态系统建设成败的前提。尤其在环境条件比较特殊的区域，如城市中心、地形复杂、土壤质量较差的区域等，这些区域往往会限制园林植物的生存。因此，科学地对准备建设的园林环境进行生态调查，对建立健康的园林生态系统具有重要的意义。

(1) 地形与土壤调查 地形条件的差异会影响其他环境因子的改变。因此，充分了解园林环境的地形条件，如海拔、坡向、坡度、小地形状况、周边影响因子等，对植物类型的设计、整体规划具有重要意义。

土壤调查包括土壤厚度、土壤质地、水分、酸碱性、孔隙度、有机质含量等方面，特别在土壤比较瘠薄的区域，或酸碱性差别较大的土壤类型更应详细调查。在城市地区，要注意土壤堆垫土的调查，对是否需要土壤改良，如何进行改良要拿出合理的方案。

(2) 小气候调查 特殊小气候一般由局部地形或建筑等因素所形成，城市中较常见，要对其温度、湿度、风速、风向、日照状况、污染状况等进行详细调查以确保园林植物的成活、成林、成景。

(3) 人工设施状况调查 对预建设的园林环境范围内，已经建设的或将要建设的各种人工设施进行调查，了解其对园林生态系统造成的影响。如各种地上、地下管网系统的走向、类别、埋藏深度、安全距离等，在具体施工过程中要严格按照各种规章制度进行，避免各种不必要的事件或事故的发生。

2) 园林植物种类的选择与群落设计

(1) 园林植物的选择 园林植物的选择应根据当地的具体状况，因地制宜地选择各种适生的植物类型。一般要以当地的乡土植物种类为主，并在此基础上适当增加各种引种驯化的类型，特别是已在本地经过长期种植，取得较好效果的植物类型。同时，要考虑各种植物之间的相互关系，保证选择的植物不至于出现相克现象。当然，为营造健康的园林生态系统，还要考虑园林动物与微生物的生存环境，选择一些当地小动物比较喜欢栖息的植物或营造其喜欢栖居的植物群落类型。

(2) 园林植物群落的设计 园林植物群落的设计，一方面要强调群落的结构、功能和生态学特性相互结合，保证园林植物群落的合理性；另一方面要注意与当地环境特点和功能需求相适应，突出园林植物群落对特殊区域的服务功能，如工厂周围的园林植物群落要以改善和净化环境为主，应选择耐粗放管理、抗污染、滞尘、防噪的树种，而在居住区范围内应根据居住区内建筑密度高、可绿化面积有限、土质和自然条件差等特点，选择易生长、耐旱、耐湿、耐瘠薄、树冠大、枝叶茂密、易于管理的乡土植物构成群落，同时还要避免选用有刺、有毒、有刺激性的植物等。

3) 种植与养护

园林植物的种植方法可简单分为 3 种：大树搬迁、苗木移植和直接播种。大树搬迁一般是在一些特殊环境下为满足特殊的要求而进行的,该方法虽能起到立竿见影的效果,满足人们欣赏的需求,但绿化费用较为昂贵,技术要求较高且风险较大,一般不宜采用。苗木移植在园林绿化中应用最广,该方法能在较短的时间内形成景观,且苗木抗性较强,生长较快,费用适中。直接播种是在待绿化的地面上直接播种,其优点是可以为各种树木种子提供随机选择生境的机会,一旦出苗就能很快扎根,形成合适根系,可较好地适应当地生境条件,且施工简单,费用低,但成活率较低,生长期长,难以迅速形成景观。因此,对粗放式管理特别是大面积绿化区域使用较多。

养护过程是维持园林景观不断发挥各种效益的基础。园林景观的养护包括适时浇灌、适时修剪、造型、对死亡的树木及时补充更新,及时防治病虫害等。

10.4 我国建设生态园林城市存在的问题

10.4.1 城市绿地面积不足,结构布局不合理

部分城市存在绿地面积不足、结构分布不合理的问题。城市绿地在建设中呈点、块状分布,城区缺少核心的森林作为城市之肺,而绿地之间也缺少足够的廊道连接。而且在绿地面积中,草坪占的比重较大,大乔木等绿色植物下的硬质铺地较多,绿化面积不足。城市的绿化要有宏观上的总体规划,有长期和近期目标,分期分批实施落实。根据城市规模大小,按照比例建设"环带、楔块、廊道、公园、森林"系统和城乡一体化的绿化网络系统,对重点绿化的斑块应加大力度,设置好绿地间的连接廊道以及城市和郊区绿地的连通,为各绿地斑块间生物的联系建立快速通道,以确保城市景观的完整性,充分发挥园林绿化的生态功能。

10.4.2 植物种类单一,生物多样性不够丰富

有些城市在园林建设中,仅追求整齐一致,植物从空间结构上缺乏群落的分层,常常使单纯的草本、灌木或乔木相互孤立地种植,而生态稳定性较强的乔、灌、草本复合结构较少,从而造成了城市绿化的大同小异,缺乏独具特色的植物景观。

在城市中大面积种植草坪也不利于丰富生物的多样性。由单一物种构成的整齐一致的人工草坪,不能为多种不同的生物提供栖息地,更谈不上在其基础上形成结构复杂的食物链。因此,除了特别重要的观赏景点绿化外,在城市中应注重乡土植物的应用,给野草尽可能多的生存空间。

10.4.3 盲目引种,缺乏文化品位

有的省区在生态园林城市建设中为了增加生物的多样性,盲目从外地引种,大量移植外来树种,由于这些树种不太适应本地的气候,加上缺乏技术指导,使大量的名贵树种成活率低,造

成巨大的经济损失。建设生态园林城市,一定要以乡土树种为主,适当引进一些外来树种进行驯化,使之逐渐适应当地的气候条件,保证移栽后的成活率。

在生态园林城市建设中缺乏文化品位,园林绿化没有与当地的历史文化紧密联系。使建设出来的城市都是整齐划一的新兴现代城市,缺乏文化底蕴,甚至有些城市至今还没有建设植物园、博物馆,缺乏对青少年进行生命科学和历史文化教育的基地。

10.4.4 对已建成的园林绿地缺乏管理和保护

管护措施不到位是城市绿化存在的突出问题。绿化不同于建筑和市政工程,绿化工程在竣工验收时还不能确保植物成活,一般要经过两三年以后,才能确定植物是否成活。如直径10 cm 的香樟在郑州地区种植,成活率达不到50%,第一年基本成活,以后每年逐渐死亡。所以,要想巩固和提高绿化成果,园林树木在种植以后要精心养护,保证成活率在100%,才能达到设计要求。只有保证植物成活后生长发育良好,才能发挥良好的生态效益。

复习思考题

1. 简述生态园林城市与园林城市的主要区别。
2. 创建生态园林城市应遵循哪些原则?
3. 简述园林生态规划的内容。
4. 举例说明园林生态规划的主要步骤。
5. 结合生态学原理,简述生态园林的构建应注意哪些问题?
6. 当前生态园林城市建设过程中存在的主要问题有哪些?

知识链接——洛阳市生态园林城市建设

洛阳市是我国著名的历史文化名城,位于河南省西部的黄河南岸,是中国七大古都之一,因地处洛河之阳而得名。现辖1市8县6区,总面积15 230 km²,市区面积803 km²,总人口642万,市区人口2020年超过350万。洛阳东傍嵩岳,西依秦岭,南有伊阙耸立,北有邙山屏障,中有伊、洛、瀍、涧4条河流贯穿其中,拥有丰富的自然和人文资源。洛阳素有"九朝古都"之称,先后有夏、商、东周、东汉、曹魏、西晋、北魏、隋、唐等13个王朝在此建都,100多位帝王在此执政,建都史长达1 529年,建城历史近4 000年,是中国建都最早、历史最长、朝代最多的古都。洛阳在历史上曾先后6次进入世界大城市之列,也曾是闻名世界的丝绸之路的东方起点之一。

洛阳钟灵毓秀,人文荟萃,文化底蕴深厚。道家经典创作于此,儒家经学兴盛于此,佛教佛学发展于此,伊洛理学渊源于此。洛阳现有国家级文物保护单位21处,省级75处。世界文化遗产龙门石窟蜚声中外;周王城车马坑博物馆内的"天子驾六"出土时曾震惊世界;中国三大关庙之首的关林引来众多中华儿女朝圣拜谒。近年来洛阳相继荣获了中国优秀旅游城市、国家园林城市、全国创建文明城市工作先进市、双拥模范城市四连冠、全国综合治理工作先进市、中国十大魅力城市等荣誉称号。

为了满足人民生活水平日益提高的需求,势必要求改善生存环境和提高生活质量。洛阳市是河南省的重工业城市,有拖拉机制造厂、矿山机械厂、四〇七厂、铜加工厂等,而工业的发展带来诸多的环境问题,开始危及人类的生存。为了改善城市环境,城市居民迫切要求建设生态园林城市,来维持城市环境的生态平衡。园林绿化是生态城市的主体,是我国城市建设中的一项重要工作,直接关系到城市的生存环境和城市居民的生活质量。城市环境污染日益严重,人们渴望重返大自然的怀抱,开始"羡慕采菊东篱下,悠悠见南山"的田园生活,如何治理环境污染,除了治理工厂煤炭燃烧、汽车尾气排放以外,建设生态园林城市也是解决环境污染的一条重要途径。

多年来,洛阳市委、市政府始终把"以悠久历史文化为依托,科学技术、文化教育比较发达,现代化气息浓郁和适宜人类居住的山水园林生态城市"作为城市建设的目标,动员全市居民广泛参与,树立落实科学发展观,坚持以人为本,以追求人与自然的和谐发展,改善人民的生活环境,提高城市品位。

1) 生态园林城市的功能和要求

(1) 生态园林城市的功能　生态园林城市必须对城市的土地进行规划绿化,丰富城市生态景观的多样性。园林景观不但能防风固沙、涵养水源、吸附灰尘、杀菌灭菌、降低噪声、吸收有毒物体,调节气候和保护生态平衡、促进居民身心健康方面有一定的自然环保作用;而且在营造优美、舒适的环境方面也有着非凡的艺术效果。单一的景观元素是无法形成怡人的、令人耳目一新的景观效果。在营造过程中经常涉及绿地生态景观、山体景观、水体景观、湿地景观、道路廊道、斑块等景观,使自然生态景观再现于城市景观当中,这样一来就更加有利于丰富城市景观的多样性。而景观的多样性包括了植物群落的多样性、地貌景观的多样性和生物景观的多样性。园林景观艺术提倡生态之园,丰富的植物群落中,较多的植物品种,乔木、灌木和地被植物错落有致,丰富的山体、水体等景观都是动物们喜爱栖息、繁衍的地方,也是城市居民休闲、愉悦的场所。

(2) 生态园林城市的要求　生态园林城市是按生态学原理建立起来的社会、经济、自然协调发展,物质、能量、信息高效利用,生态良性循环的人类聚居地。一个生态城市应拥有优美的生态环境、高效的投资创业环境和良好的人居环境。在这样一个城市里,发展任何产业都必须以不破坏生态平衡为前提,所有的原材料和能源得到最合理、相对最高效率的利用,善待自然、保护环境成为社会公德和人民的自觉行为准则;到处是绿荫草地、青山绿水的城市景观,人的行为与大自然有机结合,相互协调。

要建设生态园林城市,就必须打造优美的生态环境,园林绿化是改善生态环境的一个重要举措。要营造生态城市的绿色景观,就必须进一步提高园林绿地的覆盖率,同时丰富城市的园林景观,加大植树、种草的力度。对洛南新区道路绿化,东、西出入口绿化,老城区道路绿化要统一规划设计,突出各绿化带的主导树(花草)种和特色景观,营造色彩丰富和季节变化明显的复层混交林结构。社区园林景观要强化精品意识,着重丰富园林绿化的文化内涵,特别是在公园和街头绿地中,营造"一园一特色,一路一景观,一街一景点"的绿化新格局,在大、中、小三个层次上建立起来的风景园林绿地系统,不仅可以优化本系统在当地的生态防护、基础设施配套等功能,而且还可以满足人对自然的需求,充分体现人与自然的和谐共处,体现出文化休憩、景观形象的功能以及自然属情、审美情趣和精神文化内涵。

2）建立适应生态城市发展的规划建设管理体系

绿化规划是龙头，是创建园林城市的先导，是园林绿化建设和发展的重要依据。为了避免绿化建设的随意性、盲目性，洛阳市园林局在 20 世纪 90 年代初首先制订了《1991—2000 年洛阳市园林绿化发展规划》，随后下发了《洛阳市大环境绿化规划》。1995 年 5 月，洛阳市园林局又制订了《1994—2010 年洛阳市园林绿化系统规划》。近几年，又先后完成了《王城公园总体规划及景区规划》《龙门东山风景区详细规划》《洛浦公园总体规划及景区规划》《城市出入口绿化规划》等。

编制生态城市建设规划以指导城市建设，使各项城市活动逐步纳入生态城市建设的轨道，并在规划指导下做到有效、有序地完善和提升现行城市经济、社会、环境结构，改善城市的生态服务功能，提高城市各系统再生能力，促进现行的城市结构、城市功能、城市管理和城市运营向生态城市全面转变。建立强有力的生态城市建设协调机制，强化政府机构在政策导向、规划执行和宏观调控方面的作用，探索建立统一、高效、有序、协调的生态规划建设体制和综合管理机制。

3）城市生态绿化的思路和措施

（1）创建生态城市的一体化格局，提高城市生态设计水平　作为城市自然生产力的主体，城市生态绿化应成为城市生态系统的核心。因此，城市生态绿化应贯彻生态优先准则，同时参与城建项目规划和建设的整个过程，而不是工程建设的最后补漏和修饰。应用景观生态学的"基质—廊道—斑块"理论，建设城市生态绿地的绿色网络系统。根据城市不同分区的空间异质性，贯通城市内的绿廊结构，其中绿廊穿越外环绿带、楔形绿地和中心区园林绿地，将城市周边的清洁空气经过森林群落引入城市中，缓解热岛效应，改善空气质量。在城市的生态绿化工作中，我们应注意城市绿地分布的均匀性和合理性。在目前加快城市绿化步伐的过程中，人们比较热衷于城市新区绿地的开辟，忽视了老城区绿化，导致新、老城区绿化建设的"两极分化"，"最需要绿的地方反而最缺乏绿色"。针对此现象，我们应用景观生态学的原理，促使城市公共绿地在新区与市民聚居的中心区、老城区之间得到合理的分布和平衡发展。

（2）提高植物配置水平，体现城市地域人文特色　城市生态绿化的一个重要组成部分是合理的植物配置。首先要求加强地带性植物生态型和变种的筛选和驯化，构造具有乡土特色和城市个性的绿色景观；同时慎重而有计划地引进一些外地特色树种，重点还应以原产于本地的树种为主。

另外，城市绿地景观的规划设计应注意保护中国传统文化，保留城市自然环境、人文资源、民俗风情，改善城市人文环境，创造有地方特色的城市风格。

（3）依据潜在植被理论进行恢复树种规划　城市发展在基础建设和道路建设中几乎不可避免对自然植物群落的破坏。依据潜在植被理论进行恢复被破坏的植物群落系统，其在绿量和生物多样性比自然再生的恢复速度要快。绿化树种规划的基本思路是：一是以当地景观与植被构成为主的乡土群落为复原目的；二是早期形成绿量的速生落叶树种（先驱种）与远期形成景观的常绿树按一定比例配置。

（4）城市绿化向节约型发展　城市绿化向节约型发展，城市绿化必须坚持以节财、节水、节能为手段，以生态环保、改善人居环境为目标，坚持只用对的、少用贵的，多用成本低、适应性强、地域特色明显的乡土树种，选择对周围生态环境最少干扰的绿化模式。这样，才能为城市人民提供最高效的生态保障系统与和谐宜人的游憩场所。

在园林绿化时充分体现生物多样性原则,构建复合植物群落。物种多样性是促进城市绿地自然化的基础,也是提高绿地生态系统功能的前提,所以,生态绿化应恢复和重建城市物种多样性。在城市园林绿化时首先要考虑到落叶树和常绿树的比例,在城市绿化时要因地制宜地把高大乔木、小乔木、灌木、藤本植物、草本植物和地被植物合理搭配,构建复合植物群落,把自然群落和人工群落融为一体,和自然环境一起形成相对稳定的城市生态系统。

近年来,洛阳市坚持政府组织、群众参与、统一规划、因地制宜、讲求实效的原则,实行严格的城市绿化管理制度,科学安排绿化布局,合理划定,切实保证绿化用地,做到片、线、点结合,通过调整和优化城市的用地结构,充分利用原有的人文和自然条件,扩大绿地比例,不断增加绿化面积,恢复生态功能和植物多样性。

4) 自觉保护城市园林绿地

为了改善城市的生态环境,应采取多种措施来保护园林绿化成果:一是加强宣传,通过报刊、广播、电视等多种形式宣传建设生态园林城市的重要意义,教育广大市民树立社会主义道德观,爱护绿地、保护绿化成果人人有责。培养市民的生态价值观和生态伦理观,把保护城市生态环境变成广大市民的自觉行动。二是开展各种活动来保护绿化成果,如开展"大树认养""爱绿护绿""青年林"等活动,收到了良好效果,增加广大市民爱绿护绿的自觉性。三是制订一些保护城市绿化和环境的条例,用违反条例采取处罚措施等来约束人们的行为,逐渐形成爱护环境、保护绿地的社会氛围,营建良好的社会风尚和城市环境。四是加强绿化执法队伍建设,严格执行和城市园林绿化相关的法律法规。

从传统园林发展到生态园林是我国园林发展的总趋势,它要求我们运用现代科学技术,从环境保护学、行为科学、生态学的角度来研究城市大环境绿地规划。建设人与自然和谐共存的生态园林城市是城市发展的理性选择。统筹人与自然协调发展,是一项艰巨而复杂的系统工程,必须坚持以人为本,持之以恒地做好工作,创造更加适宜人们居住的良好环境。面对新世纪新阶段的机遇和挑战,洛阳市应继续坚持以人为本的科学发展观,加强区域间的交流与合作,不断学习和吸收各国和各地区的先进经验,进一步加快洛阳市的生态园林城市建设,实现城市生态系统的良性循环。

11 实验实训指导

实验实训 1 光对植物生态作用的观测

1. 目的

(1)观察了解阳生叶与阴生叶在形态、解剖上的主要差异。

(2)掌握从植物外部形态及生长、生境特点上鉴别园林植物耐阴性的方法。

(3)掌握植物耐阴性在园林植物群落配置中的应用方法。

2. 材料与用具

(1)材料 阴阳叶活体材料4,阴阳叶纵、横、表皮固定切片4(注:数值表示每个实验小组的仪器设备件(台)数或实验材料数,下同)。

(2)用具 显微镜4、螺旋测微器、花秆1、钢卷尺1、围尺1、皮尺1、测高器1、计算器1。

3. 实验原理

1)叶片适光变态

叶片适光变态是指植物叶片所处生境光照条件不同,其形态结构与生理特性上产生的适应光的变异。强光下发育的阳生叶与弱光下发育的阴生叶具有明显的差异,具体见表11.1。

表11.1 阳生叶与阴生叶形态、解剖及生理特性比较

特　征	阳生叶	阴生叶
叶片形态	厚而小	薄而大

续表

特 征	阳生叶	阴生叶
叶片颜色	较浅	较深
角质层	发达	不发达
栅栏组织	较厚或紧密	较薄或稀疏
气孔	较密较小	较稀较大
叶脉	较密	较稀
叶绿素含量	较少	较多
蒸腾作用	较强	较弱
光补偿点、光饱和点	高	低
细胞汁液浓度	++	+
RuBP 羧化酶活性	+++	+
可溶性蛋白含量	++	+

2) 植物耐阴性

植物耐阴性存在着差异,不同植物种类长期适应特定的光照条件,从而产生不同的耐阴性类型,耐阴性弱的阳性植物与耐阴性强的阴性植物在形态、生长、生境及生理等特性上有明显差异(表11.2)。因此,可根据这些差异鉴别不同植物耐阴性程度,以便在园林植物群落配置中选择应用。

表11.2 不同植物耐阴性类型主要差异

特 征		阳性植物	阴性植物
外貌特征	冠形	伞形	圆锥形
	枝叶分布	稀疏、透光度大	浓密、透光度小
	叶型	一般只有阳生叶	有阴阳叶或只有阴生叶
	枝下高	大,自然整枝强	小,自然整枝弱
	相对高(H/D)	较小	较大
生长发育	生长速度	较快	较慢
	开花结实	较早	较晚
	寿命	较短	较长
适生条件		干旱、瘠薄土壤	湿润、肥沃土壤
群落特征	群落内天然更新	少或无	多
	自然稀疏	出现早,强度大	出现晚,强度小或无
生理特征	光补偿点	高	低
	光饱和点	高	低
	叶绿素 a /叶绿素 b	较大(喜直射光,利用红光)	较小(喜散射光,利用蓝紫光)
	可溶性蛋白质含量	较高	较低

注:H 为树高(m),D 为胸径(cm)。

4. CSG-1型视距测高器仪器操作

1）结构

望远镜、指针面表、视距表、指针制动按钮、扳机、准星角规组成并构成一体。另附专用标尺一支。

2）操作（树高、坡度、距离、角度测定）

（1）测坡度与测距

①在被测树干眼高处挂上专用标尺，按指针面表上的标示选择适当的地面距离（10 m，15 m，20 m或30 m）调节目镜和物镜，使视场中的视距和目标影像同时清晰。

②先启动指针按钮，照准树干眼高处（约1.5 m），待指针静止时扣动扳机，在指针面表最下一行上读出坡度。若坡度超过4°，则按视距表换算出在该坡度、该定距的视距读数。

③测距时前进或后退，使视距与换算出的视距读数相符，就是测点至被测树基的水平距离。测距也可不用专用标尺，通过皮尺和测高器分别测出斜距和坡度，查出水平距后以皮尺确定测点位置。

（2）测高　在确定的测点上（10 m，15 m，20 m或30 m），按下启动按钮，将望远镜十字丝中心照准树梢，稍停2~3 s，待指针静止后扣动扳机，在指针秒表相应距离的一栏中读数带上读取数值，再照准树干基部，同样测出另一读数值。眼高在树梢与树基之间时，两读数值相加即为树高；若人在坡下，眼高在树基以下，则树梢读数减去树基读数为树高；若人在坡上，眼高位于树梢之上，树高为树基读数减去树梢读数。

（3）设置角规缺口　在准星上设置了1 cm的角规缺口，可进行样地角规测定。

3）注意事项

①测树高时一定要先确定适宜水平距离的测点，然后在测点上进行测定，并在面表相应距离的读数上读数。

②望远镜照准目标后，应使指针自然下垂，手应避免抖动，静止后才扣扳机。

5. 方法步骤

1）阳生叶与阴生叶形态、解剖结构观察

①观测比较同一树种阳生叶与阴生叶（如海桐、樟树）的叶片形态差异。

②取同一树种的阳生叶和阴生叶（如海桐、樟树）横切片或纵切片，显微观察叶片栅栏组织层数及紧密程度，比较其差异。

③取同一树种的阳生叶和阴生叶（如海桐、樟树）表皮切片，显微观察气孔、叶脉分布特征，比较阳生叶与阴生叶的差异。

④观察阳生叶（如夹竹桃）的角质层等特征，显微观察气孔、叶脉分布特征，比较阳生叶与阴生叶的差异。

⑤所有观察结果填入表11.3中。

表11.3　植物阳生叶、阴生叶形态,解剖结构特征观察记录表

树　种							
叶　型		阳生叶	阴生叶	阳生叶	阴生叶	阳生叶	阴生叶
叶片形态	长度/cm						
	宽度/cm						
	厚度/cm						
叶片颜色							
栅栏组织	层　数						
	密　度						
叶　型		阳生叶	阴生叶	阳生叶	阴生叶	阳生叶	阴生叶
气　孔	相对密度						
	相对大小						
叶脉相对密度							
其他特征							

组别:　　　　　　观测人:　　　　　　　　　时间:

2)植物耐阴性鉴别

(1)在校园选择20种完全展叶的成年植物(包括乔木和灌木),分别按下列指标分级进行观测,结果填入表11.4中。

表11.4　植物耐阴性鉴别调查记载表

种类	冠形	枝叶分布	透光度/%	叶型	枝下高/m	冠高比	相对高	生长速度	开花结实	寿命	生境条件	排序	类型

续表

种类	冠形	枝叶分布	透光度/%	叶型	枝下高/m	冠高比	相对高	生长速度	开花结实	寿命	生境条件	排序	类型

组别：　　　　　观测人：　　　　　时间：

①冠形：伞形、近伞形、近圆锥形、圆锥形。

②枝叶分布：稀疏、较稀疏、较浓密、浓密。

③透光度：枝叶透光面积占树冠面积的百分比。

④叶型：阳生叶—只着生阳生叶；阳、阴—有阳生叶和阴升叶分化；阴生叶—只着生阴生叶。

⑤枝下高（单位为 m）：最下一轮活枝到地面的高度。

⑥冠高比：树冠长度与树高之比。与枝下高结合反映自然整枝强度。

⑦相对高：植物株高（树高，单位为 m）与基径（胸径，单位为 cm）之比。

⑧生长速度：快、较快、较慢、慢。

⑨开花结实：早、较早、较晚。

⑩寿命：短、较短、较长、长。

⑪生境：干旱贫瘠、较干旱贫瘠、较湿润肥沃、湿润肥沃。

（2）综合考虑各观测指标，对 20 种植物的耐阴性按由强到弱的顺序（1,2,3,…,20）排序。

（3）根据各植物的耐阴性顺序，并结合年龄、气候、土壤条件对耐阴性的影响，确定不同植物的耐阴性类型（阳性植物、耐阴植物、阴性植物）。

3）注意问题

（1）复习显微镜的使用方法，注意微调螺旋的使用步骤，保护石蜡切片完好无损。

（2）复习植物叶片解剖构造，了解叶片不同组织的部位与结构特征。

6. 作业

（1）整理表 11.3，并从阴、阳叶对环境因子适应对策上分析其形态、解剖结构产生分化的原因。

（2）整理表 11.4，简要说明不同耐阴性类型的植物在群落配置应用上应注意的问题。

实验实训 2 　光照强度的测定

1. 目的

熟悉测定光照强度所使用的仪器及简单原理;能熟练测定光照强度。

2. 需要的仪器设备

1)测定原理

照度计是测定光照强度(简称照度)的仪器,它是利用光电效应的原理制成的。整个仪器有感光元件(硒光电池)和微电表组成。当光线照射到光电池后,光电池即将光能转换为电能,反映在电流表上。电流的强弱和照射在光电池上的光照强度呈正相关,因此,电流表上测得的电流值经过换算即为光照强度。为了方便,把电流计的数值直接标成照度值,单位是勒克斯。

2)仪器及场所

仪器可选用 ST-80C 数字照度计(图 11.1)。场所可选择水泥面的篮球场、树林内、建筑物前后。

ST-80C 数字照度计由测光探头和读数单元两部分组成,两部分通过电缆用插头和插座联结。读数单元左侧的各按键作用分别为:

"电源":按下此键为电源接通状态,自锁键,再按此键抬起为电源断开状态。

"保持":按下此键为数据保持状态,自锁键,再按此键抬起为数据采样状态。测量时应抬起此键。

"照度":进行照度测量时按下此键(同时注意将"扩展"键抬起),与"扩展"键为互锁键;轻按"扩展"键则此键抬起。

图 11.1　ST-80C 数字照度计

"扩展":根据要求选配件后进行功能扩展。进行扩展功能测量时按下此键,同时注意将"照度"键抬起。"×1""×10""×100"和"×1 000"为四量程按键。

3. 测定方法与步骤

选择露地、林荫下、建筑物前后等场所,按表 11.5 进行操作。

表 11.5 工作程序及操作技术

工作环节	工作程序及操作技术和质量要求
仪器检查准备	①压拉后盖,检查电池是否装好 ②按下"电源""照度"和任一量程键(其余键抬起),然后将大探头的插头插入读数单元的插孔内。完全遮盖探头光敏面,检查读数单元是否为零。不为零时仪器应检修
实地测量	①打开探头护盖,将探头置于待测位置,光敏面向上,根据光的强弱选择适宜的量程按键按下,此时显示窗口显示数字,该数字与量程因子的乘积即为照度值(单位:lx)(注意:"照度"测量键和"功能"扩展键切勿同时按下) ②如果显示窗口的左端只显示"1"表明照度过载,应按下更大因子量程的键测量,或表明在按下量程键前已误将"保持"键先按下了。应再按抬起后才施测。若显示窗口读数≤19.9 lx,则改用更小的量程键,以保证数值更精确 ③如欲将测量数据保持,可按下"保持"键(注意:不能在未按下量程键前按"保持"键)。读完数后应将"保持"键抬起恢复到采样状态 ④测量完毕将电源键抬起(关)。同上测定其他样点照度值
仪器保养	全部测完则抬起所有按键,小心取出探头插头,盖上探头护盖,照度计装盒带回

4. 常见技术问题处理

1)注意事项

(1)测量前必须熟悉使用方法,特别应小心"照度""扩展""保持"键的使用。

(2)电缆线两端严禁拉动而松脱,测点转移时应关闭电源键,盖上探头护盖。

(3)测量时探头应避免人为遮挡等影响,探头应水平放置使光敏面向上。

(4)当液晶显示板左上方出现"LOBAT"字样或"←"时,应更换机内电池。

2)撰写训练报告

用照度计测定不同光环境条件下的光照度,如水泥面的篮球场与树林内、田间与日光温室内,并进行比较,结果填入表 11.6 中。

表 11.6 不同环境条件下光照强度的比较

地 点					
光照强度					

实验实训 3 日照时数的观测

1. 目的

了解日照仪器的构造和原理,学会日照计的安装和使用,掌握日照时数的观测方法。

2. 所需的仪器和用具

乔唐式日照计、日照纸、深色玻璃瓶、脱脂棉、15 W 红色灯泡、红布、铁氰化钾、柠檬酸铁铵。

3. 职业能力训练规程和质量要求

测定日照时数多用乔唐式日照计（又称暗筒式日照计），它是利用太阳光通过仪器上的小孔射入筒内，使涂有感光药剂的日照纸上留下感光迹线长度来判定日照时数。选择露地、林荫下、建筑物前后等场所，按表 11.7 内容进行操作。

表 11.7　工作程序及操作技术

工作内容	操作技术
乔唐式日照计的构造与安装	乔唐式日照计(图 11.2)由金属圆柱筒和支架底座等组成。圆筒的筒口带盖，底端密闭。筒的两侧各有一个进光小孔，两孔前后位置错开，以免上、下午的日影重合。圆筒的上方有一隔光板，把上、下午日光分开。筒口边缘有白色标记线，用来确定筒内日照纸的位置。圆筒下部有固定螺丝松开可调节暗筒的仰角。支架下部有纬度刻度盘和纬度记号线。圆筒内装一金属弹性压纸夹，用以固定日照纸。仪器底座上有 3 个等距离的孔，用以固定仪器 乔唐式日照计应安置在终年从日出到日落都能受到阳光照射的地方。若安装在观测场内，要先稳固地埋好一根柱子，柱顶要安装一块水平而又牢固的台座，把仪器安装在台座上，要求底座水平，筒口对准正北，将底座固定。然后转动筒身使纬度刻度线指示当地纬度值
日照纸涂药	日照记录纸是涂有感光药的日照纸。配制涂药时，按 1:10 配制显影剂铁氰化钾(又称赤血盐$[K_3Fe(CN)_6]$)水溶液；按 3:10 配制感光剂柠檬酸铁铵(又称枸橼酸铁铵$[Fe_3(NH_4)_3(C_6H_5O_7)_3]$)。把两种水溶液分别装入暗色瓶中。应该注意柠檬酸铁铵是感光吸水性较强的药品，要防潮。铁氰化钾是有毒药品，应注意安全，宜放在暗处妥善保管 日照纸涂药应在暗处或夜间弱光下(最好是红光下)进行。涂药前，先用脱脂棉把日照纸表面逐张擦净，使纸吸收均匀；再用蘸有上述两种等量混合的药水的脱脂棉均匀涂在日照纸上。涂药的日照纸应严防感光，可置于暗处阴干后暗藏备用。涂药后应洗净用具，用过的脱脂棉不能再次使用
换纸和整理记录	每天在日落后换纸，即使是全天阴雨，无日照记录，也应照样换下，以备日后查考。筒盖上纸时，注意使纸上 10:00 时线对准筒口的白线，14:00 时线对准筒底的白线；纸上两个圆孔对准两个进光孔，压纸夹交叉处向上，将纸压紧，盖好筒盖。换下的日照纸，应依感光迹线的长短，在其下描画铅笔线。然后，将日照纸放入足量的清水中浸泡 3~5 min 拿出(全天无日照的纸，也应浸漂)；待阴干后，再复验感光迹线与铅笔线是否一致。如感光迹线比铅笔长，则应补上这一段铅笔线，然后按铅笔线计算各时日照时数(每一小格为 0.1 h)，将各时的日照时数相加，即得全日的日照时数。如果全天无日照，日照时数应记 0.0

续表

工作内容	操作技术
检查与维护	首先，每月检查一次仪器的水平、方位、纬度的安置情况，发现问题，及时纠正。其次，日出前应检查日照计的小孔，有无给小虫、尘土等堵塞或被露、霜等遮住

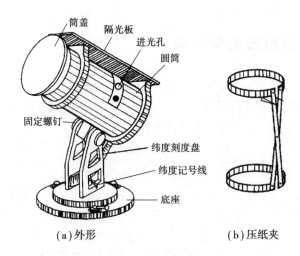

(a)外形　　　　　　　(b)压纸夹

图11.2　乔唐式日照计

4. 常见技术问题处理

(1)进行日照观测并将观测结果记入表11.8。

表11.8　日照时数(小时)观测表　　　　年　　月　　日

时　间	日照时数	时　间	日照时数	时　间	日照时数
4:00—5:00		10:00—11:00		16:00—17:00	
5:00—6:00		11:00—12:00		17:00—18:00	
6:00—7:00		12:00—13:00		18:00—19:00	
7:00—8:00		13:00—14:00		19:00—20:00	
8:00—9:00		14:00—15:00			
9:00—10:00		15:00—16:00			

(2)查算当地某年各月(年)的实照时数、可照时数及日照百分率，并记入表11.9。

表11.9　　年　　(地)日照时数及日照百分率

项　目	月　份											
	1	2	3	4	5	6	7	8	9	10	11	12
实照时数												
可照时数												
日照百分率												

实验实训4　温度环境对植物生态作用的观测

1. 目的

本实验通过对校园及周边地区小生境的大气温、湿度等测定,使学生初步了解和掌握环境中温、湿度的变化及测定方法,常见仪器的使用方法,并通过比较不同小环境温、湿度的变化规律,认识植物生长发育与温度的关系。

2. 仪器工具

水银温度计、通风干湿表、最高温度表、曲管地温表、直管地温表、自动温湿计、洛阳铲、小镐、钢卷尺、气象常用表。

3. 方法步骤

1) 温度测定

在校园内或野外,选个体分布均匀的植物群落样地与邻近无植物空旷样地组队,同时测定两样地的气温、地表温度、地下温度,记入表11.10。

表11.10　温度观测记录

观测日期、时段_____;观测地点_____

环境/群落名称_____;环境/群落名称_____;观测者_____

项　目		观测次数						平　均
各高度气温/℃	H₅ 冠层外							
	H₄ 冠层表面							
	H₃ 冠层深层							
	H₂ 冠层下							
	H₁ 茎干层							
地表温度/℃	即时							
	最高							
	最低							

续表

项　目		观测次数					平　均
各深度(cm)地下温度/℃	D_1 5						
	D_2 10						
	D_3 15						
	D_4 20						
	D_5 40						
	D_6 80						
	D_7 160						

2)湿度测定

在校园内或野外,选个体分布均匀的植物群落样地与邻近无植物空旷样地组队,同时测定两样地的气压、干球温度、湿球温度,记入表 11.11、表 11.12。

表 11.11　湿度观测记录

观测日期、时段＿＿＿＿＿＿＿;观测地点＿＿＿＿＿＿＿

环境/群落名称＿＿＿＿＿＿;环境/群落名称＿＿＿＿＿＿;观测者＿＿＿＿＿＿

项　目	气压 p/kPa							干球温度 t/℃							湿球温度 t/℃						
	1	2	3	4	5	6	平均	1	2	3	4	5	6	平均	1	2	3	4	5	6	平均
H_5 冠层外																					
H_4 冠层表面																					
H_3 冠层深层																					
H_2 冠层下																					
H_1 茎干层																					
H_0 地面																					

表 11.12　湿度查算记录

观测日期、时段＿＿＿＿＿＿＿;观测地点＿＿＿＿＿＿＿

环境/群落名称＿＿＿＿＿＿;环境/群落名称＿＿＿＿＿＿;观测者＿＿＿＿＿＿

项　目	绝对湿度 e							相对湿度 r							饱和差 d						
	1	2	3	4	5	6	平均	1	2	3	4	5	6	平均	1	2	3	4	5	6	平均
H_5 冠层外																					
H_4 冠层表面																					
H_3 冠层深层																					
H_2 冠层下																					
H_1 茎干层																					
H_0 地面																					

4. 思考题与作业

　　(1)描述样地的温度状况,绘制温度—高度变化曲线,比较两样地温度曲线差异,说明差异形成的原因。
　　(2)描述样地的湿度状况,绘制湿度—高度变化曲线,比较两样地湿度曲线差异,说明差异形成的原因。
　　(3)如何动态研究样地温度、相对湿度?

附1: 通风干湿表

1)通风干湿表工作原理

　　通风干湿表的水银温度计球都装在双层金属套管内,可避免因太阳直接辐射产生的测量误差,通风干湿表上端安装的以弹簧发条驱动的风扇,吹动空气沿通风导管下行,从下端进入双层金属套管,以2 m/s的速度流过温度计球部,从上端离开双层金属套管,沿通气导管上行至风扇侧面排除,因此,其测量的是空气的温度。

2)通风干湿表的使用

　　通风干湿表应水平悬挂,以使所测温度为温度计球所处高度的气温,如测量的空间尺度较大,通风干湿表垂直悬挂即可。

附2: 曲管地温计、直管地温计

1)曲管地温计

　　曲管地温计是具有乳白玻璃插入式温标的水银温度计。曲管地温计在近球部弯曲成135°的角。温度计下部的毛细管与玻璃套管之间充满棉花或草灰,可以避免套管上部和下部的空气对流,即可消除地上环境对低温测量的影响。
　　一套曲管地温计包括4支不同长度的曲管温度计,供测定5,10,15,20 cm深的土壤温度。
　　曲管地温计的使用:东浅西深间距10 cm排列,温度计球部朝北。地上部分应支撑稳定。随时直接从温度计杆上读取数据。

2)直管地温计

　　直管地温计是由鞘筒、套管温度计两部分组成。鞘筒为铁管,也可以是下端为铁管或铜管的硬胶管,鞘筒有铜帽。套管温度计是装在特制铜管中的水银温度计,温度计球部与铜套管间充满铜屑,铜套管用链子与鞘筒帽连接,套管温度计略短于鞘筒。
　　一套直管温度计包括4~8支不用长度的直管温度计,供测定20,40,60,80,120,160,240,

320 cm 深土壤的温度。

直管地温计的使用:西浅东深间距 50 cm 排列,用洛阳铲打好准确深度的垂直孔洞,插入直管温度计,使鞘筒下端紧贴土壤。限 30 s 内完成从鞘筒中抽出套管温度计读取数据的操作。

附3: 自记温湿度计

自记温湿度计有机械记纹鼓式和数字显示式两类。机械记纹鼓式可将环境气压和温度连续变化记录在记纹纸上,从记纹纸的曲线上可查出相应时点的气压和温度;低档的数字显示式自记温湿度计只能实时显示气压和温室,高档的自记温湿度计还具有储存或打印环境气压和温度连续变化情况的功能。

实验实训5 植物春化现象的观察

1. 目的

掌握春化现象观测的方法和原理,理解春化作用的内涵,了解春化现象研究在生产实践中意义。

2. 材料用具

1)材料
冬小麦种子。

2)用具
冰箱 1 台;解剖镜 1 台;镊子 1 把;解剖针 1 支;载玻片 2 片;培养皿 5 套。

3. 方法步骤

(1)选取一定数量的冬小麦种子(最好用强冬性品种和半冬性品种),分别于播种前 50,40,30,20,10 d 吸水萌动,置培养皿内,放在 0~5 ℃ 的冰箱中进行春化处理。

(2)于春季(约在 3 月下旬或 4 月上旬)从冰箱中取出经不同天数处理的小麦种子和未经低温处理但使其萌动的种子,同时播种于花盆或实验地中。

(3)麦苗生长期间,对各处理肥水管理条件要一致,随时观察植株生长情况。当春化处理天数最多的麦苗出现拔节时,在各处理中分别取一株麦苗,用解剖针剥出生长锥,并将其切下,放在载玻片上,加 1 滴水,然后在解剖镜下观察,并作简图。比较不同处理的生长锥有何区别。

(4)继续观察植株生长情况,直到处理天数最多的麦株开花时,将观察情况记入表11.13。

表11.13 植株生长情况记载表

品种名称: 　　　　春化温度: 　　　　　　播种时间:

观察日期	春化天数及植株生育情况记载					
	50	40	30	20	10	未春化

4. 思考与作业

(1)按要求撰写实验报告,准确记录观测表。

(2)根据你的观察,强冬性品种和半冬性品种通过春化的时间和对低温的要求有何区别?

实验实训 6 园林植物物候期的观察

1. 实训目的

掌握园林植物物候期的观察方法,观察记载园林地上植物器官的生长发育进程。

2. 实验所需材料

不同时期发芽、开花的多种园林植物,最好是在公园和植物园进行观测。记录本和观察登记表,铅笔,橡皮等。

3. 实训内容

(1)园林植物物候期观察要点 一般落叶树可划分为生长期和休眠期,而物候期的观察着重观察生长期的变化。其观察记载的主要内容有:芽萌、展叶、开花、果实成熟、落叶等。一般只抓住几个关键时期。当然,具体到个别树种,物候期还可能会有各种不同的记载方法,甚至在每个物候内亦根据试验要求,分出更细微的物候期。观察时各树种间物候期的划分界线要明确,标准要统一。

①叶芽的观察　可选营养枝的顶芽或侧芽作为观察对象。芽萌动期:芽开始膨大,鳞片已松动露白。开绽期:露出幼叶,鳞片开始脱落。

②叶的观察　展叶期:全树萌发的叶芽中有25%的芽的第一片叶展开。叶幕出现期:如梨的成年树,花后,短枝叶丛开始展开,初期叶幕形成。叶片生长期:从展叶后到停止生长的期间,要定树、定枝、定期观察。叶片变色期:秋季正常生长的植株叶片变黄或变红。落叶期:全树有5%的叶片正常脱落为落叶始期,25%叶片脱落为落叶盛期,95%叶片脱落为落叶终期。最后计算从芽萌动期到落叶终止为果树的生长期。

③花芽的观察　从芽萌动期到开绽期基本上与叶芽相似。园林植物花芽物候期观察时还应详细观察几个时期。花序露出期:花芽裂开后现出花蕾。花序伸长期:花序伸长,花梗加长。花蕾分离期:鳞片脱落,花蕾分离。初花期:开始开花的时期。盛花期:25%～75%花开,亦可记载盛花初期(25%花开)到盛花终期(75%花开)的延续时期。

④果实的观察　幼果出现期:受精后形成幼果。生理落果期:幼果变黄、脱落。可分几次落果。果实着色期:开始变色。果实成熟期:从开始成熟时计算,如苹果种子开始变褐。

(2)物候期观察时的注意事项

①选具有代表性、品种纯正、生长健壮的3～5株进行观测。如株间差异大时,应选定具有代表性的植株进行观察。

②物候期观测的时间,应根据不同时期而定。如春季生长快时,物候期短暂,必要时应每天观察,甚至一天内观察两次。随着生长的进展,观察间隔时间可长些,隔3～5 d观察一次。到生长后期可7 d或更长时期观察一次。

③物候期观察要细致,注意物候的转换期。一般以目测为主,要注意气候变化和管理技术等对物候期变化的影响。观察时应列表注明品种、砧木、树龄、所在地。物候观测应连续数年,总结观察结果得出结论才有指导意义。

④测物候期的同时,要记录气候条件的变化或参照就近气象台站的记录资料,如气温、土温、降水、风、日照情况、大气湿度等。

(3)物候期观察

选取表11.14中20种园林植物进行物候期观测并记录观察结果。

表11.14　园林植物物候期观察项目表

班级　　　　姓名　　　　观测日期　　年　月　日—　　年　月　日

序号	植物名称	萌芽期	叶片定型期	开花期(初花期、盛花期)	结果期	果实成熟期	备注
1	碧桃						
2	紫荆						
3	连翘						
4	蜡梅						
5	樱花						

续表

序号	植物名称	萌芽期	叶片定型期	开花期（初花期、盛花期）	结果期	果实成熟期	备注
6	苹果						
7	西府海棠						
8	火棘						
9	棣棠						
10	木瓜						
11	月季						
12	牡丹						
13	黄刺玫						
14	凌霄						
15	桂花						
16	白玉兰						
17	锦葵						
18	丁香						
19	紫藤						
20	金银花						

实验实训 7 降水和蒸发的观测

1. 实训目的

掌握降水和蒸发的观测方法。

2. 所需仪器设备

雨量器和雨量筒,小型蒸发器,虹吸式雨量计等。

3. 实训内容

1) 降水观测

降水观测包括记录降水起止时间、确定降水类型、测定降水量和求算降水强度,这里主要介绍降水量的观测。

常用的降水量观测仪器有雨量器、虹吸式雨量计和翻斗式雨量计,这里主要介绍前两种。

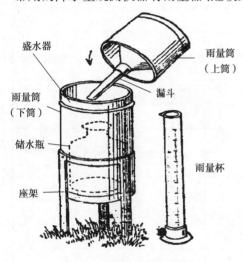

图11.3　雨量器及雨量杯

（1）雨量器

①构造　如图11.3所示,雨量器为一种金属圆筒。目前我国所用的是器口直径为20 cm的雨量器,包括承雨器、储水筒、漏斗和储水瓶。每一个雨量器都配有一个专用的量杯,不同雨量器的量杯不能混用。

盛雨器为正圆形,器口为内直外斜的刀刃形,以防止落到盛雨器以外的雨水溅入盛水器。

专用雨量杯上的刻度,是根据雨量口径与雨量杯口径的比例确定的,每一大格为1.0 mm,每一小格为0.1 mm。

②观测和维护　一般每天8:00和20:00观测。在炎热干燥的日子里,降水停止后就要及时补充观测,以免水分蒸发过快,影响观测的准确性;若降水强度大,也应增加观测次数,以免雨水满出储水瓶影响观测的准确性。

观测时,将瓶内的水倒入量杯,用食指和拇指夹住量杯上端,使量杯自由下垂,视线与杯中水的凹月面最低处平齐,读取刻度。

若观测时仍在下雨,则应该启用备用量水器,以确保观测记录的准确性。

降雪时,要将漏斗、储水瓶取出,使雪直接落入储水筒内,还可以将盛雨器换成盛雪器。

对于固体降水（如降雪）,则必须用专用台秤称量,或加盖后在室温下等待固体降水物融化,然后,用专用量杯测量。不能用烈火烤的方法融化固体降水。

记录时,当降水量<0.05 mm或观测前虽有微量降水,因蒸发过快,观测时没有积水,量不到降水量,均记为0.0 mm;当0.05 mm≤降水量≤0.1 mm时,记为0.1 mm。

注意清洗盛雨器和贮水瓶。

（2）虹吸式雨量计

①构造原理　虹吸式雨量计是连续记录液态降水量和降水时数的自记仪器。由盛雨器、浮子室、自记钟和虹吸管等组成。

②安装　安装在雨量器附近,盛水器口离地面的高度以仪器自身高度为准,器口应水平。

③使用方法　从记录纸上直接读取降水量值。有降水时（自记迹线 ≥ 0.1 mm）,必须每天换纸一次。

若没有降水,8～9 d换纸一次即可,不过在换纸时,人工加入1.0 mm的水量,以抬高笔尖,避免每天迹线重叠。

自记记录开始和终止的两端须作时间记号,可轻抬自记笔基部,使笔尖在自记纸上有降水记录,而换纸时没有降水,应在换纸前加水作人工虹吸,使笔尖回到零线;若换纸时正在降水,则不做人工虹吸。

对于固体降水,除了随降随融化者要照常观测外,其他情况应停止使用,以免固体降水物损坏仪器。

2) 蒸发观测

蒸发观测指测定蒸发量。常用的仪器是小型蒸发器。

(1)构造 如图 11.4 所示,为一口径 20 cm、高约 10 cm 的金属圆盘,口缘做成内直外斜的刀刃形,并附有蒸发罩以防鸟兽饮水。

(2)安装 安装在雨量器附近,终日受阳光照射的位置,并安装在固定铁架上,口缘离地面 70 cm,保持水平。

(3)观测和维护 每天 20:00 进行观测,用专用量杯测量前一天 20:00 注入的 20 mm 清水(即今日原量)经 24 h 蒸发后剩余的水量,并做记录。然后倒掉余量,重新量取 20 mm(干燥地区和干燥季节须量取 30 mm)清水注入蒸发器内作为次日原量。蒸发量计算公式如下:

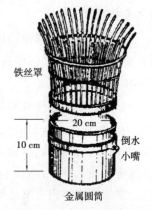

铁丝罩

20 cm

10 cm

倒水小嘴

金属圆筒

图 11.4 小型蒸发器

$$蒸发量 = 原量 + 降水量 - 余量$$

有降水时,应取下金属网罩;有强降水时,应随时注意从器内取出一定的水量,以防溢出,并将取出量记入当日余量中。

因降水或其他原因,致使蒸发量为负值时,则记为 0.0;蒸发器内水量全部蒸发完时,记为 >20.0(如原量为 30.0 mm,记为 >30.0)。

结冰时,用称量法测量(方法和要求同降水部分)。注意清洗蒸发器,倒净剩余水,换用干净水。

4. 思考作业

(1)对照仪器熟悉其构造原理和使用方法。

(2)独立完成降水量、蒸发量的测定并记录。

实验实训 8 水生植物与旱生植物形态结构的观察

1. 实训目的

掌握水生植物和旱生植物在形态、结构的区别,认识水生植物和旱生植物在形态、结构上的主要特点。

2. 实验仪器和用具

水生和旱生植物材料,固定材料,马铃薯或白萝卜,尺子、铲子、刀片、剪刀、载玻片和盖玻片、吸水纸等。

3. 实验方法和步骤

1) 选植物材料

根据学校所处的地理位置,可以随机采集几种有代表性的水生植物和旱生植物进行形态比较,也可以选择熟悉的植物,不一定用表11.15中所列出的6种植物。

2) 形态比较

一般旱生植物的叶片较小,整个植株叶面积也小,而且有角质层和茸毛,如夹竹桃的叶。松、柏树的叶片呈针形或鳞片状,有些单子叶植物的叶片上表皮有扇状的运动细胞,在水分亏缺时,叶可以收缩卷曲,尽量减少植物体内水分的散失。另一类旱生植物具有发达的贮水组织。沙漠中的仙人掌树,高达 $12 \sim 15$ m,可贮水 2 t 左右。

水生植物体内有发达的通气系统,在根、茎、叶形成了连贯的通气组织。荷花从叶片气孔进入的空气,通过叶柄、茎进入地下茎和根部的气室,形成了一个完整的通气组织,以保证植物体各部分对氧气的需要。其次,其机械组织不发达甚至退化,以增强植物的弹性和抗扭曲能力,适应于水体流动。同时,水生植物在水下的叶片多分裂成带状、线状,而且很薄,以增加吸收阳光、无机盐和 CO_2 的面积(表11.15),最典型的是伊乐藻属植物,叶片只有一层细胞。有的水生植物,出现异型叶,慈姑在同一植株上有两种不同形状的叶片,我们称为生态异型叶。

表 11.15　水生植物与旱生植物在形态上的主要区别

植物名称	根系形态	茎生长习性及特点	叶的形态及角质层	花及果实大小、类型
1.灯芯草				
2.慈姑				
3.槐叶萍				
4.太阳花				
5.长寿花				
6.景天				

注:表中1,2,3号为水生植物;4,5,6号为旱生植物。

3) 解剖构造的比较

对采集的6种植物在实验室进行徒手切片,比较根、茎、叶和花结构上的区别(表11.16)。

表 11.16　水生植物与旱生植物在结构上的区别

植物名称	根的横切面 皮层与中柱	茎的横切面 表皮、维管柱和髓	叶的横切面表 皮、叶肉和维管束	花的组成 花萼、花瓣的数 目、子房位置
1.灯芯草				
2.慈姑				
3.槐叶萍				
4.太阳花				
5.长寿花				
6.景天				

实验实训 9　水生（湿生）观赏植物群落的调查与分析

1. 目的

(1)掌握水生(湿生)植物群落的调查、分析方法。

(2)了解本地水生(湿生)植物分布状况及其利用的可能性。

2. 器材用具

测高测距仪、海拔仪、长把枝剪、记录表。

3. 方法步骤

(1)样地选择　在城市周边选择较有代表性的水体、湿地进行调查;样点共选取河流、小溪、水塘、湿地、景观水体5类。

(2)确定样方面积　样方总面积占所调查样点面积的1/10左右,每块样地选取5个样方。

(3)样方调查　对样方内植物进行调查,并记录入调查表(表11.17—表11.24)。

(4)数据整理

4. 结果与分析

群落数量特征计算:

$$重要值=相对多度+相对频度+相对显著度$$

相对多度＝(某种植物的个体数÷同一生活型植物的个体总数)×100%

相对频度＝(该种的频度÷所有种的频度总和)×100%

相对显著度＝(样方中该种个体胸面积的和÷样方中全部个体胸面积总和)×100%

5. 作业

(1)根据你所调查的湿地区域,填写调查表格。

(2)你认为在本地水体景观建设中,应选用哪些水生(湿生)观赏植物? 如何进行合理配置?

表 11.17　湿生植物群落调查表

调查者:＿＿＿＿＿	调查日期:＿＿＿＿＿
样地编号:＿＿＿＿＿	样地面积:＿＿＿＿＿
群落类型:＿＿＿＿＿	群落名称:＿＿＿＿＿
地理位置:经　度:＿＿＿＿＿	纬　度:＿＿＿＿＿
样方于样地中的位置:＿＿＿＿＿＿＿＿＿	
地　形:海　拔:＿＿＿＿＿	坡　向:＿＿＿＿＿

表 11.18　乔木调查表

调查者:＿＿＿＿＿	日　期:＿＿＿＿＿	样地号:＿＿＿＿＿
样方面积:＿＿＿＿＿	群落类型:＿＿＿＿＿	乔木名称:＿＿＿＿＿
植物名称:		
株　数:		
高度/m:		
枝下高/m:		
胸径/cm:		
物候期:		
生活型:		

表 11.19　灌木调查表

调查者:＿＿＿＿＿	日　期:＿＿＿＿＿	样地号:＿＿＿＿＿
样方面积:＿＿＿＿＿	群落类型:＿＿＿＿＿	灌木名称:＿＿＿＿＿
植物名称:		
株(丛)数:		
覆盖度/%:		
高度/cm:		
物候期:		
生活型:		
叶层高:		
生殖层高:		

表 11.20　草本调查表

调查者：_____　　日　期：_____　　样地号：_____

样方面积：_____　　群落类型：_____　　草本名称：_____

植物名称：

株(丛)数：

覆盖度/%：

高度/cm：

物候期：

生活型：

叶层高：

生殖层高：

表 11.21　水生植物群落调查表

调查者：_____　　　　调查日期：_____

样地编号：_____　　　　样地面积：_____

群落类型：_____　　　　群落名称：_____

经　度：_____　　　　纬　度：_____

样方于样地中的位置：_____　　　　海　拔：_____

人为干扰情况：_____

表 11.22　沉水植物调查表

调查者：_____　　日　期：_____　　样地号：_____

样方面积：_____　　群落类型：_____

植物名称：

株(丛)数：

覆盖度/%：

高度或长度/cm：

分枝状况：

物候期：

生活型：

表 11.23　浮水植物调查表

调查者：_____　　日　期：_____　　样地号：_____

样方面积：_____　　群落类型：_____

植物名称：

株(丛)数：

覆盖度/%：

高度或长度/cm：

分枝状况：

物候期：

生活型：

表 11.24　挺水植物调查表

调查者:＿＿＿＿　日　期:＿＿＿＿　样地号:＿＿＿＿
样方面积:＿＿＿＿　群落类型:＿＿＿＿
植物名称:
株(丛)数:
覆盖度/%:
高度或长度/cm:
分枝状况:
物候期:
生活型:
叶层高:
生殖层高:

实验实训 10　植物光合速率的测定（改良半叶法）

植物光合强度是用光合速率作为衡量指标。光合速率通常是指单位时间、单位叶面积的 CO_2 吸收量或 O_2 的释放量或干物质的积累量。植物光合作用形成的有机物,如果暂时不能运出而积累于叶中,则叶片单位面积干重增加。因此,可用测定单位时间内、单位叶面积的干重增加量来表示植物的光合速率。

1. 实验目的

掌握改良半叶法测定光合速率的方法。

2. 实验原理

选择对称性良好,厚薄均匀一致的叶片,先在它的一侧叶片上切下一定面积,放在潮湿黑暗的环境中,使其不能进行光合作用,仍正常进行呼吸作用,干重减轻;留在植株上的另一半叶片则能正常进行光合作用。如果用适当的方法阻止叶片光合产物外运,一定时间后,同样面积叶片的干重应有所增加。此时采下的叶片与前次采下的叶片比较,单位叶面积干重的差值即为该时间范围内光合产物的总积累量(包括呼吸消耗在内)。

3. 仪器与试剂

(1)实验仪器　分析天平(精度 0.000 1 g),烘箱,搪瓷盘(带盖),剪刀,称量皿,刀片,金属模板,纱布,锡纸。

（2）实验试剂　三氯乙酸,热水(水温 90 ℃以上)。

（3）实验材料　室外不离体的植物叶片。

4. 实验步骤

1) 测定样品的选择

晴天上午 8:00—9:00,在室外选定有代表性植株叶片(如叶片在植株上的部位、叶龄、受光条件等)20 张(或更多),用小纸牌编号。

2) 叶片基部处理

为了不使选定叶片中光合作用产物向外运输,而影响测定结果的准确性,可采用下列方法进行处理:

①可将叶子输导系统的韧皮部破坏。双子叶植物的叶片,可用刀片将叶柄的外皮环割约0.5 cm 宽。

②如果是单子叶植物,由于韧皮部和木质部难以分开处理。两支包好纱布的试管夹放入装满热水(水温 90 ℃以上)的热水瓶内,并设法悬挂于瓶口。待没热以后,取出一支夹子,迅速夹住待测的叶鞘及其中的茎干。烫 30 s 左右取下夹子,重新浸入热水中。再取另一支已烫热的夹子重复处理同一部位。一般经两次浸烫即可达到要求。

③对于某些植物叶柄木质化程度低,叶柄易被折断。用开水烫,往往难以掌握烫伤的程度,不是烫得不够便是烫得过重而叶片下垂,改变了叶片的角度。因此可改用化学方法来环割,选用适当浓度的三氯乙酸,点涂叶柄以阻止光合产物的输出。三氯乙酸是一种强烈的蛋白质沉淀剂,渗入叶柄后可将筛管生活细胞杀死,而起到阻止有机养料运输的作用。三氯乙酸的浓度,视叶柄的幼嫩程度而异。以能明显灼伤叶柄,而又不影响水分供应,不改变叶片角度为宜。一般使用 5% 三氯乙酸。

为了使烫后或环割等处理后的叶片不致下垂,影响叶片的自然生长角度,可用锡纸或塑料管包围之。使叶片保持原来的着生角度。

3) 剪取样品

叶基部处理完毕后,即可剪取样品,记录时间,开始光合作用测定。一般按编号次序分别剪下对称叶片的一半(主脉不剪下),按编号顺序夹于湿润的纱布中,贮于暗处。过 4~6 h 后,再依次剪下另外半叶,同样按编号夹于湿润纱布中,两次剪叶的速度应尽量保持一致,使各叶片经历相等的照光时数。

4) 称重比较

将各同号叶片之两半对应部位叠在一起,在无粗叶脉处放上已知面积(如棉花可用 1.5 cm× 2 cm)的金属模板,用刀片沿边切下两个叶块,分别置于照光及暗中的两个称量皿中,80~90 ℃下烘至恒重(约 5 h),在分析天平上称重比较。

5) 计算结果

叶片干重差之总和(mg)除以叶面积(换算成 dm^2,$1\ dm^2 = 100\ cm^2$)及照光时数,即得光合作用强度,以干物质计,$mg/(dm^2 \cdot h)$ 表示。

计算公式如下：

$$光合作用强度 = \frac{干重增加总数（mg）}{切取叶面积总和（dm^2）×照光时数（h）}$$

由于叶内贮存的光合作用产物一般为蔗糖和淀粉等，可将干物质重量乘系数 1.5 便得到 CO_2 同化量，单位为 $mg/dm^2 \cdot h$。

5. 注意事项

(1)用开水烫伤叶鞘的目的是阻碍叶片中光合产物的外运。由于水分经木质部导管死细胞运输，因此烫伤处理不会导致叶片失水萎蔫。如果烫伤不彻底，部分有机物仍可外运，测定结果将偏低。烫伤是否完全，可由被烫部位颜色变化判断。凡具有明显水浸状者，表示烫伤完全。这一步骤是改良半叶法能否成功的关键之一。

(2)烫伤部位以叶鞘上部靠近叶环处为佳。可以避免光合产物向叶鞘运输造成的误差。但应离开叶环 5 mm 左右，以免烫伤叶环和叶片。因叶环处烫伤后叶片往往下垂，不能维持原有的角度。因此，需用锡纸或塑料管包围，使其保持原来着生角度。

(3)前后两次采样的叶片切块应尽量选择在叶片的相同位置。因叶片随部位不同厚度差异很大。

(4)对于不同的植物，可视其形态或解剖特点采取不同的方法阻止光合产物外运。如有的植物叶片的中脉较粗，用一般开水浸烫法烫不彻底，可用烧至 110~120 ℃的石蜡烫伤。有的植物叶柄较细，且维管束散生，用环剥法不易掌握，且环割后叶柄容易折断，可用三氯乙酸点涂杀死筛管活细胞，从而达到阻止有机物外运的目的。但其使用浓度随部位、叶龄而异。

实验实训 11　植物呼吸速率的测定（广口瓶法）

呼吸作用是一切生活细胞所共有的生命活动，是新陈代谢的一个重要组成部分，是植物所有生理活动所需能量的来源，对植物有着十分重要的意义，一旦呼吸作用停止，也就预示着生命的结束。

测定呼吸作用，一般测定呼吸过程消耗的 O_2 量，或放出的 CO_2 量。本实验采用的是简易测定法，亦即广口瓶法。

1. 实验目的

掌握广口瓶法测定植物呼吸速率的方法。

2. 实验原理

在密闭容器中放入萌发的种子（或其他生活组织），呼吸作用消耗容器中的 O_2，放出 CO_2，

而放出的 CO_2 又为容器中的碱液所吸收,致使容器中气体压力减小,容器内外产生压力差,使得玻璃管内水柱上升。水柱上升的高度,即代表容器内外压力差的大小,亦即代表呼吸作用大小。如果用同一套装置,测定不同的材料样品,即可从水柱上升的高度或玻璃管内水的体积,比较它们的呼吸强度。

3. 器材与试剂

(1)实验仪器　游标卡尺,天平,广口瓶,橡皮塞,小烧杯,玻璃管,纱布,移液管。
(2)实验试剂　10% NaOH,石蜡。
(3)实验材料　已经萌发的种子。

4. 实验步骤

(1)测定装置　取一广口瓶及配套单孔橡皮塞。在橡皮塞下方钉一金属小弯钩,并将"∏"形玻璃曲管一端插于橡皮塞上,另一端置于加蒸馏水的烧杯中(可加数滴红墨水),广口瓶内加入 20 mL 10% NaOH 溶液。

(2)称取已经萌发的小麦种子数克,用纱布包裹,并用棉线结扎悬挂于广口瓶塞弯钩上。然后盖紧瓶塞,并用熔化的石蜡密封瓶口,记录开始的实验时间。

(3)经一定时间后,测量水柱上升高度。

(4)用下述方法表示呼吸作用强弱。

①以上升水柱的高度表示相对呼吸强度(cm/h)。

②以水柱中上升的水量(mL)表示相对呼吸强度:水柱高(cm)$\times \pi r^2$(cm²),式中 $\pi = 3.141\,6$,r 为玻璃管内半径,单位为 cm,可用游标卡尺量得。

5. 作业

计算小麦的呼吸强度。

实验实训 12　土壤剖面的观察

1. 实验目的

本实验要求掌握土壤剖面设置、挖掘和性状观察及记录方法,了解主要土壤类型的分布、成土条件、剖面特征及改良利用措施。

2. 实习材料及用具

土铲、皮尺、手罗盘、剖面刀、土样袋、铅笔、标签、土壤速测箱、纸盒、文件夹、10% HCl、酚酞指示剂、蒸馏水。

3. 实验步骤

1）选择土壤剖面点

根据调查目的选择剖面点,选点位置应具有代表性,通常要求地形平坦和稳定,不宜在路旁、住宅四周、沟附近、粪坑附近等受人为扰动的地方作为挖掘剖面。选好点后应首先观察地形、植被、成土母质、农业利用情况、存在的主要障碍因素等,然后挖掘剖面。

2）土壤剖面的挖掘

剖面的大小要根据调查的目的而定。剖面坑一般长1.5 m,宽0.8 m,深1 m,一般要达到母质层或地下水层即可。

挖掘剖面时应注意下列几点:

①剖面的观察面要垂直并向阳,便于观察。

②挖掘的表土和底土应分别堆在土坑的两侧,不允许混乱,以便观察记录后将土壤分层填回,不打乱土层,不会影响土壤肥力。

③观察面的上方不应堆土或走动,以免破坏表层结构,影响剖面的研究。

④在垄作田要使剖面垂直垄作方向,使剖面能同时看到垄背和垄沟部位表层的变化。

3）剖面修整

土坑挖好后,留出垂直断面,用剖面刀自上而下轻轻拨落表面土块,以便露出自然结构面。修整剖面时,可保留一部分铲平的壁面,作为划分层次之用。

4）剖面观察与土层划分

观察剖面时,一般要先在远处看,这样容易看清全剖面的土层组合,然后走近仔细观察,并根据土壤颜色、湿度、质地、结构、松紧度、新生体、侵入体、植物根系等形态特征划分层次,用钢尺量出每个土层的厚度,应特别注意耕作层的深度,特殊层次或障碍层次出现的深度、厚度和危害程度。

5）土壤剖面描述

按照土壤剖面记载表的要求进行描述。

①记载土壤剖面所在位置、地形部位、母质、植被或作物栽培情况、土地利用情况、地下水深度、地形草图可画地貌素描图,要注明方向,地形剖面图要按比例尺画,注明方向,轮作施肥情况等。

②划分土壤剖面层次,记载厚度,按土层分别描述各种形态特征,土层线的形状及过渡特征。

③测定 pH 值、高铁、亚铁反应及石灰反应，填入剖面记载表。

④最后根据土壤剖面形态特征及简单的速测，初步确定土壤类型名称，分析土壤酸碱度、土壤有机质、土壤全氮、土壤有效磷、土壤质地等来判断土壤肥力，提出利用改良意见。

6）土壤剖面样品的采集

土壤剖面样品一般有纸盒标本、分析标本及整段标本 3 种。

①采集纸盒标本。根据土壤剖面层次，由下而上逐层采集原状土挑出结构面，按上下装入纸盒，结构面朝上，每层装一格，每格要装满，标明每层深度，在纸盒盖上写明采集地点、地形部位、植物母质、地下水位、土壤名称、采集日期及采集人。

②采集分析标本。根据剖面层次，分层取样，依次由下而上逐层采取土壤样品，装入布袋或塑料袋，每个土层选典型部位取其中 10 cm 厚的土样，一般为 1 ~ 0.5 kg，要记载采样的实际深度，用铅笔填写标签，一式两份，一份放入袋中，一份挂在袋外，标签内容见表 11.25。

表 11.25　土壤标本采集标签

土壤剖面号	_____
土壤名称	_____
深　　度	_____
地　　点	_____
日　　期	_____
采 集 人	_____

4. 作业

完成上述内容，每人填好剖面记载表（表 11.26），分组采集分析标本及纸盒标本。

表 11.26　土壤剖面记载表

标准地号数：	地　形：	剖面地形位置图：	植　被：
剖面号数：	高　度：		母　质：
调查日期			侵蚀状况：
天气状况：	坡　向：		利用状况：
剖面地点：	坡　度：		

剖面图	层次及深度	产量水平	施肥水平	耕作性能	障碍因子	颜色	干湿度	新生体类别	新生体形态	新生体数量	松紧度	坚实度	侵入体

续表

剖面图	层次及深度	植物根系	质地	结构	孔隙度	亚铁反应	石灰反应	pH值	全氮/%	碱解氮/(mg·kg^{-1})	速效磷/(mg·kg^{-1})	速效钾/(mg·kg^{-1})	有机质/(g·kg^{-1})

土壤的当地名称及野外定名：　　　　　　　　　调查人：　　　　姓名：

实验实训 13　土壤水分的测定

1. 实验目的

植物生长发育所需要的水分,主要是由土壤来供给。土壤含水量是衡量对植物供应水分状况的重要指标,同时也是土壤各项分析结果计算的基础。本实验使学生掌握烘干法和酒精燃烧法测定土壤含水量的方法。

2. 实验材料及用具

土样、天平、铝盒、烘干箱、量筒、无水酒精、干燥器、小勺等。

3. 实验方法步骤

1)烘干法

烘干法是测定土壤含水量的通用方法,原理是在(105±2)℃的条件下,水分从土壤中全部蒸发,而结构水不易破坏,土壤有机质也不分解。因此,将土壤样品置于(105±2)℃下烘至恒重,根据烘干前后质量之差,计算土壤质量含水量。

测定本身的误差取决于所用天平的精确度和取样的代表性,所以在田间取样时,需要注意取样点的代表性。

测定步骤如下:

①用已知重量的铝盒在天平上称取要测的土样 15 ~ 20 g。

②将盛土样的铝盒放入烘箱内,打开盖,在 105 ~ 110 ℃温度条件下连续烘 6 h,取出后,放入干燥器内冷却。

③将铝盒盖盖上,从干燥器中取出,称量。

④称后再将盖打开,放入 105~110 ℃温度的烘箱中烘 2 h,取出称重,如此连续烘至恒重(两次差数小于 0.05 g)。

⑤计算:

$$土壤含水量 = \frac{B-C}{C-A} \times 100\%$$

式中　A——铝盒的质量;

　　　B——土样与铝盒的质量;

　　　C——烘干土与铝盒的质量。

2)酒精燃烧法

本方法是利用酒精在土壤样品中燃烧放出的热量,使土壤水分蒸发。通过土壤燃烧前后质量之差,计算土壤质量含水量。用酒精燃烧法测定土壤含水量,全过程只需 20 min 左右,这种快速测定法很适合田间测定。

测定步骤如下:

①称取样品 10 g,放入已知重量的铝盒中。

②向铝盒加酒精,使样品全部被酒精浸没。

③燃着酒精,经数分钟后熄灭,待样品冷却后,再加少量酒精燃烧,一般情况下,样品经两次燃烧即达恒重。

④结果计算:同烘干法。

此法需进行平行测定,允许平行绝对误差<1%,取算术平均值。

4. 思考题与作业

(1)烘干法和酒精燃烧法测定土壤含水量,把计算结果填入表 11.27 中。

(2)用酒精燃烧法为什么不能测定有机质含量高的土壤的水分?

表 11.27　土壤含水量计算表

土壤名称	深度/cm	重复	铝盒号码	铝盒重	盒+湿土重	盒+干土重	水重	干土重	含水/%	平均
		1								
		2								
		1								
		2								

实验实训 14　土壤比重、容重测定和土壤孔隙度的计算

1. 目的

土壤比重、容重和孔隙度是土壤的基本物理性质,根据测定土壤比重的结果可以大致判断土壤的矿物组成,有机质含量及母质、母岩的特性,测定土壤容重则可计算单位面积内的土体重量,并以此来推算土壤水分、养分的含量,也可计算出土壤灌水定额。由土壤比重和容重的测定结果,可以计算出土壤孔隙度,为了解土壤中水、肥、气、热等肥力因子的相互关系提供参考资料。

2. 材料用具

比重瓶(可用 50 mL 容量瓶代替)、分析天平或电子天平、电热沙浴、烧杯、漏斗、滤纸等。环刀、小刀、小铁铲、台称、1/100 天平、铝盒、烘箱等。

3. 方法步骤

比重的测定采用比重瓶法,容重的测定方法有环刀法、蜡封法、水银排出法、填砂法、γ-射线法等。蜡封法和水银排出法主要测定一些呈不规则形状的黏性土块或坚硬易碎土壤的容重;填砂法比较复杂,多用于石质土壤;γ-射线法需要特殊仪器和防护设施,不易广泛应用;环刀法操作简便,结果比较准确,能反映田间实际情况,故介绍环刀法。

1)土壤比重的测定

据排水称重的原理,测得与土壤同体积的水重,知道土壤含水率,便可算出土壤的比重,一般土壤的平均比重为 2.65,这是我们常用的土粒必读常数。

①均匀称取通过 1 mm 筛孔的风干土样(精确到 0.001 g),放入干燥的小烧杯内。另取一小烧杯煮沸蒸馏水 5 min,以除去水中 CO_2,冷却至室温,注入比重瓶中。注满后加塞,使瓶内蒸馏水沿瓶塞中毛细管流出(毛细管中也需充满水),用滤纸擦干比重瓶,在分析天平上称重得 A。

②将比重瓶内的水倾出约一半,将已称好的 10 g 土样经干漏斗仔细倒入比重瓶中,粘在瓶壁和漏斗上的土粒用水洗入比重瓶内,将比重瓶放在电热砂盘上加热,沸腾后保持 30 min,煮沸过程中要经常摇动比重瓶,以驱赶土中的空气。

③从砂盘上取下比重瓶,待冷却后注水至满,插入比重瓶塞,使多余的水分沿毛细管孔中排出,但切勿使比重瓶中留有气泡,擦干比重瓶外壁,称重(C),同时测定瓶内水温。

④结果计算:

$$土壤比重(d_s) = \frac{B}{(A+B)-C} \times dwt$$

式中　B——烘干土样重,g;

A——t ℃时比重瓶+水的重量,g;

C——t ℃时比重瓶+水+土样的重量,g;

dwt——t ℃时蒸馏水比重。

注意事项:

对于含活性胶体较多或含水溶盐>0.5%的土壤,均不宜用加水煮沸的方法,否则会使测定结果偏高,而应用烘干样品测定。改用非极性液体(如苯、甲苯、二甲苯、汽油、煤油等)代替水,用真空抽气法排出空气。

煮沸时的温度不可过高,否则沙质土会迸溅出来,有机质多的土液亦易漫出瓶口,故温度应控制在刚使液面保持微微翻动。

2)土壤容重的测定

利用一定体积的钢制环刀,切割自然状态的土壤,使土样充满其中,然后称量计算单位体积的烘干土重。

先量取环刀的高度及内径,并计算出容积(V)。在台秤上称取环刀重量(S)(精确到0.01 g)。将环刀锐利的一端垂直压入土中,有时需工具帮助。不可左右摇动,以使土壤自然结构不被破坏,直到环刀全部压入土中。然后用小铲将环刀从土中挖出,并用小刀仔细沿环刀边缘修整削平,切除多余的土壤,将环刀的土壤全部移入已知重量(b)的铝盒中,带回室内,称取铝盒与湿土的重量(c),烘干后,再称取铝盒与干土的重量(d)。

$$土壤比重 D = \frac{d-b}{V}(g/cm^3)$$

有时因环刀体积过大,土壤全部烘干费时较长,亦可在野外采土后,立即将环刀与筒内土壤迅速称重(e),由(e)与(a)之差计算出湿土重(f)。由湿土中取出一部分土壤测定含水量(w)再计算整个环刀的全部干土重。经此计算土壤容重。

$$土壤容重 = \frac{f(1-w)}{V}(g/cm^3)$$

本实验须做3次以上重复。

3)土壤孔隙度计算

土壤总孔隙度包括毛管孔隙及非毛管孔隙,计算方法如下:

$$土壤总孔隙度(P_1) = \left(1 - \frac{土壤容重 D}{土壤比重 d}\right) \times 100\%$$

$$土壤毛管孔隙度(P_2) = 土壤田间持水量\% \times D$$

$$土壤非毛管孔隙度(P_3) = P_1 - P_2$$

$$土壤田间持水量 = 吸饱水后放置48 h的土壤绝对含水率$$

4. 作业

(1)某土壤土粒密度为2.64 g/cm³,土壤容重为1.32 g/cm³。

求:a. 土壤孔隙度。b. 每公顷耕地 20 cm 土层土壤质量。c. 若使 0～20 cm 土层的水分由 12% 增加到 20%, 每公顷耕地需灌水多少吨(理论值)?

(2)测定土壤容重时为什么要保持土样的自然结构状态? 测定中应注意哪些问题?

(3)每组提交一份实验报告。

实验实训 15　当地主要土壤类型的调查

1. 目的

能够在野外快速判断鉴别土壤颜色、土壤质地、土壤结构类型,加深对园林植物土壤环境基本特性的认识。

2. 材料用具

放大镜、土壤剖面刀、测微尺、记录纸等。

3. 方法与步骤

选择种植园林树木、花卉、草坪等场所,进行下列全部或部分内容:

1)土壤颜色鉴别

土壤的主要颜色为黑、红、黄、白等。黑色一般来自土壤有机质含量高的土壤。红色是由于土壤中氧化铁引起的,根据失水程度不同表现出多种颜色:黄棕、棕黑、棕红、鲜红等色;在还原状态下则呈深蓝、蓝、绿、灰、白等色。黄色为水化氧化铁所生成,一般黄色的土壤多分布在排水较差或气候比较湿润的区域。

在辨别土壤颜色时,要求用湿润的土壤,在光线一致情况下进行,颜色命名以次要颜色在前,主要颜色在后,如"红棕色"是以棕色为主,红为次色。

2)土壤质地鉴别

常用手测法进行实地鉴别。主要有干测法和湿测法两种。

①干测法　取玉米粒大小的干土块,放在拇指与食指间使之破碎,并在手指间摩擦,根据指压时间大小和摩擦时感觉来判断。

②湿测法　取一小块土,除去石砾和根系,放在手中捏碎,加入少许水,以土粒充分浸润为度(水分过多过少均不适宜),根据能否搓成球、条及弯曲时断裂等情况加以判断,现将卡庆斯基制土壤质地分类手测法标准列于表 11.28 以供参考。

表 11.28　土壤质地手测法判断标准

质地名称	在手指间挤压或摩擦时的感觉	在湿润下揉搓时的表现
沙　土	几乎由沙粒组成,粗糙研磨之沙沙作响	不能成球形,用手捏成团,但一松即散,不能成片
沙壤土	沙粒占优势,混夹有少许黏粒,很粗糙,研磨时有响声,干土块用小力即可捏碎	勉强可成厚而极短的片状,能搓成表面不光滑的小球,但搓不成细条
轻壤土	干土块用力稍加挤压可碎,手捻有粗糙感	可成较薄的短片,片长不超过 1 cm,片面较平整,可成直径约 3 mm 土条,但提起后容易断裂
中壤土	干土块稍加大力量才能压碎,成粗细不一的粉末,沙粒和黏粒含量大致相同,稍感粗糙	可成较长薄片,片面平整,但无反光,可搓成直径约 3 mm 土条,但弯成 2~3 cm 小圈即断裂
重壤土	干土块用大力挤压才可破碎成粗细不一的粉末,粉沙粒和黏粒土占多,略有粗糙感	可成较长薄片,片面光滑,有弱的反光,可搓成直径 2 mm 的土条,能弯成 2~3 cm 圆形,但压扁时有缝
黏　土	干土块很硬,用手不能压碎细而均一的粉末,有滑腻感	可成较长薄片,片面光滑有强反光,不断裂,可搓成直径 2 mm 的圆环,压扁时无裂缝

3) 土壤结构鉴别

观察时可将土壤加水湿润,用手测法来鉴别,其标准可参考表 11.29。

表 11.29　常见土壤结构类型手测法判别标准

结构类型		结构形状		直径(厚度)/cm	结构名称
团聚体类型	立方体状	裂面和棱角不明显	形状不规则,表面不平整	100	大块状
				50~100	块状
				5~50	碎块状
		裂面和棱角明显	形状较规则,表面较平整,棱角尖锐	>5	核状
			近圆形,表面粗糙或平滑	<5	粒状
		形状近浑圆,表面平滑,大小均匀		1~10	团粒状
	柱状	裂面和棱角不明显	表面不平滑,棱角浑圆,形状不规则	30~50	拟柱状
				>50	大拟柱状
		裂面和棱角明显	形状规则,侧面光滑,顶底面平行	30~50	柱状
				>50	大柱状
			形状规则,表面平滑,棱角尖锐	30~50	棱柱状
				>50	大棱柱状
	板状	呈水平层状		>5	板状
				<5	片状
	微团聚体			<0.25	微团聚体
单粒类型	土粒不胶结,呈分散单粒状				单粒

4. 思考题与作业

(1)在辨别土壤颜色时,为什么要用湿润的土壤?

(2)如何快速鉴定土壤质地类型?

(3)如何快速识别土壤的结构类型?

(4)比较树林、花卉、草坪等园林土壤环境在颜色、质地、结构等方面的差异,为当地园林植物栽培提供科学依据。

实验实训16 林区农田小气候的观测

1. 目的

学会林区农田小气候的观测方法。

2. 材料用具

照度计、热球式电热风速计、遥测通风干湿表、半导体温度计、盒、钢卷尺、皮卷尺、测杆、支架、木箱、细绳、记录纸等。

3. 方法步骤

本实验测定内容包括两部分:一是间套作复合群体田间结构群体生长中后期或典型时间,在田间测定间套作和单作的生长状况,密度、带宽、株行距、间距、植株高度差、叶片与根系交叉状况、发芽等项目的测定;二是复合群体内光照、温度、水分、风速的测定。

1) 观测地段的选择和测点设置

(1)观测地段的选择　首先是选择地段要具有典型性,其次是普遍性。

(2)测点设置　无论是间作或套作与单作进行比较,还是间作及带状间套作中同一作物不同行间(或株间)对比,都要按科学的代表性,各测点的距离不宜太大,能客观反映所测林区农田小气候,测点的数目要根据观测的要求、人力和仪器设备等情况来确定。

测点高度要根据作物生长情况、待测气候要素特点和研究目的测取 20 cm,2/3 株高和 150 cm 3 个高度。

光照强度观测层次要多些,可等距离分若干层次,先自上而下无论分几层测定,植株顶部高度一定要测定,以便取得自然光照。

风速测定可每隔一定距离均匀设点,在林区农田中一般测定 2/3 株高处的风速,因为此处风速与叶面积蒸腾关系密切。

土壤温度观测一般取 0 cm,5 cm,10 cm,15 cm,20 cm 5 个深度,林区农田水温可取水面和水与土壤的交界面两个部位观测。

上述项目的测定要根据观测目的和作物生长阶段进行科学设计。为观测间套作复合群体间的小气候变化,必须在不同作物的共存期进行观测。具体观测的时期可结合作物生育期,选择典型天气(如晴天、阴天等)来确定。如要了解间套作条件下小气候的日变化或某要素的变化特征,可在作物生育的关键时期,选择典型天气,每间隔 1 h 或 2 h 进行全日的连续观测。但为了能在短暂的观测时间内了解小气候的特征,也可采用定时观测(2 h,8 h,14 h,20 h 4 次观测值平均作为日平均值),以便于和气象台站的观测结果进行比较。

在观测过程中,各处理、各高度的观测项目都要尽可能在同一时间。

(3)测定仪器安置 各测点的仪器安置,应根据仪器特点,参照气象仪器安置的一般要求,高的仪器放在低的仪器北面,并按观测程序安排,仪器间应相互不影响通风和受光。由于间套作条件下,不同行间的小气候也有较大的差异,因此仪器宜排列在同一行间。安置仪器及观测过程中,尽可能保持行间原来的自然状态。

2) 观测方法与步骤

(1)光照强度的测定 测定光照强度的仪器是各种类型的照度计。各种光照强度测定仪器的使用,要严格根据使用说明书进行操作。

由于田间透光不均匀,在每个观测部位上均应水平随机移动测量数次,以其平均值代表该部位的光照强度。测定时可用数台仪器,在各测点同一部位同时进行,可用其中一台测定自然光照,以便计算观察部位的透光率。

$$透光率(\%) = 某一部位光照强度/自然光照强度 \times 100\%$$

(2)温度、湿度的测定 温度、湿度观测常用的仪器有观测空气温度、湿度的玻璃液体温度计、机动通风干湿表、遥测通风干湿表、自记温湿计,观测土壤温度的有直管和曲管地温表、遥测土壤温度表,测定植物温度的有半导体温度计等。一般常用烘箱法测定土壤水分含量。各种仪器的使用要根据仪器使用说明书进行规范操作。

(3)风速测定 风速测定使用的仪器为热球式电热风速计,该仪器易损坏,一定要按照使用说明书正确使用。

(4)土壤湿度测定 用取土法或目测法。

3) 观测资料的整理

在完成各个测点及各项观测内容后,首先将多项观测记录进行误差订正和查算,并检查观测记录有无陡升或陡降的现象,找出其原因并决定取舍,然后计算读数的平均值,最后查算出各气象要素的值。

为了从测点的小气候特征中寻找它们的差异,必须根据实验任务进行各测点资料的比较分析。在资料统计中,对较稳定的要素(如温度或湿度)可用差值法进行统计,而对易受偶然因素影响或本身变化不稳定的要素(如光照强度和风速)宜用比值法进行统计。这样得出的数据既便于说明问题,又利于揭示气象要素本身的变化规律。此外,应根据资料情况用列表法将重点项目反映在图表上。当平行资料不多或时间又不连续的时候,用列表法比较适合;但在资料多、长时间连续性观察、差异显著的情况下,应力求用图示法来反映重要的变化特征。

实验实训 17　校园园林植物种类的调查和群落分析

1. 实训目的

学会园林植物种类的调查和植物群落的分析方法。

2. 调查内容

(1)调查校园内的园林植物种类(包括乔木、灌木、藤本、草本植物等)。

(2)调查校园内的园林植物各种类的数量,描述其数量特征。

3. 调查方法

植物群落调查采用样地法或样带法,面积一般为 400 m²,选 3 个样地,在设立的样地内进行植物群落学和多样性调查。对乔木层胸径大于 2.5 cm 的树木进行每木检尺,记录植物的种名、株数、高度、胸径、冠幅及生长状况;灌木层和草本层记录每种植物的种名、盖度、高度及生长状况等信息(草本不包括野生种类)。在此基础上,计算出显著度、相对重要值、生物多样性指数等,并进行分析讨论。

4. 植物群落的数量特征分析方法

植物群落调查中,必须了解各种群在群落中的数量特征,对物种组成进行数量分析是近代群落分析方法的基础。选用的描述植物群落数量特征的其他数据如下:

(1)多度:样地内各植物种的个体数。

相对多度:某物种个体数占样地内所有物种个体数的百分比。

公式:相对多度=某物种个体数/所有物种个体数×100%

(2)频度:某物种出现于样方的次数。

相对频度:某物种的频度占所有物种频度之和的百分比。

公式:相对频度=某物种的频度/所有物种的频度之和×100%

(3)显著度:某一物种的胸高(1.3 m)断面积之和占样地面积的百分比。

相对显著度:某物种的显著度占样地内所有物种显著度之和的百分比。

公式:相对显著度=某物种的显著度/所有物种显著度之和×100%

(4)盖度:某物种投影面积占样地面积的百分比。

相对盖度:某物种的盖度占样地内所有物种盖度之和的百分比。

公式:相对盖度=某物种的盖度/所有物种盖度之和×100%

（5）密度:单位面积上的植株数。

相对密度:某物种的密度占所有物种密度之和的百分比。

公式:相对密度=某物种的密度/所有物种密度之和×100%

（6）重要值:某物种在群落中的地位和作用的综合数量指标。

计算公式:乔木的重要值=相对多度+相对频度+相对显著度

灌木的重要值=相对高度+相对频度+相对盖度

5. 植物群落的生物多样性分析方法

物种多样性不仅反映了一个群落中物种的丰富度或均匀度,也反映了一个群落的动态特点和稳定性,以及不同的自然环境条件与群落的相互关系。

本调查采用的多样性指数为物种丰富度指数 S,Simpson 指数、Shannon-Weiner 指数和Pielou 指数。

（1）物种丰富度指数(S)　即出现在样地中的物种数目,是最简单、最古老的物种多样性测度方法。

（2）树种优势度(D)　Simpson 指数(D):是对多样性的反面,即集中性的度量,其集中性高,即多样性程度低。计算公式为:

$$D = 1 - \sum_{i=1}^{n} P_i^2$$

（3）树种多样性指数(H')　Shannon-Weiner 指数(H'):表示多样性的信息度量,用来描述种的个体出现的紊乱性和不确定性。如果从它将属于哪个种是不定的该指数的直观意义是:可预测从群落中随机地抽取一个个体物种的不定度,物种的数目越多,个体分布越均匀,此物种的不定度越大。

$$H = - \sum_{i=1}^{s} P_i \ln P_i$$

（4）均匀度指数(J_{sw}, J_{si})　Pielou 均匀度指数:表示群落中不同物种多度分布均匀程度。计算公式为:

$$J_{si} = \frac{\left(1 - \sum_{i=1}^{n} P_i^2\right)^2}{1 - \frac{1}{S}}$$

$$J_{sw} = \frac{H'}{\ln S}$$

其中,Ni 为样地内地第 i 种植物的个体数目,N 为样地内所有植物的个体数目,S 为所有物种数,$Pi = Ni/N$ 是一个个体属于第 i 类的概率。

6. 生长状况评价

根据植物的生长势、外观和适应性等把植物的生长状况划分为5级。

极好：植株形体完整，姿态优美，生长旺盛，无病虫害，具有相当高的观赏价值。

好：植株形体较完整，姿态及生长势良好，有少量病虫害，具有较大的观赏价值。

一般：植株形体存在轻微的缺损，生长势和姿态一般，时有病虫害，具有一定的观赏价值。

差：长势衰弱，病虫害严重，树相残破，有碍观赏。

极差：枝条干枯，整株濒死，甚至死亡，观赏价值丧失。

7. 植物配置评价

（1）植物的生态习性　是否对其生态习性和生长特性进行合理考虑或搭配，并创造理想的园林效果。

（2）植物间的空间配置关系　植物构成的空间应包括平面的和立面的空间。平面空间主要表现在虚实结合、疏密得当；立面空间构成主要反映在植物群落的垂直效果，根据植物的高低变化和地形的变化，产生空间层次上的变化。

（3）植物间的时间配置关系　是否按照植物的季相变化和花期特点创造园林时序景观。

（4）植物配置的美学效果　是否注重姿态、色彩、质感、芳香、声韵、光影等的综合运用。

（5）植物配置时注重体现人文精神和文化意境　被选择的植物种类或品种是否有相对固定的比拟、寓意或文化属性，是否把植物配置所产生的园林意境美与生态美有机融合。植物配置是否与园林景物和建筑相匹配、相和谐。

实验实训18　苗圃、草坪杂草群落的调查分析

1. 目的

（1）学会杂草群落的调查方法。

（2）对杂草群落进行科学分析和正确评价。

2. 材料用具

选择有代表性的草坪，要求在自然条件下生长，杂草分布比较均匀。皮尺、卷尺、铅笔、橡皮、笔记本等。

3. 方法步骤

（1）样地调查　采用样方法进行野外调查，选好样地，在样地中每隔 2 m 设置 1 个 50 cm×50 cm 的样方，共计 19 个样方。调查记录的内容主要包括苗圃、草坪杂草的植物名、株数、盖度、高度及物候相等。

（2）数据分析　实验采用重要值作为多样性指数计算和群落划分的依据，而群落多样性的测度选用 Simpson 多样性指数 D 和 Shannon-Weiner 多样性指数 H。

重要值＝相对多度＋相对频度＋相对盖度

其中，

$$相对多度＝\frac{某种的多度}{所有种的多度之和}×100\%$$

$$多度＝\frac{某种的个体数}{所有种的个体数之和}$$

$$相对频度＝\frac{某种的频度}{所有种的频度之和}×100\%$$

$$频度＝\frac{某种出现的样方数}{样方总数}$$

$$相对盖度＝\frac{某种的盖度}{所有种的盖度之和}×100\%$$

$$Shannon\text{-}Weiner 多样性指数\ H(bit)＝-\sum Pi\ \mathrm{loge}\ Pi$$

其中，Pi 为种 i 个体在全部个体中的比例。

$$Simpson 多样性指数\ D＝1-\sum\left(\frac{Ni}{N}\right)^2$$

其中，Ni 为种 i 的个体数；N 为群落中全部物种的个体数。

4. 结果与分析

1）苗圃、草坪杂草群落的种类组成及其优势种

根据样方调查结果，可以计算得到各植物种的重要值（见表 11.30）。重要值的数值大小可以作为群落中植物种优势度的一个度量标志，重要值也可以体现群落中每种植物的相对重要性及植物的适宜生境。

表 11.30　苗圃、草坪杂草群落表

种　名	总株数	相对多度	相对频度	相对盖度	重要值

2)苗圃、草坪杂草群落的物种多样性指数

根据样方调查结果,可计算出 Shannon-Weiner 多样性指数 H 和 Simpson 多样性指数 D。

Shannon-Weiner 多样性指数:

$$H(\text{bit}) = -\sum Pi \log e\, Pi$$

$$D = 1 - \sum \left(\frac{Ni}{N}\right)^2$$

群落的物种多样性具有两种含义:其一是种的丰富度;其二是种的均匀度。多样性指数正是反映丰富度和均匀度的综合指标,其中,Shannon-Weiner 是表示群落中物种丰富程度的指标。指数数值越高,说明群落中物种的丰富程度越高,群落的物种多样性也就越高。Simpson 指数是反映群落中物种均匀度的指标,是表明群落的优势度集中在少数种上的程度指标。指数数值越高,说明群落中物种的均匀度越高,群落的优势度集中在少数种上的程度越低,群落的物种多样性也就越高。

实验实训 19   环境污染现状的调查与分析

1. 实训目的

(1)根据学校所处地区与地域特点因地制宜选择环境污染现状调查项目,通过调查活动锻炼学生的体魄和能力;培养学生团结协作,互帮互助的精神,并且可以磨炼学生克服困难、敢于纠正社会不良意识与行为的意志。

(2)通过走访有关部门、安排对重点污染源的考察等活动,使学生认识到环境保护作为我国基本国策的重要意义,懂得环境对人类生存的重要性及如何保护环境,认识到环境与人类关系密切;破坏环境就会危及人类的生存。

(3)初步掌握对污染物进行监测、分析、比较的一般方法,了解污染物对人类身体健康的影响和各种污染对人体不同程度的危害。

(4)以"走可持续发展道路"为指导思想。通过现场观察记录、摄影、录音、调查访问等,获得第一手原始资料,撰写调查报告、考察日记、新闻报道、布置宣传展板等,使学生将实践与理论有机地结合起来,开拓思维,培养学生自我学习,自我评价的良好习惯。

2. 实训项目

(1)城市大气污染的调查分析。

(2)水体(湖泊、河流)污染的调查分析。

(3)土壤污染的调查分析。

(4)农药污染的调查分析。

(5)农村地区农业面源污染调查分析。

3. 实训内容

1) 城市大气污染的调查分析

①走访所在城市大气监测职能机构,了解下列大气监测工作的具体内容、监测指标、监测的意义、所在城市的大气质量检测工作流程等。内容有:大气气溶胶监测;突发性大气污染事故监测;有害气体监测;空气中颗粒物浓度监测;城市热岛监测;大气综合质量监测。

②各学校任课教师应因地制宜选择适合自己的调查课题,调查后写出调查报告,对当地的环境质量进行评价,并提出改进建议或制订应对措施。

2) 水体(湖泊、河流)污染的调查分析

①走访当地水务技术或其他管理机构,了解重点污染源监测及治理现状。具体内容有:当地环境水体污染概况;污染检测的工作机制和流程;监测指标;污染水体的主要污染物及治理现状;水污染的生物监测;检测实验室工作的内容等。

②调查后写出调查报告或现状改进建议、对策。

3) 土壤污染的调查分析

①走访当地主管机构,了解本地土壤污染及治理现状。了解污染源分布情况,污染物污染情况;土壤污染的监测工作流程;监测指标;检测实验室的工作内容等。

②调查后写出调查报告或现状改进建议、对策。

4) 农药污染的调查分析

①走访当地主管机构,了解本地农药污染的及治理、监测的现状、工作机制;重点监测的农药种类、对健康的危害;检测实验室工作内容等。

②调查后写出调查报告或现状改进建议、对策。

5) 农村地区农业面源污染调查分析

①农业、农村面源污染状况调查。

调查的内容有:畜禽粪便污水排放状况;过量施用化肥,化肥流失状况;农药施用量,高毒农药使用比重;种植业废弃物处置;农村生活垃圾污染、处理状况;水产养殖污染,水体富营养化状况等。

②调查后写出调查报告或现状改进建议、对策。

4. 实训步骤

1) 准备工作

①聘请有关专家进行指导。介绍环境问题的主要内容以及环境问题的具体分类和防治措施;了解重大污染事件的发生及其危害,激发学生探究学习的愿望。

②制订考察计划,确定活动时间,组织好学生。

③要求学生事先查阅有关文献,做必要的资料准备。

2)调查实施

①严明纪律,安全第一。确保坐车行路走访的安全。

②要求学生以严谨的科学态度对待综合实训课。认真做笔记,拍摄有价值的照片。自觉从图书馆查找相关资料,也可以从网上阅读与调查相关的研究文献。

③参观学习过程中,有条件时要在专家指导下体验操作各种监测仪器,避免损坏。既要得到有关专家的热心辅导,又不妨碍监测人员的工作。

5. 调查结果与分析

(1)在调查的准备、调查实施中,强调理论联系实际,以教师为主导,以学生为主体。充分调动学生学习的积极性,可以提高学生学习的兴趣,把苦学变成乐学。

(2)使学生切身感受到环境污染的严重性和改善环境的迫切性。

(3)要求学生撰写调查报告,并对本次活动进行自我评价,总结实验实训的经验。

(4)收集整理原始资料,举办研究性学习经验交流会,集体讨论提出问题,分析问题的原因及发展动态,并提出合理化建议,培养学生探究式学习的能力。

复习(上)

复习(下)

参考文献

[1] 冷平生. 园林生态学[M]. 北京:中国农业出版社,2005.

[2] 刘常福,陈玮. 园林生态学[M]. 北京:科学出版社,2003.

[3] 唐文跃,李晔. 园林生态学[M]. 北京:中国科学技术出版社,2006.

[4] 刘建斌. 园林生态学[M]. 北京:气象出版社,2005.

[5] 姚芳,张文颖. 园林生态学[M]. 郑州:黄河水利出版社,2010.

[6] 徐惠风,金研铭,白军红. 城市园林生态学[M]. 北京:中国林业出版社,2010.

[7] 曹凑贵. 生态学概论[M]. 北京:高等教育出版社,2002.

[8] 蔡晓明. 生态系统生态学[M]. 北京:科学出版社,2000.

[9] 张合平,刘云国. 环境生态学[M]. 北京:中国出版社,2004.

[10] 金岚. 环境生态学[M]. 北京:高等教育出版社,1992.

[11] 李景文. 森林生态学[M]. 北京:中国林业出版社,1992.

[12] 沈清基. 城市生态与城市环境[M]. 上海:同济大学出版社,1998.

[13] 郑师章,吴千红,等. 普通生态学[M]. 上海:复旦大学出版社,1993.

[14] 李博. 普通生态学[M]. 北京:高等教育出版社,1993.

[15] 李博. 生态学[M]. 北京:高等教育出版社,2000.

[16] 尚玉昌,蔡晓明. 普通生态学[M]. 北京:北京大学出版社,1992.

[17] 孙儒泳,李博,尚玉昌. 普通生态学[M]. 北京:高等教育出版社,1993.

[18] 祝廷成,钟章成,李建东. 植物生态学[M]. 北京:高等教育出版社,1988.

[19] 林鹏. 植物群落生态学[M]. 上海:上海科技出版社,1985.

[20] 曲中湘,吴玉树,姜汉侨,等. 植物生态学[M]. 北京:高等教育出版社,1984.

[21] 姜汉侨,段昌群,杨树华. 植物生态学[M]. 北京:高等教育出版社,2004.

[22] 张大勇. 理论生态学[M]. 北京:高等教育出版社,2000.

[23] 宋永昌. 植被生态学[M]. 上海:华东师范大学出版社,2002.

[24] 江洪. 云杉种群生态学[M]. 北京:中国林业出版社,1992.

[25] 万精云. 全球生态学——气候变化与生态响应[M]. 北京:高等教育出版社,2000.

[26] 张玉龙. 农业环境保护[M]. 北京:中国农业出版社,2004.

[27] 高志强. 农业环境保护[M]. 北京:中国农业出版社,2001.

［28］宋志伟.农业生态与环境保护［M］.北京:北京大学出版社,2007.

［29］骆世明.农业生态学［M］.北京:中国农业出版社,2005.

［30］陈阜.农业生态学［M］.北京:中国农业大学出版社,2006.

［31］骆世明.普通生态学［M］.北京:中国农业出版社,2005.

［32］杨怀森,等.农业生态学［M］.北京:中国农业出版社,1992.

［33］骆世明,等.农业生态学［M］.长沙:湖南科技出版社,1987.

［34］周风霞.生态学［M］.北京:化学工业出版社,2005.

［35］马桂铭.环境保护［M］.北京:化学工业出版社,2002.

［36］孙国辉.环境污染与植物［M］.北京:中国林业出版社,1985.

［37］朱泮民,等.环境生物学［M］.郑州:黄河水利出版社,2003.

［38］石多多.自然生态保护管理手册［M］.北京:中国环境科学出版社,2005.

［39］陈维新.农业环境保护［M］.北京:中国农业出版社,1993.

［40］路明.现代生态农业［M］.北京:中国农业出版社,1987.

［41］杨京平.环境生态学［M］.北京:化学工业出版社,2006.

［42］刘建国,等.生态学博论［M］.北京:中国科学技术出版社,1992.

［43］蒋志刚,马克平.保护生物学［M］.杭州:浙江科学技术出版社,1997.

［44］韩兴国.生物多样性研究的原理与方法［M］.北京:中国科学技术出版社,1994.

［45］马建章.自然保护区学［M］.哈尔滨:东北林业大学出版社,1992.

［46］俞孔坚.景观:文化、生命与感知［M］.北京:科学出版社,1998.

［47］陈忠辉.植物与植物生理［M］.北京:中国农业出版社,2007.

［48］卞勇,等.植物与植物生理［M］.北京:中国农业大学出版社,2007.

［49］王忠.植物生理学［M］.北京:中国农业出版社,2000.

［50］王宝山.植物生理学［M］.北京:科学技术出版社,2004.

［51］宋志伟,张宝生.植物生长与环境［M］.北京:高等教育出版社,2005.

［52］唐祥宁,陈建德,等.园林植物环境［M］.4版.重庆:重庆大学出版社,2018.

［53］贾东坡.园林植物［M］.5版.重庆:重庆大学出版社,2019.

［54］李振陆.植物生产环境［M］.北京:中国农业出版社,2006.

［55］李小川.园林植物环境［M］.北京:高等教育出版社,2002.

［56］阎凌云.农业气象［M］.北京:中国农业出版社,2005.

［57］刘江,许秀娟.气象学［M］.北京:中国农业出版社,2005.

［58］金为民.土壤肥料［M］.北京:中国农业出版社,2001.

［59］宋志伟,王庆安.土壤肥料［M］.5版.北京:中国农业出版社,2019.

［60］吴礼树.土壤肥料［M］.北京:高等教育出版社,2001.

［61］毛芳芳.森林环境［M］.北京:高等教育出版社,2006.

［62］白光润.生态旅游［M］.福州:福建人民出版社,2002.

［63］陈永华,吴晓芙.湿地植物配置与管理［M］.北京:中国林业出版社,2012.

［64］董宪军.生态城市论［M］.北京:中国社会科学出版社,2002.

［65］袁中金,钱新强,李广斌,等.小城镇生态规划［M］.南京:东南大学出版社,2002.

［66］朱颜明,等.环境地理学导论［M］.北京:科学出版社,2006.

[67] 程胜高,等. 环境生态学[M]. 北京:化学工业出版社,2002.

[68] 傅柳松,等. 农业环境学[M]. 北京:中国林业出版社,2007.

[69] 戴天兴. 城市环境生态学[M]. 北京:中国建材工业出版社,2002.

[70] 杨士弘,等. 城市生态环境学[M]. 北京:科学出版社,2003.

[71] 刘常富,陈玮. 园林生态学[M]. 北京:科学出版社,2003.

[72] 鲁敏,李英杰. 城市生态绿地系统建设——植物种选择与绿化工程构建[M]. 北京:中国林业出版社,2005.

[73] Molles M C. 2000. Ecology:Concept and Application[M]. Beijing:Science Press.

[74] Turner M G, Gadner R H. 1991. Quantitative methods in Landscape ecology[M]. New York:pringer_Verlag.

[75] Zonneveld IS, Forman RTT, 1990. Chanding landscape:An ecological perspective [M]. New York:pringer_Verlag.

[76] 刘宾谊,王云才. 论中国乡村景观评价的理论基础与指标体系[J]. 地球科学进展,2002,17(2):174-181.

[77] 郭志华,蒋有绪. 生物多样性的形成、维护机制及其宏观研究方法[J]. 林业科学,2000,38(6):116-124.

[78] 王成,郑均宝. 河谷土地利用格局与洪水干扰的关系[J]. 地理研究,1999,18(3):327-335.

[79] 邓小兵,王青春,王庆礼. 河岸植被缓冲带与河岸带管理[J]. 应用生态学报,2001,12(6):951-954.

[80] 李团胜,程水英,曹明明. 西安市环城绿化带的景观生态效应[J]. 水土保持通报,2002,22(4):20-23.

[81] 杜洪涛,刘世琦,蒲高斌. 光质对彩色甜椒幼苗生长及叶绿素荧光特性的影响[J]. 西北农业学报,2005,14(1):41-45.

[82] 蒋高明. 树木年轮对大气污染历史过程的指示作用[J]. 城市环境与城市生态,1994,7(2):17-20.

[83] 熊丽,殷荣华. 光质量对石刁柏愈伤组织培养中生长和过氧化物酶的影响[J]. 武汉植物学研究,1995,13(3):21-24.

[84] 许卉. 蓝光对菊花生长和开花的影响[J]. 滨州教育学院学报,2000,6(3):79-80.

[85] 杨士弘. 城市绿化树木的降温增湿效应研究[J]. 地理研究,1994,13(4):74-79.

[86] 杜克勤,吴昊. 不同绿化树种温湿度效应的研究[J]. 地理研究,1997,16(6):266-268.

[87] 李晶,王明星,王跃思. 农田生态系统温室气体排放研究进展[J]. 大气科学,2003,27(4):740-749.

[88] 陈韶秀. The Experience of The Japanese Air Pollution Control Is Worth Learning[J]. WORLD ENVIRONMENT,2005(1):29-32.

[89] 党国英:在中国建立和谐社会的可能性. www. people. com. cn[4]《关于创建"生态园林城市"的实施意见》. 建城[2004]98号.

[90] 王艳,代保清,徐妍. 生态园林城市建设相关问题的探讨[J]. 沈阳师范大学学报:自然科学版,2008,26(2):233-235.

[91] 韩云龙. 太原市生态园林城市建设的途径与思考[D]. 中国农业大学硕士论文.

[92] 秦文弟. 应用园林植物监测城市大气污染的探讨[J]. 丽水学院学报,2007,29(2):43-47.

[93] 陈玮,何兴元,张粤,等.东北地区城市针叶树冬季滞尘效应研究[J].应用生态学报,2003,14(12):2213-2216.

[94] 陈卓梅,李庆荣,杜国坚.浙江省42种园林绿化植物对 SO_2 气体的抗性及吸收能力研究[J].浙江林业科技,2007,27(6):29-32.

[95] 鲁敏,李英杰.部分园林植物对大气污染物吸收净化能力的研究[J].山东建筑工程学院学报,2002,17(2):45-49.

[96] 鲁敏,王胜永,杨秀平,等.园林植物对大气铅、镉污染物吸滞能力的比较[J].山东建筑工程学院学报,2003,18(2):39-41.

[97] 江胜利,金荷仙,许小莲.园林植物滞尘功能研究概述[J].林业科技开发,2011,25(6):5-9.

[98] 刘霞,李海梅.园林植物滞尘效应的研究[J].北方园艺,2007,8:73-76.

[99] 齐飞艳,朱彦锋,赵勇.郑州市园林植物滞留大气颗粒物能力的研究[J].河南农业大学学报,2009,43(3):256-259.

[100] 柳孝图.噪声控制研究和应用的进展[J].声学学报,1996,1:15-19.

[101] 马蕙,何毅诚,高辉,等.关于噪声社会反应测定方法的国际共同研究——中国语噪声调查问题和评价尺度的建构[J].声学学报,2003,4:309-314.

[102] 戚继忠,由士江,王洪俊,等.园林植物清除细菌能力的研究[J].城市环境与城市生态,2000,13(4):36-38.

[103] 戚继忠,由士江,王洪俊,等.园林树木净菌作用及其主要影响因子[J].中国园林,2000,16(70):74-75.

[104] 阳柏苏,何平,范亚明.城郊绿地系统结构与负离子发生的生态分析[J].怀化学院学报,2003,22(5):64-67.

[105] 刘云国,吕健,张合平,等.大型人造园林中的空气负离子分布规律[J].中林学院学报,2003,23(1):89-92.

[106] 史红文,秦泉,廖建雄,等.武汉市10种优势园林植物固碳释氧能力研究[J].中南林业科技大学学报,2011,31(9):87-90.

[107] 廖建雄,史红文,鲍大川,等.51种园林植物的气体交换特性[J].植物生态学报,2010,34(9):1058-1065.

[108] 桑伟莲,孔繁翔.植物修复研究进展[J].环境科学进展,1999,7(3):40-44.

[109] 车生泉,可燕.上海地区水生观赏植物资源多样性及其利用初探[J].上海农学院学报,1977,15(4):293-300.

[110] 文燕冬,王海洋,张建林.重庆地区水生观赏植物资源多样性及其利用初探[J].西南园艺,2005,33(2):18-21.

[111] 黄占斌.雨水利用其理论基础[M]//卢翠乔,吴丁.植物生理学与跨世纪农业.北京:科学出版社,1999:203-206.

[112] 黄占斌,山仑,等.雨水集流与水土保持和农业持续发展[J].水土保持通报,1997(1):45-48.

[113] 山仑.植物水分利用效率和半干旱地区农业用水[J].植物生理学通讯,1994,30(1):61-66.

[114] 杨瑞卿,陈宇.城市绿地系统规划[M].重庆:重庆大学出版社,2019.